中国地震年鉴

CHINA EARTHQUAKE YEARBOOK

2015

地震出版社

图书在版编目（CIP）数据

中国地震年鉴.2015 /《中国地震年鉴》编辑部编 . —北京：地震出版社，2020.12
ISBN 978-7-5028-4928-3

Ⅰ.①中…　Ⅱ.①中…　Ⅲ.①地震—中国—2015—年鉴　Ⅳ.①P316.2-54

中国版本图书馆CIP数据核字（2019）第293391号

地震版　XM4162/P(6017)

中国地震年鉴（2015）

CHINA EARTHQUAKE YEARBOOK（2015）

《中国地震年鉴》编辑部

责任编辑：樊　钰　刘素剑
特约编辑：李佩泽　张琼瑞
责任校对：刘　丽　凌　樱

出版发行：**地震出版社**

北京市海淀区民族大学南路 9 号　　　邮编：100081
发行部：68423031
总编室：68462709　68423029
http://seismologicalpress.com

经销：全国各地新华书店
印刷：河北文盛印刷有限公司

版（印）次：2020 年 12 月第一版　2020 年 12 月第一次印刷
开本：787×1092　1/16
字数：766 千字
印张：30
书号：ISBN 978-7-5028-4928-3
定价：198.00 元

2015 年 1 月 19 日，全国地震局长会暨党风廉政建设工作会议在北京召开

（中国地震局办公室　提供）

2015 年 8 月 26—29 日，中国地震局党组书记、局长陈建民赴云南省调研指导防震减灾工作

（中国地震局办公室　提供）

2015年6月18日，中国地震局党组成员、副局长赵和平（右三）考察"福建及台湾海峡深部构造陆海联测"工作

（福建省地震局　提供）

2015年7月5日，中国地震局党组成员、副局长修济刚（左三）一行在新疆生产建设兵团第十四师皮山农场地震现场考察

（中国地震局办公室　提供）

2015 年 3 月 17—18 日，中央纪委驻中国地震局纪检组组长、中国地震局党组成员张友民（右三）赴
广东省地震局检查全国地震局长会暨党风廉政建设工作会议精神贯彻落实情况

2015 年 1 月 12—14 日，中国地震局党组成员、副局长阴朝民（左三）赴广东省调研防震减灾工作

（广东省地震局　提供）

2015 年 2 月 2—5 日，中国地震局党组成员、副局长牛之俊（左一）慰问琼中基准地震台职工

（海南省地震局　提供）

2015 年 8 月 27 日，中国地震局与云南省人民政府在昆明召开局省合作第一次联席会议

（中国地震局办公室　提供）

2015 年 9 月，发展中国家地震灾害紧急救援研修班在云南省地震局举办

（云南省地震局　提供）

2015 年 4 月 9 日，重庆市人民政府召开全市防震减灾工作联席会议，副市长刘强（主席台左二）出席会议并讲话

（重庆市地震局　提供）

2015 年 3 月 17 日，黑龙江省人民政府召开防震减灾领导小组全体会议

（黑龙江省地震局　提供）

2015 年 10 月 21 日，四川省人大教科文卫委调研组赴广元市开展《四川省防震减灾条例》实施情况调研

（四川省广元市防震减灾局　提供）

2015年4月10日，2015年度甘肃省防震减灾工作领导小组扩大会议在兰州市召开

（甘肃省地震局　提供）

2015年12月18日，青海省人民政府副省长匡湧（右三）莅临青海省地震局调研指导防震减灾工作

（青海省地震局　提供）

2015 年 4 月 20 日，西藏自治区人民政府召开 2015 年度全区防震减灾工作联席会议。多吉次珠副主席、李秀珍副秘书长出席会议

（西藏自治区地震局　提供）

2015 年 3 月 9 日，山西省委常委、副省长付建华（左二）赴山西省地震局调研

（和炜 提供）

2015 年 1 月 30 日，海南省地震局召开全省地震局长工作会议

（海南省地震局　提供）

2015年4月30日，中国地震局地震应急现场工作队和西藏自治区地震局相关人员在西藏地震应急指挥中心召开地震应急工作办公会

（西藏自治区地震局　提供）

第五代《中国地震动参数区划图》宣贯培训

（甘肃省地震局　提供）

2015年5月6日，福建省人民政府第40次常务会议通过并以福建省人民政府令第162号颁布《福建省地震预警管理办法》

（福建省地震局　提供）

2015年5月13日，福建省县级地震救援队队员在漳州市龙文区开展"闽动—2015"地震应急救援演练

（福建省地震局　提供）

2015 年 5 月 12 日，河北省定州市地震局举办定州市科技活动周暨防震减灾宣传周启动仪式

（河北省地震局　提供）

2015 年 5 月 7 日，国家地震灾害紧急救援队实施北京　保定全员全装拉动演练，中国地震局副局长修济刚（主席台右四）、河北省省长助理尹亚力（主席台右三）等领导进行检阅

（河北省地震局　提供）

2015 年 12 月 18 日，重庆市代表队获第三届全国地震速报竞赛复赛（兰州赛区）团体一等奖

（重庆市地震局　提供）

2015年5月31日—6月12日，海南省地震灾害紧急救援队技术骨干20人赴国家地震紧急救援训练基地开展培训

（海南省地震局　提供）

2015年4月25日，尼泊尔发生8.1级特大地震，中国国际救援队赴尼泊尔开展国际救援

（中国地震应急搜救中心　提供）

防灾科技学院郭迅教授在北川地震遗址为市县防震减灾管理干部培训班学员现场授课

（防灾科技学院　提供）

2015 年 5 月 12 日，北京市首都师范大学附属房山中学举行"5·12"全国防灾减灾日地震应急疏散演练

（北京市地震局　提供）

新疆维吾尔自治区地震局副局长吐尼亚孜·沙吾提当选 2015 年度"十大科学传播人"

（新疆维吾尔自治区地震局　提供）

中国地震局工程力学研究所谢礼立院士团队研究成果"建筑结构基于性态的抗震设计理论、方法及应用"荣获 2015 年"国家科学技术进步奖"一等奖

（中国地震局工程力学研究所　提供）

"珠江口区域海陆联合三维地震构造探测项目"进行海上作业

（广东省地震局　提供）

用可控震源（Vibroseis）探测
城市活断层

（中国地震局震害防御司　提供）

云南省沧源佤族自治县地震典型震害

（云南省地震局　提供）

目　　录

专　　载

地震与地震灾害

防 震 减 灾

科技进展与成果推广

机构·人事·教育

合作与交流

计划·财务·纪检监察审计·党建

附　　录

专 载

主要收载党中央、国务院、中国地震局领导有关防震减灾工作的重要讲话；国务院、国务院办公厅和中国地震局及省级机关印发的有关防震减灾工作的重要法规和文件。

中国地震局党组书记、局长陈建民在 2015 年国务院防震减灾工作联席会议上的汇报（摘要）

（2015 年 1 月 9 日）

一、2014 年防震减灾工作总体情况

2014 年伊始，习近平总书记、李克强总理对防震减灾工作作出重要指示批示，对地震监视跟踪、应急防范准备等工作提出明确要求。汪洋副总理主持召开国务院防震减灾工作联席会议对全年工作作出全面部署，对地震监测预报、应急准备、抗震设防、科技创新、新闻宣传、督促检查等工作作出具体安排。

2014 年，我国大陆地区共发生 5 级以上地震 22 次，其中 6 级以上地震 5 次，新疆于田 7.3 级、云南鲁甸 6.5 级、景谷 6.6 级、盈江 6.1 级和四川康定 6.3 级等地震均造成较大损失和社会影响，特别是云南鲁甸 6.5 级地震，造成 617 人死亡、112 人失踪，是新中国成立以来同级别地震中造成人员死亡最多的一次，也是 21 世纪继四川汶川、青海玉树地震之后人员伤亡最严重的一次地震。面对复杂严峻的地震形势和频繁严重的地震灾害，联席会议各成员单位会同地方各级党委政府，认真贯彻落实党中央、国务院决策部署，密切配合，通力协作，取得了抗震救灾新胜利，积累了防震减灾工作新经验，开创了科学依法合力减灾新局面。

（一）落实新机制，全力做好抗震救灾和恢复重建

新疆于田、云南鲁甸、景谷、四川康定等地震发生后，习近平总书记、李克强总理和张高丽、汪洋副总理等中央领导同志迅即作出指示批示，李克强总理和汪洋副总理赶赴云南鲁甸灾区指导抗震救灾，慰问受灾群众。联席会议各成员单位认真贯彻落实党中央、国务院决策部署，按照分级负责、相互协同的机制，及时启动应急响应，迅速了解灾区需求，组织派出工作组，协调调遣专业救灾力量，快速落实救灾物资和资金，协助灾区党委政府做好抢险救援、抢修保通、医疗防疫、次生灾害防范和生产生活秩序恢复等各项工作。灾区各级党委政府充分发挥主体责任，组织党员干部包村驻点，迅速开展抗灾自救，妥善转移安置受灾群众，及时发放救灾物资，应急处置工作有力有序有效，圆满完成抗震救灾任务。

自 2013 年 4 月四川芦山 7.0 级地震灾后恢复重建工作开始，逐步探索了中央统筹指导、地方作为主体、灾区群众广泛参与的新路子。各地震灾区借鉴四川芦山新经验，将恢复重建与新农村建设、新型城镇化建设和扶贫工程相结合，恢复重建工作有序推进，新疆于田灾区民房重建已全部竣工，云南鲁甸灾区恢复重建总体规划获批实施，云南景谷灾区恢复重建任务全面启动。当前，恢复重建没有完成的地区，地方政府已采取措施妥善安置受灾群众，确保温暖过冬。

（二）强化震情跟踪，科学把握地震活动趋势

狠抓全国震情监视跟踪，制订专门工作方案，充分发挥群测群防作用，统筹配置资源和

骨干专家力量，及时分析处理观测资料，做好震情分析研判。深化震情会商制度改革，建立并实施国家、省、市县地震部门和台站紧密结合的震情监视跟踪工作机制、地震重点危险区联合会商机制、宏微观异常零报告制度和重大预测意见处置制度，进一步提升震情会商科学水平。把强震监视跟踪作为重中之重，在地震重点危险区增设观测仪器，开展重力、地磁、形变等地球物理场加密观测，认真调查核实前兆异常，及时开展专题会商，较好把握了震情趋势。

（三）开展检查督查，落实应急防范准备措施

立足应对大震巨灾，国务院抗震救灾指挥部对年度地震重点危险区涉及的 17 个省（区）应急准备工作做出专门部署。各相关地区和部门制订专项预案，开展地震灾害风险评估，强化救援力量和物资储备。解放军、武警针对每个地震危险区制定救灾力量部署和调动方案。发展改革委、民政部、地震局和国务院应急办等 14 个部门组成 4 个督查组，对存在强震危险的省（区）进行了专项督查，实地了解情况，查找存在问题，提出改进意见，各相关地区根据反馈意见进一步落实应急准备，有效提升了应对破坏性地震的能力。

国务院抗震救灾指挥部日常工作机制更加完善，建立了联络员会议制度、信息通报制度、地震应急准备检查制度。民政部、国土资源部、统计局、地震局、测绘地理信息局、科学院、总参等部门签署灾害救助信息共享协议。进一步加强应急保障能力建设，建成 2 个、在建 4 个中央救灾物资储备库，形成了由 873 个商品集散地和 21350 个投放网点组成的市场应急保障网络体系。应急救援力量专业化、规范化水平进一步提升，解放军、武警、公安消防强化救援实战演练，交通、通信、化工、石油等行业加强抢修保通能力建设，国家地震灾害紧急救援队通过联合国国际重型救援队测评复测。

（四）加强抗震设防，提高综合防御能力

加强抗震设防监管，做好重大建设工程和可能发生严重次生灾害建设工程的地震安全性评价工作，科学确定 5122 项重大工程抗震设防要求。住房城乡建设部修订了房屋建筑工程、市政公用设施抗震管理规定，发布了构筑物抗震鉴定等新标准，部署了减隔震技术推广应用工作。交通运输部、水利部、国土资源部等部门继续推进病险水库、重要堤防、道路桥梁、次生灾害源等地震安全隐患排查和抗震加固。保监会等部门积极推动地震巨灾保险制度建设，引导和支持保险公司开展地震保险业务，并在云南、深圳、宁波等地先行试点。支持和引导各地建立健全农村中小学校舍安全长效机制，中央财政安排 132.4 亿元支持农村中小学校舍抗震加固。加强地震基础探测，已完成 64 个大中城市活动断层探测，南北地震带中南段活动构造探查取得阶段成果。开展社会综合防御地震灾害能力提升的示范试点建设，建成 11 个防震减灾示范县，深圳、大连、长春启动示范城市建设。

2014 年新建地震安全农居 90 余万户，累计建成 1040 余万户，受惠人口达 4000 多万。地震安全农居在云南盈江、景谷等地震灾害中再次经受检验，减灾效果明显。发展改革委、住房城乡建设部、地震局初步测算了全国重点地区抗震设防不达标农房规模，提出了在地震高烈度设防地区实施农房抗震改造工程的初步方案。

（五）扩大开放合作，推进科技创新

推进防震减灾科技基础工作，完成芦山地震科学考察，开展云南鲁甸地震等科学考察，深化对地震成因机理、发震构造活动特征及周边区域潜在地震风险研究。地震预警技术研究取得重要进展，地震局、铁路总公司开展高速铁路地震安全战略合作，突破了一系列预警和列控关键技术。地震局、教育部、气象局签署协议，在地震预警台站建设、信息发布等方面开展全面合作。电磁监测试验卫星工程进入全面实施阶段。国家航天局、地震局共同成立电磁监测试验卫星工程国际科学家委员会，成功举办国际研讨会。人工主动震源、深井综合观测、地震热红外遥感综合信息处理等新技术新方法应用取得新进展。

加强国际交流合作，成功主办联合国国际搜索与救援咨询团亚太地震应急演练，圆满完成援助萨摩亚、巴基斯坦地震监测台网建设任务并正式移交，签署海峡两岸地震监测合作协议。

（六）深化宣传教育，回应社会关切

地震局、科技部联合印发进一步加强防震减灾科普工作的意见，防震减灾科普宣传教育首次纳入全民科学素质纲要实施计划。地震局、减灾委、教育部、科技部、国新办、团中央等部门合力推进"平安中国"防灾宣导公益活动，活动覆盖 24 个省（自治区、直辖市）的 124 个市县。教育部、地震局联合召开地震科普示范学校建设现场工作会，印发中小学幼儿园应急疏散演练指南。加强多震少数民族地区防震减灾科普宣传工作，在新疆少数民族语言广播开设日常专题栏目。各地各有关部门充分利用中小学安全教育日、科技活动周、防灾减灾日、全国科普日等重点时段，广泛宣传防震减灾知识，组织开展应急疏散演练，提高公众防震减灾意识和能力。

更加注重做好新闻宣传和舆论引导。中宣部组织新闻媒体深入报道抗震救灾进展和恢复重建成效，大力宣传我国制度优势和抗震救灾、恢复重建新机制作用。相关地区和部门及时发布震情、灾情、社情和灾区交通、气象等信息，有针对性地解疑释惑，及时回应公众关心关切，为抗震救灾营造良好舆论氛围。

二、2015 年工作建议

2015 年，我们将深入贯彻落实党的十八大，十八届三中、四中全会精神和党中央、国务院领导同志重要指示批示精神，全力做好防震减灾各项工作。

（一）努力把握地震活动趋势

紧盯全国震情，严格执行震情跟踪各项工作制度，深化震情会商制度改革，深入开展群测群防工作，努力提高地震前兆短临信息捕捉能力，加强重点地区特别是存在 7 级强震危险地区震情动态跟踪研判，力争科学准确把握震情发展趋势。启动川滇国家地震预报实验场建设，打造开放合作的平台，紧紧围绕地震成因基础理论、地震观测技术和强震潜在危险性等关键问题，开展研究和探索实践，力争在地震预测预报科技瓶颈问题上取得突破。加快推进电磁监测试验卫星工程实施，推进电离层观测、热红外等空间技术在地震监测预报领域的应用。完成 2016—2025 年全国地震重点监视防御区确定工作，探索地震中长期预测预报成果服务经济社会发展的有效方式。

（二）切实提升应急救援能力

认真总结抗震救灾和恢复重建工作经验，进一步健全完善抗震救灾新机制和恢复重建新模式。立足防大震抗大灾，指导、协助地方政府做好应急防范准备，健全完善各级各类地震应急预案，继续组织开展对重点危险区应急准备工作的联合检查，确保各项措施落实到位。进一步完善国务院抗震救灾指挥部工作机制，加强指挥协调、部门联动、信息共享、社会动员等工作。提升地震灾情信息快速获取、研判和处理能力，提高灾情快速评估科学性、准确性，开展地震应急对策研究，为抗震救灾决策指挥提供及时有效的科学依据。加快推进西南、西北军队国家级地震灾害紧急救援队组建和能力建设。

（三）着力夯实抗震设防基础

发布实施新一代地震动参数区划图，推动建设工程抗震设防相关强制性标准修订，确保与抗震设防要求的衔接。依法加强建设工程抗震设防全过程监管，落实各方责任，确保新建工程严格按新区划图进行抗震设防。高度关注城市地震风险，排查潜在隐患，采取有效措施，切实提高城市抵御地震灾害的能力。加强政策支持和引导力度，推进城市老旧房屋、城中村改造和学校、医院等人员密集场所、基础设施抗震加固。健全完善次生灾害防治体系，开展灾害风险调查、监测预警、防范治理和搬迁避让等工作。继续开展南北地震带和城市活动断层等基础探测，推广防震减灾示范城市、示范县、示范社区创建经验。研究制定支持地震巨灾保险发展的财政税收政策措施，提高地震保险覆盖面和渗透度。

（四）深入开展宣传教育工作

按照全民科学素质纲要实施计划，做好防震减灾科普宣传教育。充分利用重点时段，结合各地实际，推进防震减灾宣传进机关、进企业、进社区、进农村、进学校、进家庭。继续开展"平安中国"防灾宣导系列公益活动，推进国家级防震减灾科普教育基地和地震安全教育示范学校建设，加强少数民族及残疾人、农村留守老人和儿童等特殊群体防震减灾知识普及。利用社会资源和公共教育平台，发挥主流媒体作用和网络新媒介优势，拓宽宣传渠道，提高宣传实效。进一步做好应急宣传工作机制建设，制订完善应急新闻报道、信息发布和舆论引导工作预案，及时主动回应社会关切。

（五）加快推进国家地震预警能力建设

借鉴国内外地震预警系统建设经验，做好国家地震预警体系建设的顶层设计。总结示范试点建设经验，在福建、首都圈、川滇地区建立地震预警试验网，进一步完善地震预警技术，探索信息发布、社会服务工作模式。健全完善法规规章，制定预警系统运行管理国家技术规范和预警信息发布规程，规范预警信息发布。总结高速铁路、核电站等地震预警应用试点经验，推广重大工程地震预警和紧急处置技术应用。加速推进国家地震烈度速报和预警工程立项与实施。

（六）深入推进农村民居地震安全工程

按照国务院部署，在农村危房改造中央预算内投资中专项安排资金用于支持地震高烈度设防地区农房抗震改造。有关部门要坚持突出重点、分步实施原则，做好农房抗震改造工程实施方案制定和落实。同时，鼓励各地统筹考虑新农村建设、农村危旧房改造、移民搬迁等涉农项目，在建房补助、税费减免、银行贷款等方面制定扶持政策，全面推进农村民居地震安全工程的实施。逐步建立城乡一体化抗震设防管理制度，把农村民居建设纳入法制化、规范化管理轨道。组织编制建造图集，广泛开展工匠培训，加大农居抗震新技术和节能环保建材的研发应用，为农居建设选址、设计、施工等提供更加便捷的服务。

（中国地震局办公室）

中国地震局党组书记、局长陈建民在2015年全国地震局长会暨党风廉政建设工作会议上的讲话(摘要)

(2015年1月19日)

这次会议的主要任务是:全面贯彻党的十八大,十八届三中、四中全会精神和习近平总书记系列重要讲话精神,贯彻落实中央纪委四次、五次全会精神,落实国务院防震减灾工作联席会议部署,以推进全面深化改革和依法治理为主线,回顾总结2014年工作,深入研究防震减灾改革发展重大问题,安排部署2015年防震减灾和党风廉政建设重点工作。

一、2014年工作情况

党中央、国务院高度重视事关国家安全、民生保障的防震减灾工作。一年来,中国地震局党组认真贯彻落实中央精神和习近平总书记、李克强总理等领导指示批示,按照中共中央政治局常委会和国务院常务会议关于抗震救灾的重大部署,落实汪洋副总理主持的联席会议、专题会议要求,坚持两手抓、两手硬,带领全系统干部职工凝心聚力、依法履职、积极作为,全年防震减灾工作和党风廉政建设取得了重要进展和新的成效。

关于防震减灾工作

(一)落实重大部署坚决有力

局党组高度重视震情工作,成立了党组主要负责同志任组长的7级地震跟踪领导小组,制定全国7级地震强化监视跟踪工作方案,健全完善各级地震部门紧密结合的震情跟踪工作机制。党组成员分别带队对年度重点危险区进行实地督查指导,确保各项措施要求落到实处。专题研究部署社会舆论引导工作,强化与宣传部门的联动,主动回应社会关切,及时有效处置舆情。

充分发挥国务院防震减灾工作联席会议成员单位作用,首次由国务院抗震救灾指挥部办公室组织对17个省级政府落实应急防范主体责任情况进行督查,派出发展改革委、民政部、地震局牵头的4个工作组,对云南、四川、新疆等6地进行实地检查。各级防震减灾组织领导机构,也针对重点区域、重点时段和重要环节,采取了相应的工作措施和行动。

坚决贯彻落实中共中央1号文件,加强与发展改革委、住建等部门沟通,推动中央财政专项补贴资金,优先支持在8度区和重防区全面实施抗震安居工程。地震安全农居工程上升为国家行动,与"三农"工作同部署同落实,这是继2006年全国农村民居防震保安工作会议之后,经过多年试点示范和政策研究推动的重大成果,是提高全社会地震灾害综合防御能力的重大举措。

贯彻落实国务院"十三五"规划编制工作部署,完成防震减灾"十二五"规划中期评估,集中开展"十三五"规划预研,向发展改革委报送了规划编制基本思路,制定了"十三五"事业发展规划大纲和编制指南，为科学谋划事业发展奠定了坚实基础。

（二）协同发展呈现喜人局面

服务国家总体发展战略。配合习近平总书记同太平洋建交岛国领导人会晤等活动，完成萨摩亚监测台网援建项目交接，境外合作台网建设成为服务国家总体外交、展示中国形象的又一重要品牌。新签署中希、中捷、中吉地震合作协议。推动重力卫星和第二颗电磁卫星纳入国家空间信息基础设施建设中长期规划。地震部门成为北斗地基增强系统研制、建设及应用的主要单位之一。海协会、海基会成功签署两岸地震监测合作协议。

加大部门协同联动力度。与中央政策研究室等单位联合开展的国家社科基金重大项目免审通过验收，有关建议被中央采纳。与铁路部门的战略合作机制实现了高铁自主创新与地震科技创新的有机融合。与宣传部门协同推进先进典型等系列宣传活动。与气象、教育部门联手推进国家地震烈度速报与预警工程建设。与测绘、气象等部门合作推进 GPS 连续观测数据共享。与科技、教育等部门联合部署防震减灾科普宣教工作。与保监会开展地震保险专题调研和试点制度设计。与新浪微博达成战略合作，10 秒内可对 3 亿用户定向推送地震信息。

助推区域经济社会发展。有力推进 8 个局省合作协议实施方案落实，与广西、四川新签订了局省防震减灾合作协议，与大连、长春两城市签署了协同创建国家示范城市合作协议，带动了区域防震减灾能力建设。对口援疆、援藏工作迈入新阶段，两区防震减灾基础设施显著改善。

（三）重点改革工作稳步推进

加强改革顶层设计，制定了防震减灾政策研究重大方向与重点任务，启动融合发展、改革路线图研究等 5 项重点任务。完成了国家防震减灾制度体系设计及其管理规定，组织实施部门规章、行业管理和内部运行制度建设。出台全国震情会商制度改革指导方案，提出会商制度建设、科技支撑、组织管理和条件保障等改革措施和要求。

推进防震减灾行政审批改革，下放地震安评收费政策制定权，取消个人执业资格核准，完成向行业协会移交。确定了事业单位改革基本分类，中国地震台网中心、中国地震应急搜救中心等 7 个中心划为公益一类，防灾科技学院为公益二类。印发了事业单位实施绩效考核指导意见。完成中国地震局机关公车改革。

调整经营性国有资产改革，提出企业经营、公益二类过渡和公益一类过渡 3 种模式。实施科研人员和科研机构信誉管理，对 133 个已验收行业科研专项进行成果后评估，对行业专项中的培育性项目立项进行公开招标、择优竞争。形成以中心台为核心的台站改革基本思路，提出地震观测设备全过程管理改革方案。

（四）震情监视研判应急应对有效

各单位认真落实强震监视跟踪方案，在川滇重点危险区布设 111 套流动地震仪、35 个 GPS 连续观测站。首次在年中召开地震预报评审委员会会议，评估下半年震情趋势并上报党中央、国务院。充分发挥市县地震部门和台站在短临预报中的作用，地震大形势把握、年度危险区判定和震后趋势判断较为准确。

各地高度重视应急防范，特别是重点危险区和重防区的地震部门，密切配合各级党委政府，优化各级各类地震应急预案，开展应急专项检查和风险评估，加快救援队伍建设，强化救援物资储备，制定应急宣传对策，开展各级各类应急演练，应急应对保障力度不断加大。

中国国际救援队通过联合国能力分级测评复测。北京、兰州基地全年培训国家、省级和武警救援骨干共 18 期 1369 人次。

鲁甸、景谷和康定等地震发生后，地震部门立即启动应急响应，发布震情信息，派工作组赶赴灾区，开展余震监测、趋势研判、灾情评估等应急工作，地震现场工作有序有力、科学高效。密切配合灾区党委政府，迅速组织开展人员搜救、医疗救治、调查评估、抢修保通、信息发布等工作，为抗震救灾发挥了重要作用。鲁甸、景谷余震监测实现专业台网、流动台网、市县和水库等台网数据实时共享，余震监控能力达到 0.7 级。

（五）部门履职能力基础持续增强

加强重大项目和基础设施建设。背景场、社会服务工程等项目建设基本完成，电磁监测试验卫星系统进入初样研制阶段、关键荷载研制取得重要进展，国家地震烈度速报与预警工程完成立项评估并报发展改革委审批，完成地震紧急救援物资储备示范工程可研报告编制。72 个台站完成优化改造，更新升级仪器 105 套。启动川滇国家地震预报实验场建设。建成行业数据通信第二信道，启动西安国家地震数据灾备中心、广州速报灾备中心建设。山东等省局先行试点建成云计算和大数据平台。

加强科技创新和成果运用。高铁地震预警联合研发工作取得重要进展，自主研发的软件和预警处置装备已在福厦、成灌铁路试验示范应用。新一代自动地震速报综合触发平台正式启用。科学台阵探测一期通过验收，芦山地震科学考察全面完成。流动地球物理场基本实现常态化观测。新启动实施 2 项国家科技支撑项目、10 项行业科研专项，主动源探测项目群在国家自然基金委立项。地震科学数据共享服务稳步推进，为中科院、高校、国土部门等 40 多家单位提供服务，支持发表 SCI 文章 94 篇。

市县工作基础更加扎实。市县地震部门在编人数增加 932 人，年度累计投入经费 9 亿元。22 个省的 240 个地市将防震减灾工作纳入政府目标考核，271 个地级市将抗震设防要求管理纳入基本建设管理程序。广西建立省级对市级地震部门双重管理体制，江西将防震减灾工作列入了省直管县体制改革试点。

（六）社会管理与服务力度不断加大

印发促进地震预警法制建设的指导意见，地震应急救援条例制定工作继续推进。山西新制定抗震设防管理条例，浙江完成防震减灾条例修订，山东发布首个地震应急避难场所管理政府规章，齐齐哈尔市制定了防震减灾条例。截至目前，全国已发布实施 38 部省级和 7 个较大市防震减灾地方性法规，48 部省级和 26 部市级政府规章。

经过不懈努力，完成异议协调，新一代区划图即将发布。新发布实施水库监测、社区应急、地震命名等 12 项国家或行业标准。报批 1 项国家标准，地震烈度速报与预警等 6 项标准完成审查。北京、四川分别发布避难场所运行管理、指挥技术平台建设等地方标准，地方标准总数已达 20 项，各地正在推进安全农居、科普教育、安全社区、标准化学校等地方标准的制定工作。

全年审定重大工程抗震设防要求 5122 项，参与审查 13 个大中城市规划、11 项重大工程抗震设计。全国已建成地震安全农居 1040 万户，惠及 4000 多万人。完成了 7 条活动断层地质填图，沧州等 6 个城市活动断层探测项目通过验收，编印了华北构造区活动断层探测成果图册。减隔震技术已拓展至哈尔滨、西安、大连等地推广应用。首批认定崇州、诸城等 11 个国家防震减灾示范县，新创建地震安全示范社区 509 个，其中国家级 137 个。积极参与震后恢复重建工作。

创刊《国家防震减灾》，打造宣传政策、交流工作、促进成果应用的新阵地。在防灾减灾日等时段组织了形式多样、内容丰富的系列宣传活动，"平安中国"防灾宣导系列公益活动受众达 2 亿多人次，《乐乐熊奇幻追踪》影片入选科技部年度 50 个优秀科普作品，芦山地震科考专题片在央视播出。组织首期地震系统处级干部新闻宣传轮训。地震门户网站和官方微博、微信等新媒体的传播影响力明显提升，"中国地震台网速报"微博被评为年度十佳中央国家机关政务新媒体。

（七）干部人才队伍建设继续加强

深入学习贯彻党的十八届三中、四中全会和习近平总书记系列重要讲话精神，举办各单位党政主要负责人专题研修班，组织地震系统党员干部集中研讨轮训，把学习成果转化为破解事业发展难题的思路和措施。局党组两位同志获中央国家机关"学习习近平总书记系列重要讲话精神成果展示活动"特别奖。

贯彻干部选拔任用工作条例，全年考核调整 28 个单位领导班子，选拔任用司局级干部 56 名。开展了地震系统东西部、多震省与少震省间干部交流，局机关 15 名干部将赴基层挂职锻炼。加大干部监管力度，启动领导干部个人有关事项报告抽查核实，开展了干部超职数配备、企业兼职、裸官清理、挂证取酬等多项专项整治。

与人社部联合表彰 20 个先进集体和 15 名先进工作者。首次评选 80 个防震减灾工作优秀奖和 108 名先进个人。地球所高孟潭、第八研究室获中组部、人社部等部门联合表彰的全国杰出专业技术人才和先进集体。徐锡伟、雷建设入选中组部"万人计划"，刘静入选科技部"中青年科技创新领军人才"。刘静、吴庆举入选人社部"百千万人才工程"。地震科技青年骨干人才培养项目持续实施，新选派 39 人、6 年共派出 190 人出国深造，已成为青年科技人才成长的重要平台。

秉承党建铸魂、凝心聚力的工作理念，把基层服务型党组织建设作为党建与防震减灾业务工作深度融合的有力抓手，"地震系统基层服务型党组织建设的实践与思考"获年度全国机关党建课题研究成果一等奖。印发《2014—2018 年地震系统党员教育培训实施意见》，7 个直属单位党委和局机关各党支部完成换届。以"弘扬防震减灾行业精神、践行社会主义核心价值观"为主题，组织召开中国地震局先进事迹报告会，激励党员干部职工立足岗位建功立业。

推动老干部工作由单纯服务保障向服务保障与文化教育并举转变，开展《震苑晚晴》系列文化丛书和《老照片》文集创作，组织老年大学教材编写和网络学院建设，成立乌鲁木齐老干部活动分中心和老年大学分校。防灾科技学院退休教师韩健获全国离退休干部"双先"表彰先进个人，预测所离休干部沈奉真获"中国妇女慈善奖"典范奖。

开发政务办公系统，推进网络化、无纸化办公，并在 5 个单位试点应用。各单位工作环境、职工住房等生活福利继续改善。政务后勤、保密信访、安全生产等工作有力有序。

（八）教育实践活动整改落实成效显著

局党组整改方案 43 项具体措施基本完成，24 项专项整治措施全部完成，20 项制度建设计划已完成 18 项，取消 1 项，有 1 项待中办、国办相关通知下发后完善，局党组整改目标基本实现，成效显著，测评满意率 100%。

局党组坚持把整改任务与局机关、局属各单位的整改工作相互衔接，建立了日常跟踪、定期督察、重点推动、及时通报等工作机制，纳入巡视、专项检查的重要内容，2次对局属单位进行集中检查，督促按时兑现整改承诺。局属各单位把整改落实工作纳入年度重要工作议程，健全完善工作措施，强化责任落实，推动整治"四风"顽症和破解事业发展改革难题相结合，整改任务基本落实。

关于党风廉政建设工作

全面贯彻党的十八届三中、四中全会和十八届中央纪委第三、第四次全会精神，从解决突出问题入手，加强监督检查，严肃查处违纪违法行为，党风廉政建设工作取得新进展。

（一）工作作风明显转变

深入落实中央八项规定精神，持之以恒纠正"四风"，地震系统作风明显转变。建立党组成员基层联系点制度，了解基层情况、倾听基层意见、凝聚广大干部职工智慧，注意解决工作中的突出矛盾，党群干群关系更加密切。严格"三公"经费管理，变相旅游、赠送土特产现象基本杜绝，超标准接待、系统内接待和会议饮酒现象得到控制；清退超标配车7辆；因公出国境计划同比压缩22%。累计清理办公用房5890m²。严格会议管理，严控会议计划、会议费支出，利用视频系统召开全国性和区域性会议。精简文件、内部刊物和简报，系统同比减少14%，局机关内部刊物整合为《国家防震减灾》。压缩评比达标表彰27个。清理党政领导干部企业兼职89人。严肃组织纪律，严格审批领导干部因私出国（境），领导干部按规定报告个人有关事项，出差休假自觉请假、报备。

（二）"两个责任"意识明显增强

局党组、局属单位党组（党委）、纪检组（纪委）切实履行抓党风廉政建设的政治责任，担当意识、责任意识明显增强。出台落实主体责任、监督责任实施意见，明确具体内容。各级党组（党委）召开专题会议300余次，研究党风廉政建设工作。建立约谈制度，机关党委明确京区直属单位落实"两个责任"的有关要求。局属单位主动履行主体责任，河北局主动公示科研项目经费支出；工力所探索财务报销审核预警，对报销审核中的疑点问题和潜在风险分析汇总，及时通报提醒；河南局对责任制量化考核，结果作为部门和个人年度考核的重要依据；部分单位党政主要负责人主动向驻局纪检组报告党风廉政建设工作情况。

纪检监察部门，特别是纪检组长（纪委书记），厘清职责、聚焦主业，转职能、转方式、转作风，工作更加积极主动，有思路、有措施，监督意识明显增强，履职能力明显提高。监察司和部分单位清理了参与的议事协调机构，将不是职责范围内的工作交还主责部门。

（三）专项治理取得重要进展

职能部门对专项治理和专项检查工作要求具体，指导到位，各单位高度重视，主动自查自纠、立行立改。各单位对外协合同进行检查，出台相关管理措施，有的单位要求报销野外作业租车费、探槽费提交点位坐标、现场照片等相关材料，有的单位审查外协单位工商登记情况，加大外协合同监管力度，堵塞漏洞。大多数单位认真开展经营性国有资产管理改革"四点要求"落实情况自查，职能部门组织抽查，进一步规范开发项目管理、财务监管和薪酬分配。各单位逐条梳理2011—2013年审计、财务稽查意见，认真整改，落实率90%，发展与财务司、监察司抽查23个单位整改情况，督促落实。

二、防震减灾事业改革发展的若干重大任务

党的十八大提出了全面建成小康社会的宏伟目标，党的十八届三中全会提出了全面深化改革的总目标和路线图，党的十八届四中全会明确了全面推进依法治国的总目标和重大任务。全局上下必须把思想和行动自觉统一到中央的决策部署上来，把中央系列决策精神作为一个整体来领会和贯彻，把防震减灾工作放到国家发展大局来谋划和推进。

近年来，我们在服务经济社会发展的实践中，不断完善防震减灾工作理念，探索出了一条符合国情、震情和社情的事业发展之路，形成了较为健全的理论体系和工作体系，经受住了大震巨灾的严峻考验。当前，面对防震减灾事业科学性难题、实践性问题和各种困难相互交织的复杂局面，面对防震减灾工作社会化程度越来越高、社会需求和参与越来越广泛的发展环境，面对小震致灾、中震大灾、大震巨灾时有发生的严峻现实，我们必须要有清醒的认识。

按照中央全面深化改革、依法治国的总体要求，结合防震减灾工作实际，对事业改革发展、重点领域、重大工作等，从思想理念、总体思路、方法途径和主要举措谈几点意见。

（一）关于深化改革

中央作出全面深化改革的决定后，地震部门及时进行了学习贯彻和全面部署，结合工作实际，正在逐步推进相关领域的改革。随着防震减灾事业向纵深发展，一些深层次的矛盾和问题更加凸显，必须通过深化改革加以解决，坚持在发展中改革，以改革促发展。重点要抓好以下四个层面的工作：一是，做好改革顶层设计。按照融入国家安全战略、构建公共安全体系的要求，谋划防震减灾事业发展改革。一方面，要抓住改革机遇，在国家层面的改革中，为事业发展创造更多有利条件。另一方面，要深化自身改革，优化总体布局，激发发展活力。二是，深化体制机制改革。不断完善政府领导、部门协作、社会参与的防震减灾管理体制，理顺国家、省和市县地震工作部门的职责和事权，充分发挥条块结合管理体制有利于调动中央和地方两个积极性的优势。不断完善决策、执行和监督机制，促进决策部署的落实。通过建立起功能明确、运行高效、治理完善、监管有力的管理体制和运行机制，提升工作效能。三是，深化行业管理改革。继续深化防震减灾工作从业务管理到行业管理的转变，在地震监测预报、震灾预防、应急救援各业务工作中，克服惯性思维，逐步改变自己管自己干、大包大揽的老做法，不断改进管理方式，强化管理措施，提升社会管理水平。在仪器研发、应用和维护，技术系统设计、建设和运维，科技开发和服务，数据共享等传统工作领域，通过管理改革，逐步引入包括市场方式在内的现代管理模式，适应防震减灾社会化的新形势。四是，深化事业单位改革。要从整体上统筹谋划，以职能整合为重点，促进事业单位合理布局。要用好改革政策，在分类改革实施中，保持事业单位机构稳定。同时，要借助改革良机，对事业单位的布局进行合理调整，根据服务事业发展的需要，优化事业单位机构、职能和人员配置，使地震部门结构更加合理、职责更加清晰、运行更加有效。

（二）关于融合发展

坚持防震减灾与经济社会融合发展，既是经济社会发展对防震减灾的客观要求，又是防震减灾事业发展的切实需要。融合发展的理念得到全局系统的积极响应，各地创新实践，不断积累丰富经验。随着防震减灾服务经济社会发展不断深入，越发彰显促进融合给事业发展带来的巨大空间与蓬勃活力。推进今后一个时期的防震减灾事业发展，仍然要坚持促进融合

发展。在观念上，要继续解放思想，善于把防震减灾放到经济社会总体发展中去谋划，紧盯社会对防震减灾的需求，找准防震减灾服务经济社会发展的切入点与着力点，增强事业融合发展的主动性和自觉性。在途径上，要紧跟防震减灾工作社会化程度越来越高的趋势，继续促进部门合作、局省合作，拓宽合作覆盖面，增强合作的深度与力度。在措施上，要与国家新型城镇化战略和"一带一路"、京津冀协同发展、长江经济带三大战略，与城乡规划、主体功能区规划和产业布局，与各行业和区域发展规划，与国土利用和重大工程建设全方位深度融合。在成效上，要切实通过融合，不断改进自身工作措施和方法，提升管理和服务社会的能力，促进各地各部门履行防震减灾职责，形成强大合力。在融合中实现防震减灾与经济社会各项事业协调发展、同步发展。

（三）关于提升城乡抗震设防能力

防震减灾，防为根本。我们基于农村基本不设防、城市存在薄弱环节的基本判断，致力于提升城乡抗震设防能力，创造性地开展工作，逐步打开了城乡抗震工作的崭新局面。特别值得指出的是，从先期试点探索，到 2006 年辅助国务院召开全国农村民居防震保安工作会议、发布指导性文件，再到 2014 年正式纳入党中央决策部署，以战略的眼光和扎实的作为，十年磨一剑，一步一步将农村民居地震安全工程成功推向了国家行动。地方各级党委政府积极响应，纷纷将此项工作纳入当地民生工程、惠民工程。工作成效逐步显现，对保障农村安全、改善农村居住环境、推进新农村建设、拉动农村内需、消化过剩产能、激发农村发展活力，发挥着越来越广泛的作用。同时，我们仍然要清醒地认识到，在西部，既取得了新疆连续十年多次 6～7 级地震零死亡的显著成效，也发生了云南鲁甸 6.5 级地震造成 617 人死亡，为新中国成立以来同级别地震死亡人数之最的震例。在东部，城市和城市群迅速发展，人口和财富更加聚集，信息化程度越来越高，在巨灾面前愈显脆弱，城市地震灾害风险切不可麻痹大意。地震部门要致力于促进地震安全均等化，全面提升城乡抗震设防能力，为实现两个百年目标做出更大贡献。要找准自身在城乡抗震设防中的工作定位，根据管理职能，重点围绕以下几个方面积极开展工作：第一，抓农村，要采取新举措。积极配合、坚决支持发展改革委等部门推进地震安全民居建设，发挥专业优势，提供技术服务，通力协作，共同推动率先在高烈度区和地震重点监视防御区全面实施农居地震安全工程。第二，抓城市，要开辟新领域。随着农村民居地震安全工程成为国家行动，我们要未雨绸缪，更加关注城市抗震设防工作。如何将解决城市抗震设防薄弱环节的工作，逐步纳入各级党委政府的视野，是一个新的重大课题。要根据城市和城市群所面临的地震风险，通过参与城市发展总体规划，落实抗震设防要求，抓住薄弱环节，提升城市防范地震灾害的能力。通过开展城市地震小区划、活动断层探测和震害预测，为城市防震减灾提供基础依据。通过建立城市地震信息平台，为城市和城市群防震减灾对策、地震应急准备和灾害处置提供服务。上下共同促进，开拓城市抗震设防工作新领域。第三，抓工程，要贯彻新要求。坚持行政管理、技术服务和市场运作三结合。新形势下，我们必须按照政府职能转变、权力下放的新要求，创新工作举措，履行抗震设防管理职责，做到法不授权不可为、法定职责必须为，切实将国家有关抗震设防法规、制度和标准落实到每项工程建设之中，大力推广减隔震等新技术和新材料的应用，确保达到抗震设防要求。第四，抓示范，要拓展覆盖面。大力开展防震减灾示范城市、示范县、示范社区、示范学校等创建工作，发挥示范引领作用。积极推进防震减灾工作纳入地方政府目标责任考核，促进工作全面开展。

（四）关于提高大震巨灾应急应对能力

我国地震应急救援能力快速提升，并在国家突发事件应对中发挥着引领作用。要树立底线思维，按照应对大震巨灾的要求，进一步加快地震应急救援能力升级，突出大应急、大联动，做好以下几个方面的工作：一要适应国家应急管理新机制。按照属地为主、分级负责、相互协同的新要求，加强地震应急工作，找准部门定位，调整工作布局，强化省市县地震部门职能，做好同级政府的参谋助手，以满足应对地震灾害的需要。二要履行好抗震救灾指挥部办公室职责。着眼提高抗震救灾辅助决策能力，建立涵盖地震信息、救援力量、基础设施及自然地理等内容，适应抗震救灾指挥需要的综合信息系统，丰富应急服务产品。落实国务院防震减灾工作联席会议制度，密切与其他各成员单位工作协调联系，会同相关部门加强督促检查，确保责任落实。三要提升地震应急救援适应能力。当高温、高寒、高原地区发生地震灾害时，城市和城市群地区发生地震灾害时，大震巨灾发生导致大范围破坏时，地震造成严重次生灾害时，均要具备相应的应对能力，经得起任何极端情况的考验，要按照这个标准开展相关的应急准备工作。四要促进地震应急救援联动。从高效应对大震巨灾出发，促进上下联动、军地联动、区域联动、社会联动，建立健全相关协调工作机制，确保震时形成工作合力。

（五）关于加强科技创新驱动

创新诞生活力，只有创新，才能发展。要落实中央提出的创新驱动发展战略，正视防震减灾领域存在的科学难题，同时充分认识到地震科技创新有着诸多有利条件和广阔的发展空间，要适应中央关于科技管理改革新形势，主动作为，争取支持，谋求地震科技创新在国家科技创新体系和经济社会发展中的地位和作用。一要以更宽视野认识地震科技创新。没有新思路，就没有新发展。推进地震科技创新，首先要解决认识问题，关键是必须树立科技自信。过去事业发展每向前迈出一步，都离不开科技创新，现在深化防震减灾行业治理、社会管理和公共服务，更离不开科技做支撑。二要站在更高层面谋划地震科技创新。地震科技创新既要着眼国家创新体系，找准地震科技创新生长点，又要在服务国家创新体系建设中发挥自身重要作用。要按照这个要求做好顶层设计和战略规划，把地震科技创新的优势和特点彰显出来，把创造力和闪光点激发出来。三要按照需求导向优化科技功能布局。突出需求导向，致力于服务防震减灾事业与经济社会发展，明确局属研究所、业务中心和省局在科技创新中的布局，增强基础研究和应用研究实效，服务地震部门职能履行，提高科技创新对防震减灾事业发展的支撑力和贡献率。四要以开放合作的思维促进科技创新。基于政府、社会、市场、个人多元参与的特点，地震科技创新要致力成为防震减灾开放融合先行先试的主战场和生力军。要充分运用国内外优势力量，通过科技资源共享、创新基地共建、重大科技项目合作等形式开展协同创新，促进行业融合、学科融合，提升地震科技创新能力。加强国际合作，提高我国地震科技水平和国际影响力。五要营造良好的科技创新环境。按照科技体制改革的要求，立足防震减灾科技创新实践，配置科技资源，建立创新平台，促进成果转化，完善激励机制，建立科技成果收益分配制度，激发科技创新的动力与活力。

（六）关于依法行政

政策法规是事业发展的灵魂，体现了软实力。随着防震减灾事业深入发展，越来越彰显政策法规保障的重要性，必须逐步健全与事业发展相适应的政策法规体系。从国家要求来说，贯彻落实中央精神和防震减灾决策部署，首先要从政策和制度层面来谋划，把防震减灾放到经济社会发展大局中去考虑，确保防震减灾工作始终符合国家的政策导向，始终紧跟国家的发展步伐。从部门职能来说，地震部门作为政府工作部门，其首要职能是拟订国家防震减灾政策法规，这是政府职能的核心体现。不断总结防震减灾工作实践经验，提炼上升为国家政策和法律制度，进而保障事业持续长远发展，是地震部门的神圣职责。从行业治理来说，实现防震减灾治理体系和治理能力现代化的总目标，必须建立起与经济社会发展相适应的防震减灾公共政策，建立起符合依法治国要求的防震减灾制度体系。从事业需求来说，随着防震减灾社会需求越来越广泛、社会参与越来越深入、社会化程度越来越高，只有依靠政策法规，才能有效调整防震减灾领域复杂的社会关系，引导、促进和保障各项工作开展。从工作措施来说，要通过政策、制度和标准等多种方式，建立相应的行业规则和规范，促进社会管理制度化、公共服务常态化、内部运行规范化，切实提升运用法治思维和法治方式管理防震减灾社会事务的能力。

（七）关于宣传工作

防震减灾宣传属于非工程性预防措施的范畴，是防震减灾基础性、社会性的工作。一要适应社会新形势。随着信息技术迅速进步，社会发展环境和公众生活习惯发生了显著变化，依赖传统的方式开展防震减灾宣传，已经不能满足社会的需要，必须适应社会形势的变化，创新宣传工作理念、思路和方法。二要拓展宣传工作途径。充分利用社会和公共资源，依靠各类媒体，发挥市场优势，引导专业力量积极参与到防震减灾宣传工作中来，鼓励支持有实力的机构开发应用既具有科学性、知识性，又具有时代性、趣味性，公众喜闻乐见的宣传产品，提升防震减灾宣传的社会影响力。三要创新宣传工作机制。加强与宣传、教育、科技、文化、广电等部门的合作，建立协作机制，发挥相关部门的组织领导优势。各级地震部门要切实履行法律赋予的防震减灾宣传工作协助、指导和督促职能，发挥谋划、设计和统筹的作用，变"我来宣传"为"大家来宣传"，形成宣传工作合力。四要强化社会舆情引导。适时面对媒体，把握舆情动态，善于应对和引导防震减灾舆情社情，为防震减灾事业发展营造良好的社会环境。

（八）关于地震预警系统和预报实验场建设

地震预警是国家功能和社会系统的范畴，体现了政府管理和应对灾害的能力与水平。局党组高度重视地震预警工作，在提出推进国家地震预警系统建设的构想后，从国家层面和长远发展出发，对这项社会期待高、技术难度大、工作责任重的实用性工程，进行了全面深入研究，并配合国家发展改革委基本完成了项目论证工作。地震预警工程的实施要把握好以下几个方面：一要做好总体设计。着眼国家减灾需求和国际发展趋势，从保障国家公共安全出发，通过台网融合、部门协作、行业带动和社会服务，实现地震监测一网多能，逐步形成国家地震灾害预警能力。二要把握关键环节。确保地震信息检测的准确性，预警信息发布的及时性，社会应急行动的有效性，这三点是地震预警能否取得减灾实效的关键。三要科学合理布局。基于我国地震活动分布，在南北地震带、首都圈、新疆和东南沿海四个重点地区建设地震预警骨干台网，形成破坏性地震预警能力。处理好国家骨干网与相关行业专用预警，以及紧急处置系统、预警信息接收和服务网络的关系，实现点面结合。四要完善法规标准。明确预警信息发布权限和程序，对地震预警系统建设、预警信息发布责任主体、发布条件、发布内容、发布方式以及预警应急行动等进行全面规范。四个重点区的省份要抓紧率先推进地方立法工作，为预警工程建设和服务提供制度保障。五要扩大对外协作。在预警系统的建设方面，要与教育、气象等部门密切合作；在预警信息发布方面，要与宣传、广电、工信等主管部门，铁路、水利、核电等特殊行业，以及各类传播媒介密切合作；要充分利用社会与公共资源，通过技术标准和行业要求，规范社会组织参与地震预警工作。六要改进项目管理模式。探索设立专门的重大项目管理机构，负责项目实施总体工作，明确项目法人单位、业务管理部门和实施单位的职能，做到职责清晰，提高项目管理水平。

地震预测预报探索是地震部门攻坚克难的使命。建设川滇国家地震预报实验场的总体思路是：选择重点区域，集中优势力量，配置优质资源，采取多种手段，加大地震预报研究探索力度，力求取得实实在在的成效与进步。需要考虑以下几个方面：一是，在功能定位上，要构建一个具有实验性、实践性、开放性的地震预报科学实验平台，兼具科学实验、预报实践、开放合作和人才培养多种功能。二是，在工作理念上，一方面要强化基础能力，为实验研究提供多方位、高质量的观测资料和基础信息，另一方面要完善运行机制，为开展预报科学实验营造开放的工作环境，这是实验场的两个关键。需要特别强调的是，机制是关键中的关键，是组建实验场的核心所在。三是，在工作目标上，要通过实验场的运行，提升对科研人员的吸引力，提升预报探索的生命力，提升预报为减灾服务的贡献力，实验场运行的效果必须在这三个方面予以体现。四是，在工作途径上，要促进监测、科研、预报相结合，促进地震长中短临渐近式预报跟踪相结合，促进科学实验探索与风险决策服务相结合。五是，在条件保障上，坚持内部稳定投入与外部资源吸引双轨制，在为实验场提供必要条件保障的同时，要通过实验场的影响力，逐步吸引国内外研究人员和资源参与到实验场工作中来，依靠工作实力，增强实验场的活力。

三、2015 年防震减灾重点任务

2015 年，是全面深化改革的关键之年，也是全面推进依法治国的开局之年，做好防震减灾工作意义重大。总体要求是：深入学习贯彻党的十八大，十八届三中、四中全会和习近平总书记系列重要讲话精神，认真落实国务院防震减灾工作部署，坚持防震减灾根本宗旨和融合式发展道路，着力推进防震减灾事业改革发展，全面、依法、规范履行防震减灾各项工作职责，为全面建成小康社会作出新贡献。

（一）以 7 级强震跟踪为重点，做好监测预报工作

7 级强震为重点的短临跟踪工作体系、工作机制是科学总结这些年经验基础上形成的，其核心是组织领导到位、工作重点突出、跟踪措施得力、责任明确到人，实践证明行之有效。要围绕组织领导、跟踪重点、跟踪措施、跟踪责任，继续坚持和不断完善工作方案，尤其要落实属地为主，分级、分区负责的监视跟踪责任制，把工作做实、做细、做深。工作不到位并造成重大影响的，要追究相应责任。要扎实做好各地各类监测资料处理与震情跟踪分析研判，严格执行宏微观异常零报告制度和异常核实工作规程，及时有效地开展异常核实工作，强化动态会商研判，力争做出有减灾实效的预测预报。

按照全国震情会商制度改革指导方案要求，各单位要抓紧制定会商改革实施方案，报局审批后逐步实施。在此基础上，各单位、各分析预报技术管理组要着力推进本地区、本学科

预测指标体系建设。加强组织管理，充分吸纳最新基础数据和科研成果，完成2016—2025年重防区确定工作。

加强台网运行管理，确保仪器正常运转、网络畅通。局信息化领导小组要主动发挥作用，打破数据共享壁垒，尽快实现各级各类观测数据资源的整合、共享和应用。利用云计算、大数据等新技术，优化整合行业基础设施和数据信息资源，探索政府购买服务、社会托管新模式。加快国家地震数据异地灾备中心建设，提升网络安全与数据服务保障能力。

（二）以地震危险区为重心，强化大震巨灾防范

各级地震部门要依法履行同级政府抗震救灾指挥部办公室职责，编制重特大地震灾害事件应急处置指南，协助地方政府做好年度危险区各项应急准备工作，确保各项防范措施落实到位。继续会同有关部门开展应急专项检查，推进应急检查规范化、常态化。加强地震灾害预估和应对处置要点研究，细化准备能力评估标准。4月底以前，完成11个重点危险区地震灾害预评估和应急处置要点方案。

组织开展国家地震救援队全员全装拉动演练，加快推进西南、西北国家地震救援队组建和能力建设。实施地震紧急救援物资储备示范工程，研究构建国家级地震紧急救援专业装备物资储备网络。继续推动避难场所建设，加强对地震志愿者的专业培训，有序引导社会力量参与应急救援行动。

继续拓展地震灾情搜集渠道，提升灾情信息快速获取、研判和处理能力。建立大震支援制度，完善国家、省级现场工作队协调联动机制，细化相关现场工作流程，提高地震现场行动快速处置能力和现场工作技术能力。

（三）以地震安全均等化为目标，拓展公共防灾服务

总结示范创建经验，完善推广激励机制，加大防震减灾示范创建工作力度，吸引各类社会主体更大程度、更深层面参与防震减灾示范创建活动，带动防震减灾工作协同发展。配合发展改革、住建等部门实施好地震安全农居工程。

继续加强抗震设防要求监督管理，强化新一代区划图的宣贯与实施，确保新建、改扩建工程达到抗震设防要求。改进活动断层探测方法、定位技术及震害预测技术，进一步提高活动断层探测和地震危险性评价水平，着力解决成果应用和效益发挥的最后一公里问题。利用三维虚拟仿真等技术，展示活动断层探测、震害预测、减隔震等科技成果，更好地服务于城乡规划、政府决策和公共安全。继续配合保监部门开展地震保险试点。

高度关注并指导市县地震部门机构改革和队伍建设，继续推进市县防震减灾工作纳入地方规划、财政预算、政府考核和基建程序，加快市县防震减灾信息管理系统建设，提高市县基础能力。指导市县依法制定权力清单和责任清单，从机制引导、政策制定、项目建设、经费投入和业务培训上给予市县更多支持，提升市县地震部门依法履职和服务社会的能力。

继续加强与宣传、教育、科技、文化、广电等部门的密切合作，增强宣传工作合力。注重发挥传统媒体和新媒体作用，提高宣传的时效性和覆盖面。完善与媒体、公众的信息沟通平台和机制，强化地震突发事件的舆情引导和风险应对。各单位要按照相关要求和统一部署，定期组织开展新闻宣传活动。年度地震危险区省局和广东局、福建局要试点建立例行新闻发布制度。优化整合内部资源，有效利用社会资源，制作一批科普教育精品。继续推进"六进"和"平安中国"系列宣传活动。积极推进网络宣传能力和通讯员队伍建设。

（四）以创新驱动为引领，提升地震科技支撑能力

探索建立现代科研院所评价制度和评价体系，强化科技绩效分类考核评价。完善科技信息管理系统，健全科研机构、科研人员信誉档案。研究促进科研成果转化的激励、收益分配政策，发挥市场、企业、社会组织和中介机构在科技资源配置中的作用。

完成8个局属重点实验室评估，落实"开放、流动、联合、竞争"的运行机制，发挥其在科技创新、人才培养和学术交流方面的带动作用。围绕重点突破方向和重点科技问题，配置优质资源，持续开展创新攻关。尽快完成烈度速报与预警等4个创新团队组建。

完成背景场、社会服务工程等项目验收。研究建立地震监测设备研发、生产组织体系和准入制度，规范管理流程，推进研发管理常态化、标准化和社会化。完善前兆、测震和预警技术保障机制。建设前兆仪器片区维修中心，推进强震动观测系统技术升级改造。

加大国际交流与合作，拓展"一带一路"国家防震减灾合作，深化与南亚国家、南海周边国家的合作，续签中美、中法、中意合作协议，实施中国-肯尼亚台网合作项目，启动全球地震台网预研。

（五）以提质增效为目的，推动重点领域和关键环节改革

强化防震减灾理论和政策研究，组织实施好政策研究重点任务，力争尽快产出系统性、针对性、应用性研究成果，为做好事业改革发展顶层设计打下坚实基础。深化资金管理机制改革，变革结转资金管理方式，统筹项目经费使用。完成各单位经营性国有资产管理改革方案审批并全面实施。进一步扩大预算绩效目标管理和评价范围。

按中央部署，全面完成事业单位改革分类。统筹考虑事业发展的全局性、战略性问题，调整功能定位和结构布局。制定综合配套改革措施，实施单位绩效考核和绩效工资制度，推进岗位管理和全员聘用制。在改革中要研究处理好各种利益关系，处理好改革发展与稳定的关系，力求保证改革基本到位，矛盾妥善化解。适应国家科技管理改革的新形势，推进地震科技改革创新。以强化台站运维和预报能力为目标，推进以中心台为重点的监测台网管理改革。着力推进贵州局体制调整管理工作。

以提高社会抗震设防能力为目标，加强抗震设防要求和地震安全性评价的制度约束和监管，规范安评行为，把好安评服务质量关，提高科技服务水平。加快修订地震安全性评价资质管理办法和地震安全性评价国家标准。加强安评执业资格核准取消后的事中、事后监管，推进抗震设防要求纳入投资项目审批并联办理，做好安评收费定价权下放后的接续工作。完善国家抗震设防要求行政审批网络服务平台。

（六）以发展需求为导向，抓好"十三五"规划编制

各单位、各部门要把规划编制列入年度重点任务，研究确定规划目标、主要任务和重点项目。按照规划编制指南，做好规划研究、起草、征求意见、论证、衔接等各环节工作，确保规划质量。要加强与地方政府的沟通，把防震减灾工作纳入地方总体规划。上半年完成"十三五"规划初稿，年底前完成各项规划的发布准备工作。

全力推进国家地震烈度速报与预警工程立项，组织完成项目可行性研究和工程初步设计。加快地震预警技术研发，完成测震、强震与烈度计观测数据的融合处理。根据不同的功能任务，推进京津冀、福建、川滇预警台网建设。

加快建设川滇国家预报实验场，依据实验场的科学目标和功能定位，对现有工作基础进

行评估，针对存在的关键问题和不足，编制完成实验场发展规划，制定管理和运行规章制度，建设观测实验基地和数据汇集共享服务平台，初步形成观测仪器试验、检测和数据服务能力。完善条件保障，制定激励政策，鼓励吸引国内外科研资源向实验场聚集。

（七）以完善制度体系为基础，提升行业治理能力

各单位、各部门要把国家防震减灾制度体系建设作为2015年的一项重要工作，按照制度体系设计和管理规定，全面推进各领域各层面的法规、制度和标准化建设。各省局要重视和加强政策法规工作，理顺整合政策研究、法制建设和标准化工作职能。

继续推进地震应急救援条例制定，继续完善地方性法规，突出做好地震预警法规建设。加快制定监测预报、震害防御、应急救援、地震科技等领域的行业管理规定，抓紧制定专用设备准入等急需管用的管理办法或细则。推进有关国家、行业、地方标准制定，重点强化各业务领域标准体系及其子体系的顶层设计，做好震级规定、预警信息发布、活动断层探测等标准的制修订。

全面推进依法行政，开展各级地震部门权力清单和责任清单梳理，促进部门职能、权限、责任规范化。加强行政许可监督管理，细化行政执法自由裁量权，落实行政执法责任制。继续组织实施各级执法检查、行政检查等法制监督活动，开展依法行政成效纳入考核指标体系调研和试点。开展重大决策法律咨询和建立法律顾问制度研究。加强政务信息数据服务平台和便民服务平台建设，全面推进政务公开。

（八）以提高能力素质为核心，抓好干部人才队伍建设

严格落实党组（党委）中心组理论学习制度，加强局属单位领导班子和领导干部学习情况的考核。严格执行民主集中制，健全和完善局党组及各单位科学民主决策制度体系。强化党组（党委）主体责任，抓好党建工作责任制落实，推进基层服务型党组织建设。落实2014—2018年地震系统党员教育培训实施意见，重点抓好处以上党员领导干部、专职党务干部、党支部书记和新党员培训。发挥好工青妇群团组织作用，做好统战工作。加强防震减灾文化建设。

强化领导干部的政治纪律和政治规矩意识，着力抓好领导班子民主生活会整改方案落实，推进领导干部作风建设常态化。进一步完善干部选拔任用机制，加强对领导班子的分析研判，抓好各单位领导班子考核调整，开展后备干部专题调研，加强后备干部队伍建设。坚持从严管理干部，探索推动目标考核和日常考核，开展领导干部个人有关事项报告抽查核实，干部人事档案"三龄二历一身份"审核等专项工作。从2015年1月起，对拟提拔为副处级及以上干部都要进行个人事项报告重点抽查核实。加强干部培养，推动机关与基层单位间、多震区与少震区间干部挂职交流。

建立以科技贡献率为导向的人才评价激励机制，做好优秀百人计划人员选拔，做好科技青年骨干人才培养项目和交流访问学者计划人员选派，强化科技人才创新能力培养。加强对科技人员教育和监督管理。全面完成地震分析预报岗位人员配置任务。继续组织好各级各类管理、业务、技能培训。

努力践行由服务管理工作向服务保障与文化教育并举转变的新思路，丰富老干部工作内涵，切实做好服务保障工作，深入推进老年文化建设，大力发展老年教育，注重引导老同志发挥积极作用。开好中国地震局第六次老干部工作会议。

统筹做好政务、保密、信访和后勤保障、安全生产等各项工作。

四、2015年党风廉政建设工作

做好2015年党风廉政建设工作，要深入贯彻党的十八届三中、四中全会和中央纪委第五次全会精神，落实"两个责任"，抓领导、领导抓，从具体可操作的工作入手，抓具体、具体抓，重点解决突出问题，抓反复、反复抓，把工作抓深、抓实、抓细。在全面落实反腐倡廉任务的基础上，重点抓好以下5项工作。

（一）抓住重点环节，落实"两个责任"

要以贯彻"两个责任"实施意见为抓手，突出重点环节，在制度落地上下功夫。

明确责任内容。党组（党委）是党风廉政建设工作的领导者、执行者、推动者，要切实履行好选人用人、制约监督权力、支持指导办案、廉洁从政以上率下的责任，要将党风廉政建设年度重点任务分解到各分管领导和职能部门，抓好任务落实。党政主要负责人是党风廉政建设责任制的"总开关"，是落实主体责任的第一责任人，要亲自上手，不仅当"教练"，更要当"队长"。班子成员要认真履行"一岗双责"，把党风廉政建设要求融入分管业务工作中，担负分管领域的主要领导责任。各部门负责人既要承担党组（党委）主体责任的具体任务，又要按逐级负责的原则，承担起本部门的主体责任，加强业务领域内项目、资金、人员的监管。纪检组长（纪委书记）是落实监督责任的第一责任人，要聚焦主业，专职的不分管纪检监察审计以外的工作，兼职的也要把主要精力放在落实监督责任上。

强化监督检查。通过巡视、专项检查、指导民主生活会等方式，对各单位各部门落实"两个责任"情况进行监督检查。开展约谈，指导工作，提出要求，督促履职尽责。建立专项工作报告机制，相关单位根据局党组及职能部门要求，就党风廉政建设某一项具体工作书面报告情况。各单位党政主要负责人和纪检组长（纪委书记）要各自调研剖析一两个项目，发现问题、堵塞漏洞、规范管理。

完善考核评价。以"两个责任"落实情况为主要内容，进一步完善党风廉政建设责任制考核，考核结果作为年度考核、干部选拔的重要依据。在局管干部年度考核中，加大责任制考核结果的权重，加大局党组评价的权重，加大驻局纪检组对各单位党政主要负责人和纪检组长（纪委书记）评价的权重。

严格责任追究。问责是落实责任的重要保障，各单位党组（党委）、纪检组（纪委）要严肃责任、严肃纪律，坚持有错必究、有责必问，对落实两个责任不到位导致不良影响的，一律追究责任。

（二）严明作风纪律，持之以恒纠正"四风"

巩固和深化教育实践活动成果，看住一个个节点、抓住一个个具体问题，紧盯"四风"新形式、新动向，严明纪律，推进作风建设常态化、长效化。公车改革后，局机关不得使用下属单位车辆；严禁以私车公用为由报销相关费用或领取补贴；严格执行公务接待规定，无公函的公务活动和来访人员一律不予接待，不得转移到食堂和地震台站违规公款吃喝，特别要重申的是，系统内公务接待、会议用餐等一律不饮酒，各级领导干部必须不折不扣地执行；严格执行差旅费规定，接待单位安排用餐和用车的，出差人员应缴纳伙食费和交通费；严格执行会议管理规定，严禁到21个风景名胜区召开会议，严禁通过会议费隐匿招待费等费用。严格因公出国（境）管理。职能部门加大监督检查力度，重点查处顶风违纪行为，严肃追究直接责任人和相关领导责任，防止"四风"问题反弹，形成作风建设新常态。

（三）强化权力的制约和监督，防范廉政风险

完善领导班子议事规则，明确"三重一大"事项范围，重大事项应会前充分酝酿、会上集体研究，不许独断专行、跑风漏气、各自为政。按照真实、准确、全面的原则，做好重大事项决策纪实。研究并决策"三重一大"事项的会议均要形成会议纪要。办公室、人事教育司要制定指导性意见，加强监督检查。

健全公开透明的干部选拔任用、人员招录机制，防止选人用人上的不正之风。对各单位干部选拔任用纪实进行指导和检查。落实干部交流轮岗，特别是干部人事、项目审批、资金管理、纪检监察审计等岗位的干部，要刚性轮岗。注意从领导干部个人事项报告、干部人事档案中，研判干部信息，对可能出现的风险早发现早提示。

进一步规范采购工作，加强全过程监管。属于集中采购目录以内或达到采购限额标准的，严禁化整为零或者采取其他方式规避政府采购。各单位自行组织的采购，要强化采购权力的制约，规范采购流程，严格审批把关，形成采购管理部门、实施部门、项目使用单位相分离的工作机制，优先采用竞争性采购方式，采购具体情况在单位内部公开，接受干部职工监督。严禁任何人引导或干预采购结果，严禁以各种方式接受贿赂，各级领导干部的亲属不得在本单位承揽项目。发展与财务司要加强对采购工作的指导和监督检查，规范政府采购纪实。

进一步做好科研项目经费支出公示。各研究所要重点选取测试化验加工费、燃料动力费、差旅费等科目，及时公示每笔支出，内容细化到人、到天、到具体事项。其他单位抽选部分项目进行内部公示。发展与财务司要抓好试点，完善相关制度，细化公示要求。

试点报销审核预警。财务部门在日常报销审核中对发现的疑点问题随时记录，定期汇总，向单位领导班子、纪检监察部门进行通报，做到防微杜渐，抓早抓小。出台合同管理和预算管理纪实规范，加强内部控制。

（四）进一步改进巡视工作，加大查办案件力度

把发现问题作为主要任务，加强和改进巡视工作。探索开展专项巡视，聚焦问题，突出重点、机动灵活。巡视意见、巡视整改情况在系统内公开。加强对巡视整改落实情况的监督检查。加大巡视前经济责任审计力度。健全纪检监察、财务、组织人事、信访等方面协调机制，梳理、提出问题线索，使巡视指向更加明确。

领导和支持纪检监察部门查办案件，是党组（党委）履行主体责任的重要内容。各单位党组（党委）要高度重视，及时听取办案工作汇报，协调解决重大问题，全力支持和保障纪检监察部门执纪办案。纪检监察部门要突出办案主业，注意发现线索，有案必查、有腐必惩，特别要重点查处党的十八大后不收敛不收手的领导干部。做好问题线索分类处置，定期清理、规范管理。各单位问题线索处置和查办案件情况要按规定向监察司报告。坚持查办案件责任追究制度，对故意隐瞒重要问题压案不查、线索具体却不认真核查等"五种情况"，严肃追究责任。监察司、机关纪委要督促指导各单位办案，对长期不办案的单位进行约谈。

（五）针对突出问题，深化专项治理和专项检查

一是深化外协合同管理专项治理。对2014年签订的协入和协出合同进行检查，重点关注测试加工、挖槽钻孔、数据处理、租用车辆等支出。要健全外协合同签订和经费支出审核把关机制，合同实施部门在报销时要提供工作照片等证明材料；业务主管部门审核任务承担单位资质、合同内容真实性和金额合理性，加强成果验收和质量把关；合同管理部门审核合同要素完整性；财务部门审核报销票据合规性和付款进度合理性，对协入经费要严格执行单位财务制度；各部门齐抓共管，避免虚报冒领、套取资金等问题。

二是深化经营性国有资产管理专项治理。落实好经营性国有资产管理改革的"四点要求"，发展与财务司就取消"承包制"、纳入大财务统一管理、加强财务监督提出具体、可操作的方案，人事教育司会同发展与财务司就开发实体建立公平合理、公开透明的收入分配制度提出具体、可操作的方案。加强监督检查，对"四点要求"仍未落实到位的，严肃追究领导班子责任。推行工程院等开发实体领导班子个人薪酬情况在单位内部公开。加大往来款清理力度，减少资金损失，降低税务风险。加强地震安评管理，防范地震安评扩大化，从严规范地震安评评审费发放范围和标准。加强对地震安评现场工作量的考核，杜绝伪造钻探、物探等现场工作成果，保证安评工作质量。严禁地震安评从业单位商业贿赂和安评管理部门有偿监管。

三是审计、财务稽查等整改意见落实专项检查。对2014年开展的"小金库"专项治理、审计、财务稽查等监督检查反馈的意见，各单位领导班子要集体研究，及时制定整改方案，一把手、纪检组长（纪委书记）及分管领导要跟踪督办，逐条落实。开展整改落实结果检查，同时做好2015年的专项审计、财务稽查等工作。职能部门要组织抽查，在系统内通报抽查情况。

四是开展台站经费收支专项检查。对2011年以来台站经费收入和支出情况进行检查，重点关注资产出租等收入不入账、假发票报销、经费支出随意等问题。各单位要强化对台站负责人经费审批权的监督制约，提高对台站运维费、台站基建项目的监管力度，搬迁补偿款要纳入预算管理，提高独立核算台站的财务工作水平。

各单位要高度重视专项治理和专项检查，抓紧开展自查自纠。2014年专项治理和专项检查任务尚不完全到位的单位，要尽快落实到位。职能部门要对近两年专项治理、专项检查任务完成情况组织抽查。除以上专项治理和专项检查任务外，各单位要深入分析自身存在的突出问题和薄弱环节，自行确定一两项专项治理任务，抓好落实。

纪检监察干部要牢记职责使命，聚焦党风廉政建设和反腐败斗争这个中心任务，深化转职能、转方式、转作风，敢于担当、敢于监督、敢于负责，更好地履行监督责任，以铁的纪律打造一支忠诚、干净、担当的纪检监察队伍。

防震减灾事业是一项民生工程，事关国家公共安全，责任重大，使命光荣，让我们紧密团结在以习近平同志为总书记的党中央周围，凝心聚力，扎实作为，以更大的决心和勇气推进改革发展，以更大的智慧和力度推进依法治理，为全面建成小康社会作出新的贡献！

（中国地震局办公室）

中国地震局党组书记、局长陈建民在中国地震局直属机关第八次党员代表大会上的讲话（摘要）

（2015 年 9 月 29 日）

一、把握新形势，增强做好党建工作的使命感和责任感

事业发展，关键在党。全面加强直属机关党的建设，事关党的路线方针政策的贯彻落实，事关防震减灾决策部署的全面实施，事关最大限度减轻地震灾害损失根本宗旨的有效实现。我们必须把握当前我国改革发展的新形势，提高思想认识，增强做好直属机关党建工作的使命感和责任感。

一是贯彻中央战略布局，彰显党建工作的极端重要性。党的十八大以来，以习近平同志为总书记的党中央，站在新的历史起点上，对加强和改进党的建设提出了一系列新观点、新论断、新要求，核心思想就是党要管党、从严治党。党中央明确提出了全面建成小康社会、全面深化改革、全面依法治国、全面从严治党"四个全面"战略布局，把全面从严治党作为我们党治国理政战略布局的重要内容，为新形势下推进党的建设指明了前进方向，提供了根本遵循，提出了更高要求。直属机关各级党组织要充分认识推进全面从严治党的极端重要性，深入学习贯彻党的十八大、十八届三中、四中全会精神和习近平总书记系列重要讲话精神，把党员干部的思想和行动统一到中央精神上来，把智慧和力量凝聚到中央部署上来，坚定道路自信、理论自信和制度自信。

二是推进事业改革发展，彰显党建工作的现实紧迫性。防震减灾工作事关人民群众生命财产安全、事关经济社会发展大局、事关社会和谐稳定，是中国特色社会主义事业的重要组成部分。党中央高度重视，做出了一系列关于防震减灾的重大决策部署。中国地震局党组贯彻党中央精神，不断完善防震减灾工作理念，探索出了一条符合防震减灾规律和特点，符合国情和震情，符合发展潮流和趋势的事业发展之路，形成了较为健全的理论体系、工作体系和制度体系，经受住了大震巨灾的严峻考验。实践表明，在急难险重任务面前，党的领导尤为重要，党组织尤为重要，党员干部尤为重要。当前，面对防震减灾事业科学性难题、实践性问题和各种困难相互交织的复杂局面，面对防震减灾工作社会化程度越来越高、社会需求和社会参与越来越广泛的发展环境，面对小震致灾、中震大灾、大震巨灾时有发生的严峻现实，做好新时期的防震减灾工作，对加强和改进党的建设，发挥党组织的战斗堡垒作用提出了新的更高要求。这需要直属机关各级党组织充分发挥思想政治优势和组织优势，为带领广大党员干部推动防震减灾事业改革发展提供坚强的思想、政治和组织保证。

三是践行"三严三实"要求，彰显党建工作的思想导向性。开展"三严三实"专题教育，是持续深入推进党的思想政治建设和作风建设的重要举措，是严肃党内政治生活、严明党的政治纪律和政治规矩的重要抓手。局党组和直属机关各单位党组织认真贯彻落实党中央要求，

突出问题导向，注重边学边改，开展了形式多样的学习研讨活动，收效明显。局机关是地震部门的中枢机构，京直单位是防震减灾工作的排头兵和生力军，位置特殊、责任重大，这要求我们抓工作、带队伍，必须坚持高标准、严要求。"三严三实"，核心是做人要严、干事要实，党建工作服务中心、建设队伍两大任务，体现的也是事和人两个层面，二者是高度统一的。践行"三严三实"要求，彰显了全面从严治党的思想导向性。京直各单位要着眼打造信念坚定、为民服务、勤政务实、敢于担当、清正廉洁的干部队伍，务求"三严三实"专题教育取得实效。

二、谋求新发展，不断提升全面从严治党的科学化水平

做好直属机关党建工作，必须牢牢抓住全面从严治党这一主线，紧紧围绕服务中心、建设队伍两大核心任务，抓住"三严三实"专题教育有利时机，着眼落实"四个全面"战略布局，深入推进思想建设、组织建设、作风建设、廉政建设和制度建设，为促进防震减灾服务经济社会发展提供坚强保障。

一要严守党的政治纪律和政治规矩。始终把握正确的政治方向，这是党建工作的灵魂。要深入学习贯彻习近平总书记系列重要讲话精神，强化思想理论武装，加强理想信念教育，坚持对党绝对忠诚，始终同党中央保持高度一致，做到政治方向正确、政治立场坚定。要学习贯彻党中央、国务院决策部署，坚决维护中央权威，坚决保证政令畅通。要坚持正面引导、主动引导，使党员干部始终保持思想清醒、增强政治定力。

二要严肃党内政治生活和组织原则。要坚持和发扬实事求是、理论联系实际、密切联系群众、开展批评和自我批评、坚持民主集中制等优良传统，提高党内政治生活的政治性原则性。要认真落实基层组织工作条例，按照规定程序和要求开展党内生活，着力解决不按规定开展党内活动，党内生活质量不高、流于形式、难以发挥作用等问题。要严格按照党的组织原则和党内政治生活准则办事，严格执行请示报告、个人重大事项报告等制度，坚决纠正无组织无纪律的行为。

三要改进部门工作作风和行业服务。要严格贯彻中央八项规定精神，落实《中国地震局党组关于进一步加强作风建设的意见》，坚决防止"四风"反弹。要发挥领导带头作用，以上率下、示范引领。要发挥党员模范作用，以身作则、相互促进。要发挥制度保障作用，科学立规、严格执纪。要按照转变政府职能的要求，践行最大限度减轻地震灾害损失根本宗旨，坚持防震减灾与经济社会融合发展，拓展防震减灾为经济社会发展服务的领域和途径，树立良好行业形象。

四要狠抓反腐倡廉建设和执纪问责。要深刻领会党中央、国务院决策部署，进一步抓好纪律建设，切实把纪律和规矩立起来、严起来，使党员干部做到心有所畏、言有所戒、行有所止。要关口前移，抓早抓小，对发现的苗头性、倾向性问题，及时纠正，防止小问题变成大问题。要敢于亮剑，对于违反纪律、不讲规矩的问题做到零容忍，发现一起、处理一起，决不姑息。要健全约谈制度，加大对重点领域、重点岗位、重点对象、重点时段的监督力度，严肃查办各类违纪案件。

五要巩固党建工作格局和群众基础。要完善党组（党委）书记负总责，分管领导分工负

责，机关党委（党办）、人事、纪检监察推进落实，部门负责人"一岗双责"的党建工作格局。要完善和落实党组织联系基层、党员联系群众"双联系"制度，加强对统战和群团工作的领导，支持工青妇等群众组织依法依章开展工作。要紧跟党员职工的实际需求，在政治上给予关怀，在思想上给予关切，在生活上给予关爱，让每一位党员职工都能切身感受到党组织的温暖。

六要严格干部队伍管理和党建考核。要认真贯彻《党政领导干部选拔任用工作条例》，严格干部选拔标准、程序和纪律，形成选人用人良性机制。要加强领导班子建设，强化领导干部管理和监督，督促履职尽责。要落实干部教育培训规划，加强干部教育培训，注重中青年干部培养。要加大对各级党组织的考核力度，完善党建述职评议考核工作，全面落实述职述党建、评议评党建、考核考党建、任用干部看党建的要求，使党建考核落到实处。

三、落实新要求，切实加强对党建工作的领导

抓好党建工作，关键在领导，根本在落实。要认真落实中央国家机关关于全面从严治党要求实施方案和局党组实施意见，明确职责分工，创新思路举措，健全长效机制，为做好直属机关党建工作提供更加有力的组织保障。

一是加强党建工作领导。各单位要成立党建工作领导小组，对党建工作实施统一领导、统筹谋划，将党建工作列入更加重要的工作日程。直属机关各级党组织主要负责人要牢记自己的党内职务和责任，牢固树立抓党建是本职、不抓党建是失职、抓不好党建是渎职的理念，把抓好党建作为首要之责。要建立各级党组织负责人抓党建的责任清单，明确主要负责人和班子成员抓党建的具体责任，细化到人，量化到岗，层层传导压力，推动全面从严治党要求落到实处。

二是创新党建工作机制。要按照党建工作和业务工作同部署、相融合、共促进的要求，本着支部强则党建强的理念，完善直属机关党建工作机制。要针对局机关、研究所、中心和学院工作特点，按照创建先进基层党支部的要求，完善相应的党建工作机制，创新党建工作方式。要建立组织人事部门、党务部门和纪检监察部门协作机制，形成党建工作合力。要按照服务主业、服务基层、服务党员、服务群众的要求，建立党建工作评价机制，发挥党员主体作用。

三是配强党建工作队伍。各单位党组织要把建设政治强、业务精、作风好的党务干部队伍作为一项重要任务来抓，选好配强各级党组织领导班子。要加强业务干部、组织人事干部与党务干部的交流，加强党务干部教育培训，提高党务干部综合素质，增强党务干部做好党群工作的本领。要把党务工作岗位作为培养锻炼干部的重要平台，促进干部全面成长发展，保持党务干部队伍生机活力。

（中国地震局直属机关党委）

中国地震局党组成员、副局长赵和平在 2015 年全国地震局长会暨党风廉政建设工作会议上的总结讲话（摘要）

（2015 年 1 月 20 日）

一、会议达到了预期效果

这次会议是地震系统全面贯彻党的十八大，十八届三中、四中全会和习近平总书记系列重要讲话精神，落实党中央、国务院关于防震减灾决策部署的一次重要会议。会议传达了十八届中央纪委第五次全会和国务院防震减灾工作联席会议精神，陈建民同志代表中国地震局党组作了重要讲话，与会同志围绕会议主题深入研讨、建言献策。会议开得很成功。

大家一致认为，陈建民局长的重要讲话思路清晰、意见明确，具有很强的政策性、指导性，对适应经济发展新常态，落实全面深化改革、全面推进依法治国、全面从严治党的新要求，推进防震减灾事业改革发展和党风廉政建设工作，具有重要而深远的意义。

2014 年工作总结客观实际，中国地震局党组坚定贯彻落实党中央精神和国务院重大部署，带领全系统、全行业，积极服务国家发展战略，推动融合发展，加强地震安全能力建设，依法履行职能职责，各项工作取得了显著成效。2015 年工作部署系统全面，任务明确、重点突出，刚性约束强，与局党组推动事业改革发展的总体思路、实施步骤、措施要求有机衔接、协调一致，内容务实，可操作、可检验。

2014 年党风廉政建设工作力度空前，成效显著，局党组敢于亮剑，强化问责，令人震动、使人警醒。对党风廉政建设形势分析透彻、查摆问题准确、剖析原因深刻。2015 年党风廉政建设工作部署坚持问题导向，目标清晰、要求具体，具有很强的针对性、可操作性。

会议代表们表示，习近平总书记、李克强总理等中央领导同志系列重要指示，汪洋副总理对此次会议的批示，让我们感受到了党中央对防震减灾工作的重视和期望，增强了使命感和紧迫感。大家一致表态，一定要把"守规矩"和"干事业"统一起来，提振奋发有为的精气神，保持实干履职的好状态，以科学有效的方法和锲而不舍的作风，确保中央精神和局党组决策部署落到实处。

总体来说，此次会议主题鲜明、内容充实、紧凑高效，会务安排和会风文风体现了改进工作作风的新要求，达到了预期效果。

二、全面把握会议精神

这次会议全面贯彻落实党的十八届三中、四中全会和十八届中央纪委第五次全会精神，紧密结合实际，明确了推进事业改革发展的若干重大任务，对新形势下做好防震减灾工作和党风廉政建设工作提出了明确要求。把握会议精神，要从四个方面入手。

第一，把握会议精神，要系统领会局党组关于改革发展的战略谋划。近年来，中国地震局党组基于对地震灾害特点和防震减灾基本规律的科学认识，不断完善防震减灾工作理念，形成了符合震情、国情和社情的防震减灾理论体系。确立了以最大限度减轻地震灾害损失为根本宗旨、坚持防震减灾与经济社会相融合的发展道路，形成了党委领导、政府负责、部门协作、社会参与、法治保障的工作格局。没有新思路，就没有新发展。正是得益于一系列新思路的引领，我们的工作体系更加健全，职能履行更加全面，基础能力不断提升，防震减灾服务经济社会发展的领域更加广阔、作用更加显著，地震部门的工作面貌和精神状态更加积极、更加振奋。我们既为经受住了历次地震灾害的严峻考验而感到自豪，又在小震致灾、中震大灾、大震巨灾面前深感重任在肩。事业发展永无止境，防震减灾任重道远。做好新时期的防震减灾工作，必须在继续坚持既定工作思路的基础上，顺应国家改革发展的大势，在发展中改革，以改革促发展，履职尽责，攻坚克难，不断增强防震减灾综合能力，更好地服务经济社会发展。这是局党组谋划改革发展的基本考虑。

第二，把握会议精神，要深刻理解事业改革发展的若干重大任务。陈建民局长在讲话中，从8个方面对防震减灾事业改革发展的重大任务进行了系统阐述。这8个方面的任务，体现了党中央关于全面深化改革、推进依法治国的要求，体现了防震减灾事业发展的实际，体现了政府和社会对防震减灾工作的关切。这8个方面的任务，对地震部门改革发展进行了顶层设计，描绘了事业改革发展的蓝图，回答了当前和今后一段时期干什么、为何干、怎么干的重大问题，具有很强的思想性和系统性。这8个方面的任务，坚持底线思维和问题导向，突出当前事业改革发展的重点和焦点，由表及里、多维思考，基于事业发展实践谈认识、指方法、出实招，具有很强的现实指导性和操作性。这8个方面的任务，既有宏观层面、又有具体举措，既有理念思路、又有方法途径，既着眼长远、又立足当前。每项重大任务的阐述，结构清晰、层次分明、内容丰富、言简意赅。大家要吃准、吃透，结合本地区本单位的实际，全面把握、统筹推进。

第三，把握会议精神，要牢固树立党风廉政建设主体责任和监督责任意识。党风廉政建设责任能不能担当起来，关键在主体责任这个"牛鼻子"抓没抓住。各单位党组（党委）要切实转变观念，把党风廉政建设主体责任当作分内之事、应尽之责，把意识放在心上，把责任扛在肩上，把任务抓在手上。以落实"两个责任"为主线，把党风廉政建设贯穿到各项工作中去。各级纪检监察部门要把"三转"落实到位，突出主业，聚焦监督执纪问责，坚持有错必纠、有责必问，有案必查、有腐必惩。作风建设永远在路上，纠正"四风"绝不是一阵子、一阵风，要常抓抓出习惯、抓出长效，形成地震系统作风建设新常态。

第四，把握会议精神，要将思想和行动统一到局党组决策部署上来。中国地震局党组关于事业改革发展的战略谋划和重大举措，是贯彻落实党中央精神的具体体现。全局上下要始终保持政治定力不动摇，更加自觉地与党中央和局党组保持高度一致；要始终保持战略自信不折腾，更加自觉地走防震减灾与经济社会发展相融合的道路；要始终保持实干劲头不懈怠，更加自觉地履行防震减灾工作职责。要通过深化改革激发活力。以改革的思维举措破解发展中的共性和个性问题。正如陈建民同志指出的，只要有利于最大限度减轻地震灾害损失，只要有利于促进防震减灾效能最大化，就可以大胆试、大胆闯，反之就要坚决破、坚决改。这两个有利于，是我们深化改革的总基调。要通过融合发展拓宽领域。以大视野、大谋划、大手笔推进全方位融合发展，对接国家战略，构建更具吸引力和生命力的机制和服务，打造更具实质性、更加广阔的发展融合平台。要通过依法行政形成合力。以法治思维和法治方式，推进防震减灾治理体系和治理能力现代化，全面履行防震减灾职责，进一步巩固防震减灾工作格局。要结合实际贯彻中央纪委第五次全会精神，提高思想认识，层层传导压力，落实好党风廉政建设工作5项重点任务。要通过从严治党强化队伍。以"三严三实"为要求，在"严"上较真，从"实"处着力，不断改进工作作风，弘扬行业精神，营造风清气正、善于作为的工作氛围，增强干部队伍的凝聚力和战斗力。

三、切实抓好贯彻落实

第一，学习传达要到位。各单位要将国务院联席会议和本次会议精神及时向当地党委政府汇报，及时组织本单位学习贯彻，及时传达到市县地震部门，推进防震减灾工作列入各级党委政府议事日程，把广大干部职工思想和行动切实统一到国务院对防震减灾工作的要求上来，统一到局党组推进事业改革发展的部署上来。

第二，落实措施要到位。各单位、各部门领导班子，特别是主要负责同志，要针对局党组提出的改革发展的重点任务和党风廉政建设的明确要求，尽快制订切实可行的指导方案，研究具体落实措施，主动作为，务求实效。要把改革任务和年度各项工作部署有机结合，分解到部门、具体到基层、落实到岗位、量化到个人，一级抓一级，一环扣一环，层层抓实。

第三，监督检查要到位。继续发挥国务院和省级政府抗震救灾指挥机构的职能作用，对各级地方政府落实防震减灾决策部署和大震巨灾应急防范主体责任进行督促检查。充分发挥各级人大的监督作用，推进政府和相关部门防震减灾工作责任的落实。局党组将适时对各单位各部门的贯彻落实情况，组织开展有针对性的检查，及时研究解决存在的问题。强化对2015年防震减灾和党风廉政建设任务落实情况的监督检查，建立健全任务落实督查、信息反馈、情况通报和责任追究长效机制。

第四，组织领导要到位。各单位领导班子要切实发挥对事业改革发展的领导作用，始终把改革发展和党风廉政建设的任务扛在肩上，在其位、谋其政、尽其责。一把手要发挥第一责任人的作用，当标杆，作表率。班子成员要发挥好分管作用，亲力亲为，敢于担当。要营造良好的发展环境，充分发挥干部职工的积极性和创造性，凝心聚力，共促发展。

（中国地震局办公室）

中国地震局党组成员、副局长修济刚在 2015 年全国地震应急救援工作会议上的讲话（摘要）

（2015 年 6 月 11 日）

一、地震应急救援工作成效显著

近几年来，按照党中央、国务院的部署和要求，在中国地震局党组正确领导下，地震系统各单位认真贯彻落实国务院提出的"分级负责、相互协同"的抗震救灾机制，按照国务院防震减灾联席工作会议和全国地震局长会暨党风廉政建设工作会议以及中国地震局党组一系列部署和要求，立足大震巨灾，全力推进地震应急救援能力建设，成功应对了多次显著地震灾害事件，各项工作取得了很大成绩。应急准备和应急处置工作能够很好地为各级政府服务，推动了地方地震应急准备工作的发展，在地震应急处置中发挥了重要的作用，尤其是为"分级负责、相互协同"抗震救灾机制的建立作出重要贡献。

（一）有序有效有力应对地震事件

2013 年至今，我国大陆共发生 5 级以上地震 82 次，地震灾害事件 33 次，共造成近 1000 人死亡、约 2 万人受伤，直接经济损失超过 1000 亿元。此外，2015 年 4 月 25 日尼泊尔 8.1 级地震对我国西藏自治区造成较大灾害，直接经济损失达 103 亿元，6 度区以上面积 4.7 万平方千米。每次破坏性地震发生后，中国地震局和有关省级地震局立即启动应急响应，向国务院和省级人民政府提出抗震救灾工作建议，中国地震局有关负责同志参加国务院工作组赶赴灾区，及时开展应急救援行动，协助灾区政府开展抗震救灾工作。中国地震局累计派出国家地震现场应急队 17 批约 600 余人次，四川、云南、西藏、甘肃、青海、新疆、吉林、内蒙古、山东、安徽、贵州等省（自治区）地震局共派出省级现场应急队 66 批约 2000 人次，高效开展地震流动监测、震情趋势判定、烈度评定、灾害调查评估和应急宣传等工作。北京、天津、河北、山西、广东、广西等省（自治区、直辖市）地震局妥善处置了本地区显著有感地震，稳定群众情绪，安定社会秩序，得到了政府的肯定。在地震突发事件应对中，地震系统广大干部职工能牢记使命，不畏艰险，恪尽职守，以实际行动充分展示了地震应急处置能力、专业素质和良好的精神风貌。

每次应对显著地震后，我局都及时总结经验，提高认识，改进工作，使地震系统的工作能力和水平不断提升。例如，尼泊尔发生 8.1 级地震，我们就面临新情况、新问题。首先，尼泊尔 8.1 级地震震中距我边境较近，对西藏地区造成较大影响，相当于境内发生 7 级以上的地震，此外，还发生了 3 次 7 级以上强余震。其次，我国分成国内国外两个工作区域同时积极应对，在国外，受党中央、国务院的指示，组织中国国际救援队实施救援；在国内，组织现场工作，国内和国外救援工作同时进行，这种情况还是第一次出现；第三，西藏灾区地处高海拔、少数民族地区，道路损毁严重，现场工作难度大；第四，在国际救援方面，我国政府第一次同时派出多支军地搜救、医疗、防疫、抢通抢修、直升机等队伍，等等，这些新情况和应对的举措还需要我们进一步认真总结和分析研究。

（二）参谋助手作用和公共服务能力显著提高

中国地震局、省级地震局分别承担着国家、省级防震减灾工作联席会议办公室、抗震救灾指挥部办公室的职责，我们要主动履职、发挥作用，积极协助政府开展地震灾害应急准备与应急处置各项工作，联合有关部门对应急准备情况、信息摸底统计，建立全面准确的应急救援信息库。震前，编制《地震灾害预评估和应急处置对策要点》，为地震应急准备提供指导。震后，迅速向国务院、省级抗震救灾指挥部及相关部门提供地震信息、灾害情况、灾害快速评估结果、应急处置对策建议等重要信息，协助灾区地方政府开展应急处置工作，为政府决策发挥参谋助手作用。

近年来，我们不断改进和规范服务产品，深挖潜能，快速产出，供各级领导指挥决策参考，满足社会公众需求。探索建立地震烈度图发布和专家解读机制，及时将地震信息、地震动预测图、地震烈度图、图解地震等对外发布。

各省级地震局积极拓展渠道、搭建平台，出台了学校、医院、社区、人员密集场所地震紧急避险规范、避难场所建设规范等国家标准，积极指导各地大力推进应急避难场所建设。北京、山东等制订了地震应急避难场所管理办法、标准，福建等制订了避难场所建设规范，广东、广西等建成地震应急避难场所网络查询系统。

各地开展防震减灾知识"六进"活动，建设地震安全社区、示范学校和防震减灾科普教育基地，利用全国防灾减灾日、唐山地震纪念日等，大力开展防震减灾、应急避险、自救互救知识宣传教育，组织开展不同规模、形式多样的应急演练，有效增强了政府的应急救灾能力和社会公众的防灾避险意识。

（三）应急救援联动机制不断深化

继续健全完善军地、部门、区域间应急联动机制，深化应急联动、信息传递、资源共享等方面的合作。与解放军、武警、公安消防的合作进一步加强，对省级救援队的培训、建设、行动中的组织和指导作用进一步发挥，特别是，军地联动方面的协调配合进一步加强。深化与通信、交通、测绘、遥感等部门的合作，大部分地震部门与国土、民政、气象、住建、环保等部门联合制定地震应急联动工作方案，河北、甘肃地震局与电信、测绘、电力等部门制定有关地震灾害评估、基础信息及应急产品等方面的合作方案。6个联动协作区因地制宜制定地震应急协作联动机制、规章制度，大力推进区域内政府层面的协作。

（四）抗震救灾应急准备工作再上新台阶

从2014年开始，根据国务院的要求和部署，国务院抗震救灾指挥部对年度地震重点危险区抗震救灾应急准备情况进行检查，2014年、2015年分别派出督查组对有关地区开展专项督查，李克强总理，张高丽、汪洋副总理等领导同志对检查情况报告作出重要批示，并给予充分肯定。地震应急准备专项检查督查工作对指导督促地方落实应急防范主体责任，做好应急准备工作，有力有序有效开展抗震救灾，最大限度减轻地震灾害损失，发挥了重要作用。各地高度重视，结合实际情况，查找不足，不断完善体制机制，加大投入，狠抓地震应急防范准备，抗震救灾工作能力和水平有了新提高。实践证明，云南盈江、鲁甸、景谷和四川康定等重特大地震应急准备经受了检验。

（五）地震专业救援队伍建设进一步加强

在各级政府、相关部门和解放军、武警、公安消防的大力支持下，各级地震专业救援队伍发展迅速。截至目前，已建成国家级、省级地震专业救援队伍约80支，超过1.2万人，每个省（区、市）均建有2～5支省级地震专业救援队。据不完全统计，县级以上救援队人数达数十万人，其中，河北1.5万人，山西2.6万人，山东2.4万人，四川12万人，云南11万人，甘肃7.8万人，新疆2万人。

各地高度重视地震专业救援队伍能力建设，开展了形式多样的演练培训，主要包括："华东联动—2013"国内首次警地联合跨省地震应急救援协作演练。2014年武警部队四川方向警地抢险救援联训演练等。2015年5月，国家地震救援队全队480人开展全员全装拉动演练。这些演练以重特大地震为背景，检验队伍在不同地区军地联动、远程机动、指挥通联、搜救行动、自我保障为内容，等等。汪洋副总理对国家地震救援队全员全装拉动演练给予了充分肯定，作出"平时多流汗珠子，用时减少掉链子，十分必要"的重要批示。

统筹国家地震紧急救援训练基地和兰州国家陆地搜寻与救护基地，对国家级、省级专业救援队开展专业培训。2014年至今已举办了几十期培训班，培训人数超过1000人次。同时有关单位和专家积极配合编制救援专业培训教材和相关规范指南，为各级地震专业救援队素质和能力的提升提供了有力保障。

（六）现场应急工作越来越成熟、规范

在近几年地震现场应急处置工作中，已经形成了一套较为成熟、规范的地震现场工作模式。

坚持把抢救生命放在第一位。及时将地震速报、灾情快速评估结果，以及可能的重点搜救和排查区域等信息，提供给当地政府和抗震减灾所属部门，充分发挥地震部门的信息优势。

组织现场队第一时间赶赴现场，立即开展加密观测、加密会商，科学把握震情趋势，为政府救灾指挥提供基础信息和决策指挥建议，充分发挥地震局在震后应急协调中的作用。

集中力量开展烈度评定和灾害调查评估。同时由专家进行解读，为抢险救援、紧急安置、物资调配、损失评估、恢复重建等提供重要依据。

加强地震现场应急工作管理与协调。统一现场指挥，严格现场工作纪律；规范作业流程，统一数据资料格式，充分发挥党组织战斗堡垒作用和党员先锋模范作用。

强化应急宣传，以新闻发布、专题采访、网站、新媒体手段等形式主动对外发布工作成果，及时回应社会关切。

（七）应急救援法制法规和制度体系建设稳步推进

《地震应急救援条例》已列入国务院2015年立法计划，正在组织开展《地震应急救援条例》起草工作。

认真贯彻落实《国家地震应急预案》，加强应急预案修订工作指导。修订印发《中国地震局地震应急预案》，进一步明确各级地震部门和直属单位在地震应急响应中的职责和任务。各地再次修订省级政府地震应急预案。调整预案管理专家组，举办地震应急管理培训班，举行地震应急指挥平台系统年度演练，指导各地各部门开展地震应急演练。

大力推进地震应急救援领域的标准体系建设，形成了现场工作、灾害评估、避难场所、地震烈度、应急避险等一系列国家、行业和地方标准，用以指导地震应急救援工作。已颁布17个地震应急救援国家标准、7个行业标准、20个地方标准，《地震应急避难场所运行指南》《地

震烈度图绘制规范》等几十个标准正在编制之中。

（八）科技在地震应急救援中的支撑作用日渐显著

通过实施国家科技支撑、地震行业专项等项目，重点解决灾情预判和获取、灾害损失评估、应急处置辅助决策、现场调查等方面的关键技术。加强专家团队建设，高度重视应急救援理论、方法和技术研究工作。经过专家组多次研讨，认真分析各次地震处置工作中暴露出的短板和问题，初步取得了一批科研成果并开始应用于应急救援实践。例如，地震重点危险区地震灾害预评估研究不断深入，震后地震灾害快速评估准确程度有较大提升；按照标准规范，利用现场调查、遥感影像、强震动记录等结果，充分使用最新方法和技术，地震烈度图制作标准和水平得到明显提高；地震现场移动办公系统已处于样机实验、试点试用阶段；基于电力、通信网络状况的灾情快速获取工作已在河北、甘肃等地开始试点、示范建设；中、小型无人机灾情获取实用化研究，已在鲁甸、景谷等地震应急中开始尝试，并于2015年在山西、四川、云南、甘肃等地进行实验性航拍。

（九）地震应急救援国际交流合作稳步推进

积极参与国际人道主义事务。参加国际搜索与救援咨询团年会、搜救队长会、亚太分会等重要会议和活动，与美国联合举办亚太地震应急演练。2015年5月，参加东盟第四次论坛救援演练。担任2014—2016年度亚太合作伙伴轮值主席国。2015年10月开始，我局将第三次代表中国担任国际搜索与救援咨询团亚太地区主席国。组织完成4期武警骨干力量赴新加坡参加国际救援培训，首次与新加坡民防部队联合开展冬季适应性训练。派员参加联合国灾害评估与协调队队员年度培训。

特别是2014年8月，中国国际救援队接受联合国分级测评复测并顺利通过。标志着中国国际救援队继2009年通过联合国能力分级测评后，得到联合国国际重型救援队资格新的确认。复测的通过，是中国国际救援队整体能力的综合体现，是今后受援国接受中国国际救援队开展救援行动的重要依据，对于全面提高中国国际救援队在国际救援领域的地位和作用，促进我国专业救援队伍规范化和标准化建设，必将起到重要促进作用。中国国际救援队已经成为世界一流的重型搜救队伍，中国地震局代表中国政府在国际应急搜救领域的地位越来越稳固，作用越来越明显，在亚太地区已经成为起着主导作用的国家之一，所承担的责任和义务越来越多。

（十）"十三五"专项规划编制进展顺利

全面推进"十三五"地震应急救援专项规划编制工作。在深入分析研究当前应急救援工作形势、存在的问题和面临的机遇的基础上，研究提出"十三五"时期的基本发展思路，制定了"十三五"应急救援规划编制方案，开展了规划架构设计。经多次集中研讨，明确"十三五"地震应急救援的发展目标、指导原则、重点任务和重大举措。

二、下一步重点工作

我们要认真贯彻落实习近平总书记、李克强总理等中央领导的重要批示精神，根据国务院防震减灾联席会议要求，按照局党组的统一部署，按照陈建民局长重要讲话精神，坚持依靠科技、依靠法治、依靠群众，将地震应急救援工作融入社会经济发展大局，抓住机遇，迎接挑战，继续做好各项工作。

（一）加强抗震救灾指挥机构建设

地震部门承担着各级政府防震减灾联席会议、抗震救灾指挥部办公室的职责，要切实履行好应尽的责任，发挥好参谋助手作用，为政府抗震救灾工作搭建好指挥协调的平台。各省级地震局要重视发挥同级政府抗震救灾指挥部办公室的作用，完善抗震救灾指挥部机构办公室工作机制，定期调整、按需补充指挥部组成单位和人员，会同有关部门，理顺组成单位职责，明确任务，制订计划方案。要督促各级政府、有关部门适时编制修订应急预案，加强地震重点危险区应急准备检查常态化建设，将各项准备措施落实到位。

（二）全面做好地震应急准备

面对严峻复杂的地震形势，我们要按照汪洋副总理"有震无震按有震防，大震小震按大震防"，"只要有1%的可能，就要做100%的准备"的要求，牢固树立底线思维。要立足防大震、救大灾，协助政府做好应急防范准备。首先，分析研究风险，掌握相关情况信息。要认真分析研究辖区内面临的地震风险和震灾特点，准确把握辖区内人口、建筑、基本地理信息、交通、经济等基本情况和应急处置力量、物资等情况，做好地震重点危险区灾害预评估工作。其次，要按照"分级负责、相互协同"机制要求，制订省内跨区支援、跨省支援的计划方案，强化实化军地间、部门间、区域间协同配合机制，确保一旦发生地震，各类应急处置力量和资源快速部署、统一调度、合理调配，形成强大的抢险救灾合力。三是要加大应急管理干部和专业人员培训力度，引导动员企事业单位、社会组织和广大群众积极参与地震应急准备工作。四是地震部门要提高自身能力，做好地震应急预案、方案，加强应急指挥平台建设，增加专业应急物资、器材的种类和数量，加大自身队伍的培训和演练力度。

（三）持续推进应急救援队伍建设

继续加强国家地震救援队规范化、专业化建设，参照最新国际标准，依据近期实战经验，组织开展培训演练。推进西南、西北军队国家级地震灾害紧急救援队组建和能力建设。持续开展对省级救援队技术骨干的专业培训，加大对省、市、县地震救援队伍的指导力度。加快实施地震紧急救援物资储备示范工程，研究构建国家级地震应急救援专业装备物资储备网络。全面加强国家和省级现场应急工作队规范化、专业化、现代化建设。

（四）推进地震应急法制、预案、标准建设

加强防震减灾治理体系和治理能力建设，从履行社会管理和公共服务职能入手，推进地震应急救援领域制度建设。要抓紧推动《地震应急救援条例》出台，各地要结合本地区情况，研究制定地方性地震应急救援法规、规范。加快地震专业救援队队伍建设、行动与技术、培训演练、救援装备等标准规范的研究，在预案管理方面，要进一步完善编制、备案、演练、评估等制度，提高应急预案的针对性、实用性和可操作性。在编制标准、规范方面，要从"拥有"向"管用"提高，高度重视规范、标准的合理性、科学性、实用性。

（五）完善技术信息系统，提高灾情获取和研判能力

各地要结合"十三五"规划编制，结合国家地震社会服务工程项目成果，认真分析评估近年来新技术新成果，对指挥技术系统进行升级改造，不断完善系统功能，提升灾情分析研判、指挥协调辅助能力。各地要重视依托地方应急管理、民政等部门建立获取地震灾情的体系。建立完善地震灾情速报网络，扩大灾情速报人员队伍，建立覆盖乡村、社区的地震灾情速报人员网络，研究建立国家—省—市—县四级联动的灾情速报平台。要积极开展在灾情快速获取和研判方面的新技术新方法新研究，提升快速获取、处理和研判能力，强化部门间灾情数据信息共享，推进卫星遥感灾情获取系统、无人机灾情获取系统建设，加快基于电力、通信状况的灾情获取试点、示范建设，着手基于烈度速报网的灾害情况自动生成技术的研究。

（六）加强应急救援培训和演练

各地要推进地震应急管理培训纳入各级领导干部和公务员培训体系，提高应急管理能力和意识。加大专业应急救援队伍培训力度，完善培训、训练基础设施，扩充设备和器材，完善培训教材，提升培训训练能力。依托国家地震紧急救援训练基地、兰州陆地搜寻救护基地，以及在建和计划建设的省级地震应急救援培训基地等，形成网络，形成整体能力，扩大地震应急救援科普宣传教育面，提高社会公众防震减灾意识和自救互救能力。各地要大力推进地震应急演练常态化、制度化，主动配合地方政府做好地震应急演练。

（七）加强市县地震应急救援工作

市县是地震应急救援准备、应急处置各项工作措施落地的主要组织者和承担者，直接面向社会、面向基层，关系着应急救援成效能否达到最后一公里，地位重要，作用重大。省级地震局要因地制宜，进一步研究规范市县地震应急救援工作，对市县地震应急体制机制、预案方案、技术平台、自救互救、救援队伍、物资储备和应急避难场所等方面的建设和管理提出指导性意见。有关部门、直属单位、专家团队也要深入研究，提供政策、方法、技术方面的建议和支持。同时省级地震局应对市县地震工作部门的机构建设、人员编制、工作条件等方面给予指导和协助。

（八）全力做好"十三五"规划编制

2015 年是"十三五"发展规划编制之年，各单位、各部门要按照中国地震局党组的统一安排和部署，站在国家角度、行业角度、系统角度稳步推进应急救援规划编制工作，准确把握好国家经济发展形势和社会迫切需要，发挥好应急救援在落实党中央要求和实现防震减灾2020 目标中的重要支撑作用。应急救援专项规划，包括地震应急准备能力建设、应急救援专业装备建设、地震灾情获取与应急产品产出建设和地震紧急救援训练基地建设等内容。要做好"十三五"规划和"十二五"规划、应急救援专项规划和国家防震减灾规划、应急救援专项规划和省防震减灾规划的协调衔接，要在认真梳理应急救援事业发展的关键、重点、难点问题的基础上，提出实实在在的任务、项目、措施，真正编制成具有"科学性、前瞻性、可操作性"的发展规划。

（中国地震局办公室）

中央纪委驻中国地震局纪检组组长、局党组成员张友民在集体约谈中国地震局京区 11 个直属单位纪委书记时的讲话（摘要）

（2015 年 6 月 16 日）

全面从严治党关键是"治"，就是要标本兼治、综合治理；要害是"严"，就是要严格教育、管理、监督。要结合地震系统实际，把握好五个方面：

从严治党必须面向全体党员，重点是党员领导干部。从严治党无一例外，要面向地震系统全体党员，重点在处级以上领导干部特别是局管干部。局党组、局机关各司室、京区直属单位领导班子是地震系统抓从严治党的重中之重。

从严治党必须筑牢思想和纪律两道防线。作为党员，要从思想深处解决世界观、人生观、价值观问题，时刻严格要求自己，思想防线筑牢了，就不想腐。必须严格遵守党的各项纪律，从保护、爱护干部角度加强监督，对苗头性、倾向性问题及时谈话提醒、批评教育，对违反纪律的抓早抓小，纪律防线牢固了，才不敢腐。

从严治党必须标本兼治、惩防并举。要从领导干部开始，抓实廉政教育、警示教育、反腐倡廉制度建设、廉政风险防控、教育实践活动、"三严三实"专题教育等治本措施。要加大纪律审查工作力度，提升教育说服力、制度执行力和监督震慑力。

从严治党必须把握好"两个责任"。"两个责任"是落实责任制的关键。主体责任中包含监督责任，重点是履行好组织领导、选人用人、纠风肃纪、规范权力、支持保障、示范表率 6 个方面责任。驻局纪检组、监察司、机关纪委、各单位纪委主要履行组织协调、监督检查、执纪办案、追究问责 4 个方面的监督责任。

从严治党必须培养忠诚干净担当的纪检队伍。作为纪检干部特别是纪检领导干部，要加强党的知识、纪检监察审计专业知识的学习，加强党性锻炼，讲政治、守规矩。要干干净净做事，敢于担当、爱岗敬业。要敢于监督、善于监督，讲党性、不讲私情，讲原则、不讲关系。要从思想上、工作上、认识上"三转"，真正做到监督执纪问责到位。

（驻中国地震局纪检组监察司）

中国地震局党组成员、副局长阴朝民在中国地震局2015年发展与财务工作会议暨国家地震烈度速报与预警工程项目启动会议上的讲话（摘要）

（2015年8月20日）

一、聚焦重点突破，年度工作成绩显著

2014年，发展与财务工作坚决贯彻局党组重大决策部署，认真落实全国地震局长会和中国地震局发展与财务工作会议精神，围绕中心，服务大局，攻坚克难，圆满完成了年度各项工作任务，在引领和保障事业融合发展上迈出新步伐、取得新进展。

（一）聚焦顶层设计，规划编制稳步推进

1. 认真做好防震减灾"十三五"规划编制顶层设计。根据国家统一部署，有序推进防震减灾"十三五"规划编制工作，成立领导小组和工作机构，陈建民局长担任组长。先后制定《规划编制工作方案》和《规划编制基本思路》，构建了规划总体框架，印发《中国地震局"十三五"事业发展规划大纲》和《规划编制指南》，为防震减灾"十三五"规划的编制奠定了坚实基础。落实国务院防震减灾联席会议精神，把中国地震局编制《中国地震局"十三五"事业发展规划纲要》调整为中国地震局与国家发展改革委联合编制《防震减灾规划（2016—2020年）》，从国家层面规划防震减灾事业未来五年的发展。

2. 顺利完成"十三五"规划初稿编制。机关各部门、系统各单位高度重视规划编制，各规划编制组多次深入基层调研、组织召开研讨会，系统总结中国地震局历时五年规划编制思路，从提升监测预报、震灾预防、应急救援三大能力，提升社会管理、公共服务、基础能力建设，再到充分发挥和处理好政府、社会、市场的关系，立足党中央提出的重大工程、重大项目、重大政策的总要求，对规划的目标指标、主要任务、重点工程、重点项目等规划主体内容进行深入研讨，不断完善规划内容。目前，《防震减灾规划（2016—2020年）》、6个专项规划和各省级（单位）规划初稿编写工作已经完成。部分省地震局已经在本省开展了规划初稿的论证、征求意见建议的工作。

3. 积极参加国家相关规划的编制。配合国家发展改革委、民政部等部门，积极参加《鲁甸地震灾后恢复重建总体规划》《国家空间基础设施中长期规划》等编写工作，反映防震减灾工作需求，落实防震减灾工作任务。落实防震减灾融合式发展要求，就《国民经济和社会发展"十三五"规划纲要》的目标指标、重大工程和重大项目等重点内容提供意见建议。

（二）聚焦深化改革，发展活力逐步增强

1. 继续深化预算管理改革。认真贯彻新《预算法》和《国务院关于深化预算管理改革的决定》，编制了中国地震局3年财政中期规划，优化项目设计，建立了滚动项目库，强化地

工作专项支撑。加强科技项目资金管理，有序推进局属五个研究所科研项目经费公示。加强结转结余资金管理，2014年统筹安排结余资金2200多万元。

2. 稳步推进经营性国有资产改革。积极落实经营性国有资产改革"四点要求"，提出企业经营、事业单位二类过渡、事业单位一类过渡等经营性国有资产管理3种改革模式，印发《中国地震局经营性国有资产管理改革模式与管理要点》，指导局属各单位稳步推进改革进程。截至目前，已有42个单位上报了经营性国有资产管理改革方案，已批复31个单位的改革方案。

3. 审慎完成公车改革阶段性任务。根据党中央统一部署，开展各单位公务车辆资源、在岗司勤人员调查。制订所属各单位公务用车实施方案，选择10个单位进行试点。严格规范公务用车支出管理，严格审核购车申请。

（三）聚焦资源配置，重大项目取得突破

1. 努力争取财政投入。中央财政对防震减灾工作投入持续增长。2014年落实中央财政拨款29.46亿元，中央财政人员经费保障力度达到88.53%。2015年落实年初预算29.96亿元，按照突出重点、量入为出的原则，合理安排2015年度资金，有力保障了全局各项工作开展。鲁甸、皮山、尼泊尔等地震后，及时与国家发展改革委、财政部沟通，申请紧急救援和科考经费，保障抗震救灾工作开展。

2. 攻坚预警项目立项。完善国家地震烈度速报与预警工程项目立项设计，积极与教育部、中国气象局、中国铁路总公司开展部门合作，形成了共同推进国家地震烈度速报与预警工程项目立项建设的工作局面。配合中国国际工程咨询公司完成立项评估报告。在大家的共同努力下，2015年6月，经国务院批准，国家发展改革委下达了立项批复，工程总投资近18亿元。

3. 加快重点项目实施。加强背景场探测、社会服务工程、科学台阵等重点项目的实施管理和工程检查验收，做好联调试运行、财务决算等验收准备工作。目前，背景场探测、社会服务工程已完成单位工程和子项目正式验收。参加北斗地基增强系统的研制与建设，并正式成为北斗卫星导航系统的建设者和主用户。

4. 开展国有资产清查。印发《中国地震局国有资产产权登记暨资产清查工作方案》，全面启动国有资产清查、产权登记工作，系统内8个单位已通过审核后上报财政部。建立国有资产信息管理平台，实现统计、处置全过程管理。

（四）聚焦融合发展，开放合作不断拓展

1. 局省合作平台不断拓展。与广西、四川、青海3个省级人民政府签订了加强防震减灾能力建设合作协议，目前共签订局省合作协议11个。各合作省（区）认真落实协议内容，结合区域经济社会发展实际与震情灾情特点，有针对性地加大资金、项目投入，着力提升区域防震减灾能力。各市县地震部门借助局省合作平台，健全工作机构、稳定工作队伍、落实基层防震减灾任务，加强防震减灾综合能力建设。

2. 区域协作突出创新发展。配合国家区域发展战略部署，北京、天津、河北联合编制京津冀协同发展防震减灾专项规划，协同解决区域性关键问题，构建一体化发展平台，全面提升区域防震减灾能力。支持粤港澳合作开展了珠江口区域海陆联合三维地震构造探测项目，支持闽台合作开展福建及台湾海峡深部构造陆海联测，推动两岸三地防震减灾科技交流，促进防震减灾综合能力提升。

3．行业援疆推动跨越发展。自全国地震系统开展对口援疆工作以来，局系统对口援疆单位投入 4000 多万元，带动新疆各地州市配套资金逾 8000 万元。通过对口援疆，新疆基层工作队伍不断壮大，办公条件大为改善、台站数量大幅度增长，工作得到了前所未有的发展。贯彻落实中央第二次新疆工作座谈会精神，制定了工作方案，明确了对口援疆工作向更宽领域、更深层次和更高水平拓展的目标、任务和工作举措。

（五）聚焦依法履责，监管举措日趋完善

1．强化财务监管。着力推动发展与财务管理信息系统建设，完善财务会计核算模块，实现全系统预算全过程管理。加强财务稽查工作，增强稽查的严肃性和震慑力，解决一些单位财务管理中存在的顽疾。制订预算管理工作纪实指导意见，启动存量资金专项清查，推动存量资金消化工作，提高预算执行效率，继续公开部门年度预、决算书。获 2014 年度中央部门预算管理二等奖、2015 年获一等奖。

2．加强资产监管。积极开展财政部资产管理信息平台升级试点工作，完成了 7 个单位信息系统升级并正式启用。严格执行中央事业单位资产管理和处置办法规定，加强固定资产的报废、调拨、捐赠等事项审批备案制度管理。加强资产决算和评价管理。2014 年分获国资委资产汇总一等奖和国管局资产决算评比第一名。

3．严格政府采购，完善事业统计。加强政府采购工作的管理和执行，全面做好计划编制、预算核实、申请审批、进口设备申购、集中采购、反馈信息等各环节的工作，确保资金支出安全。

此外，局党组非常重视发展与财务队伍建设，2014 年印发了《加强地震系统发展与财务队伍建设的意见》，为进一步引领事业发展、落实改革举措、规范机构设置、强化专业力量、提升发展与财务管理服务水平奠定了坚实基础。

二、准确把握发展与财务工作新形势新要求

2015 年是深入贯彻落实以习近平同志为总书记的党中央提出的"四个全面"治国理政战略思想的重要一年，也是贯彻落实党中央国务院关于推进防震减灾工作的决策部署，谋划未来防震减灾事业发展的重要一年。我们要充分认识防震减灾工作面临的新形势新要求，顺应"四个全面"的战略要求，顺应国家改革发展大势，全力做好发展与财务工作，推动防震减灾事业新的发展。

（一）党中央、国务院对防震减灾工作提出明确要求

2014 年，我国地震活动依然频繁，地震灾害多发。2014 年 8 月以来，我国境内相继发生了云南鲁甸 6.5 级、云南景谷 6.6 级和新疆皮山 6.5 级等破坏性地震，造成了严重人员伤亡和财产损失。其中，云南鲁甸 6.5 级地震共造成 617 人死亡、112 人失踪，为历次同级地震死亡人数之最，这充分反映出我国防震减灾形势依然严峻，薄弱环节依然突出，任务依然艰巨。

党中央、国务院高度重视防震减灾工作。习近平总书记、李克强总理等中央领导同志多次就抗震救灾、恢复重建以及做好震情监视跟踪和分析研判等工作做出重要指示批示。年初召开的国务院防震减灾工作联席会议全面部署了年度防震减灾工作，明确提出强化地震重点危险区防范应对工作，加快实施农村民居地震安全工程，做好防震减灾规划编制、加大地震

灾害基础性研究的支持力度，组织开展地震应急演练等具体工作要求。

2015年5月29日，中共中央政治局就健全公共安全体系进行第二十三次集体学习，要求增强忧患意识和责任意识，切实增强抵御和应对自然灾害能力，坚持以防为主、防抗救相结合的方针，坚持常态减灾和非常态救灾相统一，全面提高全社会抵御自然灾害的综合防范能力。这是对抵御和应对自然灾害提出的总体要求，也是多年来我们开展防震减灾工作的方针，我们要适应当前的新环境和新要求，结合地震系统实际，进一步开拓创新，深入落实党中央关于抵御和应对自然灾害的工作方针。

面对当前复杂严峻的震情灾情形势和党中央、国务院的工作要求，中国地震局党组在2015年全国地震局长会暨党风廉政工作会议上对防震减灾年度工作做出具体部署的同时，突出强调了深化事业改革、推进融合发展、提升城乡抗震能力、提高大震巨灾应急应对能力、实施科技创新驱动、坚持依法行政、加强科普宣传、建设地震预警系统和预报实验场8项重点任务。发展与财务工作是全局性、综合性的工作，在落实党中央、国务院、中国地震局党组工作要求和决策部署、推动防震减灾各项工作中发挥至关重要的作用。发展与财务部门要始终把服务于最大限度减轻地震灾害损失的宗旨作为工作的出发点和落脚点，坚持融合式发展道路，充分发挥发展与财务工作在规划引领事业发展、科学合理配置资源等方面的作用，把党中央、国务院和中国地震局党组的决策部署贯彻落实好。

（二）发展与财务工作面临政策新环境

随着国家经济社会环境发展变化，特别是"四个全面"治国理政战略思想的提出，发展与财务工作面临着新的形势和新的要求。

一是国家经济发展呈现新常态。在经历30多年的高速增长之后，2014年，我国经济发展由原来的高速增长调速换挡到中高速增长的新阶段，增长方式由原来的以规模扩张为主要特征的粗放式增长向提质增效为主要内容的内涵式增长转变。客观上也要求我们进一步提高精细化管理水平，科学合理利用好资金资产，切实提高工作效率。

二是防灾减灾体制出现新特点。党的十八届三中全会明确提出"健全防灾减灾救灾体制"的要求，过去的一年，国家有关部门对"中央指导，地方为主"的抗震救灾和恢复重建的新体制进行了调研完善。2015年6月，根据党的十八届三中、四中全会提出的建立事权和支出责任相适应的制度要求及中央全面深化改革领导小组的部署，财政部正在制定《理顺中央与地方事权和支出责任的指导意见》，进一步优化各级政府在公共事务与服务中的任务职责和相应的财政支出保障。新的体制将对防震减灾事业产生深远影响。

三是发展规划管理提出新要求。自国家启动"十三五"规划编制以来，按照党中央、国务院的要求，国家发展改革委已多次印发文件，广泛征求对国家"十三五"规划《纲要》的意见建议，并对规划发展目标指标、重大工程和重大项目、战略行动、战略任务和政策举措的编制提出了更加明确具体的要求，如规划目标要具体明确，指标要具有代表性、可量化可监测，项目和工程要能够显著推动事业发展，任务和政策具有全局意义和深远影响。这些要求都需要在"十三五"规划编制的过程中加以落实。

四是国家行政和财经改革提出新课题。过去的一年，国家大力推进以简政放权为核心的行政体制改革，减少和下放包括地震安全性评价在内的行政审批事项，消除红顶中介。2014年底，国务院印发深化中央财政科技计划管理改革方案，对包括行业科研在内的各类科技计划和科技项目进行整合。国务院办公厅发文，要求进一步盘活存量资金。2015年初，新预算法正式实施，国务院和财政部出台了多项深化预算管理制度改革的措施。这些重大改革都将直接影响我局资金收支管理，需要发展与财务部门去适应。

随着"四个全面"治国理政战略思想的贯彻落实，防震减灾事业改革的进一步推进，发展与财务工作面临着新的更高要求，面临着更大的挑战，机遇与挑战并存，困难和希望同在。发展与财务部门要抢抓机遇，迎接挑战。要加强学习。认真学习党中央、国务院关于国家经济社会发展和防震减灾工作的决策部署，准确掌握国家出台的一系列政策要求，勤于思考，善于思考，找准工作的切入点和结合点，进一步增强发展与财务工作对防震减灾事业改革发展的支撑。要坚持改革创新。认真学习国家深化改革的相关要求，增强适应改革的主动性和积极性。以更大的决心和勇气推进防震减灾事业的改革创新，提高改革决策的科学性。把改革的力度和事业发展的速度统一起来，增强改革措施的协调性。要加强管理。进一步提高精细化管理水平，改进管理手段，加强制度建设，健全上下联动、整体配合的工作机制。通过发展与财务管理能力的提高，提升服务防震减灾事业发展的效能。

（三）进一步提高工作能力

科学的方法和扎实的作风是提高工作能力的关键。结合发展财务工作重点要在以下几个方面加强。

一要提高统筹兼顾能力。发展与财务工作涉及防震减灾工作的方方面面，要把统筹兼顾作为发展与财务工作的基本方法，不断提高统筹兼顾能力。在规划编制、资源配置、项目设立等工作中要善于综合考虑国家政策变化、防震减灾各工作领域需求、东中西部地区特点、局属单位性质等各个方面。在推进工作、解决问题时要处理好重点与一般的关系，注重抓重点、抓主要矛盾、抓矛盾的主要方面，同时要注意做好一般性常规工作。要处理好抓当前与谋长远的关系。立足现有基础和自身实际，做好发展与财务年度日常工作的同时，不断提高以战略的眼光去研究分析影响防震减灾事业发展的长远性问题，创新工作思路，完善工作方法，着力提高解决长远性问题的能力。

二要提高资金资产管理效能。当前我国经济下行压力很大，中央和地方财政收入增长放缓。国家行政审批制度改革不断深入，地震系统的经营服务收入，特别是地震安评收入将大幅减少，收支矛盾进一步突出。必须进一步提高资源管理效能，优化支出结构，盘活存量资金资产，用好增量资源，解决大量资金资产闲置与事业发展资金资产缺口并存的矛盾。突出重点、着力解决事业发展的急需性、关键性和遗留性问题，从严控制一般性支出，硬化预算约束，强化预算监督，推进预算公开透明，提高财政使用绩效。善用市场和政府两个资源，引导市场资源投入防震减灾领域。

三要提高依法依规理财的能力。牢固树立法治观念，全面、依法、规范履行发展与财务各项工作职责职能。以法制化、规范化为核心，以深化改革为动力，创新发展与财务管理体制、机制和管理方式，提高精细化管理水平，为防震减灾事业发展筑牢坚实的基础。以事业发展的全局性、稳定性和持续性为立足点，建立完备、管用的制度体系，并做好顶层设计与执行落实的对接，完善督查督办、跟踪问效、动态监管等机制，以制度执行激活发展活力，凝聚干事创业的巨大合力，提高管理与服务效能。

四要提高服务事业发展的主动性。发展与财务工作面临的改革发展任务十分繁重和艰巨，必须充分认识主动作为的重要性。继续发扬不推而动、主动作为的工作作风，脚踏实地、扎扎实实地抓好工作落实，保证各项任务的圆满完成。要积极进取、勇于担当，主动为防震减灾事业发展出谋划策，主动为防震减灾各部门各单位提供优质服务，主动争取中央各部委、社会各方面大力支持，为防震减灾事业发展注入新动力、增添新活力。以"抓铁有痕、踏石留印"和"钉钉子"的勇气和精神，一步步抓作风、一件件抓落实，全面推进发展与财务工作，服务防震减灾事业科学发展。

三、抢抓机遇，扎实做好发展与财务各项重点工作

2016 年是顺应国家经济社会发展新形势，推动防震减灾事业发展的重要一年。我们要认真贯彻落实习近平总书记、李克强总理等中央领导的重要批示精神，根据国务院联席会议的要求，按照中国地震局党组的部署，坚持防震减灾根本宗旨和融合式发展道路，抓住机遇，科学谋划，依法管理，优化服务，扎实抓好各项工作落实，努力实现改革发展有新突破、科学管理有新思路、财政投入有新增量、项目建设有新进展。

（一）抓好顶层设计，引领事业科学发展

全力做好规划编制工作。当前和今后一段时间是全面贯彻"四个全面"战略布局，推进防震减灾事业融合发展的关键历史时期，更加需要发挥规划的顶层引领作用。各单位、各部门要着力做好"十三五"规划编制工作，为防震减灾事业发展奠定更好的基础。目前《防震减灾规划（2016—2020 年）》初稿已经编制完成，规划目标、主要任务和重点项目等规划的主体内容已经基本成型，2016 年，要着力做好规划初稿评审论证和修改完善，做好与国家及省级综合减灾规划等相关规划的衔接，做好防震减灾"十三五"规划、三年中期财政规划、年度预算以及年度工作计划的相互衔接，为"十三五"规划的落实提供有力的保证。2015 年年底前要完成规划编制的主体任务，2016 年上半年完成规划发布。

深化合作发展的顶层设计。认真总结近几年局省、部际、局院合作经验，进一步完善合作制度和机制，提高合作的宽度、广度和深度。促进防震减灾事业与国家经济社会协同发展的辐射带动作用。进一步优化合作顶层设计，提升防震减灾服务国家新型城镇化建设、"一带一路"战略、京津冀协同发展等国家和区域发展战略的能力。

（二）抓好资源配置，保障事业健康发展

科学统筹配置资源。顺应国家行政审批制度改革的新要求，深入研究取消地震安评中介服务后，全局经营服务性收入大幅减少，系统各单位可能遇到资金困难问题。这是国家改革的大方向。要从如何进一步拓展服务经济社会发展的高度做深入研究、进一步创新。发展与财务司要积极与财政部等有关部门沟通，争取中央财政加大防震减灾经费投入，保障事业持续健康发展。各单位要科学统筹配置中央财政、地方财政和单位创收资金，加强预算执行进度管理，提高资金使用效率，为区域和单位防震减灾工作提供充足的资金保证。

加强投资预算项目库建设。全局所有项目都要纳入项目库，实行滚动管理。加强项目评估，围绕项目的科学性、重要性、紧迫性和合理性，按照基建、科研、业务项目的类型特点，分门别类地开展新增项目的评估工作。健全项目评估机制，建立评估专家团队，制定投资预算项目评估管理办法，提高项目管理水平。

加强存量资金管理。尽快出台《中国地震局存量资金管理办法》，按照分类处理、分级负责、统筹使用的原则，盘活存量资金。要结合资金构成、性质和结存期限，对存量资金分类处理。各单位要进一步深化认识，制定切实举措，明确计划进度，加大结存资金使用力度，消减结存资金规模。存量资金的使用要结合单位实际，统筹安排，优先用于防震减灾重点工作支出。在消化结存资金的同时，尽量杜绝新的结转结余。

（三）抓好重大项目，促进防震减灾能力提升

集中精力抓好在建重点项目的组织实施和验收工作。要按照项目管理办法，组织项目法人，完成好背景场项目和社会服务工程的验收，尽快投入使用，发挥效益。

全力推进国家地震烈度速报与预警工程项目可研和工程初步设计。国家地震烈度速报与预警工程涉及面广、需求多元、社会期望值高，项目可研是项目成败的关键。各单位、各部门必须要给予高度的重视，相互协作，密切配合，发挥合力。要以功能周全、行业服务、社会见效为目标，以确保技术先进可靠为核心，以提高项目的可操作性为重点，做好项目可研和初步设计工作。要精心组织，扩大开放合作，完善法规标准，充分利用行业基础，调动系统内外的积极性，形成上下互动、左右互动的良好局面，把可研和初步设计工作做深做细。要严格执行工作计划，尽早取得可研和初步设计的批复。

改进重大项目的管理模式。要认真总结以往组织实施重大项目的实践经验启示，进一步理顺管理机制，探索设立专门的管理机构，做好项目实施前的管理架构与技术准备的筹备部署，完善项目领导小组、项目管理办公室、项目法人、业务管理部门和实施单位的职能分工。国家地震烈度速报与预警工程要敢于创新思路，借鉴和汲取地震系统先行先试单位的经验。实施过程中要充分考虑政府、社会，特别是市场的作用，形成合力。提升重大项目组织管理能力，确保项目顺利实施，充分发挥好项目效益。

（四）抓好制度建设，提高依法规范管理水平

加快推进发展与财务领域的制度建设。完成绩效考核、科研项目经费公示、修购专项资金、增量资金、内控制度等财务制度的制修订，强化各项制度的执行力。做到办事有依据、讲规矩、留痕迹，实现事前要谋划，事中要监督，事后要评估。抓好《国家防震减灾预算定额体系》和《国家防震减灾预算定额体系系列编制大纲》的颁布实施。加快推进资产标准体系和规程等资产管理制度的制定，加强国有资产的规范管理。推进标准化资产平台建设，理清家底，盘活资产。做好系统各单位和审计部门的纵横向联网，加强财务日常运行监督监控。

（五）抓好人才培养，历练一支"三严三实"的队伍

建设一支敢于担当、业务精干的高素质人才队伍是提升发展与财务治理能力的根本保障。面临繁重的发展与改革任务，必须抓好队伍建设。要以业务能力建设为核心，加强发展与财务人员思想政治学习，强化业务培训和继续教育，提升发展与财务队伍建设整体水平。进一步加大发展与财务部门负责人的培养，让想干事的有机会、能干事的有舞台、干成事的有位置。要抓好《加强地震系统发展与财务队伍建设的意见》的落实，开展文件贯彻落实情况的督查。要严格执行中央八项规定精神，深化廉政风险防控，全面落实党风廉政建设责任制。

（中国地震局办公室）

中国地震局党组成员、副局长牛之俊在 2015 年全国地震监测预报工作会议上的讲话（摘要）

（2015 年 7 月 22 日）

2015 年是国家全面深化改革的关键之年。防震减灾行业要把思想和行动自觉地统一到中央的决策部署上来，把防震减灾事业放到国家发展大局中来谋划和推进。地震监测预报是防震减灾事业的重要基础，这次会议旨在全面落实 2015 年全国地震局长会的部署和要求，研究分析当前监测预报新形势和新任务，研讨改革新思路和设计发展蓝图，致力于为国家经济社会发展提供地震安全服务。

党中央、国务院高度重视地震监测预报工作，习近平总书记、李克强总理多次作出重要指示。2015 年初，国务院副总理、国务院抗震救灾指挥部指挥长汪洋同志主持召开国务院防震减灾工作联席会议，安排部署 2015 年重点工作任务，提出要统筹推进监测预报体系建设，特别提出要强化震情监视跟踪，努力做出有减灾实效的预测预报。2015 年全国地震局长会对 2015 年防震减灾重点任务提出总体要求，指出要以 7 级强震跟踪为重点，加强地震监测预报工作。

当前震情形势依然严峻复杂。汶川 8.0 级特大地震的发生，标志着我国进入新的强震活跃时段。一是全球仍处于 8 级地震相对活跃时段，2004 年苏门答腊 9.0 级地震以来，全球每年均有 8 级以上地震发生，2015 年已经发生 4 月 25 日尼泊尔 8.1 级和 5 月 30 日小笠原群岛 8.0 级深源地震，表明这一状态仍在持续。二是我国正处于强震活跃时段，2008 年以来先后发生新疆于田 7.3 级、四川汶川 8.0 级、青海玉树 7.1 级、四川芦山 7.0 级和新疆于田 7.3 级等 5 次 7 级以上强震。2015 年至今大陆最大地震为新疆皮山 6.5 级地震，下半年仍存在发生 7 级强震的可能。三是我国东部地区 6 级地震危险性增强，6 级以上地震平静超过 17 年，接近 1800 年以来最长平静时间，但华北地区中等地震和中小震群持续活跃。

地震监测预报是富有挑战的工作，是探索前行的领域。面对严峻复杂的地震形势，面对地震短临预报短期内难以突破的现实，面对防震减灾与经济社会融合发展的新局面，需要我们以更大的勇气和智慧推进改革，用全局观念和系统思维谋划改革，进一步激发和凝聚创造力。下面，我谈几点想法。

一、做好地震预报二十年（2016—2035）发展设计

发展设计是监测预报当前工作之首。对于监测预报这样的基础性工作，需要阶段性目标和长期性目标相结合，仅仅只有五年规划是不够的。要在尊重科学、遵循理性的基础上，以每五年为一时段，并每两年左右予以优化完善，地震预报二十年发展设计在启动之前，一是要对台网进行科学分类，二是科学、务实、准确定义观测台、观测站、观测点、测项。

地震监测二十年发展设计应当科学梳理监测组成和结构。设计各类固定观测台网最佳结构，设计各类流动观测系统最佳结构及定期观测频次，协同构建多学科、高精度、高分辨和实时动态的多维监测网络，实现地球物理成场、地球化学区域成网的观测。每一类台网要搞清楚理论设计和实现方式，对现有观测手段要进行梳理，对其效能进行评估。同时研发地震新型传感器，获取更加丰富的地震信息；完善海洋观测仪器，开展海域地震监测，提高国土的地震监控覆盖率。要努力提高震情灾情速报的质量，同时丰富速报信息，实现直通式信息发布服务。优化地震台网分布式架构，建设技术维护基地，建立仪器研制生产的引导和监管机制。

要设计建立地震预警体系。抓住预警工程的机遇，设计和建设世界规模最大和技术先进的测震、强震动台网和信息传输架构，实现震情速报、烈度速报、地震预警等三大任务目标，同时兼顾科学研究需求。地震预警工程要着眼国家减灾需求和国际发展趋势，从保障国家公共安全出发，通过台网融合、部门协作、行业带动和社会服务，逐步形成国家地震灾害预警能力。要完善法规标准，明确预警信息发布权限和程序，对地震预警系统建设、预警信息发布责任主体、发布条件、发布内容、发布方式以及预警应急行动等进行全面规范。要充分利用社会与公共资源，通过技术标准和行业要求，规范社会组织参与地震预警工作。

要设计加强对水库、油田、核电站、矿山等专用地震台网的技术服务和管理，重视对社会观测点的引导，使其成为专业台网的补充。借助国家"一带一路"之际，拓展援外建设，构建全球台网。

地震预报二十年发展设计要坚持科学探索，理性决策。确立发展目标、科学思路和技术途径，在全面客观评估现状与水平的基础上回归科学理性，设计地震预测整体布局，建立长中短临多路探索机制，切实增强大震测报能力。注重发挥长、中、短、临预测预报成果的各自作用，努力发挥长期预报的减灾效益。重视地震预测科学探索，在物理预测理论与方法上下功夫，在概率预测、数值模拟和大数据等数学预测理论与方法上下功夫。在研究所建立支撑队伍，针对不同学科、不同预测方法、不同重点区域，选择3~5个重点突破方向，比如地球化学方面等。

要加强川滇监测预报实验场的设计，在以预测预报为主体实验的同时，为监测实验提供有力支持。借鉴新疆和滇西实验场的经验和教训，要建好基础设施，建成有朝气、有活力、有新意、有吸引力的综合平台，吸引人才来，吸引项目来。要建立匹配专项支持，组合申请国家有关机构联合支持，设计若干支持方向。在建有基础设施的同时，更加重要的是营造开放、合作、流动的氛围，同时注重震情跟踪，切实发挥监测预报实效。

二、建立地球观象台系列

台站通过近20年建设有了长足进步，观测系统实现数字化、网络化，台站面貌和工作环境得到明显改观。在现有台站的基础上，要谋求更多和更高层面的产出，发挥更大效益。在全国地震台站中优选30~50个左右的核心台站，建立地球观象台系列。地球观象台要求具备长期稳定的观测环境和优良的基础设施，具有多种观测手段，尤其要考虑建有观测山洞，具有测震、地壳运动、强震动、重力、地磁等基准手段的台站。

地球观象台可开展科学研究、技术研发、设备中试、预测预报等工作，也可成为新观测理论、新观测方法、新传感器的实践和中试的场所。地球观象台要根据自身优势确定发展方向，可建设成为大型观测设备的野外观测基地，比如激光测距、绝对重力、超导重力；也可建立特殊实验环境，比如零磁空间、卫星数据接收站；亦可成为国际合作的基地，比如测震 IRIS 台站、地壳运动 IGS 台站、地磁的国际 YAGA 台站等。地球观象台在完成观测任务的同时，特别要加强人才团队培养。

三、建立虚拟地震观测技术研究院

在不改变现有机构编制体制的前提下，研究建立虚拟地震观测技术研究院（E-Institute），成立以目标为核心纽带，奉行创新机制的分布式全新概念机构，汇聚和优化全局各单位的优秀人才和优秀团队，致力打造监测理论方法、技术手段、仪器研发的基地，在更高层面形成有机整体。

虚拟地震观测技术研究院的核心要务是解决地震监测技术领域内的重点、难点问题。比如震级国家标准修订问题。需要认真研究当前震级标准中存在的突出问题，妥善解决新旧震级标准的衔接问题，要提供一个衔接方法或衔接软件。再比如解决中国大陆地震精准定位的问题。在喜马拉雅计划基础上，继续推进中国大陆精细壳幔结构探测等基础工作、精细全国速度场的分布和走时表等，下大力气研究与不同区域、不同类型地震相适应的定位模型和算法，不断提高地震定位的精度和序列预测的精确度。

四、建立孵化器抚育和智力分成激励等仪器研发新机制

地震观测仪器研发 20 年来走过了跌宕起伏的道路，目前依然困扰着地震监测的发展。总结"九五"和"十五"经验，要建立地震仪器研发孵化器，设立专项资金，尝试"第三条道路"：对技术定型产量可观的地震仪器大力推行选择市场道路，比如测震设备、强震动设备；对技术定型产量微弱的设备采用独家采购保护，比如地磁观测设备等；对仪器尚未完全定型处于研发阶段的采用孵化器扶植哺育。对地震新传感器的研发，可以选择 10 个左右重点方向持续长期稳定支持，系统内外一视同仁，其他部门、科学院、大学、国企、民企均可予以支持。

对于仪器研发者建立智力分成激励新机制，将研发和生产销售维护分离开来。在全社会遴选股权明晰成熟的地震仪器生产企业，同时鼓励和支持行业内有志之士组建市场化的地震仪器生产公司，择优确定市场运作实体成为备选。仪器研发者只专注于仪器研发，专注自己擅长的科学思维，研发成功后交予仪器生产公司专业生产。仪器生产公司负责销售维护，发挥市场的作用，研发者不参与生产销售维护，但享有销售分成或股权加入。既发挥各自专长，又尊重各自专长的价值，使各自长久专注于自己的专长。

五、致力于打造以震情会商制度改革为龙头的预测新机制

汶川地震后，中国地震局启动会商改革并逐步实施，2014 年编制发布了震情会商制度改革模板，要求各省局在此模板上量身定做，逐一完善。在完善震情会商体系、加强组织管理

和条件保障的同时，还要强化技术平台、数据资源和理论方法的基础支撑。在数据资源方面，与监测和科技产出的要实时无缝衔接，保证最大限度获取。在理论方法方面要努力探索新途径。目前地震预报还停留在经验预报阶段，要在继续积累遴选地震前兆经验的同时，建立强震孕育过程和发生机理的理论模型，推进大地震中长期和地震大形势的理论预测研究，不断寻找有效的地震预报手段，广泛运用国内外最新科技成果，探寻创新地震预测预报方法和理论，逐步使我国地震预报从经验预报走向理论预报。

探索建立地震预测准确度评价体系，设计一个三要素准确度综合评价方法，对个人和地震预测团队进行科学客观的定量评价。要立足长期预测研究，根据区域特点、思路、想法长远考虑，不断完善，保持震情跟踪的延续性。要开展案例总结，研究经验和教训。要致力于提高震后趋势判定科学性和准确性。要深刻认识预报的复杂性、艰难性和延续性，要高度注重震情大格局的研究。

要给予地震预测预报人员自由的空间。地震预测预报科学还不过关，但政府、社会、百姓期望值高，地震预测预报工作非常不易，要给地震预测预报人员表达、工作的宽松空间。同时，要给予地震预测预报人员信心。要依靠做好自己的工作，依靠积淀好的方法和手段，依靠汇聚好的人才形成团队，依靠地震监测科技不断的进步，依靠地震预测科学不断的发展。

六、致力于打造日常运维新模式

要致力监测预报精细化运维，探索实行定员和定额改革。研究构建运维定额体系，依照国家现有取费定额，参照相关部门取费定额，科学测算自身取费定额，作为以后预算和项目设计的取费依据。

要打造定型以台站为主体的观测体系运维模式。新建台站要进行良好的设计，土建要适度且有特色，观测基础要现代、安全并易于维护。除地球观象台外，地震台站运维将实施"有人看护、无人值守、远程维护、多维产出"的新模式。观测设备运行走向自动化；有人看护逐步走向本土化，慢慢过渡到聘用当地人来承担台站的看护安保工作；软件问题要发展网络在线修复，硬件问题主要靠整机更换，依靠运维体系支持；在产出方面，要尽力丰富产品数量和类别。

要打造和定型以省级和区域级监测中心为主体的运维体系。近年来台网规模已不断扩大，而预警工程建设在即，竣工后还将新增逾万台套设备投入运行，主要依靠省级监测中心负责辖区内的监测系统运维模式将难以满足台站的运行维护需求。需要逐步建立分布式维护体系，即在全国建立约100个左右区域监测预报中心，负责本区域内的地震台站运维，同时承担本区域预测、应急、科研等任务。区域监测预报中心依托区域内一个台站进行建设，目前不增加新的机构和编制，一个机构两块牌子；人员由现有区域内台站的人员转岗构成，充分利用台站已有的办公空间。

七、致力于打造监测预报规制体系和管理信息系统

现代管理的最佳途径是依赖技术的不可抗力，要逐步建立健全监测预报管理规制体系，

以客观规制为依据，强化规制化管理，形成有规可治、有标可依、有才可施的规范环境。要定期实施督察，确保各项活动按计划进行，并及时纠正各种偏差。

为有效践行规制，需要建立基于网络的完善的监测预报管理信息系统，要涵盖监测预报全员，涵盖监测预报全资源，涵盖监测预报全过程，逐步推行在线精细管理，建立起现代信息化管理互动模式。管理者要实现在线管理，直接如实地获取信息，全面提升整体工作能力，降低管理人力资源和成本，大幅度提高工作效率。除了完成日常工作外，要充分利用管理信息系统开展在线会商、联合办公、互动交流和技术培训，以适应现代管理理念和管理模式。监测预报人员要用更多的时间积聚精神、思考未来、发现问题，追求高效的工作、理性的工作。

八、致力于打造全员创新和追求卓越的监测预报文化

监测预报行业是尊重科学的行业，是依靠科学的行业，而科学的进步就是要依靠创新，科学的目标就是追求卓越，因此应大力倡导监测预报人员大胆创新，革新观测技术，完善预测方法提高准度，优化运行规程提升管理。地震台站要整体植入环境自然，既要简约现代，又要具有中国历史文化风范。要时刻谨防安于现状和懈怠放任风气的滋生，倡导"勿以事微而不为"，追求高标准，优化观测细节。要时刻谨防学习消极和能力停滞风气的滋生，倡导"勿以事艰而退缩"，敢于担当解决科学难题。

在监测预报领域，要建立创新的文化。地震监测需要发现新的理论、新的方法、新的技术途径、新的传感器；地震预测也同样需要发现新的理论、新的方法、新的技术途径。台站的仪器布设、运行维护、观测流程等方面需要不断改进，预测会商流程、前兆遴选、震情跟踪等方面也同样需要不断改进。要建立创新的机制，尤其要建立创新的专项，形成时时创新、人人创新的氛围，形成每份工作、每位工作者、每个工作团队追求尽善尽美的工作态度和人生态度。

九、致力于打造修为高尚和职业睿智的监测预报团队

团队素质的不断提升是监测预报工作进步的源泉。打造信念坚毅、修为高尚、职业睿智、思想创新的管理团队和工作团队，是做好监测预报工作的基础。要营造优秀的环境，让专注于监测预报的辛勤耕耘者能够耕有所得；要吸引立足于监测预报工作，尤其是有才华且有业务专长的人才；要让真正有才华的监测预报人员不会感到屈才。

监测预报事业的高质量发展对管理团队提出了更高的要求，必须迅速提升人才质量。要通过吸引局外优秀人才、招收知名院校富有才华的优秀毕业生、通过培训提高现有人员素质等途径，全面提高现有监测预报人员整体水平。要建立双向锻炼挂职互动。在局系统内推行国家局与基层单位监测预报干部双向交流挂职锻炼，增加沟通互动，弥补各自不足。

地震监测预报工作承载着全社会的期盼，承载着地震人的责任。让我们在中国地震局党组的正确领导下，改革创新，扎实工作，努力提升地震监测预报工作水平，实现最大限度减轻地震灾害损失的根本宗旨。

（中国地震局办公室）

黑龙江省人民代表大会常务委员会关于废止和修改《黑龙江省文化市场管理条例》等五十部地方性法规的决定

　　黑龙江省第十二届人民代表大会常务委员会第十九次会议对《黑龙江省文化市场管理条例》等五十部地方性法规作出如下决定：

　　一、废止《黑龙江省文化市场管理条例》《黑龙江省工业污染防治条例》《黑龙江省药品监督管理条例》。

　　二、对《黑龙江省文物管理条例》等四十七部地方性法规做如下修改：

　　（一）修改《黑龙江省文物管理条例》有关内容。

　　…………

　　（四十三）修改《黑龙江省防震减灾条例》有关内容。

　　1.将第四条第一款、第四十条第二款中的"卫生"修改为"卫生计生"。

　　2.删去第二十二条第一款、第五十一条。

　　…………

　　本决定自公布之日起施行。

黑龙江省防震减灾条例

（2011年12月8日黑龙江省第十一届人民代表大会常务委员会第二十九次会议通过，2015年4月17日黑龙江省第十二届人民代表大会常务委员会第十九次会议修订）

第一章　总　　则

　　第一条　为了防御和减轻地震灾害，保护人民生命和财产安全，保障经济社会的可持续发展，根据《中华人民共和国防震减灾法》等有关法律、行政法规的规定，结合本省实际，制定本条例。

　　第二条　在本省行政区域内从事地震监测预报、地震灾害预防、地震应急救援、地震灾后安置和恢复重建等防震减灾活动，适用本条例。

　　第三条　县级以上人民政府应当将防震减灾工作纳入本级国民经济和社会发展规划，加强对防震减灾工作的领导，健全防震减灾工作体系，并将防震减灾工作纳入政府相关考核内容。

　　第四条　县级以上地震工作管理部门，在同级人民政府领导下，同发展改革、财政、建设、规划、民政、卫生计生、公安、教育、交通运输、水利、国土资源、环保以及其他有关部门，按照职责分工，各负其责，密切配合，共同做好防震减灾工作。

省森工总局、林业局的地震工作管理机构负责国有森工林区的防震减灾管理工作，业务上接受省地震工作管理部门的指导和监督。

乡（镇）人民政府、街道办事处和村民委员会、居民委员会应当指定人员，在地震工作管理部门的指导下做好防震减灾工作。

第五条 县级以上人民政府抗震救灾指挥机构负责统一领导、指挥和协调本行政区域的抗震救灾工作，日常工作由地震工作管理部门承担。

第六条 县级以上人民政府应当将防震减灾所需经费纳入本级财政预算，随着财政收入的增加逐步加大对防震减灾工作的投入，用于地震监测台网建设和运行、群测群防工作、农村民居地震安全指导、防震减灾知识宣传教育、地震应急救援演练、地震灾害救援队伍培训以及设备维护等工作。

第七条 县级以上人民政府应当加强地震群测群防工作，健全群测群防体系，完善地震宏观观测、地震灾情速报和防震减灾宣传网络。

第八条 县级以上地震工作管理部门应当根据上一级防震减灾规划和本行政区域的实际情况，会同有关部门编制本行政区域防震减灾规划，报本级人民政府批准后组织实施，并报上一级地震工作管理部门备案。

防震减灾规划应当与土地利用总体规划、城乡规划等规划相协调。

第九条 县级以上人民政府应当做好下列防震减灾工作，进行监督检查，并推动落实：

（一）防震减灾工作体制的健全和完善；

（二）防震减灾规划的编制与实施；

（三）防震减灾工作经费的落实；

（四）地震监测设施和地震观测环境的保护；

（五）建设工程抗震设防要求的执行；

（六）防震减灾知识的宣传教育；

（七）抗震救灾物资的储备以及质量安全；

（八）地震应急预案的落实和演练；

（九）其他防震减灾工作的落实。

第二章　地震监测预报

第十条 县级以上地震工作管理部门应当根据上一级地震监测台网规划，编制本级地震监测台网规划，报本级人民政府批准并报上一级地震工作管理部门备案。

全省地震监测台网由省级地震监测台网和市（地）、县（市）地震监测台网组成。地震监测台网实行统一规划，分级、分类建设和管理，台网建设和运行经费分别列入省、市、县级财政预算。

第十一条 核电站、油田、水库、大型矿山、石油化工、特大桥梁、发射塔、地铁等重大建设工程的建设单位，应当按照国家规定建设专用地震监测台网或者设置强震动监测设施。

专用地震监测台网和强震动监测设施的建设资金和运行经费由建设单位承担。

专用地震监测台网和强震动监测设施的建设单位，在开工建设前，应当将有关技术方案报省地震工作管理部门备案，并接受其业务指导。

第十二条　专用地震监测台网和强震动监测设施的运行责任由工程项目所有人或者管理单位承担。工程项目所有人或者管理单位应当保证其正常运行，并将监测信息及时上报省地震工作管理部门，纳入全省地震监测信息系统，实行信息共享；确需中止或者终止运行的，应当报省地震工作管理部门备案。

第十三条　任何单位和个人不得侵占、损毁、拆除或者擅自移动地震监测设施，不得危害地震观测环境，不得干扰和妨碍地震监测台网的正常工作。

县级以上地震工作管理部门应当会同公安、国土、规划等有关部门，按照国务院有关规定划定地震监测环境的保护范围，设置地震监测设施保护标志，标明保护要求，并向社会公示。

第十四条　在地震观测环境保护范围内的新建、扩建、改建建设工程项目，城乡规划主管部门在核发选址意见书时，应当征求管理该地震监测设施的地震工作管理部门的意见；不需要核发选址意见书的，在核发建设用地规划许可证或者乡村建设规划许可证时，应当征求管理该地震监测设施的地震工作管理部门的意见。省地震工作管理部门对地震监测设施和地震观测环境定期进行督查。

建设国家或者省重点工程，确实无法避免对地震监测设施和地震观测环境造成危害的，建设单位应当增建抗干扰工程；确有特殊情况无法增建的，应当新建地震监测设施，新建地震监测设施建成并运行满一年后，达到监测效能的，方可拆除原地震监测设施。

增建抗干扰设施或者新建地震监测设施的费用以及由此造成的损失由建设单位承担。

第十五条　地震监测设施受到破坏时，县级以上地震工作管理部门应当会同公安、规划、建设等有关部门采取有效措施，及时修复。

第十六条　地震预报意见实行统一发布制度，全省范围内的地震长期、中期、短期预报意见和临震预报意见，由省人民政府根据国家有关规定发布。

任何单位和个人不得散布地震谣言。新闻媒体刊登、播报地震预报消息，应当以国务院或者省人民政府发布的地震预报意见为准。对扰乱社会秩序的地震谣传、误传，县级以上人民政府应当立即采取有效措施予以澄清和制止。

第三章　地震灾害预防

第十七条　省人民政府应当组织有关部门开展地震活动断层探测和地震小区划，并逐步完成全省城区地震小区划，为确定抗震设防要求、编制和修订土地利用总体规划和城乡规划提供依据。

地震重点监视防御区内的县级以上城市人民政府，应当对新建城区进行地震活动断层探测和地震小区划，地震小区划结果经国务院地震工作主管部门审定后，由县级以上地震工作管理部门作为确定一般建设工程抗震设防要求的依据。

第十八条　新建、扩建、改建建设工程，应当达到抗震设防要求。除按照规定应当由国家地震工作主管部门确定抗震设防要求外，其他抗震设防要求的确定应当遵守下列规定：

（一）重大建设工程、可能发生严重次生灾害的建设工程和其他重要建设工程，应当进行地震安全性评价，并由省地震工作管理部门根据地震安全性评价结果确定抗震设防要求；

（二）一般建设工程按照地震动参数区划图或者地震小区划结果确定抗震设防要求，在尚未开展地震小区划工作的城市或者地区由市级地震工作管理部门按照国家颁布的地震动参数区划图确定抗震设防要求；

（三）学校、医院等人员密集场所的建设工程，应当高于当地房屋建筑的抗震设防要求一档进行设计和施工。

第十九条 位于地震动参数区划分界线两侧各四千米区域或者地震研究程度以及资料详细程度较差地区的一般建设工程，应当进行地震动参数复核，并由省地震工作管理部门根据地震动参数复核结果确定抗震设防要求。省地震工作管理部门可以委托设区的市地震工作管理部门对地震动参数复核结果进行审核。

第二十条 下列建设工程应当按照有关规定进行地震安全性评价：

（一）国家和省重大建设工程；

（二）国家建筑工程抗震设防分类标准规定应当进行地震安全性评价的建设工程；

（三）受地震破坏后可能引发水灾、火灾、爆炸，或者剧毒、强腐蚀性、放射性物质大量泄漏，以及其他严重次生灾害的建设工程，包括水库、堤防、石油化工、大型矿山、核电站及其他核设施，贮存易燃易爆或者剧毒、强腐蚀性、放射性物质的设施，以及其他可能发生严重次生灾害的建设工程；

（四）大型发、变电工程，高等级公路、高速公路和铁路干线上的大型桥梁，大型广播电视发射工程，救灾物资储备库建筑，特大型火车站的客运候车楼，航管楼，城市轨道交通工程，一级汽车客运站候车楼，大型影剧院、体育场（馆）等人员密集场所的大型建设工程。

省内重大建设工程地震安全性评价的具体范围和管理办法，由省人民政府另行制定。

第二十一条 建设工程抗震设防要求管理应当纳入基本建设管理程序。县级以上人民政府负责项目审批的部门，应当将抗震设防要求纳入建设工程可行性研究报告的审查内容。对可行性研究报告中未包含抗震设防要求的项目，有关主管部门不予审批、核准、备案。

在尚未开展地震小区划工作的城市或者地区的一般建设工程，建设单位应当在建设工程项目选址报批时或者工程设计前，将拟建工程采用的抗震设防要求情况，报所在地的市级以上地震工作管理部门确定。对建设工程未按照抗震设防要求进行抗震设防的，地震工作管理部门应当向建设单位提出纠正意见，并抄送有关项目审批部门，项目审批部门应当依法予以纠正。

第二十二条 外省地震安全性评价单位在本省从事地震安全性评价活动，应当到省地震工作管理部门办理备案手续；未经备案，其出具的地震安全性评价报告无效。

第二十三条 建设单位应当按照抗震设防要求和工程建设强制性标准进行抗震设计，并按照抗震设计进行施工。

县级以上建设主管部门负责本行政区域内各类房屋建筑及其附属设施、城市市政基础设施等建设工程的工程建设强制性标准、抗震设计与施工的监督管理工作。

交通运输、水利、铁路、民用航空以及其他行业主管部门，负责本行业的工程建设强制性标准、抗震设计与施工的监督管理工作。

第二十四条 市（地）、县（市）人民政府（行署）应当对本行政区域内已建成建筑物、构筑物的抗震性能进行普查，对未达到抗震设防要求的建筑物、构筑物，应当制定改造或者抗震加固规划。其中学校、托幼机构、医院、大型文体活动场所等人员密集场所的建筑物、构筑物，应当优先进行改造或者抗震加固。

第二十五条　已经建成的下列建设工程，未采取抗震设防措施或者经抗震性能鉴定抗震设防措施未达到抗震设防要求的，县级以上人民政府应当组织有关部门采取必要的抗震加固措施：

（一）重大建设工程；

（二）可能发生严重次生灾害的建设工程；

（三）具有重大历史、科学、艺术价值或者重要纪念意义的建设工程；

（四）学校、医院等人员密集场所的建设工程；

（五）地震重点监视防御区内的建设工程。

建设工程产权人、使用人也可以申请对建设工程抗震性能进行鉴定。

抗震性能鉴定和抗震加固费用，根据鉴定结果由相关责任人承担。

抗震加固工程应当执行基本建设程序，按照其规定办理相关手续，保证质量和安全。

第二十六条　县级以上人民政府应当加强对农村村民住宅和乡村公共设施抗震设防的管理。新农村建设民居、移民搬迁、灾后恢复重建的村民住宅和三层以上农村村民自建住宅应当按照抗震设防要求和有关建设工程的强制性标准进行抗震设防。其他农村村民住宅应当采用国家和本省有关村镇建筑抗震设防技术标准进行抗震设防。

县级以上人民政府对需要抗震设防的农村村民住宅和乡村公共设施，应当在技术指导、工匠培训、信息服务等方面给予必要支持。

市（地）、县（市）人民政府（行署）应当组织编制达到抗震设防要求的农村村民个人建房通用建筑设计图纸，向农村村民推荐并免费提供。

第二十七条　县级以上人民政府及其有关部门应当加强对采矿、采油和水库蓄水等诱发地震以及火山预警的研究工作。

县级以上人民政府对地震可能引发的火灾、水灾、爆炸、山体滑坡和崩塌、泥石流、地面塌陷、放射性污染、毒气泄漏等次生灾害以及传染病疫情的发生，应当采取有效防范措施。

第二十八条　县级以上人民政府应当支持地震监测预报、抗震设防、应急救援等理论研究和技术、方法实验；支持研究开发和推广使用符合抗震设防要求、经济实用的新技术、新工艺、新材料；支持地震应急救助技术、装备和地震预警技术的研究与开发。

第二十九条　每年5月12日所在周为全省防震减灾宣传活动周。

乡（镇）人民政府、街道办事处和村民委员会、居民委员会应当组织开展地震应急知识的宣传教育和必要的地震应急救援演练，提高公民在地震灾害中自救互救的能力。

机关、团体、企业事业等单位，应当对职工进行防震减灾基本知识教育和防灾技能的训练。

各学校应当组织开展地震应急避险演练，每年九月第二周统一进行一次应急避险演练，结合其他教学形式培养学生安全意识和自救互救能力。

地震重点监视防御区应当开展经常性的防震减灾知识宣传教育，至少每年普遍进行一次地震应急演练，提高公民应变素质和自救互救能力。

第三十条　县级以上人民政府新闻、宣传等主管部门，应当组织新闻媒体每年结合重要纪念日进行防震减灾知识的重点宣传，并做好防震减灾知识的日常宣传教育工作。

县级以上教育行政部门应当将防震减灾知识教育纳入地方课程，规定固定课时进行地震安全知识教育。

县级以上地震工作管理部门应当指导、协助、督促有关单位做好防震减灾知识的宣传教育和地震应急救援演练等工作。

第三十一条 县级以上人民政府应当制定地震应急避难场所布局规划，合理利用广场、公园、城市绿地、人防设施、公共体育场馆、学校操场等公共场所或者选择符合国家标准的其他场所，建立地震应急避难场所，完善配套的交通、供水、供电、保暖、排污等基础设施，并对地震应急避难场所的建设、管理进行统筹协调。

县级以上人民政府应当在地震应急避难场所及其周边设置明显的指示标识，向社会公告，并定期宣传其功能和使用方法。

第三十二条 地震应急避难场所的管理单位应当按照国家有关规定，对场所、设施等进行维护和管理，保持应急疏散通道畅通。

县级以上地震工作管理部门应当会同有关部门，对地震应急避难场所的建设、管理给予技术指导，并定期进行检查。

第三十三条 地震重点监视防御区的县级以上人民政府应当根据实际需要，在本级物资储备中安排必需的抗震救灾物资。

第四章 地震应急救援

第三十四条 省地震工作管理部门会同有关部门制定全省地震应急预案，报省人民政府批准并组织实施，同时报国务院地震工作主管部门备案。

市、县级人民政府和乡（镇）人民政府制定本行政区域的地震应急预案，报上级地震工作管理部门备案；较大的市的地震应急预案，还应当报国务院地震工作主管部门备案。

市、县级人民政府有关部门，制定本部门的地震应急预案，报本级地震工作管理部门备案。

地震应急预案应当根据实际情况适时修订，经修订的地震应急预案应当按照原程序报送备案。

第三十五条 破坏性地震发生后，当地人民政府应当及时组织有关部门迅速启动地震应急预案，启用地震应急避难场所、医疗救治场所，设置救济物资供应点，控制次生灾害危险源，预防传染病疫情，做好抗震救灾工作。

第三十六条 省人民政府和地震重点监视防御区的市、县级人民政府应当依托武警、消防、民兵、预备役和其他专业队伍，按照一队多用、专职与兼职相结合的原则，建立地震灾害紧急救援队伍。

地震灾害紧急救援队伍应当由专业搜救、医疗救护、工程技术和后勤保障等人员组成，并配备相应的装备和器材。

第三十七条 县级以上人民政府及其有关部门、企事业单位和社会团体可以召集建立地震灾害救援志愿者队伍。

地震灾害救援志愿者队伍应当接受地震工作管理部门的专业指导和培训，平时进行防震减灾知识宣传、组织居民自救互救演练；灾时服从抗震救灾指挥机构的统一安排，担任专业救援人员的向导和翻译、搜集灾情、防范和处置次生灾害、疏散和安置灾民、协助医疗救治、提供心理帮助服务。

第三十八条 省、市级地震工作管理部门会同有关部门定期对下一级行政区地震灾害紧急救援队伍建设和演练进行检查。

本省地震灾害紧急救援队伍建设和演练标准与实施办法，由省地震工作管理部门会同有关部门依照国家有关规定制定，经省政府批准后实施。

第三十九条 地震灾害发生后，灾区的人民政府、有关部门和单位、地震紧急救援队伍、中国人民解放军、中国人民武装警察部队、民兵组织、预备役部队和医疗队伍应当按照国家有关规定，由抗震救灾指挥机构统一部署实施抢险救援。

第四十条 县级以上人民政府应当建立具备灾情速报、灾害评估、辅助决策、调度指挥等功能的应急指挥技术系统。

各级规划、民政、建设、交通运输、国土资源、教育、卫生计生、铁路、统计、测绘、水利、气象、电力等有关部门和单位应当根据地震应急指挥的需要提供相关信息。

第四十一条 县级以上人民政府应当建立地震灾情速报网络。完善从村民委员会、居民委员会、企业事业单位到县级人民政府、市级人民政府、省级人民政府的灾情逐级上报体系，必要时可以越级上报，不得迟报、谎报、瞒报。

第四十二条 地震震情、灾情和抗震救灾等信息按照国务院有关规定实行归口管理，统一、准确、及时发布。

新闻媒体应当按照抗震救灾指挥机构的统一要求，保证地震灾区灾情和抗震救灾情况报道的快捷畅通，宣传防震减灾知识，引导灾区人民抗灾自救，倡导全社会对灾区进行援助。

第五章　地震灾后安置和恢复重建

第四十三条 省人民政府应当及时组织开展地震灾害损失调查评估工作，为地震应急救援、灾后安置和恢复重建提供依据。

地震灾害损失调查评估的具体工作，由省地震工作管理部门和财政、建设、民政等有关部门按照职责分工承担。

地震灾害损失调查评估结果经评审后，向省人民政府报告，破坏性地震灾情以及总评估结果由省人民政府统一对外发布。

第四十四条 抗震救灾所需资金和物资，通过国家救助、生产自救、社会捐赠、公民互助、保险理赔和自筹、信贷等多种方式筹集解决。

第四十五条 地震灾区的各级人民政府应当组织相关部门，慈善总会、红十字会等社会团体以及其他单位、组织，针对受灾群众不同情况，做好救助、救治、康复、补偿、抚慰、抚恤、安置、心理援助、法律服务、公共文化服务等工作。各级人民政府及其有关部门应当做好受灾群众的就业工作，鼓励企业事业单位优先吸纳符合条件的受灾群众就业。

第四十六条 特别重大地震灾害发生后，省人民政府应当配合国务院有关部门，编制地震灾后恢复重建规划。

重大、较大、一般地震灾害发生后，由省人民政府根据实际需要，组织编制地震灾后恢复重建规划。

第六章　法　律　责　任

第四十七条　县级以上地震工作管理部门和依照本条例规定行使管理权的其他部门及其工作人员，有下列行为之一的，对直接负责的主管人员和其他直接责任人员，依法给予行政处分：

（一）未依法作出行政许可或者办理批准文件的；

（二）未执行抗震设防和抗震加固有关规定、有关标准的；

（三）迟报、谎报、瞒报地震震情、灾情信息的；

（四）拒不服从上级人民政府或者抗震救灾指挥机构的决定和指挥，造成重大损失的；

（五）其他未依法履行职责的行为。

第四十八条　违反本条例规定，有下列行为之一的，由县级以上地震工作管理部门，责令停止违法行为，恢复原状或者采取其他补救措施：

（一）侵占、毁损、拆除或者擅自移动地震监测设施的；

（二）新建、扩建、改建建设工程，对地震监测设施和地震观测环境造成危害的。

单位有前款所列违法行为，造成地震监测设施破坏或者影响地震观测环境的，处二万元以上十万元以下的罚款；拒不停止违法行为，延续和扩大危害后果的，处十万元以上二十万元以下的罚款。个人有前款所列违法行为，情节严重的，处二千元以下的罚款。

第四十九条　违反本条例规定，未按照要求增建抗干扰设施或者新建地震监测设施的，由县级以上地震工作管理部门责令限期改正；逾期不改正的，处二万元以上十万元以下的罚款；情节严重的，处十万元以上二十万元以下的罚款。

第五十条　违反本条例规定，未依法进行地震安全性评价，或者未按照地震安全性评价报告所确定的抗震设防要求进行抗震设防的，由县级以上地震工作管理部门责令限期改正；逾期不改正的，处三万元以上十五万元以下的罚款；情节严重的，处十五万元以上三十万元以下的罚款。

第五十一条　违反本条例规定，有下列情形之一的，由公安机关依照《中华人民共和国治安管理处罚法》的有关规定，依法给予处罚：

（一）散布地震谣言，故意扰乱公共秩序的；

（二）损毁地震应急避难场所设施的；

（三）阻碍国家机关工作人员依法执行职务的。

第五十二条　违反本条例规定，造成损失的，依法承担民事赔偿责任。

第五十三条　违反本条例规定，涉嫌犯罪的，依法移送司法机关追究刑事责任。

第七章　附　　则

第五十四条　本条例自 2012 年 3 月 1 日起施行。一九九八年十二月十二日黑龙江省第九届人民代表大会常务委员会第六次会议通过的《黑龙江省防震减灾条例》同时废止。

福建省人民政府令

（第 162 号）

《福建省地震预警管理办法》已经 2015 年 5 月 6 日省人民政府第 40 次常务会议通过，现予以公布，自 2015 年 8 月 1 日起施行。

省长
2015 年 5 月 11 日

福建省地震预警管理办法

第一章 总 则

第一条 为了加强地震预警工作的管理，有效发挥地震预警作用，减轻地震灾害损失，保障人民生命和财产安全，根据有关法律、法规，结合本省实际，制定本办法。

第二条 在本省行政区域内及毗邻海域从事地震预警规划、建设、信息发布、监督管理以及其他相关活动，应当遵守本办法。

本办法所称地震预警是指利用地震监测设施、设备及相关技术建立地震信息自动快速处理系统，当发生破坏性地震时，在地震波到达之前，向可能遭受破坏的地区提前发出地震警报信息。

第三条 地震预警工作应当遵循政府主导、统筹规划、社会协同、公众参与的原则。

第四条 县级以上人民政府应当加强对地震预警工作的领导，将地震预警系统建设和运行管理纳入国民经济和社会发展规划，所需经费列入同级财政预算。

第五条 县级以上人民政府负责管理地震工作的部门或者机构（以下统称地震工作主管部门）负责本辖区内地震预警工作的监督管理。

县级以上人民政府其他有关部门应当按照各自职责做好地震预警相关活动的管理工作。

第六条 鼓励开展地震预警科学技术研究，推进地震预警先进技术的推广应用。鼓励和支持社会力量参与全省地震预警系统建设以及地震预警相关产品的研发和生产。

对在地震预警工作中做出突出贡献的单位和个人，县级以上人民政府应当给予奖励。

第七条 开展闽台地震预警科技交流与合作，推进闽台地震预警监测台网联网联测。

第二章　地震预警系统规划与建设

第八条　省地震工作主管部门应当根据国家地震预警系统建设相关要求，组织编制全省地震预警系统建设规划，报省人民政府批准后，由省地震工作主管部门组织实施。

第九条　地震预警系统建设规划应当包括下列内容：

（一）区域地震活动性背景；

（二）地震预警系统建设总体目标；

（三）地震预警所依托的地震观测台网建设；

（四）地震预警信息自动处理系统研发；

（五）地震预警信息自动发布与接收系统建设；

（六）公众地震预警科普宣传与演练；

（七）技术标准、资金等保障措施。

第十条　省地震工作主管部门应当根据全省地震预警系统建设规划，组织建设地震预警系统所依托的地震监测台网，所需经费按照事权和支出责任的划分，由各级人民政府分级负担。

地震预警监测台网建设应当充分利用已有的各类地震监测台站，整合台站资源，避免重复建设。

第十一条　全省地震预警系统所依托的地震监测台网建设，应当符合国家、行业或者地方有关标准。

第三章　地震预警信息发布与响应

第十二条　地震预警信息由省人民政府通过全省地震预警系统统一发布。任何单位和个人未经授权，不得以任何形式向社会发布地震预警信息。

地震预警信息内容应当包括地震震中、震级、发震时间、破坏性地震波到达时间、预估地震烈度等。

第十三条　地震预警信息发布的条件、范围、方式应当符合国家和地方有关标准。地震预警信息自动处理、发布、接收技术设施应当符合有关地震预警技术要求和质量标准。

省地震工作主管部门应当会同省人民政府质量技术监督主管部门制定地震预警信息自动处理、发布、接收相关技术标准。

第十四条　广播、电视、互联网、移动通信以及其他有关媒体应当配合地震工作主管部门按照有关规定做好地震预警信息发布。面向公众的地震预警信息由省人民政府指定的媒体按照有关规定即时播发。

省人民政府指定的媒体，应当建立地震预警信息自动播发机制，自动、高效、准确、无偿地向社会公众播发地震预警信息。

第十五条　高速铁路、城市轻轨、地铁、电力调控中心、输油输气管线（站）、石油化工、核电、通信等工程设施和其他可能发生严重次生灾害的建设工程，应当建立地震预警信息的自动接收及应急处置系统；当接收到破坏性地震预警信息时，应当按照有关规定及时采取应急避险措施，做好地震灾害防范工作。

第十六条　地震重点监测防御区的学校应当建立地震预警信息接收和播发技术系统及应急处置机制。

鼓励在其他人员密集的场所建立地震预警信息接收和播发技术系统及应急处置机制。

第十七条　对地震预警信息内容有特殊需求的单位，可以向省地震工作主管部门提出信息服务要求，省地震工作主管部门根据有关标准提供专门的地震预警信息服务。

第十八条　县级以上人民政府及相关部门接收到可能在本辖区造成破坏的地震预警信息后，应当根据预警信息及时启动地震应急预案，按照各自职责做好地震灾害防范应急工作。

第四章　保　障　措　施

第十九条　地震工作主管部门应当加强对地震预警公共基础设施的保护工作，地震预警公共基础设施遭受破坏的，应当采取措施及时组织修复。

第二十条　地震工作主管部门应当定期对地震预警系统运行情况进行监督检查。

地震预警系统监测、传输、处理、发布及预警信息接收的单位，应当加强对地震预警设施、装置及其系统的维护和管理。

第二十一条　地震工作主管部门应当做好地震预警科普知识宣传教育工作，提高公众科学应用地震预警信息进行避险的能力。

乡（镇）人民政府、街道办事处应当协助做好地震预警知识的宣传普及工作。

县级以上人民政府有关部门，广播、电视、报刊、移动通信以及其他有关媒体，应当配合地震部门做好公众地震预警知识的宣传普及工作。

第二十二条　设置地震预警信息接收装置的单位应当制订应急方案，定期组织开展地震预警科普宣传和应急疏散演练。

第五章　法　律　责　任

第二十三条　地震工作主管部门、地震预警系统运行管理单位、地震预警信息发布单位违反本办法规定，未履行职责、玩忽职守，造成严重影响的，对直接负责的主管人员和其他直接责任人员，依法给予处分。

第二十四条　违反本办法第十二条、第十四条规定，擅自向社会发布地震预警信息，扰乱社会秩序的，由地震工作主管部门处以 5000 元以上 5 万元以下罚款；造成严重后果的，处以 5 万元以上 10 万元以下罚款；违反治安管理处罚规定的，由公安机关依法给予处罚；构成犯罪的，依法追究刑事责任。

第二十五条　违反本办法第十五条规定，未建立地震预警信息自动接收及应急处置系统的，由地震工作主管部门责令改正；逾期未改正的，处以 1 万元以上 10 万元以下罚款。

第二十六条　违反本办法第十六条第一款规定，地震重点监测防御区的学校未建立地震预警信息接收和播发技术系统及应急处置机制的，由地震工作主管部门责令改正，予以通报；对直接负责的主管人员和其他直接责任人员，依法给予处分。

第六章　附　　则

第二十七条　本办法自 2015 年 8 月 1 日起施行。

山东省人民政府令

（第 289 号）

《山东省防震减灾知识普及办法》已经 2015 年 5 月 6 日省政府第 55 次常务会议通过，现予公布，自 2015 年 7 月 1 日起施行。

省长　郭树清

2015 年 5 月 19 日

山东省防震减灾知识普及办法

第一章　总　　则

第一条　为了普及防震减灾知识，增强公民的防震减灾意识，提高全社会的防震减灾能力，根据《中华人民共和国防震减灾法》《中华人民共和国科学技术普及法》等法律、法规，结合本省实际，制定本办法。

第二条　本省行政区域内开展防震减灾知识普及活动，适用本办法。

第三条　本办法所称防震减灾知识，是指与防震减灾相关的法律法规、科学知识和技能等各类知识的总称。

第四条　防震减灾知识普及属于社会公益事业，应当坚持政府主导、部门协同、社会支持、全民参与的原则。

第五条　县级以上人民政府应当加强对防震减灾知识普及工作的领导，建立工作协调机制，并将防震减灾知识普及工作纳入防震减灾规划和科学技术普及规划。

县级以上人民政府有关部门应当结合自身职责，将防震减灾知识普及工作纳入本部门的年度工作计划，推动防震减灾知识普及工作。

第六条　县级以上人民政府地震工作主管部门应当编制防震减灾知识普及规划并组织实施，指导、督促有关单位做好防震减灾知识普及工作。

县级以上人民政府教育行政部门应当将防震减灾知识纳入中小学教育重要内容，指导、督促学校开展适合青少年身心特点的防震减灾知识普及教育和地震应急疏散演练。

县级以上人民政府文化、新闻出版广电等部门应当协调、支持各类媒体、文艺团体等单位开展防震减灾知识普及作品的创作、发行、传播等工作。

第七条 每年5月12日防灾减灾日所在的一周为防震减灾知识普及宣传周。

第二章 内容与形式

第八条 防震减灾知识普及的主要内容包括：

（一）防震减灾法律、法规、规章等知识；

（二）地震成因、地震类型、地震成灾机理等基本知识；

（三）地震安全文化和地震预防文化；

（四）地震监测预报、震灾预防、地震应急救援等知识；

（五）建（构）筑物防震抗震知识；

（六）应对地震引发的建（构）筑物倒塌等直接灾害的知识；

（七）预防和应对地震引发的火灾、疫病、地质灾害、海啸、水灾、有毒气体泄露、放射性物质污染等次生灾害的知识；

（八）防震避震、自救互救、卫生救护、心理援助等技能；

（九）防震减灾其他相关知识。

第九条 县级以上人民政府地震工作主管部门应当根据国家确定的年度宣传主题，结合防震减灾知识普及规划和年度防震减灾工作计划，采取多种形式开展普及工作。

防震减灾知识普及工作可以采取下列形式：

（一）举办公益性防震减灾讲座、知识竞赛、文艺演出、展览等活动；

（二）定期举办防震减灾知识普及专题活动；

（三）开展防震减灾知识进机关、进学校、进社区、进家庭、进企业和进农村等活动；

（四）创作、发行、传播防震减灾知识书刊、电子音像等作品；

（五）利用公共场馆、科普教育基地和广播、电视、报刊、互联网等媒体开展防震减灾知识普及活动；

（六）开展防震避险演练和自救互救技能培训；

（七）其他形式的防震减灾知识普及活动。

第十条 县级以上人民政府地震工作主管部门应当会同教育、人力资源社会保障、民政、住房城乡建设、国土资源、新闻出版广电、安全生产监督管理、科协等部门和单位，组织开展创建防震减灾知识普及示范学校、示范社区、示范企业、示范基地和农村民居地震安全示范工程等活动。

第十一条 防震减灾知识普及活动应当依法进行，任何单位和个人不得以防震减灾知识普及名义危害国家安全，损害社会公共利益或者他人合法权益。

第三章 社 会 支 持

第十二条 科学技术协会应当将防震减灾知识普及纳入科普工作重要内容，利用现有科普渠道和科普场馆、设施组织开展防震减灾知识普及活动。

第十三条 工会、共产主义青年团、妇女联合会、红十字会等团体可以结合自身优势，开展防震减灾知识普及活动。

灾害防御协会应当总结、推广防震减灾经验，编辑出版防震减灾科普作品，开展防震减灾知识普及活动。

第十四条 企业应当将防震减灾知识普及纳入职工安全培训计划，普及地震灾害紧急处置、应急避险、抢险救援等防震减灾知识，开展地震应急演练。

第十五条 高等学校、中小学校、幼儿园、技工院校等教育机构和职业培训机构应当结合教育教学活动和学生特点，制定防震减灾知识教学计划，传授地震科学、应急避险、紧急疏散等防震减灾知识，组织师生开展防震减灾知识演讲、竞赛和疏散演练等活动，培养师生的地震安全意识，提高应急避险、自救互救能力。

第十六条 公务员培训机构应当将防震减灾法律法规等知识纳入公务员培训规划，并组织实施。

第十七条 居民委员会、村民委员会应当结合实际，宣传普及家庭防震避震、自救互救等知识，增强防震避震意识和自救互救能力；村民委员会应当宣传普及农村民居建筑防震抗震知识，引导农村居民建造抗震房屋。

第十八条 影视制作、发行、放映等单位应当加强防震减灾知识题材作品的制作、发行和放映。电视台、广播电台应当将防震减灾知识纳入科普栏目，制作、播放防震减灾知识公益广告。

鼓励报纸、期刊、综合性互联网站开设防震减灾知识普及栏目；鼓励单位和个人利用互联网传播防震减灾知识。

第十九条 科技馆（站）、图书馆、博物馆、文化馆、纪念馆等公共文化服务机构应当结合自身特点开展防震减灾知识普及工作。

鼓励社会力量支持防震减灾知识普及场所建设并开展普及活动。

第四章 保障与激励

第二十条 县级以上人民政府应当将防震减灾知识普及工作经费纳入本级财政预算。

机关、团体、企业事业单位以及其他社会组织应当将防震减灾知识普及活动所需费用列入本单位经费预算。

第二十一条 县级以上人民政府有关部门应当加强防震减灾知识普及人才队伍建设，逐步形成专职、兼职相结合的防震减灾知识采编、创作、宣讲队伍。

县级以上人民政府地震工作主管部门应当会同有关部门对防震减灾知识普及工作人员进行培训。

第二十二条 县级以上人民政府应当利用科技馆（站）、图书馆、博物馆、文化馆、旅游景点、公园、学校等社会资源，设立防震减灾知识普及场所。

县级以上人民政府地震工作主管部门应当加强对防震减灾知识普及场所监督管理，定期对防震减灾知识普及场所工作人员进行专业知识培训。

第二十三条　利用国有资产兴办或者支持兴办的防震减灾知识普及场所，其产权单位或者管理单位不得擅自出租、出借或者以其他形式改作他用。

第二十四条　鼓励、支持单位和个人开展防震减灾知识普及理论研究，创作防震减灾科普作品，发明和制作防震减灾科普展品或者教具，推广和普及防震减灾科技成果。

第二十五条　鼓励社会组织和个人依法设立基金或者捐赠财产资助防震减灾知识普及活动。

第二十六条　鼓励机关、团体、企业事业单位以及其他社会组织组建发展防震减灾志愿者队伍。

志愿者所在单位应当支持志愿者参加防震减灾知识普及活动，保障其参加活动期间的正常待遇。

第五章　法　律　责　任

第二十七条　违反本办法，法律、法规已有规定的，适用其规定。

第二十八条　县级以上人民政府地震工作主管部门以及其他依照本办法负有防震减灾知识普及职责的部门和单位，侵占、截留、挪用防震减灾知识普及活动经费的，由主管机关责令改正并通报批评，对直接负责的主管人员和其他直接责任人员，依法给予处分；构成犯罪的，依法追究刑事责任。

第二十九条　以防震减灾知识普及的名义进行损害社会公益的活动，扰乱社会秩序或者骗取财物的，由县级以上人民政府地震工作主管部门给予批评教育，并予以制止；违反治安管理规定的，由公安机关依法给予处罚；构成犯罪的，依法追究刑事责任。

第三十条　违反本办法，擅自将利用国有资产兴办或者支持兴办的防震减灾知识普及场所改作他用的，由县级以上人民政府有关部门责令限期改正或者采取其他补救措施；情节严重的，对直接负责的主管人员和其他直接责任人员依法给予处分。

第六章　附　　则

第三十一条　本办法自 2015 年 7 月 1 日起施行。

广西壮族自治区人民政府令

（第 109 号）

《广西壮族自治区地震重点监视防御区管理办法》已经 2015 年 9 月 1 日自治区十二届人民政府第 57 次常务会议审议通过，现予公布，自 2015 年 11 月 1 日起施行。

自治区主席　陈　武
2015 年 9 月 22 日

广西壮族自治区地震重点监视防御区管理办法

第一条　为加强地震重点监视防御区管理，提高地震灾害防御能力，保护人民生命财产安全，根据《中华人民共和国防震减灾法》《广西壮族自治区防震减灾条例》以及有关法律、法规，结合本自治区实际，制定本办法。

第二条　地震重点监视防御区分为国家级地震重点监视防御区和自治区级地震重点监视防御区。国家级地震重点监视防御区由国务院划定。自治区级地震重点监视防御区由自治区人民政府地震工作主管部门根据地震活动趋势和震害预测结果提出确定意见，报自治区人民政府批准。

第三条　地震重点监视防御区的县级以上人民政府应当加强地震监测台网基础设施建设及更新改造，建立与震情形势相适应的地震监测设施和技术手段，完善震情跟踪、流动监测和群测群防工作，提高地震监测能力和预报水平。

县级以上人民政府地震工作主管部门应当采取措施，加强地震重点监视防御区的地震监测预报工作：

（一）根据全区震情跟踪方案，加强震情跟踪和地震活动趋势分析评估，强化地震短期与临震跟踪监测措施；

（二）根据全区地震监测台网规划，提高台网密度，消除地震监测弱区和盲区，提高地震实时监测和速报能力；

（三）完善流动式地震监测手段，根据震情形势扩大动态监测范围，加密观测次数，提高地震短期与临震跟踪监测能力；

（四）健全短期与临震震情跟踪会商制度，建立适应本地区特征的地震预测判定指标体系。

地震重点监视防御区的各级人民政府及有关单位应当为地震监测台网的建设和运行提供用地、通信、交通、电力等保障条件。

第四条　地震重点监视防御区的县级以上人民政府应当加强地震烈度和预警系统建设，提高地震烈度速报与预警能力，实现地震参数、灾情快速评估。

在地震重点监视防御区内建设地震预警系统，可以充分利用中小学校、气象台站、广播、电视设施等建设地震预警和烈度速报台站，并试点建设地震预警信息服务系统，相关设施的产权人或者经营管理单位应当给予支持。

鼓励社会力量参与地震重点监视防御区地震监测和预警设施的建设。县级以上人民政府地震工作主管部门应当加强对信息存储、使用、发布的指导和监督，实现地震监测和预警数据信息的实时共享。

第五条　地震重点监视防御区的县级以上人民政府应当将地震观测环境保护范围纳入土地利用总体规划和城乡总体规划，加强地震监测设施与地震观测环境保护。

县级以上人民政府地震工作主管部门依据国家标准划定地震观测环境保护范围，报同级人民政府审定后向社会公布，设置保护标志，落实保护措施。

第六条　地震重点监视防御区内一次齐发爆破用药超过 6000 千克 TNT 炸药能量以上的爆破作业，公安机关应当在办理审批手续后，及时通报当地同级地震工作主管部门。爆破作业单位在实施爆破作业 24 小时前，将爆破作业的时间、地点、用药量书面报告当地县级以上人民政府地震工作主管部门。

第七条　地震重点监视防御区的县级以上人民政府应当建立稳定的群测群防工作队伍和经费投入保障机制，加强群测群防工作。具体办法由设区的市人民政府地震工作主管部门和财政部门另行制定。

任何单位和个人观测到可能与地震有关的异常现象，应当及时向当地县级以上人民政府地震工作主管部门报告。地震工作主管部门应当立即组织调查核实。

第八条　地震重点监视防御区的建设工程选址应当避让活动断层、采空区、沉陷区或者可能发生滑坡、崩塌、地裂缝等地震地质灾害的危险区。

第九条　地震重点监视防御区的建设单位组织建设工程竣工验收，应当将建设工程抗震设防要求和抗震设计标准的执行情况纳入竣工验收内容。

第十条　地震重点监视防御区的县级以上人民政府应当将人员密集场所、可能产生严重次生灾害的工程设施的地震安全隐患排查统一纳入安全检查内容，组织地震、国土资源、住房和城乡建设、安全生产等有关部门开展排查，及时消除隐患。

第十一条　地震重点监视防御区的县级以上人民政府应当将抗震设防纳入乡规划、村庄规划和新农村建设内容，制定扶持政策，重点推进农村危旧房抗震改建改造。

住房城乡建设、地震等有关部门应当为农村抗震设防建设开展技术指导和业务培训。

第十二条　地震重点监视防御区的县级以上人民政府应当统筹利用社会资源，加强防震减灾宣传教育基地、地震科普馆、科技馆地震科普展区等基础设施建设和地震遗址遗迹保护。

第十三条　地震重点监视防御区的各级各类学校、幼儿园应当将防震减灾知识纳入学生的安全教育内容，每个学期至少组织一次应急疏散演练。

地震重点监视防御区的行政学院应当将地震应急处置能力建设，纳入行政机关工作人员培训教育的重要内容。

县级以上人民政府地震工作主管部门可以根据需要向社会购买地震科普宣传服务。

第十四条 地震重点监视防御区的下列单位应当编制地震应急预案，并报当地的县级以上人民政府地震工作主管部门备案：

（一）公路、铁路、航空、航运、供水、供电、供热、燃气、通信等工程设施的经营管理单位；

（二）学校、医院、大型商场、大型文化体育设施等人员密集场所的经营管理单位；

（三）核电、矿山、大型水库、有毒有害和易燃易爆危险物品等可能发生严重次生灾害的生产经营单；

（四）新闻、广播电视等承担应急宣传任务的单位。

第十五条 地震重点监视防御区的县级以上人民政府应当在自治区地震危险区判定结果的基础上，开展地震灾害应急风险评估，确定本区域地震应急风险等级，制定应急救援方案，做好应急救援准备。

第十六条 地震重点监视防御区的县级以上人民政府应当每年组织开展地震应急综合演练。

地震重点监视防御区的机关、团体、企业事业单位和基层群众性自治组织应当根据地震应急预案，适时开展地震应急避险和救助演练。

第十七条 地震重点监视防御区的县级以上人民政府应当根据本地区实际，建立健全地震应急物资储备保障制度。

地震重点监视防御区的县级以上人民政府地震工作主管部门应当制定地震应急储备参考标准，加强对地震应急储备工作的指导。

第十八条 地震重点监视防御区的县级以上人民政府应当建立地震应急监督检查制度，定期组织开展地震应急准备专项监督检查工作。

第十九条 地震重点监视防御区的县级以上人民政府应当利用已有的广场、公园、绿地、体育场馆、人防设施和学校操场等场所，按照相关标准建设与当地人口分布相匹配的地震应急避难场所。用作室内地震应急避难场所的建设工程，必须达到国家规定的抗震设防要求和具备作为避难场所的必要条件。

地震应急避难场所的位置应当向社会公布，设置明显的指示引导标志。

第二十条 地震重点监视防御区发生地震灾害事件后，地震灾区的机关、团体、企业事业单位和基层群众性自治组织应当按照抗震救灾指挥机构的决定、命令，组织民众疏散，开展自救互救，维护社会秩序。

广场、公园、绿地、学校等产权人或者经营管理单位有接纳灾民避难的义务。

第二十一条 地震重点监视防御区的各级人民政府及地震工作主管部门和其他有关部门，未按照本办法规定采取防震减灾措施或者有其他玩忽职守、滥用职权、徇私舞弊行为的，对直接负责的主管人员和其他直接责任人员，依法给予处分；涉嫌犯罪的，依法移送司法机关处理。

第二十二条 本办法自 2015 年 11 月 1 日起施行。

甘肃省人民代表大会常务委员会关于加强地震重点监视防御区防震减灾工作的决定

（2015 年 3 月 27 日甘肃省十二届人大常委会第十五次会议通过）

甘肃省第十二届人民代表大会常务委员会第十五次会议认为，地震重点监视防御区是《中华人民共和国防震减灾法》确立的一项重要法律制度。在国务院确定的 24 个国家级地震重点监视防御区中我省有 2 个，涉及 13 个市（州）53 个县（市、区）。多年来，全省各级政府对防震减灾工作高度重视，为保障人民生命财产安全做了大量切实有效的工作，防震减灾工作能力明显提升。但是，由于我省地震重点监视防御区点多面广，防震减灾任务繁重，为了进一步做好全省特别是地震重点监视防御区防震减灾工作，最大限度地保障人民生命和财产安全，特作如下决定：

一、地震重点监视防御区县级以上人民政府应当加强对防震减灾工作的领导，健全完善防震减灾工作体制机制，将防震减灾工作经费列入财政预算，制定实施防震减灾年度工作计划，并向同级人民代表大会常务委员会报告防震减灾工作情况，接受监督。

二、地震重点监视防御区县级以上人民政府应当建立完善与地震环境相适应的地震监测台网（站）、地震宏观测报网、地震灾情速报网、地震知识宣传网和重大工程专用地震台网（站）。在乡镇人民政府和街道办事处进一步完善防震减灾助理员工作制度，做好地震监测、预测、预警和应急工作。

三、地震重点监视防御区县级以上人民政府应当全面提高生命线工程和建（构）筑物的抗震能力。新建、改建、扩建的各类工程项目应当严格按照国家和本省抗震设防标准进行建设，对未达到现行抗震设防标准的老旧建（构）筑物进行抗震加固，新建农村公用设施和民居采取相应的抗震设防措施，到 2020 年城镇建（构）筑物全部实现抗震设防，农村民居采取抗震措施，实现国家防震减灾目标要求。

四、地震重点监视防御区县级以上人民政府应当进一步加强防震减灾宣传教育和地震应急演练工作，党政机关、企事业单位、学校、医院、乡镇街道等每年集中开展防震减灾宣传教育和地震应急演练，基本做到防震减灾常识和自救互救技能人人应知应会，最大限度地减轻地震灾害损失。

五、地震重点监视防御区县级以上人民政府应当完善地震应急预案，按照"一队多用"原则建立抗灾救灾紧急救援队，配备基本的救援装备，建设与当地人口分布相匹配的应急避难场所和疏散通道，保障地震应急救援物资储备，提高全社会地震灾害应急救援能力。

本决定自公布之日起施行。

青海省人民代表大会常务委员会公告

（第二十七号）

《青海省防震减灾条例》已由青海省第十二届人民代表大会常务委员会第二十二次会议于2015年9月25日通过，现予公布，自2015年12月1日起施行。

青海省人民代表大会常务委员会

2015年9月25日

青海省防震减灾条例

第一章 总 则

第一条 为了防御和减轻地震灾害，保护人民生命和财产安全，促进经济社会的可持续发展，根据《中华人民共和国防震减灾法》等有关法律、行政法规，结合本省实际，制定本条例。

第二条 在本省行政区域内从事防震减灾活动，适用本条例。

第三条 防震减灾工作以最大限度地减轻地震灾害损失为目标，实行预防为主、防御与救助相结合的方针，遵循政府主导、统筹规划、社会协同、公众参与的原则。

第四条 县级以上人民政府应当加强对防震减灾工作的领导，将防震减灾工作纳入国民经济和社会发展规划，加强防震减灾工作机构和队伍建设，建立健全防震减灾工作体系，所需经费列入本级财政预算，并建立与经济社会发展水平相适应的防震减灾投入增长机制。

第五条 县级以上人民政府抗震救灾指挥机构负责统一领导、指挥和协调本行政区域内的抗震救灾工作。

县级以上人民政府负责管理地震工作的部门或者机构（以下简称县级以上地震工作主管部门）承担本级人民政府抗震救灾指挥机构的日常工作。

乡（镇）人民政府、街道办事处应当确定专人负责防震减灾日常工作。

第六条 县级以上地震工作主管部门和发展改革、住房城乡建设、国土资源、交通运输、民政、教育、卫生计生、文化新闻出版、水利、农牧、公安等部门，按照职责分工，各负其责，密切配合，共同做好防震减灾工作。

第七条　县级以上地震工作主管部门应当会同有关部门，根据上一级防震减灾规划和本地实际情况，编制本行政区域内的防震减灾规划，报本级人民政府批准后组织实施，并报上一级人民政府地震工作主管部门备案。防震减灾规划应当与城乡规划、土地利用总体规划相衔接。

县级以上人民政府应当适时组织有关部门对防震减灾规划执行情况进行评估和监督检查。

第八条　各级人民政府应当支持开展地震群测群防工作，鼓励、引导、规范社会组织和个人参加防震减灾活动。

县级以上人民政府对在防震减灾工作中做出突出贡献的单位和个人，应当给予表彰和奖励。

第二章　地震监测预报

第九条　县级以上人民政府应当将地震监测、预警纳入智慧城市建设规划，并逐步组织实施。

第十条　本省地震监测台网实行科学论证，统一规划，分级分类建设和管理。

省级地震监测台网的规划和建设，由省地震工作主管部门根据全国地震监测台网总体规划和本省地震监测工作实际需要制定，报省人民政府批准后实施。

市（州）地震监测台网的规划和建设，由本级人民政府地震工作主管部门根据省级地震监测台网建设规划制定，报本级人民政府批准后实施。

第十一条　坝高一百米以上或者库容五亿立方米以上的大型水库和受地震破坏后可能引发严重次生灾害的油气田、矿山、石油化工等重大建设工程的建设单位，应当按照国家规定建设专用地震监测台网并保持运行。

第十二条　水库大坝、特大桥梁、发射塔、城市轨道交通等重大建设工程应当按照国家有关规定，设置强震动监测设施。

第十三条　建设单位应当将专用地震监测台网和强震动监测设施建设情况报省地震工作主管部门备案，并将地震监测数据信息实时传送到省地震工作主管部门。

第十四条　各级人民政府应当为地震监测台网的建设和运行提供用地、通信、交通、电力等保障条件。

鼓励利用废弃的油井、矿井、军事工程和人防工程等进行地震监测，并采取相应的安全保障措施，相关设施的产权人应当给予支持。

鼓励社会力量参与地震监测设施的建设，所使用的仪器设备应当符合国家技术标准，在信息存储、使用方面接受省地震工作主管部门的指导和监督。

第十五条　省地震工作主管部门负责全省地震预警系统建设、运行及其信息发布等地震预警相关活动的管理工作。

高烈度地区重大建设工程和可能发生严重次生灾害的建设工程的建设单位，应当按照省地震工作主管部门的要求，建立地震紧急处置工作机制和技术系统，根据地震预警信息采取预防措施。

第十六条　省地震工作主管部门负责规划建设地震烈度速报系统，为快速判定地震致灾范围和程度、指挥抗震救灾提供技术支持。

报纸、广播、电视、互联网、移动通信等媒体或者单位，应当及时刊播县级以上地震工作主管部门确定的地震烈度速报信息和其他震情信息。

第十七条　县级以上地震工作主管部门应当会同同级国土资源、住房城乡建设、公安等相关部门，划定地震观测环境保护范围，设立保护标志，标明保护要求，并向社会公布。

禁止任何单位和个人在已划定的地震观测环境保护范围内从事下列活动：

（一）爆破、采矿、采石、钻井、抽水、注水；

（二）在测震观测环境保护范围内设置无线信号发射装置、进行振动作业和往复机械运动；

（三）在电磁观测环境保护范围内铺设金属管线、电力电缆线路、堆放磁性物品和设置高频电磁辐射装置；

（四）在地形变观测环境保护范围内进行振动作业；

（五）在地下流体观测环境保护范围内堆积和填埋垃圾、进行污水处理；

（六）在观测线和观测标志周围设置障碍物或者擅自移动地震观测标志。

第十八条　新建、扩建、改建建设工程应当避免对地震监测设施和地震观测环境造成干扰及危害。

建设国家重点工程，确实无法避免对地震监测设施和地震观测环境造成危害的，建设单位应当按照县级以上地震工作主管部门的要求增建抗干扰设施；不能增建抗干扰设施的，应当新建地震监测设施。增建抗干扰设施或者新建地震监测设施的费用由建设单位承担。

对地震观测环境保护范围内的建设工程项目，住房城乡建设主管部门在依法核发选址意见书或者规划许可证前，应当征求县级以上地震工作主管部门的意见。

单位和个人在地震观测环境保护范围内从事活动，可能对地震监测设施造成临时性干扰的，应当将有关情况告知所在地县级人民政府地震工作主管部门。县级人民政府地震工作主管部门应当根据干扰程度，采取相应措施，所需费用由造成干扰的单位和个人承担。

第十九条　一次齐发爆破用药相当于四千千克梯恩梯（TNT）炸药能量以上的爆破作业，爆破单位应当在实施爆破作业四十八小时前，将爆破地点、时间、品名和用量书面告知爆破作业实施地县级人民政府地震工作主管部门。

第二十条　县级以上地震工作主管部门根据地震监测信息研究结果，对可能发生地震的地点、时间和震级作出预测。

其他单位和个人通过研究提出的地震预测意见，应当向所在地或者所预测地的县级以上地震工作主管部门书面报告，或者直接向国务院地震工作主管部门书面报告，不得向社会散布。收到书面报告的部门应当进行登记并出具接收凭证。

第二十一条　观测到可能与地震有关的异常现象的单位和个人，可以向所在地县级以上地震工作主管部门口头或者书面报告，有条件的可以附带影像资料。收到报告的部门应当进行登记，出具接收凭证并及时组织调查核实，将核实结果向上一级人民政府地震工作主管部门报告。

第二十二条　省地震工作主管部门应当定期组织召开震情会商会，必要时可以召开紧急会商会，对各种地震预测意见和与地震有关的异常现象进行综合分析研究，提出震情会商意见报省人民政府。会商形成地震预报意见的，经省地震预报评审委员会评审，提出对策建议后报省人民政府。

市（州）人民政府地震工作主管部门应当定期召开震情会商会，并将震情会商意见报省地震工作主管部门。

第二十三条 地震预报意见实行统一发布制度。

本省行政区域内的地震长期、中期、短期和临震预报意见，由省人民政府根据国家规定程序发布。

已经发布地震短期预报的地区，发现明显临震异常，在紧急情况下，市（州）、县人民政府可以在本行政区域内发布四十八小时内的临震预报，同时向省人民政府及其地震工作主管部门和国务院地震工作主管部门报告。

新闻媒体刊登、播发地震预报消息，应当以国务院或者省人民政府发布的地震预报为准。

第二十四条 省地震工作主管部门应当根据地震趋势和震害预测结果，提出本省行政区域内的地震重点监视防御区意见和年度防震减灾工作意见，报省人民政府批准后实施。

涉及本省行政区域内地震重点监视防御区的县级以上人民政府，应当在本级财政预算和物资储备中安排防震减灾专项资金、物资，做好监测预报、震害防御和应急准备工作。

地震重点监视防御区的县级以上地震工作主管部门应当制定短期与临震跟踪方案，建立震情跟踪会商制度，组织相关部门做好震情跟踪、流动观测、群测群防等工作，并将工作情况报上一级人民政府地震工作主管部门。

第二十五条 任何单位和个人不得制造、散布地震谣言。

对扰乱社会秩序的地震谣言，县级以上地震工作主管部门应当会同公安、文化新闻出版和广播电视等部门迅速采取措施，予以澄清，及时向社会发布相关信息。

第三章 地震灾害预防

第二十六条 新建、扩建、改建建设工程，应当达到国家和本省规定的抗震设防要求，并纳入基本建设管理程序。抗震设防要求由县级以上地震工作主管部门按照以下规定确定：

（一）一般建设工程按照地震动参数区划图或者经审定的地震小区划图确定抗震设防要求。幼儿园、学校、医院、体育场馆、大型商场、大型娱乐中心、交通枢纽等人员密集场所的建设工程，应当按照国家有关规定，在当地建筑抗震设防要求的基础上提高一档进行抗震设防。

（二）重大建设工程、可能发生严重次生灾害的建设工程和其他重要建设工程，应当进行工程场地地震安全性评价，并根据地震安全性评价结果确定抗震设防要求。

（三）位于地震动参数区划图分界线两侧各四千米区域和地震研究程度及资料详细程度达不到要求的建设工程，应当进行地震动参数复核，并根据地震动参数复核结果确定抗震设防要求。

第二十七条 下列区域所在地的县级以上人民政府应当安排必要的经费和技术力量，组织制定地震小区划图：

（一）市（州）以上人民政府所在地的城市、镇规划区；

（二）地震重点监视防御区内的城市、镇规划区；

（三）位于地震活动断层等复杂地质条件区域内的城市、镇规划区以及新建开发区。

地震小区划图应当作为当地一般建设工程抗震设防要求的依据。

第二十八条　县级以上地震工作主管部门负责本行政区域内建设工程地震安全性评价工作的监督管理。

地震安全性评价建设工程的具体范围，依照有关法律、法规规定执行。

第二十九条　市（州）和地震重点监视防御区所在地的县级地震工作主管部门，应当委托有资质的单位开展地震断层活动性探测工作，并将探测结果书面报同级住房城乡建设主管部门和当地乡镇人民政府，为城乡规划、土地利用总体规划、防震减灾规划编制和建设工程选址提供科学依据。

第三十条　县级以上人民政府应当有计划地组织住房城乡建设、发展改革、地震等有关部门，对幼儿园、学校、医院、机场、车站、体育场馆、大型商场、大型娱乐场所等人员密集场所和地震重点监视防御区内的已经建成的建设工程进行抗震设防普查，发现未采取抗震设防措施或者抗震设防措施未达到抗震设防要求的，由所有权人或者管理人依据国家和本省确定的抗震设防要求及时采取必要的抗震加固措施。

第三十一条　县级以上人民政府应当加强对农牧区公共设施、农牧民住宅等建设工程抗震设防的监督管理，组织实施农牧区地震安全示范工程，并在技术指导、工匠培训、信息服务、资金补贴等方面给予支持。

住房城乡建设主管部门应当会同同级地震工作主管部门，组织开展农牧区实用抗震技术的研究和开发，制定农牧民住宅建设技术规范，培训农牧区建筑工匠，引导农牧民建设具有抗震能力的住宅。

第三十二条　新建农牧区基础设施、公共设施、实行统筹统建和惠民政策的农牧民住宅、地震重点监视防御区内的农牧民住宅，应当按照地震动参数区划图确定的抗震设防要求和相应的设计规范进行规划、设计和施工。

第三十三条　鼓励农牧民对未达到抗震设防要求的已有住宅进行抗震加固。未达到抗震设防要求的农牧区公共设施，由市（州）、县人民政府统筹安排抗震加固工作。

第三十四条　鼓励建设单位在建设工程中采用减震、隔震技术和新型抗震建筑材料，并在竣工文件中注明隔震装置、减震部件等抗震设施。

第三十五条　各级人民政府应当根据地震应急避难的需要，将应急避难场所建设纳入城乡规划，充分利用城市广场、体育场馆、绿地、公园、操场等空旷区域建设应急避难场所，设置明显的指示标识，并依据国家标准，配套相应的交通、供水、供电、排污等基础设施。

县级以上地震工作主管部门应当按照规定和标准，认定地震应急避难场所，并向社会公布地震应急避难场所的位置；加强对地震应急避难场所的监督检查，每两年组织一次对地震应急避难场所的核定。

地震应急避难场所所有权人或者管理单位应当按照国家有关规定和地震工作主管部门的核定结果，对地震应急避难场所进行维护、修缮和管理，保持应急避难场所的正常运行。

第四章　地震应急救援

第三十六条　各级人民政府应当根据有关法律、法规、规章、上级人民政府的地震应急预案和本行政区域的实际情况，制定地震应急预案，报上一级人民政府地震工作主管部门备案。

县级以上人民政府有关部门应当根据本级人民政府地震应急预案，制定本部门地震应急预案，报同级人民政府地震工作主管部门备案。

交通运输、水利、电力、通信等基础设施和幼儿园、学校、医院、体育场馆、大型商场、大型娱乐中心等人员密集场所的经营或者管理单位，以及可能发生严重次生灾害的矿山、危险物品等生产经营单位，应当制定地震应急预案，并报所在地县级地震工作主管部门备案。

第三十七条　县级以上人民政府应当依托公安消防队伍或者其他专业应急救援队伍，按照一队多用、专职与兼职相结合的原则，建立地震灾害紧急救援队伍，配备救援器材和防护装备，组织开展救援技能培训和演练，提高救援能力。

县级以上人民政府应当组织地震、民政、共青团、红十字会等单位组建地震灾害救援志愿者队伍，开展应急救援培训和演练。

机关、社会团体、企业、事业单位，应当按照所在地人民政府的要求，结合各自实际，组织本单位人员开展地震应急救援演练。

第三十八条　省地震工作主管部门应当根据年度地震重点危险区判定结果开展地震风险评估和对策研究工作。各级人民政府组织相关部门根据评估结果开展隐患排查、制定应急处置方案等各项应急准备工作。

第三十九条　地震临震预报意见发布后，省人民政府可以宣布有关区域进入临震应急期，该区域人民政府应当立即启动地震应急预案，加强震情、社情、舆情的监视和报告，责成有关部门和单位、地震应急救援队伍进入紧急待命状态，并组织群众疏散和重要财产转移。

第四十条　地震灾害发生后，地震发生地的各级人民政府应当按照地震应急预案，开展抗震救灾工作，将地震震情和灾情等信息及时报上一级人民政府，并同时向省抗震救灾指挥机构报告，不得迟报、谎报、瞒报。

第四十一条　地震灾害发生后，县级以上人民政府抗震救灾指挥机构应当组织有关部门和单位迅速调查受灾情况，除采取国家规定的紧急措施外，还应当根据需要采取以下紧急措施：

（一）撤离危险地区居民；

（二）组织调配志愿者队伍和有专长的公民有序参加抗震救灾活动；

（三）组织有关企业生产应急救援物资，组织、协调社会力量提供援助；

（四）组织、协调运输经营单位，优先运送抗震救灾所需物资、设备、应急救援人员和灾区伤病人员，并为应急车辆提供免费通行服务；

（五）组织有关部门和单位做好应急救援的通信保障工作；

（六）依法向单位和个人征用应急救援所需的设施装备、场地和其他物资；

（七）及时、准确地发布震情、灾情和应急救援等相关信息；

（八）其他需要采取的紧急措施。

第五章　防震减灾宣传教育

第四十二条　县级以上人民政府及其有关部门、乡镇人民政府、街道办事处、企业、事业单位应当开展防震减灾宣传教育普及活动，组织地震应急疏散演练，提高全社会的防震减灾意识和应对地震灾害的应急避险能力。

县级以上人民政府教育主管部门应当将防震减灾知识纳入学校公共安全教育内容。幼儿园、学校应当每学期至少组织学生开展一次地震应急疏散演练，培养师生的地震安全意识，提高应急避险、自救互救能力。

各级党校和公务员培训机构应当将防震减灾知识作为各级领导干部和公务员培训教育的重要内容。

新闻媒体应当主动开展地震灾害预防、地震应急避险、自救互救知识等社会公益宣传活动。

县级以上地震工作主管部门应当指导、协助、督促有关单位做好防震减灾宣传教育和地震应急自救互救、疏散演练等工作。

第四十三条　县级以上人民政府以及地震、科技、科协等单位应当加强防震减灾科普工作，将防震减灾知识纳入科普规划，组织开展防震减灾宣传产品的创作和防震减灾科普活动。

县级以上人民政府应当统筹利用社会资源，加强防震减灾宣传教育基地、地震科普展馆（厅）、科技馆地震科普展区、地震遗址遗迹等设施建设。

第四十四条　民族自治地方的自治机关应当使用当地通用的一种或者几种语言文字组织开展防震减灾宣传教育普及活动，提高公民的防震减灾意识。

县级以上人民政府宗教事务部门应当将防震减灾知识纳入宗教场所安全教育内容，组织宗教教职人员开展必要的地震应急演练。

第四十五条　每年 4 月 14 日所在周为全省防震减灾宣传周。

第六章　法　律　责　任

第四十六条　违反本条例规定的行为，法律、法规已规定法律责任的，从其规定。

第四十七条　违反本条例规定，建设单位未按照要求建设专用地震监测台网或者未设置强震动监测设施的，由县级以上地震工作主管部门责令限期改正；逾期不改正的，处五千元以上五万元以下的罚款。

第四十八条　违反本条例规定，爆破单位在实施爆破作业前未及时履行告知义务的，由作业实施地县级人民政府地震工作主管部门给予警告，并处二千元以上一万元以下的罚款。

第四十九条　违反本条例规定，制造、散布地震谣言，扰乱社会正常秩序的，由公安机关依法给予处罚。

第五十条　违反本条例规定，未按照国家规定建设应急避难场所、设置应急避难场所指示标识的，或者未制定地震应急预案的，由县级以上地震工作主管部门责令限期改正；逾期不改正的，对直接负责的主管人员和其他直接责任人员依法给予处分。

第五十一条　县级以上地震工作主管部门以及其他依照本条例规定行使监督管理权的部门，未依法履行防震减灾职责的，对直接负责的主管人员和其他直接责任人员，依法给予行政处分。

第七章　附　　则

第五十二条　本条例自 2015 年 12 月 1 日起施行。

2015 年发布 1 项国家标准

标准名称: GB 18306—2015　代替 GB 18306—2001
　　　　　《中国地震动参数区划图》

英文名称: Seismic ground motion parameters zonation map of China

发布日期: 2015 年 5 月 15 日

实施日期: 2016 年 6 月 1 日

范　　围: 本标准给出了中国地震动参数区划图技术要素、基本规定和地震动参数确定方法。本标准适用于一般建设工程的抗震设防,以及社会经济发展规划和国土利用规划、防灾减灾规划、环境保护规划等相关规划的编制。

2015 年发布 5 项地震行业标准

标准名称: DB/T 5—2015《地震水准测量规范》
英文名称: Specification for the earthquake leveling
发布日期: 2015 年 4 月 8 日
实施日期: 2015 年 7 月 1 日
范　　围: 本标准规定了地震水准测量的测网和测线布设、测线和水准点的勘选、标石埋设、观测仪器、观测方法、观测程序及观测成果的整理与归档的要求。本标准适用于地震水准测量。其他精密水准测量可参照使用。

标准名称: DB/T 59—2015《地震观测仪器进网技术要求　地震烈度仪》
英文名称: Technical requirements of instruments in network for earthquake monitoring—Seismic intensity instrument
发布日期: 2015 年 1 月 28 日
实施日期: 2015 年 3 月 1 日
范　　围: 本标准规定了地震烈度仪进网的技术要求及测试方法。本标准适用于地震烈度仪的设计、生产、使用、维护和质量监督。

标准名称: DB/T 60—2015《地震台站建设规范　地震烈度速报与预警台站》
英文名称: Specification for the construction of seismic station—Seismic intensity rapid reporting and earthquake early warning station
发布日期: 2015 年 1 月 28 日
实施日期: 2015 年 3 月 1 日
范　　围: 本标准规定了地震烈度速报与预警台站建设中的台站选址、台址测试、台站通讯和防雷要求、观测墩建设、观测井建设、观测室建设、台站安全防护建设、设备配置，以及资料归档等方面的内容。本标准适用于国家级、省区级和市县级新建的地震烈度速报与预警台站，改建和扩建的地震烈度速报与预警台站宜参照使用。其他领域振动速报和预警台站建设可参照使用。

标准名称: DB/T 61—2015《地震监测预报专业标准体系表》
英文名称: Diagram of standard system for earthquake monitoring and prediction trade
发布日期: 2015 年 4 月 8 日
实施日期: 2015 年 7 月 1 日
范　　围: 本标准给出了地震监测预报专业标准的体系结构和明细表。本标准适用于地震监测预报专业标准的规划、计划、立项和编制。

标准名称：DB/T 62—2015《全球导航卫星系统基准站运行监控》

英文名称： Monitoring for reference station operation using global navigation satellite system

发布日期： 2015 年 4 月 8 日

实施日期： 2015 年 7 月 1 日

范　　围： 本标准给出了 GNSS 基准站运行监控系统的构成，规定了监控数据采集器监控、观测设备监控、辅助设备监控、观测室环境与安全监控的内容和技术指标，以及预警信息处置。本标准适用于"中国大陆构造环境监测网络"GNSS 基准站的运行监控，其他 GNSS 基准站也可参照使用。

地震与地震灾害

本部分包括四方面内容：一是全球 $M \geqslant 7.0$ 地震目录；二是中国大陆及沿海地区 $M \geqslant 4.0$ 地震目录；三是对我国及全球一年来（1月1日至12月31日）地震活动的综述、我国及世界地震灾害情况简介；四是对一年来我国各地地震活动及破坏性地震震害的宏观考察加以记载。

2015 年全球 $M \geqslant 7.0$ 地震目录

序号	月	日	时：分：秒	纬度/°	经度/°	震级 M	地　点
1	02	17	07:06:26	39.90	144.50	7.1	日本本州东海岸附近海域
2	03	30	07:48:30	4.70	152.60	7.4	新不列颠地区
3	04	25	14:11:26	28.23	84.73	8.1	尼泊尔
4	04	25	14:45:23	28.30	84.80	7.0	尼泊尔
5	04	26	15:09:08	27.80	85.90	7.1	尼泊尔
6	05	05	09:44:04	−5.50	151.90	7.2	新不列颠地区
7	05	07	15:10:04	−7.30	154.50	7.1	巴布亚新几内亚
8	05	12	15:05:18	27.80	86.06	7.5	尼泊尔
9	05	30	19:23:02	27.90	140.50	8.0	日本小笠原群岛地区
10	07	18	10:27:32	10.40	165.20	7.2	圣克鲁斯群岛
11	07	27	12:49:44	52.40	169.60	7.0	阿留申群岛
12	07	28	05:41:25	2.70	138.60	7.1	印度尼西亚
13	09	17	06:54:31	−31.60	−71.60	8.2	智利中部沿岸近海
14	10	21	05:52:03	−14.80	167.30	7.2	瓦努阿图群岛
15	10	26	17:09:32	36.50	70.80	7.8	兴都库什地区
16	11	14	04:51:36	31.00	128.70	7.2	东海海域
17	11	25	06:45:37.5	−10.60	−70.90	7.5	秘鲁
18	11	25	06:50:54.9	−10.00	−71.00	7.7	秘鲁
19	12	05	06:24:54.3	−47.70	85.10	7.0	东南印度洋海岭
20	12	07	15:50:03.6	38.20	72.90	7.4	塔吉克斯坦

注：经纬度中，正数值表示东经和北纬，负数值表示西经和南纬。

（中国地震台网中心）

2015 年中国大陆及沿海地区 $M \geqslant 4.0$ 地震目录

序号	月	日	时：分：秒	纬度/°N	经度/°E	震级M	地　点
1	01	06	07:25:36.6	32.6	92.9	4.2	西藏自治区那曲地区聂荣县
2	01	10	14:50:57.2	40.2	77.3	5.0	新疆维吾尔自治区克孜勒苏柯尔克孜自治州阿图什市
3	01	14	13:21:39.1	29.3	103.2	5.0	四川省乐山市金口河区
4	01	19	23:30:46.9	25.9	99.7	4.1	云南省大理白族自治州洱源县
5	01	20	15:35:20.6	42.1	84.6	4.5	新疆维吾尔自治区巴音郭楞蒙古自治州轮台县
6	01	22	18:21:07.2	44.0	83.1	4.2	新疆维吾尔自治区伊犁哈萨克自治州尼勒克县
7	02	04	18:44:22.0	32.9	83.5	5.2	西藏自治区阿里地区改则县
8	02	04	19:53:14.4	34.7	99.0	4.1	青海省果洛藏族自治州玛多县
9	02	05	23:39:32.7	22.7	118.4	4.5	台湾海峡南部
10	02	07	05:01:06.9	28.3	104.9	4.5	四川省宜宾市长宁县
11	02	07	14:27:17.3	33.0	83.5	4.1	西藏自治区阿里地区改则县
12	02	09	01:32:15.6	44.7	124.0	4.3	吉林省松原市乾安县
13	02	09	12:40:47.7	22.5	118.5	4.0	台湾海峡南部
14	02	15	17:38:46.2	39.5	74.9	4.7	新疆维吾尔自治区克孜勒苏柯尔克孜自治州乌恰县
15	02	17	06:28:47.0	44.7	124.1	4.0	吉林省松原市前郭尔罗斯蒙古族自治县
16	02	21	06:37:47.0	23.0	101.7	4.4	云南省普洱市墨江哈尼族自治县
17	02	22	04:05:42.0	42.6	84.0	4.0	新疆维吾尔自治区巴音郭楞蒙古自治州和静县
18	02	22	14:42:56.6	44.1	85.7	5.0	新疆维吾尔自治区塔城地区沙湾县
19	03	01	18:24:40.5	23.5	98.9	5.5	云南省临沧市沧源佤族自治县
20	03	01	20:36:52.8	23.5	98.9	4.0	云南省临沧市耿马傣族佤族自治县
21	03	03	04:51:57.0	35.8	76.9	4.1	新疆维吾尔自治区喀什地区塔什库尔干塔吉克自治县
22	03	03	17:23:53.5	23.5	98.9	4.5	云南省临沧市耿马傣族佤族自治县
23	03	09	17:59:42.9	25.3	103.1	4.5	云南省昆明市嵩明县
24	03	11	01:52:00.1	35.8	76.7	4.1	新疆维吾尔自治区喀什地区塔什库尔干塔吉克自治县
25	03	14	14:13:32.4	33.0	115.9	4.3	安徽省阜阳市市辖区
26	03	30	09:47:34.6	26.6	108.8	5.5	贵州省黔东南苗族侗族自治州剑河县
27	04	07	12:41:54.5	33.1	83.3	4.9	西藏自治区阿里地区改则县
28	04	13	18:28:44.6	24.0	102.8	4.0	云南省红河哈尼族彝族自治州建水县
29	04	15	15:08:36.0	35.4	104.0	4.5	甘肃省定西市临洮县
30	04	15	15:39:28.6	39.8	106.3	5.8	内蒙古自治区阿拉善盟阿拉善左旗
31	04	15	15:44:33.6	39.8	106.3	4.0	内蒙古自治区阿拉善盟阿拉善左旗
32	04	25	17:17:05.6	28.4	87.3	5.9	西藏自治区日喀则地区定日县

序号	月	日	时：分：秒	纬度/°N	经度/°E	震级M	地 点
33	04	26	01:42:53.8	28.2	85.9	5.3	西藏自治区日喀则地区聂拉木县
34	05	01	22:44:56.7	37.5	92.7	4.0	青海省海西蒙古族藏族自治州格尔木市
35	05	03	13:43:11.6	35.4	87.7	4.0	西藏自治区那曲地区双湖县
36	05	07	00:10:54.8	41.2	84.5	4.0	新疆维吾尔自治区巴音郭楞蒙古自治州轮台县
37	05	12	02:25:50.8	39.5	89.5	4.5	新疆维吾尔自治区巴音郭楞蒙古自治州若羌县
38	05	22	00:05:24.5	36.9	121.9	4.6	山东省威海市文登市
39	05	28	14:04:23.1	34.6	91.0	4.0	青海省海西蒙古族藏族自治州唐古拉地区
40	05	30	08:04:46.3	34.7	91.0	4.4	青海省海西蒙古族藏族自治州唐古拉地区
41	06	05	18:30:46.5	30.3	102.8	4.0	四川省雅安市宝兴县
42	06	25	03:12:51.1	41.7	88.4	5.4	新疆维吾尔自治区吐鲁番地区托克逊县
43	07	03	09:07:46.9	37.6	78.2	6.5	新疆维吾尔自治区和田地区皮山县
44	07	03	09:13:17.9	37.6	77.9	4.6	新疆维吾尔自治区和田地区皮山县
45	07	03	09:25:12.6	37.5	77.8	4.0	新疆维吾尔自治区和田地区皮山县
46	07	03	09:31:24.7	37.5	78.0	4.1	新疆维吾尔自治区和田地区皮山县
47	07	03	09:44:45.9	37.4	78.2	4.5	新疆维吾尔自治区和田地区皮山县
48	07	03	10:37:27.6	37.5	77.9	4.2	新疆维吾尔自治区和田地区皮山县
49	07	03	11:11:13.9	37.5	78.1	4.6	新疆维吾尔自治区和田地区皮山县
50	07	08	10:43:33.8	40.0	77.8	4.2	新疆维吾尔自治区克孜勒苏柯尔克孜自治州阿图什市
51	07	09	07:39:23.7	36.0	80.9	4.0	新疆维吾尔自治区和田地区策勒县
52	07	14	14:07:23.3	37.5	78.0	4.2	新疆维吾尔自治区和田地区皮山县
53	07	14	20:29:11.5	37.6	77.8	4.0	新疆维吾尔自治区和田地区皮山县
54	07	15	18:26:13.6	37.1	103.7	4.0	甘肃省白银市景泰县
55	07	18	13:41:23.7	30.3	94.9	4.0	西藏自治区林芝地区波密县
56	07	20	23:28:39.7	30.4	94.9	4.1	西藏自治区林芝地区波密县
57	07	21	23:10:14.5	30.4	94.9	4.2	西藏自治区林芝地区波密县
58	07	22	08:51:51.5	38.0	120.3	4.0	山东省烟台市龙口市附近海域
59	07	24	21:23:46.1	37.5	78.0	4.6	新疆维吾尔自治区和田地区皮山县
60	07	28	06:05:00.6	35.8	80.7	4.0	新疆维吾尔自治区和田地区策勒县
61	07	28	17:40:43.6	30.4	94.9	4.3	西藏自治区林芝地区波密县
62	07	31	11:18:14.1	30.4°	94.9°	4.3	西藏自治区林芝地区波密县
63	08	04	12:25:27.2	40.5°	122.4°	4.3	辽宁省营口市盖州市
64	08	06	05:04:32.7	36.0°	81.6°	4.4	新疆维吾尔自治区和田地区于田县
65	08	06	09:58:58.2	34.4°	121.0°	4.0	黄海海域
66	08	06	20:34:00.2	30.3°	94.9°	4.0	西藏自治区林芝地区波密县
67	08	10	15:35:24.9	41.7°	87.8°	4.6	新疆维吾尔自治区巴音郭楞蒙古自治州和硕县
68	08	12	03:13:07.5	30.3°	94.8°	4.1	西藏自治区林芝地区波密县

序号	月	日	时：分：秒	纬度/°N	经度/°E	震级M	地点
69	08	13	10:00:23.6	30.3°	94.8°	4.2	西藏自治区林芝地区波密县
70	08	19	19:02:12.8	43.8°	88.0°	4.0	新疆维吾尔自治区乌鲁木齐市米东区
71	08	20	06:04:36.7	42.0°	84.4°	4.2	新疆维吾尔自治区巴音郭楞蒙古自治州轮台县
72	08	27	18:16:29.8	42.0°	83.2°	4.2	新疆维吾尔自治区阿克苏地区库车县
73	08	28	21:26:39.1	41.7°	80.7°	4.0	新疆维吾尔自治区阿克苏地区温宿县
74	08	30	04:26:18.8	40.2°	77.5°	4.0	新疆维吾尔自治区克孜勒苏柯尔克孜自治州阿图什市
75	09	14	18:10:10.3	39.7°	118.8°	4.2	河北省秦皇岛市昌黎县
76	09	16	19:10:08.5	35.5°	78.5°	4.8	新疆维吾尔自治区和田地区和田县
77	09	23	02:01:35.5	32.6°	105.4°	4.0	四川省广元市青川县
78	09	25	00:50:39.4	37.5°	78.1°	4.2	新疆维吾尔自治区和田地区皮山县
79	10	10	04:30:00.7	28.8°	86.3°	4.2	西藏自治区日喀则市聂拉木县
80	10	12	18:04:14.4	34.4°	98.2°	5.2	青海省果洛藏族自治州玛多县
81	10	12	23:39:06.8	29.1°	86.5°	4.1	西藏自治区日喀则市聂拉木县
82	10	21	13:58:20.0	44.6°	124.2°	4.5	吉林省松原市前郭尔罗斯蒙古族自治县
83	10	24	19:29:40.5	29.1°	102.1°	4.0	四川省甘孜藏族自治州九龙县
84	10	27	02:11:23.4	30.1°	98.0°	4.2	西藏自治区昌都市察雅县
85	10	29	04:12:06.4	27.6°	100.3°	4.7	云南省迪庆藏族自治州香格里拉市
86	10	30	19:26:39.4	25.1°	99.5°	5.1	云南省保山市昌宁县
87	11	14	00:55:06.8	23.3°	100.5°	4.6	云南省普洱市景谷傣族彝族自治县
88	11	18	06:15:31.1	32.0°	95.1°	4.2	西藏自治区昌都市丁青县
89	11	19	10:17:13.5	25.5°	105.8°	4.1	贵州省安顺市镇宁布依族苗族自治县
90	11	23	03:57:43.4	40.8°	122.4°	4.0	辽宁省营口市大石桥市
91	11	23	05:02:42.1	38.0°	100.4°	5.2	青海省海北藏族自治州祁连县
92	12	06	06:59:37.6	43.8°	85.1°	4.8	新疆维吾尔自治区塔城地区沙湾县
93	12	24	03:47:08.6	43.8°	87.8°	4.2	新疆维吾尔自治区乌鲁木齐市米东区
94	12	25	07:56:12.0	35.5°	117.7°	4.0	山东省临沂市平邑县（塌陷）

（中国地震台网中心）

2015 年地震活动综述

一、2015 年中国地震活动概况

据中国地震台网中心测定，2015 年我国大陆地区共发生 5.0 级及以上地震 14 次，低于 1900 年以来 20 次的年平均水平。2015 年发生 1 次 6.0 级以上地震，为 7 月 3 日新疆皮山 6.5 级地震，6.0 级及以上地震频次低于 1900 年以来 4 次的年均水平。2015 年 7 月 4 日至 10 月 11 日我国大陆地区出现 101 天 5.0 级及以上地震显著平静，为 2008 年以来最长的 5.0 级及以上地震平静时段。2015 年我国大陆地区 5.0 级及以上地震活动频次相较于 2014 年（22 次）明显减少，主要分布在大陆西部地区。

中国大陆地区 5.0 级及以上地震 14 次，台湾地区 5.0 级及以上地震 15 次。

2015 年全国 5.0 级及以上地震活动有以下特点：

中国大陆及邻区 7 级以上地震活动格局出现变化。1996 年 11 月以来中国大陆及邻区 7.0 级以上地震主要在巴颜喀拉块体、南北地震带中南段及新疆边界的帕米尔—贝加尔构造带分布，特别是 2008—2014 年发生的 5 次 7.0 级以上地震均位于巴颜喀拉块体边界。而 2015 年 4 月 25 日尼泊尔 8.1 级地震位于喜马拉雅地震带中部地区，不在 1996 年 11 月以来的主体活动区内。

2008 年汶川 8.0 级地震后，中国大陆及邻区的 6.0 级及以上地震主要分布在南北地震带、新疆地区和西藏南部，2015 年新疆皮山地区 6.5 级地震和尼泊尔 8.1 级地震序列依旧发生在这些地区。

南北地震带进入新的活跃时段，中南段显著平静结束，北段处于持续活动状态。2008 年汶川 8.0 级地震后，南北地震带相继发生 2010 年青海玉树 7.1 级、2011 年缅甸 7.2 级和 2013 年芦山 7.0 级地震。2015 年 3 月 1 日云南沧源 5.5 级地震后，南北地震带中南段 5.0 级以上地震平静持续 243 天，被 2015 年 10 月 30 日云南昌宁 5.1 级地震打破。2009 年 11 月 5 日青海海西 5.1 级地震后，南北地震带北段 5.0 级以上地震平静 1308 天，被 2013 年 6 月 5 日青海海西 5.0 级地震打破，其后至 2014 年发生 3 次 5.0 级以上地震，2015 年发生内蒙古阿拉善左旗 5.8 级地震和青海玛多 5.2 级地震，显示南北带北段处于中强地震活跃时段。

天山地震带处于弱活动状态。2011 年 6 月至 2013 年 3 月新疆中强地震持续活跃，2013 年 4 月至 2014 年 1 月新疆中强地震活动转为弱活动状态，其后发生 2014 年于田 7.3 级地震和 2015 年皮山 6.5 级地震，这两次地震均不在天山地震带上。2012 年 6 月 30 日新源 6.6 级地震后天山地震带未发生 6.0 级及以上地震活动，2015 年处于弱活动阶段。

大陆东部 6.0 级及以上地震平静显著，中等地震集中活跃。1998 年张北 6.2 级地震后至 2015 年 12 月，6.0 级及以上地震平静接近 18 年，是 1820 年以来的最长平静时段；在 6.0 级及以上地震显著平静的背景上，2006—2012 年东部地区 5.0 级以上地震平静 7 年，2013 年华北、东北地区连续发生 10 次 5.0 级以上地震。2013 年 11 月 23 日前郭 5.8 级震群后大陆东部地区又平静了 1 年 4 个月，2015 年发生 3 月 30 日贵州剑河 5.5 级地震和 4 月 15 日内蒙古阿拉善左旗 5.8 级地震。

二、2015 年全球地震活动概况

据中国地震台网测定，2015 年全球共发生 7.0 级及以上地震 20 次，略高于年均 18 次的活动水平，其中包括 3 次 8.0 级及以上地震，分别为 4 月 25 日尼泊尔 8.1 级、5 月 30 日日本小笠原群岛 8.0 级和 9 月 17 日智利中部近海 8.2 级地震。2015 年全球 7.0 级及以上地震频次相较于 2014 年（13 次）显著增加，主要分布在环太平洋地震带西段和欧亚地震带（图 1）。

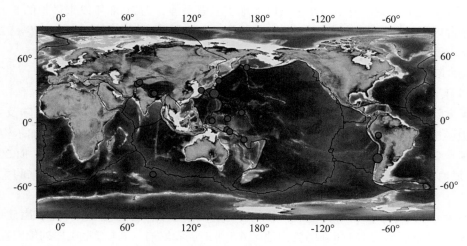

图1　2015年全球7.0级及以上地震分布

2015 年全球 7.0 级及以上地震活动有以下特点：

2015 年全球共发生 3 次 8.0 级及以上地震，持续 8.0 级以上地震活跃状态。2001 年以来全球 8.0 级以上大震处于高活跃时段，每年均有 8 级以上地震发生，至 2014 年共发生 18 次8.0 级以上地震。2015 年是 1920 年以来第三次年发生 3 次 8 级及以上地震的高活跃年，表明全球 8.0 级以上地震持续活跃。

2015 年全球 7.0 级以上地震活动由多次长时间平静状态进入地震活跃状态。2013 年 11 月至 2015 年 2 月，全球 7.0 级以上地震出现 4 次超过 60 天的显著平静，其中 3 次的平静时间超过 80 天。2003—2013 年全球 7.0 级以上地震超过 80 天的平静仅在 2004 年、2007 年和 2012年出现过，并且长时间平静结束后全球 7.0 级以上地震活动都进入活跃阶段。2015 年 2 月全球 7.0 级以上地震反复长时间平静结束后进入强活跃状态，发生 3 次 8.0 级及以上地震。

2015 年全球 20 次 7.0 级以上地震主要分布在环太平洋地震带和欧亚地震带上。2015 年环太平洋地震带 7.0 级以上地震活动是西强东弱，与历史平均活动相符。1900 年以来环太平洋地震带西段年均发生 7.0 级以上地震 10 次，而环太平洋地震带东段和北段年均不到 5 次。

2015 年我国西部及邻区持续 7.8 级以上地震活跃状态。2001 年昆仑山口西 8.1 级地震后，我国西部及邻区进入 7.8 级以上地震活跃时段，至今已超过 14 年。2015 年发生 6 次 7.0 级及以上地震（含尼泊尔 8.1 级地震及其 3 次 7.0 级余震），其中有 2 次 7.8 级及以上地震，为 4 月 25 日尼泊尔 8.1 级地震和 10 月 26 日兴都库什 7.8 级地震，表明该区 7.8 级以上地震活跃状态持续。

　　2015 年全球造成人员死亡的地震共 14 次，累计造成的死亡和失踪人数 9500 余人。与往年相比，2015 年的地震死亡人数低于过去 110 余年间的平均死亡人数，1900—2014 年地震年平均死亡人数约为 21700 人；也远低于最近 20 年的平均死亡人数，1995—2014 年地震年平均死亡人数约为 50050 人。

　　2015 年全球造成人员伤亡人数较多的地震为：2015 年 4 月 25 日的尼泊尔 8.1 级地震，8866 人死亡，22764 人受伤；2015 年 10 月 26 日的兴都库什地区 7.8 级地震，398 人死亡，2536 人受伤。此外，尼泊尔 8.1 级地震还造成超过 50 万座房屋完全损毁，50 万座房屋部分受损，1.6 万所学校遭到破坏，4 个地区的 90% 医疗设施严重损毁，经济损失预计超过 50 亿美元。

（中国地震台网中心　韩颜颜　孟令媛　张永仙）

2015 年中国地震灾害情况述评

一、2015 年中国地震概况

2015 年中国共发生 5.0 级及以上地震 29 次（大陆地区 14 次，台湾地区及海域 17 次），东海海域 2 次，与历年平均水平持平。其中 5.0 ~ 5.9 级地震 25 次，6.0 ~ 6.9 级地震 5 次，7.0 ~ 7.9 级地震 1 次，最大地震为 11 月 14 日发生在东海海域的 7.2 级地震。

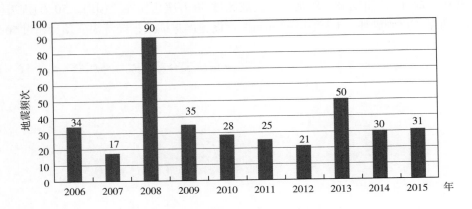

2006—2015年中国5.0级以上地震频次图

表 1   2015 年中国 5.0 级以上地震一览表

序号	日期	时间	经度/°E	纬度/°N	震源深度/km	震级 M	震中位置
1	1月7日	12:48	121.7	24.3	10	5.2	台湾宜兰
2	1月10日	14:50	77.3	40.2	10	5.0	新疆阿图什
3	1月14日	13:21	103.2	29.3	14	5.0	四川乐山金口河区
4	2月4日	18:44	83.5	32.9	10	5.2	西藏改则
5	2月14日	04:06	121.5	22.6	7	6.2	台湾台东县附近海域
6	2月22日	14:42	85.7	44.1	4	5.0	新疆沙湾
7	3月1日	18:24	98.9	23.5	11	5.5	云南沧源
8	3月23日	18:13	121.7	23.8	20	5.7	台湾花莲海域
9	3月30日	09:47	108.8	26.6	7	5.5	贵州剑河
10	4月15日	15:39	106.3	39.8	10	5.8	内蒙古阿拉善左旗
11	4月20日	09:42	122.5	24.0	7	6.4	台湾花莲附近海域
12	4月20日	19:45	122.5	24.1	20	5.9	台湾花莲附近海域
13	4月20日	20:00	122.5	24.1	20	6.0	台湾花莲附近海域

序号	日期	时间	经度/°E	纬度/°N	震源深度/km	震级M	震中位置
14	4月25日	17:17	87.3	28.4	20	5.9	西藏定日
15	4月26日	01:42	85.9	28.2	10	5.3	西藏聂拉木
16	4月26日	04:01	122.5	24.0	8	5.3	台湾花莲海域
17	5月11日	16:38	120.6	24.5	10	5.0	台湾苗栗海域
18	6月25日	03:12	88.4	41	79	5.4	新疆托克逊
19	7月3日	09:07	78.2	37.6	10	6.5	新疆皮山
20	8月13日	22:08	122.4	24	17	5.2	台湾花莲海域
21	9月1日	21:24	121.0	24	6	5.0	台湾花莲
22	9月16日	03:37	121.8	24.3	7	5.7	台湾宜兰海域
23	9月16日	21:08	121.9	24.3	7	5.4	台湾宜兰海域
24	10月12日	18:04	98.1	34.3	9	5.2	青海玛多
25	10月19日	10:17	122.0	24.9	7	5.3	台湾宜兰海域
26	10月30日	19:26	99.5	25.0	10	5.1	云南昌宁
27	11月2日	05:09	121.6	22.8	10	5.6	台湾台东海域
28	11月11日	23:33	122.7	24.5	90	5.0	台湾宜兰海域
29	11月14日	04:51	128.7	31.0	10	7.2	东海海域
30	11月15日	05:02	100.4	38.0	10	6.0	东海海域
31	11月23日	05:02	100.4	38.0	10	5.2	青海祁连

二、2015 年中国大陆地震灾害情况

2015 年中国大陆地震共造成灾害事件 13 次（含尼泊尔 8.1 级地震造成西藏地区受灾 1 次、台湾花莲附近海域 6.4 级地震造成灾害 1 次），共造成 34 人死亡，1218 人受伤，直接经济损失约 180 亿元。其中，死亡人数最多的是尼泊尔 8.1 级地震对我国西藏灾区造成的灾害，共造成 27 人死亡，860 人受伤。全年地震灾害共造成房屋 402 万 m² 毁坏和严重破坏，978 万 m² 破坏，受灾人口约 127.46 万人，受灾面积约 7 万 km²。

表2　2015 年中国大陆地震灾害损失一览表

序号	日期	时间	地 点	震级M	人员伤亡/人		直接经济损失/万元
					死亡	受伤	
1	1月10日	14:50	新疆阿图什	5.0			1400
2	1月14日	13:21	四川乐山金口河区	5.0		20	18900
3	2月22日	14:42	新疆沙湾	5.0		1	5100
4	3月1日	18:24	云南沧源	5.5		50	83700
5	3月14日	06:14	安徽阜阳	4.3	2	13	7537
6	3月30日	09:47	贵州剑河	5.5		1	51704

序号	日期	时间	地　点	震级M	人员伤亡/人 死亡	人员伤亡/人 受伤	直接经济损失/万元
7	4月15日	07:08	甘肃临洮	4.5	1	6	555
8	4月15日	15:39	内蒙古阿拉善左旗	5.8			33714
9	4月20日	09:42	台湾花莲附近海域	6.4	1	1	无数据
10	4月25日	14:11	尼泊尔（西藏灾区）	8.1	27	860	1030200
11	5月22日	00:05	山东乳山	4.6		6	
12	7月3日	09:07	新疆皮山	6.5	3	260	543000
13	10月30日	19:26	云南昌宁	5.1			24200
合　计					34	1218	1800010

表3　2015年中国各省地震灾害损失一览表

序号	省（自治区、地区）	死亡/人	受伤/人	直接经济损失/万元
1	内蒙古			33714
2	安徽	2	13	7537
3	山东		6	
4	四川		20	18900
5	贵州		1	51704
6	云南		50	107900
7	西藏	27	860	1030200
8	甘肃	1	6	555
9	新疆	3	261	549500
10	台湾	1	1	无数据
合　计		34	1218	1800010

1. 云南沧源5.5级地震

2015年3月1日18时24分，云南省沧源县发生5.5级地震，震源深度11km。地震造成50人受伤，直接经济损失8.37亿元。

本次地震最高烈度为Ⅶ度，等震线长轴呈北东走向分布，云南灾区Ⅵ度区及以上总面积约2130km²，其中，Ⅶ度区面积约200km²，Ⅵ度区总面积约1930km²。

2. 贵州剑河5.5级地震

2015年3月30日9时47分，贵州省剑河县发生5.5级地震，震源深度7km。地震造成1人受伤，直接经济损失5.17亿元。

本次地震最高烈度为Ⅶ度，等震线长轴呈北东走向分布。Ⅵ度区及以上总面积约637km²，其中，Ⅶ度区面积约24km²，Ⅵ度区面积约613km²。

3. 内蒙古阿拉善左旗5.8级地震

2015年4月15日15时39分，内蒙古自治区阿拉善左旗发生5.8级地震，震源深度

10km。地震未造成人员伤亡，直接经济损失 3.37 亿元。

本次地震最高烈度为Ⅶ度，等震线长轴呈北东东走向分布，Ⅵ度区及以上总面积约 5030km²，其中，Ⅶ度区面积约 126km²，Ⅵ度区面积约 4904km²。

4. 新疆皮山 6.5 级地震

2015 年 7 月 3 日 9 时 7 分，新疆维吾尔自治区皮山县发生 6.5 级地震，震源深度 10km。地震造成 3 人死亡，260 人受伤，直接经济损失 54.30 亿元。

本次地震最高烈度为Ⅷ度，等震线长轴呈北西西走向分布，Ⅵ度区及以上总面积约 14580km²，其中，Ⅷ度区面积约 1110km²，Ⅶ度区面积约 3410km²，Ⅵ度区面积约 10060km²。

5. 尼泊尔 8.1 级地震（西藏灾区）

2015 年 4 月 25 日 14 时 11 分，尼泊尔发生 8.1 级地震，震源深度 20km，随后 17 时 17 分在西藏定日发生了 5.9 级地震，震源深度 10km，4 月 26 日在聂拉木县发生 5.3 级地震，震源深度 10km。地震共造成西藏自治区 27 人死亡，860 人受伤，直接经济损失 103.02 亿元。

此次地震西藏灾区最高烈度为Ⅸ度，等震线长轴总体呈北西西走向分布，Ⅵ度区及以上总面积约 47100km²，其中，Ⅸ度区面积约 105km²，Ⅷ度区面积约 1945km²，Ⅶ度区面积约 9590km²，Ⅵ度区面积约 35460km²。

（中国地震台网中心）

2015 年国外地震灾害情况述评

一、2015 年国外大震活动

2015 年全球共发生 7.0 级及以上地震 20 次，略高于 1900 年以来的平均水平（18.3 次 / 年）。其中，7.0 ～ 7.9 级地震 17 次，8.0 级以上地震 3 次，最大地震为 9 月 17 日发生在智利中部沿岸近海的 8.2 级地震。

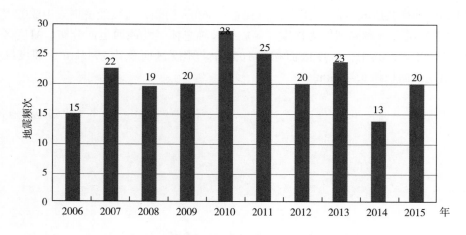

2006—2015年全球7.0级及以上地震频次图

表 1　2015 年全球 7.0 级及以上地震一览表

序号	日期	时间	经度/°	纬度/°	震源深度/km	震级 M	震中位置
1	2月17日	07:06	144.5	39.9	10	7.1	日本本州东海岸附近海域
2	3月30日	07:48	152.6	−4.7	30	7.4	新不列颠地区
3	4月25日	14:11	84.7	28.2	20	8.1	尼泊尔
4	4月25日	14:45	84.8	28.3	30	7.0	尼泊尔
5	4月26日	15:09	85.9	27.8	10	7.1	尼泊尔
6	5月5日	09:44	151.9	−5.5	30	7.2	新不列颠地区
7	5月7日	15:10	154.5	−7.3	20	7.1	巴布亚新几内亚
8	5月12日	15:05	86.1	27.8	10	7.5	尼泊尔
9	5月30日	19:23	140.5	27.9	690	8.0	日本小笠原群岛地区
10	7月18日	10:27	165.2	−10.4	20	7.2	圣克鲁斯群岛

序号	日期	时间	经度/°	纬度/°	震源深度/km	震级M	震中位置
11	7月27日	12:49	-169.6	52.4	10	7.0	阿留申群岛
12	7月28日	05:41	138.6	-2.7	30	7.1	印度尼西亚
13	9月17日	06:54	-71.6	-31.6	20	8.2	智利中部沿岸近海
14	10月21日	05:52	167.3	-14.8	130	7.2	瓦努阿图群岛
15	10月26日	17:09	70.8	36.5	210	7.8	兴都库什地区
16	11月14日	04:51	128.7	31.0	10	7.2	东海海域
17	11月25日	06:45	-70.9	-10.6	600	7.5	秘鲁
18	11月25日	06:50	-71.0	-10.0	610	7.7	秘鲁
19	12月5日	06:24	85.1	-47.7	10	7.0	东南印度洋海岭
20	12月7日	15:50	72.9	38.2	30	7.4	塔吉克斯坦

注：经纬度中，正数值表示东经和北纬，负数值表示西经和南纬。表中日期和时间为北京时间。

二、国外重大地震灾害

2015年，国外地震共造成9529人死亡（含失踪），近3万人受伤，其中4月25日发生在尼泊尔博克拉的8.1级地震为2015年死亡人数最多的地震，造成8866人死亡。

表2 2015年国外重大地震灾害一览表

序号	日期	时间	地点	震级M	人员伤亡/人		
					死亡	失踪	受伤
1	4月25日	14:11	尼泊尔	8.1	8866	0	22764
2	5月12日	15:05	尼泊尔	7.5	218	0	3500
3	6月5日	07:15	马来西亚	6.0	18	0	11
4	7月28日	05:41	印度尼西亚	7.1	1	0	数人
5	9月17日	06:54	智利中部沿岸近海	8.2	14	6	数百人
6	10月26日	17:09	兴都库什地区	7.8	398	0	2536
7	11月17日	15:10	希腊	6.5	2	0	数人
8	12月7日	15:50	塔吉克斯坦	7.4	2	0	数十人
9	12月26日	03:14	阿富汗	6.2	4	0	近百人
合 计					9523	6	近3万人

注：表中日期和时间为北京时间。

1. 尼泊尔8.1级地震

北京时间2015年4月25日14时11分（当地时间4月25日11时56分），尼泊尔发生8.1级地震，震源深度20km。震中位于博克拉以东74km处。地震共造成8866人死亡，22764人受伤。中国西藏地区以及印度、孟加拉国、不丹等国均出现人员伤亡。大量房屋建筑和上千座寺院被毁或严重破坏，频发的滑坡、崩塌等次生地质灾害造成交通、通信等生命线系统破坏严重。

北京时间 2015 年 5 月 12 日 15 时 5 分（当地时间 12 日 12 时 50 分），在距 8.1 级地震震中以东约 150km 的尼泊尔多尔卡县又发生 7.5 级地震，震源深度 10km，地震造成 218 人死亡，3500 人受伤。

尼泊尔 8.1 级地震灾区最高烈度为 IX 度及以上，等震线长轴总体呈北西西走向，VI 度区及以上总面积约 214700km²。IX 度区及以上面积约 8300km²，VIII 度区面积约 20500km²，VII 度区面积约 45000km²，VI 度区面积约 140900km²。

2. 马来西亚 6.0 级地震

北京时间 2015 年 6 月 5 日 7 时 15 分（当地时间 6 月 5 日 7 时 15 分），马来西亚沙巴州发生 6.0 级地震，震源深度 54km，震中位于马来西亚东部地区沙巴州兰瑙西北方向 16km 处，马来西亚沙巴州多地有震感。建筑物遭受严重破坏，地震引发大量山体滑坡，造成 18 人死亡，11 人受伤。

3. 智利 8.2 级地震

北京时间 2015 年 9 月 17 日 6 时 54 分（当地时间 9 月 16 日 19 时 54 分），智利中部沿岸近海发生 8.2 级地震，震源深度 20km。震中距离伊拉帕尔海岸 49km。智利、秘鲁、美国西海岸、夏威夷和新西兰均发布海啸预警，震后几分钟内 4.5m 高的海啸抵达智利海岸，大量渔船被海浪冲到科金博街头。通戈伊市的海滨遭到大面积破坏，至少有 500 座房屋被毁。地震造成智利 13 人死亡，6 人失踪，阿根廷 1 人死亡。

4. 兴都库什地区 7.8 级地震

北京时间 2015 年 10 月 26 日 17 时 9 分（当地时间 10 月 26 日 13 时 39 分），兴都库什地区发生 7.8 级地震，震源深度 210km。震中距阿富汗首都喀布尔 260km，距我国最近边境 330km。中国、乌兹别克斯坦、巴基斯坦、印度等国均有强烈震感。地震共造成 398 人死亡，2536 人受伤，其中巴基斯坦 279 人死亡，兴都库什地区 115 人死亡，印度 4 人死亡。

5. 塔吉克斯坦 7.4 级地震

北京时间 2015 年 12 月 7 日 15 时 50 分（当地时间 12 月 7 日 12 时 50 分），塔吉克斯坦发生 7.4 级地震，震源深度 30km，震中距离穆尔加布市 105km。中国、阿富汗、巴基斯坦和吉尔吉斯斯坦等地区震感强烈。地震造成 2 人死亡，数十人受伤，500 多间房屋毁坏。

（中国地震台网中心）

各地区地震活动

首都圈地区

1. 地震活动性

据中国地震台网测定结果统计，2015年首都圈地区共发生1级以上地震251次，其中2.0~2.9级地震36次，3.0~3.9级地震5次，4级以上地震1次，最大地震为9月14日河北昌黎4.2级地震。

2. 主要活动特征

（1）2015年首都圈地区1级、2级和3级地震活动相较于2014年均有不同程度的增加。9月14日河北昌黎发生4.2级地震，该地震打破了自2014年9月6日河北涿鹿4.3级地震以来的373天4级以上地震平静。

（2）首都圈地区1级以上地震活动的空间分布特征为：西部地区小震活动主要分布在晋冀蒙交界地区，地震活动水平与2014年相比明显增加；中部地区在京津交界地区小震活动相对集中，发生2级以上地震10次，3级以上地震1次，为4月19日河北文安3.0级地震；东部地区与2014年相比地震活动水平明显增加，共发生4次3级以上地震，均发生在唐山老震区，最大的地震为9月14日河北昌黎4.2级地震。

（中国地震台网中心）

北京市

1. 地震活动性

据中国地震台网测定，2015年，北京行政区共记录到$M_L \geq 1.0$地震71次，其中$M_L 1.0 \sim 1.9$地震61次，$M_L 2.0 \sim 2.9$地震9次，$M_L \geq 3.0$地震1次，最大地震为1月31日大兴$M_L 3.2$地震。

2. 主要活动特征

（1）地震活动水平相对降低。北京市地震活动水平低于2014年，与2013年活动水平基本持平。虽然$M_L \geq 1.0$地震超过1970年以来的年平均水平，但$M_L \geq 2.0$地震和$M_L \geq 3.0$地震均低于1970年以来的年平均水平。1970年以来，北京地区年平均发生$M_L \geq 1.0$地震约66次，$M_L \geq 2.0$地震约11次，$M_L \geq 3.0$地震约2次。

（2）$M_L \geq 4.0$地震继续保持平静。1970年以来，北京地区平均3~4年发生1次$M_L \geq 4.0$地震，但自1996年顺义$M_L 4.5$地震震群以来，北京地区已经连续19年未发生

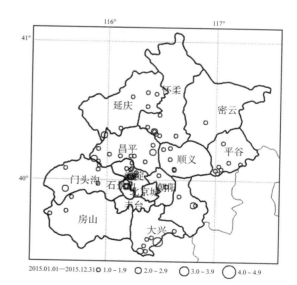

2015.01.01—2015.12.31 ○1.0~1.9 ○2.0~2.9 ○3.0~3.9 ○4.0~4.9

2015年北京行政区$M_L \geq 1.0$地震震中分布图

M_L4.0 以上地震；虽然 2015 年首都圈地区最大地震为 4 月 15 日内蒙古阿拉善左旗 5.8 级地震，但北京地区自 1765 年昌平西南 5.0 级地震以来，已经连续 250 年未发生 5.0 级及以上地震。

（北京市地震局）

天津市及其邻近地区

1. 地震活动性

2015 年，天津市行政区范围内 1.0 级以上地震共发生 9 次，最大地震为 2015 年 3 月 5 日静海县 M2.9（M_L3.5）地震。

2. 主要活动特征

总体来说，2015 年天津及邻区 1.0 级以上地震数目和强度比 2014 年稍高；空间分布与往年有所差异，主要分布在宝坻断裂东段、沧东断裂东北段和天津西侧的永清、霸州地区。

2015 年天津及邻近周边地区没有地震灾害发生。

（天津市地震局）

河北省

1. 地震活动性

2015 年河北及京津地区共发生 M_L1.0 ～ 1.9 地震 791 次，M_L2.0 ～ 2.9 地震 143 次，M_L3.0 ～ 3.9 地震 19 次，M_L4.0 ～ 4.9 地震 2 次，最大地震是 2015 年 9 月 14 日河北卢龙 M_L4.7 地震。

2. 主要活动特征

地震活动频次较 2014 年度较高，活动强度也明显高于 2014 年度。地震活动主要集中在张家口—渤海地震带、河北平原地震带和唐山老震区。在华北东部地震活动水平较高、辽宁盖州和山东乳山震群多年持续的

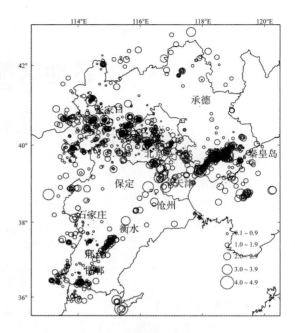

2015年河北省及京津地区地震震中分布图

背景下，1 月 11 日河北滦县发生 M_L3.3 震群，在该背景下 9 月 14 日河北昌黎发生 M_L4.2 地震，本次地震打破了唐山地区 M_L4.0 地震 2 年的发震韵律，随后 11 月 28 日天津宁河发生 M_L4.0 地震。

（河北省地震局）

辽宁省

1. 地震活动性

据中国地震台网中心小震目录库统计，2015 年辽宁及邻区（38° ～ 43.5°N，119° ～ 126°E）共发生 M_L ≥ 2.0 地震 251 次，其中 2.0 ～ 2.9 级地震 237 次，3.0 ～ 3.9 级地震 10 次，4.0 ～ 4.9 级地震 4 次，最大地震为 8 月 4 日辽宁盖州（40.5°N，122.4°E）M_L4.8 地震。

2. 主要活动特征

3 级及以上地震活动较弱且分布有序。2015 年辽宁及邻区共发生 M_L ≥ 3.0 地震 14

次，频次明显低于1980年以来的均值水平（33次／年），其空间分布集中有序，即3级以上地震大部分沿郯庐断裂（沈阳—渤海段）呈带状展布。

盖州震群活动持续。2012年2月2日开始的盖州震群，2015年持续活跃，空间分布由2014年的盖州西海域地区转移回2012年和2013年主要活动的青石岭地区。自2015年8月4日盖州 $M_L4.8$ 地震开始，截止到12月31日，该震群共发生1.0～1.9级地震198次，2.0～2.9级地震48次，3.0～3.9级地震3次，4.0～4.9级地震1次。

总体来看，2015年度辽宁地区的2级地震活动接近背景水平，但3级地震活动水平明显偏低。显著地震事件为盖州4级震群，震群指标计算和数字地震学研究结果均显示该震群具有前兆性质，因此，2016年仍需给予密切关注。

（辽宁省地震局）

上海市及其邻近地区

1. 地震活动性

据上海地震台网测定，2015年上海及其邻近地区（29°～34°N，119°～124°E）共记录到 $M_L \geq 1.0$ 地震68次，其中 $M_L1.0～1.9$ 地震35次，$M_L2.0～2.9$ 地震24次，$M_L3.0～3.9$ 地震9次。最大地震为2015年5月17日10时11分发生在安徽省天长市的 $M3.6$ 地震。释放的总能量为 $5.67\times10^9\mathrm{J}$。

2015年上海监视区（30.0°～32.4°N，119.6°～123.0°E）共发生 $M_L1.0$ 以上地震29次，其中 $M_L2.0$ 以上地震有10次，最大地震为2015年12月14日14时58分发生在江苏泰兴的 $M2.6$ 地震。

2015年上海行政区范围内共记录到 $M_L1.0$ 以上地震3次，最大地震为2015年9月20

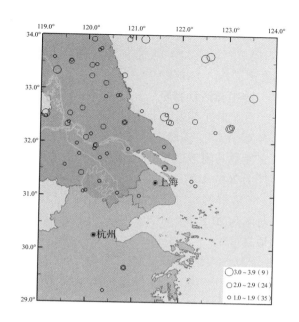

2015年上海市及其邻近地区地震震中分布图

日9时3分上海崇明发生的 $M_L2.1$ 地震。

2. 主要活动特征

（1）2015年上海及其邻近地区地震活动水平低于2014年度，3级以上地震活动频次略高于2014年，但强度低于2014年水平。

（2）地震活动空间分布仍然保持北强南弱格局。

（3）上海及周边地区以1～2级地震活动为主，3级以上地震均发生在北纬32°以北地区。

（4）江苏南黄海沿岸地区地震活动性参数仍存在多项背景性异常。

（上海市地震局）

江苏省及其邻近海域

1. 地震活动性

2015年，江苏省及其邻近海域（30.5°～36°N，116°～125°E）共发生 $M_L \geq 2.0$ 地震78次，其中 $M_L \geq 3.0$ 地震19次，$M_L \geq 4.0$ 地震2次。最大地震为2015年8月6日南黄

海海域 $M_L4.3$ 地震，次大地震为 2015 年 10 月 9 日南黄海海域 $M_L4.0$ 地震。2015 年江苏境内还发生了 $M_L3.0$ 震群 1 次。

2. 主要活动特征

2015 年江苏及邻区 $M_L3.0$ 地震主要分布在南黄海海域、安徽中西部以及郯庐断裂带苏鲁交界及其附近区域。其中较为突出的地震事件为 2015 年 2 月 21 日江苏东海县 $M_L3.0$ 震群。该震群起始时间为 2015 年 2 月 18 日，结束时间为 2015 年 4 月 20 日，共记录到 M_L0 以上地震 102 次，其中 $0 < M_L \leqslant 0.9$ 地震 74 次，$1.0 \leqslant M_L \leqslant 1.9$ 地震 22 次，$2.0 \leqslant M_L \leqslant 2.9$ 地震 5 次，$3.0 \leqslant M_L \leqslant 3.9$ 地震 1 次；最大地震为 2015 年 2 月 21 日 $M_L3.0$；2 月 21 日至 3 月 14 日该震群较为活跃，3 月 14 日以后逐渐衰减，至 2015 年 4 月 20 日震群结束，共持续 62 天。此外，自 2015 年 1 月 4 日洪泽 $M_L3.4$ 地震开始，郯庐断裂带苏鲁交界及其附近区域 3 级以上地震较为活跃，陆续发生了 2015 年 2 月 16 日沭阳 $M_L3.3$、2 月 21 日东海 $M_L3.0$、3 月 15 日山东莒县 $M_L3.0$、5 月 5 日宝应 $M_L3.0$ 和 5 月 17 日安徽天长 $M_L3.5$ 地震，形成了近南北向的条带分布。

2015 年江苏省发生对居民造成有感的地震 3 次，分别是 2015 年 1 月 4 日洪泽县 $M_L3.4$ 地震，洪泽县仁和镇、黄集镇少部分居民有感；2015 年 2 月 26 日铜山县 $M_L2.9$ 地震，震中附近部分居民有感；2015 年 2 月 21 日东海县 $M_L3.0$ 地震，新沂市和东海县少部分居民有感。

（江苏省地震局）

浙江省

1. 地震活动性

2015 年浙江省省域共发生 $M_L \geqslant 1.0$ 地震 100 次，最大地震为 2015 年 4 月 22 日浙江文成 $M_L3.4$ 地震。

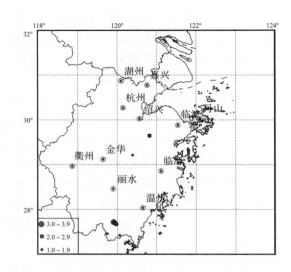

2015年浙江省地震震中分布图

2. 主要活动特征

2015 年浙江省珊溪水库区域地震是浙江省地震活动主体地区，全省 2015 年度 100 次 $M_L \geqslant 1.0$ 地震中 97 次发生在该区域。浙江省地震活动程度较低的嵊州及东阳出现小震活动。

（浙江省地震局）

安徽省

1. 地震活动性

2015 年安徽省内共记录到地震 390 次，其中 $M1.5$ 以上地震 21 次，$M2.0$ 以上地震 13 次，$M3.0$ 以上地震 5 次，$M4.0$ 以上地震 1 次，最大地震为 2015 年 3 月 14 日阜阳 $M4.3$ 地震。

2. 主要活动特征

与 2014 年度相比，地震活动强度相当，频次明显降低，最明显的是金寨震群的逐渐衰减。地震活动主要分布在皖中西部和皖西北地区。从时间分布上看，阜阳 $M4.3$ 地震前地震活动水平逐渐上升，之后逐渐衰减。

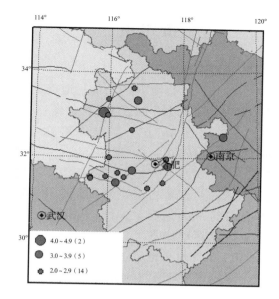

2015年安徽省M1.5（M_L2.3）以上地震震中分布图

（安徽省地震局）

福建省及其邻近地区

2015年度福建及其近海地区地震活动水平较2014年度有所减弱，发生的最大地震为11月30日福建惠安海域M_L3.6地震；2015年度台湾海峡地区地震活动较为活跃，共发生M_L3.0以上地震27次，最大地震为2月5日台湾海峡南部M_L4.9地震；2015年度台湾地区地震活动水平较2014年度显著增强，发生的最大地震为4月20日台湾花莲海域M_S6.7地震。

1. 福建及其近海地区地震活动

根据福建省地震台网测定，2015年1—12月福建及其近海地区共发生M_L2.0以上地震44次，其中2.0～2.9级地震42次，3.0～3.9级地震2次，最大地震为11月30日福建惠安海域M_L3.6地震，陆地最大地震为4月18日福建德化M_L3.0地震；2015年度福建及其近海地震活动水平较弱。

表1 2015年度福建及其近海地区$M_L \geqslant 3.0$地震目录

序号	发震时刻		震中位置		震级 M_L	参考地名
	月	日	纬度/°N	经度/°E		
1	04	18	25.80	118.02	3.0	福建德化
2	11	30	24.65	118.98	3.6	福建惠安海域

2. 台湾海峡地区地震活动

2015年台湾海峡地区共发生$M_L \geqslant 3.0$地震27次，其中3.0～3.9级地震23次，4.0～4.9级地震4次，最大地震为2月5日台湾海峡南部M_L4.9。此外，2月6日、9日和11日分别发生M_L4.3、M_L4.5和M_L4.2三次显著地震。2015年度台湾海峡地区地震活动较为活跃，地震活动水平较2014年度显著增强。

表2 2015年度台湾海峡地区$M_L \geqslant 3.0$地震目录

序号	发震时刻		震中位置		震级 M_L	参考地名
	月	日	纬度/°N	经度/°E		
1	02	02	22.57	118.41	3.6	台湾海峡南部
2	02	05	22.60	118.45	3.4	台湾海峡南部
3	02	05	22.61	118.46	3.1	台湾海峡南部
4	02	05	22.59	118.45	4.9	台湾海峡南部
5	02	05	22.60	118.44	3.4	台湾海峡南部
6	02	05	22.62	118.44	3.1	台湾海峡南部
7	02	05	22.59	118.44	3.6	台湾海峡南部
8	02	06	22.60	118.45	4.3	台湾海峡南部
9	02	06	22.58	118.44	3.4	台湾海峡南部
10	02	06	22.61	118.44	3.3	台湾海峡南部
11	02	06	22.58	118.45	3.5	台湾海峡南部
12	02	08	22.60	118.43	3.7	台湾海峡南部
13	02	08	22.58	118.46	3.0	台湾海峡南部
14	02	09	22.58	118.49	4.5	台湾海峡南部
15	02	11	22.62	118.45	4.2	台湾海峡南部
16	02	12	22.55	118.46	3.3	台湾海峡南部
17	02	14	22.69	118.40	3.1	台湾海峡南部
18	02	14	22.60	118.44	3.3	台湾海峡南部
19	02	14	22.61	118.45	3.0	台湾海峡南部

序号	发震时刻		震中位置		震级 M_L	参考地名
	月	日	纬度/°N	经度/°E		
20	02	18	22.61	118.50	3.5	台湾海峡南部
21	02	20	22.62	118.45	3.5	台湾海峡南部
22	02	21	22.59	118.41	3.5	台湾海峡南部
23	02	21	22.59	118.41	3.1	台湾海峡南部
24	02	22	22.60	118.31	3.3	台湾海峡南部
25	02	23	22.60	118.41	3.9	台湾海峡南部
26	02	25	22.57	118.46	3.1	台湾海峡南部
27	02	28	22.59	118.36	3.6	台湾海峡南部

3. 台湾地区地震活动

2015年台湾地区共发生 $M_S5.0$ 及以上地震15次，其中 $M_S5.0 \sim 5.9$ 地震11次，$M_S6.0 \sim 6.9$ 地震4次，最大地震为4月20日台湾花莲海域 $M_S6.7$ 地震。2015年度台湾地区地震活动水平较2014年度显著增强。

表3　2015年度台湾地区 $M_S \geqslant 5.0$ 地震目录

序号	发震时刻		震中位置		震级 M_S	参考地名
	月	日	纬度/°N	经度/°E		
1	01	07	24.25	121.70	5.0	台湾宜兰
2	02	14	22.60	121.50	6.4	台湾台东海域
3	03	23	23.81	121.71	5.5	台湾花莲海域
4	04	20	24.01	122.51	6.7	台湾花莲海域
5	04	20	24.10	122.05	6.1	台湾花莲海域
6	04	20	24.05	122.48	6.3	台湾花莲海域
7	04	26	23.98	122.54	5.3	台湾花莲海域
8	05	11	24.47	120.56	5.2	台湾苗栗海域
9	08	13	24.06	122.37	5.6	台湾花莲海域
10	09	01	23.93	121.54	5.2	台湾花莲
11	09	16	24.35	121.90	5.6	台湾宜兰海域
12	09	16	24.25	121.90	5.3	台湾宜兰海域
13	10	19	24.93	122.00	5.5	台湾宜兰海域
14	11	02	22.75	121.70	5.6	台湾台东海域
15	11	03	24.95	121.95	5.2	台湾宜兰海域

（福建省地震局）

贵州省

1. 地震活动性

2015年，贵州境内共记录到地震1129次，其中 $M_L1.0$ 以下地震482次，$M_L1.0 \sim 1.9$ 地震543次，$M_L2.0 \sim 2.9$ 地震81次（年均111次），$M_L3.0 \sim 3.9$ 地震14次（年均22次），$M_L4.0 \sim 4.9$ 地震0次，5级以上地震1次。最大地震为2015年3月30日发生在剑河县的 $M5.5$ 地震。

2. 主要活动特征

2015年贵州省地震活动主要有以下特点：一是地震活动空间分布集中。地震主要集中于剑河、晴隆、贞丰、兴仁、安龙、册亨、望谟、金沙，其他地区分布较少。二是地震活动时间分布不均匀。会商时段贵州境内地震频次较高的月份为2015年4、7、8月，见图2。三是年度内总体来说地震频度和强度都远高于往年平均水平。

湖北省

1. 地震活动性

据湖北省地震台网测定，2015年湖北省境内共发生 $M1.0$ 以上地震90次，其中 $1.0 \leqslant M < 2.0$ 地震82次，$2.0 \leqslant M < 3.0$ 地震4次，$3.0 \leqslant M < 4.0$ 地震4次，最大地震为2015年3月30日保康县 $M3.2$ 与11月25日沙洋县 $M3.2$ 地震。

2. 主要活动特征

（1）2015年湖北省地震活动水平较2014年有所减弱。2015年最大地震为2015年3月30日保康县 $M3.2$ 与11月25日沙洋县3.2级地震。地震主要分布在湖北西部地区的巴东、秭归以及保康、沙洋等地。

（2）三峡水库自2015年9月10日0时开始第七次试验性蓄水，地震频次和强度较2014年有所减弱。三峡重点监视区的微震活

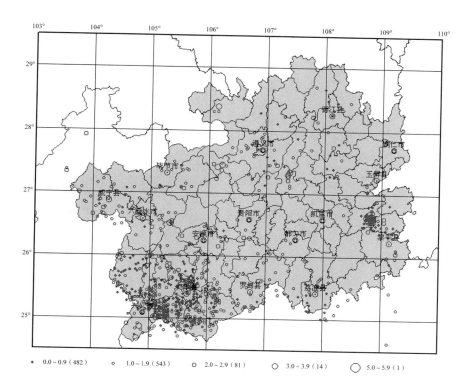

图1   2015年贵州省地震震中分布图

分级：
◆ 0.0~0.9 (482)   ○ 1.0~1.9 (543)   □ 2.0~2.9 (81)   ○ 3.0~3.9 (14)   ◯ 5.0~5.9 (1)

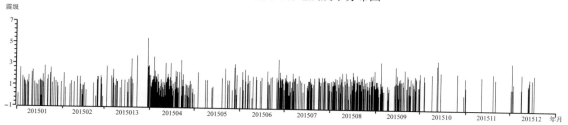

图2   2015年度贵州省地震震级-时间分布图

动主要分布在巴东高桥断裂、秭归仙女山断裂等地区。

2015 年湖北省地震目录（$M \geqslant 2.0$）

编号	发震时间					震中位置		震级	震中参
	年	月	日	时	分	纬度/°N	经度/°E	M	考地名
1	2015	02	02	03	39	31.70	110.95	3.2	保康县
2	2015	02	10	22	43	30.20	115.07	2.4	黄石市
3	2015	06	02	20	54	30.89	110.81	2.2	秭归县
4	2015	06	07	13	40	30.22	112.81	2.5	潜江市
5	2015	09	27	06	16	31.13	110.13	2.1	巫山县
6	2015	11	01	11	18	30.57	112.53	3.2	沙洋县
7	2015	11	25	11	11	30.93	112.38	2.1	钟祥市
8	2015	12	09	20	01	32.13	111.69	2.2	谷城县

（湖北省地震局）

湖南省

2015 年度湖南省境内共发生 $M_L2.0$ 地震 7 次，最大地震是 2015 年 09 月 24 日发生在湖南省常德市澧县的 $M_L2.6$ 地震。本年度湖南省境内地震活动水平相对往年有些偏弱，其中长沙市宁乡地区的小震活动明显减少。

（湖南省地震局）

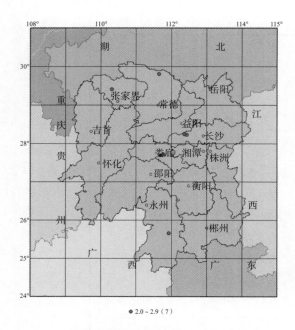

● 2.0～2.9（7）

2015年度湖南省M_L2.0及以上地震震中分布图

广西壮族自治区

2015年，广西壮族自治区地震台网中心记录到广西及近海1.0级以上地震291次，其中1.0～1.9级地震205次，2.0～2.9级83次，3.0～3.9级地震3次，最大地震为2015年3月20日15时8分北部湾3.3级地震，2015年度地震活动频次和强度与2014年度持平，地震主要分布在桂西及粤桂交界地区。

（广西壮族自治区地震局）

西藏自治区

1. 地震活动性

根据西藏自治区地震台网测定，2015年（2014年10月1日—2015年9月30日）西藏地区及邻区（26.5°～36.5°N，77.0°～99.0°E）共发生M_L≥3.0及以上地震243次（扣除尼泊尔地震及其余震），其中：M_L3.0～3.9地震199次；M_L4.0～4.9地震41次；

M_L5.0～5.9地震2次；M_L6.0～6.9地震1次，区内最大地震为2015年4月25日西藏定日M_L5.9地震。

2. 主要活动特征

全区3.0级以上地震活动主要分布在藏北尼玛、双湖、班戈一带；西藏中部南部定日、申扎、改则一带；藏西北日土；藏东南墨脱、波密、错那一带。

2015年西藏地区的地震活动主要分布在班公错—怒江缝合线两侧澜沧江断裂带、申扎—定结断裂带、喜马拉雅东构造结一带，最为显著地震事件是改则5.2级地震、定日5.9级地震、聂拉木5.2级地震，共发生3次5.0级以上地震以及波密和双湖震群等显著地震事件。受尼泊尔8.1级地震影响，地震活动水平高于2014年，全区3.0级地震年频度、强度高于历史水平，4.0级地震高于年平均28次的水平，5.0级以上地震低于年平均7次的水平。

2015年2月4日18时44分，在西藏改则县（32.9°N，83.5°E）发生M5.2地震。此次地震发生在先遣断裂带附近（距离小于31km），震中区域震前震后均无地震记录，根据震中附近和日土、改则地区地震类型特点综合分析，初步判定为孤立型地震。

2015年4月25日17时17分，在西藏定日县（28.4°N，87.3°E）发生M5.9地震，根据余震空间分布，主震周围的余震分布较为分散，在主震西边约90km的近北南向的当惹雍错—定日断裂带附近集中，根据该区域历史地震活动特点，中强地震主要以主震型和孤立型地震为主。

双湖2015年6月22—24日发生一次震群活动，共记录地震26次，最大震级为M_L3.7。经分析6项指标中，3项为前兆震群，3项为非前兆震群。

波密2015年7月18日—8月14日发生一次震群活动，共记录36次定位地震，最

大震级为 $M_L4.8$。经分析 6 项指标中，3 项为前兆震群，3 项为非前兆震群。

（西藏自治区地震局）

宁夏回族自治区

1. 地震活动性

根据中国地震台网目录，2015 年宁夏回族自治区境内共发生 $M1.0$ 以上地震 78 次，其中 1.0 ~ 1.9 级地震 60 次，2.0 ~ 2.9 级地震 14 次，3.0 ~ 3.9 级地震 4 次，无 4.0 级以上地震发生，最大地震为 2014 年 2 月 5 日宁夏银川和同心两地的 3.7 级地震。

2. 主要活动特征

2015 年宁夏地震空间上主要分布在银川至石嘴山一带、中宁至同心、海原至固原一带，吴忠灵武一带的地震有所增多；时间上地震主要集中分布在 2 月、3 月和 6 月。与 2014 年地震活动相比，2015 年在宁夏周边的内蒙古阿拉善左旗发生 5.8 级地震，该地震打破了宁夏及邻区 5 级以上地震 15 年的平静，受到该地震的影响，宁夏境内地震活动水平明显升高，宁夏地震活动强度增强，频次显著增多，根据以往中强度地震的震例，未来 1 年宁夏境内地震活动水平可能会有所降低。

（宁夏回族自治区地震局）

甘肃省

1. 地震活动性

2015 年甘肃省共发生 $M_S \geqslant 2.0$ 地震 65 次。其中，2.0 ~ 2.9 级地震 56 次，3.0 ~ 3.9 级地震 7 次，4.0 ~ 4.9 级地震 2 次，最大地震为 4 月 15 日发生的临洮 4.5 级地震。

2. 主要活动特征

时间上 2015 年 2.0 级以上地震活动比较均匀，其中 4 月、7 月和 11 月地震活动频次相对较高，7 ~ 10 次；2 月份地震活动水平最低，仅 2 次；其余月份 3 ~ 6 次。4 月和 7 月 3.0 级地震均为 3 次，且有 4.0 级地震发生；5 月、8 月、12 月 3.0 级地震 1 次，其余月份无 3.0 级地震发生。空间上 2.0 级以上地震活动分布延续以前的格局，主要集中分布于祁连山地震带及甘东南地区；3.0 级以上地震则主要分布在甘东南地区和祁连山地震带西段。

（甘肃省地震局）

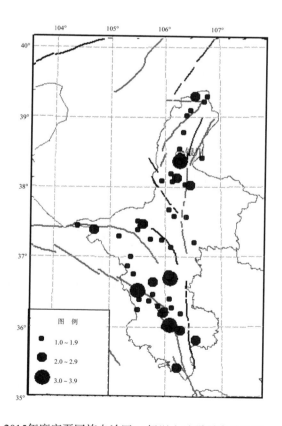

2015 年度宁夏回族自治区 1.0 级以上地震震中分布图

河南省

1. 地震活动性

2015 年河南省及邻区（31° ~ 37°N，110° ~ 117°E）共发生 2.0 级以上地震 193 次，其中 3.0 级以上地震 28 次，4.0 级以上地震 4 次（表1），最大地震为 2015 年 1 月 18 日河南范县 3.9 级地震。

表1   河南省地震活动统计

年度 震级	2009	2010	2011	2012	2013	2014	2015	年均地震活动
1.5 ~ 1.9	21	40	24	21	22	49	33	30.0
2.0 ~ 2.9	35	51	37	43	31	30	26	36.14
3.0 ~ 3.9	4	5	5	6	2	6	2	4.29
4.0 ~ 4.9	0	2	1	1	0	0	1	0.71
5.0 ~ 5.9	0	0	0	1	0	0	0	0.14
合计	60	98	68	71	55	85	62	71.29
最大震级 M_L	3.7	4.1	5.0	4.0	3.3	3.6	4.2	3.98

2. 主要活动特征

（1）时间序列特征

本会商年度 2.0 级以上地震时间序列呈不均匀分布特征，2014 年 10—11 月地震频度较为集中，主要是金寨震群集中活动，2015 年 1—3 月地震强度较高，4 次 4.0 级以上地震均集中在这一时段。

（2）空间分布特征

2.0 级以上地震空间分布上与上会商年度相似，主要分布在湖北巴东地区、豫皖鄂交界地区、山西中南部地区及河南省濮阳地区，其他地方零散分布。与上会商年度相比，本会商年度豫皖交界地区地震有东移和向北扩展趋势，晋冀鲁豫交界地区地震频次有所减少。

（3）强度和频次特征

2015 年度 2.0 级以上地震频次（193

次）低于上会商年度（239 次），高于 1985 年以来的年均频次（141 次），见图1。其中 3.0 级以上地震 28 次（上会商年度 29 次），最大地震为 2015 年 3 月 14 日安徽阜阳 4.8 级地震。本会商年度地震活动释放能量（2.82×10^{11}J）低于上会商年度（3.31×10^{12}J），见图2。

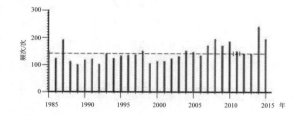

图1   河南省及邻区2.0级以上地震年频次图
（1985年1月—2015年9月）

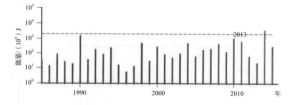

图2   河南省及邻区2.0级以上地震年释放能量图
（1985年1月—2015年9月）

2015 年度河南省境内共发生 1.5 级以上地震 62 次，其中 2.0 ~ 2.9 级地震 26 次，3.0 ~ 3.9 级地震 2 次，4.0 级以上 1 次，最大地震为 2015 年 1 月 18 日范县 3.9 级地震。与去年相比，2.0 级以上地震地震次数略低于上一会商年度 36 次，最大地震却高于上一会商年度。2015 年度河南省地震活动特点为低频高能。地震活动水平仍处于近 5 年来相对较低水平。

（河南省地震局）

内蒙古自治区

1. 地震活动性

2015 年，内蒙古自治区发生 $M_L \geqslant 1.0$ 地震 642 次，其中 $M_L 1.0 \sim 1.9$ 地震 419 次，$M_L 2.0 \sim 2.9$ 地震 204 次，$M_L 3.0 \sim 3.9$ 地震 16 次，$M_L 4.0 \sim 4.9$ 地震 2 次，$M_L 6.0 \sim 6.9$ 地震 1 次。最大地震是 2015 年 4 月 15 日 15 时 39 分阿拉善左旗（$39°46'$ N，$106°22'$ E）发生的 $M_S 5.8$（$M_L 6.1$）地震；次大地震是 2015 年 3 月 4 日阿拉善左旗（$38°02'$ N，$103°42'$ E）发生的 $M_L 4.5$ 地震。以上地震次数统计均为可定位地震，而且不包含阿拉善左旗 $M_S 5.8$ 地震的余震序列，余震另做统计。

2015 年 4 月 15 日阿拉善左旗 $M_S 5.8$ 地震的余震：截至 2015 年 12 月 31 日 24 时，共计发生余震 136 次，其中 $M_L 0.1 \sim 0.9$ 地震 4 次，$M_L 1.0 \sim 1.9$ 地震 99 次，$M_L 2.0 \sim 2.9$ 地震 26 次，$M_L 3.0 \sim 3.9$ 地震 4 次，$M_L 4.0 \sim 4.9$ 地震 3 次，最大余震为 4 月 15 日 15 时 44 分发生的 $M_L 4.5$ 地震。

2. 主要活动特征

（1）$M_L \geqslant 3.0$ 地震活动频度、强度。2015 年发生 $M_L \geqslant 3.0$ 地震 19 次，2014 年发生 $M_L \geqslant 3.0$ 地震 47 次，地震活动频度减少。但是，2015 年发生 $M_S 5.8$ 中强地震，地震强度明显增强，而 2014 年未发生中强地震，其最大地震是 2014 年 4 月 20 日呼伦贝尔市鄂伦春自治旗 $M_L 4.8$ 地震。

（2）地震活动强度西部地区强、东部和中部地区弱。2015 年发生的 3 次 $M_L \geqslant 4.0$ 地震区域分布显示，西部地区分布 2 次，东部地区分布 1 次，而中部地区没有。最大地震位于西部地区阿拉善左旗，震级为 $M_S 5.8$，次大地震也位于西部阿拉善左旗，震级为 $M_L 4.5$。东部地区东乌珠穆沁旗发生 1 次 $M_L 4.4$ 地震。以上地震区域分布表明，中部地区地震强度相对西部和东部地区最弱。

（3）发生 1 次中强地震。2015 年 4 月 15 日 15 时 39 分阿拉善左旗（$39°46'$ N，$106°22'$ E）发生 $M_S 5.8$ 地震，震源深度 10km。内蒙古自治区主席巴特尔、副主席白向群及有关领导赴现场指挥抗震减灾工作，内蒙古自治区地震局派出地震现场工作队开展监测、考察和评估工作。震区西部为沙漠地区，人烟稀少；震区东南部，人口密集。通过深入灾区，对阿拉善盟、鄂尔多斯市、乌海市和巴彦淖尔市等盟（市）的 6 个旗（区）共计 72 个调查点的房屋建筑进行现场灾害调查，确定此次地震最高烈度为Ⅶ度，等震线长轴呈北东东走向分布，本次地震造成巴彦木仁苏木政府旧楼、5 个嘎查的 30 余户房屋出现裂缝，5 处棚圈发生不同程度的破损和倒塌，没有造成人员伤亡。

（4）中小地震丛集、有序活动区。2015 年中小地震活动图像显示出 3 个丛集活动区：乌海至蒙宁交界地区，地震活动活跃，呈现密集分布特征；呼和浩特至蒙晋交界地区，地震活动呈东西向条带分布状态；呼伦贝尔市扎兰屯地区，地震活动呈北北东向条带分布状态。

（内蒙古自治区地震局）

山东省

1. 地震活动性

2015 年山东省及近海地区的地震活动频次和能量释放仍处于较高水平。2015 年山东内陆及邻区共记录可定位天然地震 1409 次，$M \geqslant 0.0$ 地震 772 次，其中 0.0 ~ 1.0 级地震 542 次，1.1 ~ 2.0 级地震 191 次，2.1 ~ 3.0 级地震 33 次，3.1 ~ 4.0 级地震 5 次，4.0 级以上地震 1 次。陆地最大地震为 5 月 22 日乳山 4.6 级地震（该地震也为大华北地区 2015 年度最大地震事件），海域最大地震为 8 月 6

日南黄海3.8级地震。

2. 主要活动特征

（1）2015年度山东省内陆及附近海域地区共计发生显著有感地震事件22次。2015年度山东省地震活动存在以下特点：一是胶东半岛及北部海域3级地震集中增强，乳山震群持续活动；二是胶东半岛北部和南黄海北部凹陷的3级地震空区持续；三是沂沭带及其北西向分支断裂小震活跃。

（2）山东及附近区域2015年显著有感地震事件特征。乳山震群自2013年10月1日开始活动，仍在持续，此次序列活动的持续时间、活动频度为1970年以来山东地区所罕见。山东台网已记录到余震超过20000余次，其中可定位事件12000多次。2015年乳山震群发生$M4.0$以上地震1次，为2015年5月22日发生的$M4.6$地震。2015年山东省地震局继续在乳山开展台阵观测工作，积累了丰富的基础资料，并深入开展了9项有关乳山地震近场区地层结构研究，较好地把握了震群发展趋势。

（山东省地震局）

陕西省

1. 地震活动性

2015年陕西省数字地震遥测台网共记录到陕西省区可定震中地震281次，包括：①发生在宁强（属于汶川8.0级地震余震区）的地震52次，其中$M_L0.9$及以下地震22次，$M_L1.0 \sim 1.9$地震24次，$M_L2.0 \sim 2.9$地震5次，$M_L4.0 \sim 4.9$地震1次，最大震级$M_L4.0$；②发生在陕西省其他地区的可定震中地震229次，其中$M_L0.9$及以下地震108次，$M_L1.0 \sim 1.9$地震106次，$M_L2.0 \sim 2.9$地震14次，$M_L3.0 \sim 3.9$地震1次，最大地震是2015年12月13日泾阳$M_L3.1$地震。与2014年相

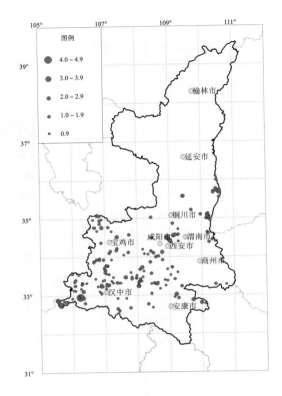

2015年陕西省地震震中分布图

比，宁强的地震活动明显增强，陕西省其他地区小震频次明显减少，强度大体相当，最大地震明显低于1970年以来平均年最大震级（$M_L3.6$）。另外，2015年陕西省数字地震遥测台网共记录到$M_L3.0$以上塌陷地震11次，最大震级$M_L3.4$，主要集中在神木和榆林。

2. 主要活动特征

（1）2015年陕西省地震活动仍然呈现频次高、活动弱的特点，与2014年相比，宁强的地震活动明显增强，陕西省其他地区地震活动水平变化不大，地震整体空间分布与2014年类似。其中，关中东部小震继续活跃，主要集中在与山西交界的大荔、合阳、韩城等地；关中中部的地震活动主要集中在西安以北地区，活动水平与2014年相当，但频次有所减少；关中西部地震活动较弱，主要集中在陇县附近；陕南小震频次较高，主要集中在陕南中西部地区。

（2）时间上，除宁强地震外，全年地震频次起伏明显，4月为全年最高（26次），9月为全年最低（9次）。

（陕西省地震局）

青海省

1. 地震活动性

2015年青海省境内共发生 $M_S \geqslant 5.0$ 地震2次，分别为10月12日玛多5.2级和11月23日祁连5.2级地震；发生显著震群活动3次，分别为1月2日至4月28日茫崖震群、1月28日至2月25日玉树震群和2015年12月27日至2016年1月3日玛沁震群。据青海省地震台网测定，2015年1—12月青海及邻区（31°～40°N，88°～104°E）发生 $M_L \geqslant 2.0$ 以上地震848次，其中2.0～2.9级地震727次，3.0～3.9级地震108次，4.0～4.9级地震11次，5.0～5.9级地震2次，境内最大地震震级为5.2级。

2. 主要活动特征

2015年，青海省及邻区地震活动空间上主要分布在祁连地震带，柴达木盆地地震带，唐古拉地震带中、东段等区域，其中3级以上地震空间分布与上述地震的整体分布基本一致。

（青海省地震局）

山西省

1. 地震活动性

2015年，山西地区发生 $M \geqslant 1.0$ 地震

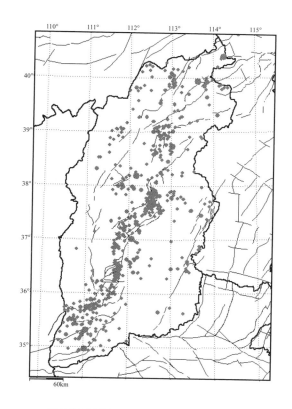

2015年山西省 $M_L \geqslant 1.0$ 地震震中分布图

152次，其中1.0～1.9级地震136次，2.0～2.9级地震14次，3.0～3.9级地震2次，无4.0级以上地震发生，最大地震是2015年6月2日太原3.1级地震和12月10日原平3.1级地震。

2. 主要活动特征

（1）地震频度显著偏低。2015年度 $M_L \geqslant 1.0$ 小震频度与2013、2014年相比明显偏低，较2013年降低93次，较2014年降低85次，尤其是 $M_L \geqslant 2.0$ 频度仅95次，与多年均值（134次）相差很多，因此，2015

2015年山西省 $M \geqslant 3.0$ 地震目录

发震日期	发震时刻（时：分：秒）	纬度/°N	经度/°E	震级 M	深度/km	地　点
2015.06.02	18:51:42.0	37.82	112.53	3.1	21	太原
2015.12.10	13:27:20.0	38.73	113.02	3.1	1	原平

· 107 ·

年度地震频度显著偏低。

（2）地震活动强度也是2008年以来最低。2008年山西地区最大地震震级为$M_L3.8$，自2009年进入活跃时段以来，除2012年外，2009、2010、2011、2013、2014年均发生了4.0级以上地震，而2015年最大地震震级仅$M_L3.7$；地震活动强度为2008年以来最低。

（3）除2月、3月、7月外，2015年度其他月份均有$M_L \geqslant 3.0$地震发生，且沿断陷盆地自北而南相对均匀展布，其中大同盆地2次，忻定盆地1次，太原盆地3次，临汾盆地2次，运城盆地1次，西部山区1次。

（4）山西地区自1999年11月1日大同阳高5.6级地震以来，一直处于5.0级以上地震平静，近年来虽然陆续发生数次$M_L \geqslant 4.0$地震，但是2015年度地震强度显然偏低，山西地区整体地震活动保持一种低水平活动。

（山西省地震局）

云南省

1. 地震活动性

2015年，云南省（21°～29°N，97°～106°E）发生3.0级以上地震43次，按M统计，其中3.0～3.9级34次，4.0～4.9级地震7次，5.0～5.9地震级2次。省内5.0级以上地震分别为3月1日沧源5.5级地震和10月30日昌宁5.1级地震。2015年，地震共造成50人受伤，灾区人口207600人，直接经济损失140533万元。

2. 主要活动特征

（1）$M \geqslant 5.0$地震频次较低。与2014年云南发生的4组8次$M \geqslant 5.0$地震相比，2015年仅发生2次，最大强度5.5级，地震活动水平较低。

（2）中小地震活动较弱。2015年云南地区3.0～4.0级地震年频度都低于均值水平。

（3）滇东南地区3.0～4.0级地震活动显著增强。2015年3月9日嵩明4.5级地震打破滇东南地区长达6年的4级地震平静后，滇东南出现了3.0～4.0级地震增强现象，已发生4月13日建水4.1级、6月14日双柏4.1级以及多次3.0级地震。

（4）2015年3月1日沧源5.5级地震结束了云南地区自2014年开始的中强地震持续活动状态，其后发生2015年10月30日昌宁5.1级1次5级以上地震，同时3.0～4.0级中小地震活动也较弱，处于2014年中强地震异常活跃后的相对平静状态。

（云南省地震局）

江西省

1. 地震活动性

据江西省地震台网测定，2015年，江西省境内共发生$M_L \geqslant 1.0$地震57次，其中$M_L2.0$～2.9地震15次，$M_L3.0$～3.9地震2次，$M_L4.0$～4.9地震1次，最大地震为2015年6月17日九江县$M_L4.2$地震，次大地震为2015年1月29日丰城$M_L3.4$地震。

2. 主要活动特征

（1）2015年的地震活动频度低于去年，但强度与去年相比较高，空间上2级以上地震仍主要分布在江西省中北部地区，赣南仅有少数地震活动。

（2）自2005年九江—瑞昌5.7级地震后，江西省中部萍乡—宜春—丰城一带$M_L2.0$、$M_L3.0$地震活动异常频繁，近6年来集中了省内50%左右的2.0～2.9级地震和绝大部分3级地震活动，地震的展布与萍乡—广丰断裂带基本一致。2015年1月29日条带上发生丰城$M_L3.4$地震。

（3）2015年6月17日九江发生$M_L4.2$地震，距离2005年九江—瑞昌5.7级地震仅

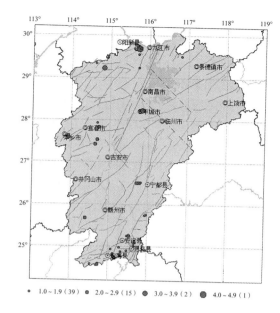

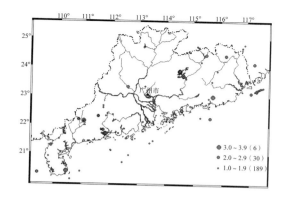

2015年广东省陆地及近海*M*≥1.0地震震中分布图

2015年江西省地震震中分布图

3km，震中距50km范围内有史以来还记载有4.7级以上地震2次，为1911年九江5.0级地震和1833年九江5.0级地震，分别距当前地震25km和37km。此次地震是继2011年9月10日瑞昌—阳新4.6级地震后，赣北地区发生的最大地震。

（江西省地震局）

广东省

1. 地震活动性

2015年广东省及邻近海域共发生1.0级（含1.0级）以上地震225次，其中2.0～2.9级地震30次，3.0～3.9级地震6次，最大为11月22日湛江市徐闻县*M*3.8地震。最大地震略小于2014年度的东源4.0级地震，与2000年以来的年度平均最大震级持平。

2. 主要活动特征

2015年度广东地区地震活动出现新的特征，2012年以来新丰江、高州、阳西等水库区域地震活跃，2015年地震活动有从水库区向非水库区扩展的特征，陆丰、徐闻、龙川、遂溪等地都发生了2.5级以上地震，多年平静的深圳大亚湾地区也发生多次2.0级以上地震。这些活动多发生在新区，发震构造出现变化，可能是区域地壳活动增强的表现。

（广东省地震局）

海南省

1. 地震活动性

根据中国地震台网中心正式目录统计，2015年，海南岛及邻近海域（17.7°～20.8°N，108.1°～111.5°E）共发生1.0级以上地震39次，其中1.0～1.9级地震20次，2.0～2.9级地震15次，3.0～3.9级地震3次，4.0～4.9级地震1次。对海南省影响最大地震为2015年11月22日发生在广东徐闻的4.2级地震，海口等地震感明显。

2. 主要活动特征

2015年海南岛及近海地震活动明显强于2014年，为2008年以来最强，空间分布较为分散，主要集中分布于王五—文教断裂带以北地区、北部湾海域、琼西南海域，总体格局仍延续历史地震活动北强南弱的特点。

（海南省地震局）

吉林省

1. 地震活动性

根据吉林省地震台网测定，2015年1月1日至12月31日，吉林省共发生174次地震，震级分布为：4.0～4.9级地震3次，3.0～3.9级地震2次，2.0～2.9级地震2次，1.0～1.9级地震18次，1.0级以下149次，最大地震发生在前郭震区，为10月21日4.5级地震。

2. 主要活动特征

（1）地震活动空间分布较为集中。地震主要分布在西部松原前郭一带、中部伊通—舒兰断裂带附近、东部浑江断裂带两端及东部珲春深震区和长白山火山地震区。吉林省历史上曾发生过多次中强地震，最大地震为1119年松原前郭 $6^3/4$ 级地震。自1972年省内地震台网建立以来，省内记录到丰富的小震资料，自2012年以来吉林省地震活动水平较低。2013年10月31日爆发的前郭震群活动一直持续到现在，余震序列空间分布非常集中。

（2）地震空间分布特征明显。2015年地震活动集中分布在吉林省西部的前郭震区和东部山区。前郭震群到2015年12月31日共发生地震1346次，本年度前郭震区共发生余震166次，最大地震为10月21日4.5级地震。除前郭震区外，吉林省其他地区地震活动相对较弱，全年发生8次地震，主要发生在松原及浑江断裂带附近的白山、通化地区，最大地震为12月21日发生在吉林省松原市的2.5级地震。

（3）长白山火山地震活动水平较低。2015年长白山天池火山共发生12次火山地震，最大震级为1.7，地震活动强度和频次均较低。

（吉林省地震局）

新疆维吾尔自治区

1. 地震活动性

2015年新疆维吾尔自治区内共发生 $M_S2.0$ 以上地震589次（剔除余震）。其中 $M_S2.0～2.9$ 地震449次，$M_S3.0～3.9$ 地震114次，$M_S4.0～4.9$ 地震22次，$M_S5.0～5.9$ 地震3次，$M_S6.0～6.9$ 地震1次。2015年7月3日新疆皮山县发生的6.5级地震为新疆2015年度最大地震。该震发生后，新疆境内中强地震活动明显增强，共发生18次4.0级以上地震，4.0级以上地震主要分布在南天山东段和和田以南地区，阿尔金和阿尔泰地震带相对较为平静。

2. 主要活动特征

（1）中强地震呈现起伏增强的活动状态。自2014年2月12日新疆于田县发生7.3级地震后，新疆地区中强地震活动呈现弱活动状态，该震后至2014年年底仅发生2次5.0级地震；2015年以来新疆中强地震活动显著提高，呈现明显的增强活动趋势，共发生4次5.0级以上地震，最大地震为7月3日皮山6.5级地震。4.0级以上地震频度显著升高，达26次；2014全年仅为13次。空间上4.0级以上地震主要分布在南天山东段和和田以南地区，阿尔金和阿尔泰地震带相对较为平静。

（2）全年地震活动强度、频度分布不均。2015年新疆共发生26次4.0级以上地震。2015年7月3日新疆皮山6.5级地震发生前仅发生8次4.0级以上地震；该震发生后，新疆境内中强地震活动明显增强，共发生18次4.0级以上地震。新疆全年地震活动强度、频度分布极不均匀。7月3日新疆皮山6.5级地震发生后，4.0级以上地震活动呈现集中活动，该活动态势持续近3个月。自9月下旬起至年底，4.0级以上地震活动呈弱活动态势。

综上所述，2015 年新疆地震活动特点为：2015 年以来新疆中强地震活动呈现明显的增强活动趋势，表现为起伏增强的活动状态；全年地震活动强度、频度分布极不均匀。2015 年 7 月发生的皮山 6.5 级地震是继 2014 年 2 月于田 7.4 级地震之后新疆发生的最大地震。

（新疆维吾尔自治区地震局）

重庆市

1. 地震活动性

2015 年，重庆市地震台网共记录到重庆辖区 $M_L 1.0$ 以上地震 155 次，其中 $M_L 1.0 \sim 1.9$ 地震 99 次，$M_L 2.0 \sim 2.9$ 地震 49 次，$M_L 3.0 \sim 3.9$ 地震 7 次，最大地震为 4 月 25 日綦江 $M_L 3.8$ 地震。

2015 年度重庆地区 $M_L \geqslant 3.0$ 地震见表。

表　重庆及周边 $M_L \geqslant 3.0$ 地震目录

序号	年-月-日	时：分：秒	纬度/°N	经度/°E	震级 M_L	参考地名
1	2015-03-01	17:40:08	29.35	105.69	3.6	永川区
2	2015-04-25	14:23:49	28.77	106.78	3.8	綦江区
3	2015-05-04	03:52:24	28.55	106.71	3.0	綦江区
4	2015-06-17	17:34:00	29.52	108.38	3.0	彭水县
5	2015-09-01	04:34:45	29.37	105.43	3.1	重庆市荣昌县与四川省隆昌县交界
6	2015-11-12	21:55:16	31.59	109.26	3.5	巫溪县
7	2015-12-18	08:11:06	31.07	110.10	3.0	巫山县

2. 主要活动特征

2015 年重庆市发生的地震震中主要分布在荣昌、綦江、武隆、石柱、巫山、巫

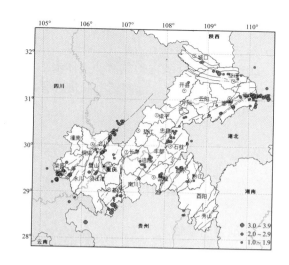

2015年重庆市 $M_L \geqslant 1.0$ 地震震中分布图

溪等地区。2015 年度全市地震活动水平较低，与 2014 年度基本相当，未发生灾害性地震。

（重庆市地震局　黄世源）

黑龙江省

1. 地震活动性

2015 年黑龙江省内发生 $M 0$ 以上地震 107 次，其中 $M \geqslant 3.0$ 地震 2 次，$M 2.0 \sim 2.9$ 地震 11 次，$M 1.0 \sim 1.9$ 地震 46 次，$M 0 \sim 0.9$ 地震 48 次。2015 年地震主要分布在依舒断裂带东北部，依兰到萝北附近，及五大连池附近区域。依舒断裂带北部依兰到萝北地区小震较为活跃，萝北地区持续有小震活动，2015 年萝北地区共发生小震 20 次，其中 $M 3.0$ 以上地震 1 次，$M 2.0 \sim 2.9$ 地震 1 次，$M 1.0 \sim 1.9$ 非天然级地震 7 次，$M 0 \sim 0.9$ 地震 11 次，2015 年度萝北地区最大地震为 2015 年 6 月 28 日萝北 $M 3.0$ 地震。五大连池地区持续有小震活动，$M 2.0 \sim 2.9$ 地震 1 次，$M 1.0 \sim 1.9$ 地震 6 次，$M 0 \sim 0.9$ 地震 4 次，五大连池地区 2015 年度最大地震是 2015 年 8 月 12 日 $M 2.0$ 地震。2015 年度黑龙江省最

大地震为 2015 年 11 月 12 日鸡西 $M3.2$ 地震。

2. 主要活动特征

2015 年黑龙江省内地震活动整体水平不高，以中小地震为主，地震活动频度和强度弱于 2014 年度。

（黑龙江省地震局）

四川省

1. 地震活动性

据四川省地震台网测定，2015 年在四川省内共记录 $M_L2.0$ 以上地震 2045 次，其中 2.0 ~ 2.9 级地震 1847 次，3.0 ~ 3.9 级地震 179 次，4.0 ~ 4.9 级地震 18 次，5.0 ~ 5.9 级地震 1 次（$M5.0$ ~ 5.9 地震 1 次）。2015 年四川及邻区发生突出的地震，即 1 月 14 日四川金口河 $M5.0$（$M_L5.2$）地震。四川省 3.0 级以上震中分布见图。

2. 主要活动特征

2015 年地震频次和强度均低于 2014 年。地震空间分布图像显示，四川境内 2015 年 $M_L3.0$ 及以上地震活动主要集中在四个区域（带）：一是龙门山断裂带，龙门山断裂带地

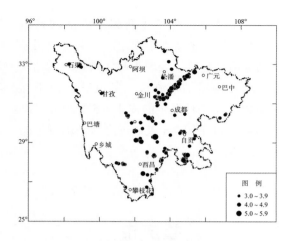

2015年四川省及邻区3.0级以上地震分布图

震活动主要分布在汶川 8.0 级地震和芦山 7.0 级地震的两个余震区；二是川南山区与四川盆地的交界附近，发生了乐山金口河 $M5.0$ 地震；三是川滇菱形地块东边界区域中等地震仍较活跃，例如：4 月 15 日石棉 $M_L4.1$、8 月 18 日普格 $M_L4.3$ 和 10 月 24 日九龙 $M_L4.4$ 地震；四是川东部区域威远出现新的震群活动，长宁、珙县、筠连等区域持续小震活动。

（四川省地震局）

重要地震与震害

2015 年 1 月 10 日新疆维吾尔自治区阿图什市 5.0 级地震

一、地震基本参数

发震时刻：14 时 50 分 58 秒

微观震中：40°12′N，77°18′E

宏观震中：新疆维吾尔自治区阿图什市

震　　级：M=5.0

震源深度：10km

极震区烈度：V 度

震源机制解：此次地震震源断错类型为逆断型，地震主压应力 P 轴方位为近 SN 向。

二、烈度分布与震害

震中主体位于新疆维吾尔自治区阿图什市哈拉峻乡则木比勒东盐碱地无人区，灾区地震烈度为 V 度，烈度区长半轴约 25km，短半轴约 10km，面积约 785km²。

地震破坏情况：建筑主要可分为土木结构、砖木结构、砖混结构三种。产生震害房屋基本为老旧土木结构房屋，房屋年久失修，多数已存在不同程度开裂，或基础腐蚀严重等结构缺陷，在地震作用下墙体裂缝增大或加宽。

本次地震没有造成人员伤亡，据统计，地震造成直接经济损失 1421.6 万元。

（新疆维吾尔自治区地震局）

2015 年 1 月 14 日四川省乐山市金口河区 5.0 级地震

一、地震基本参数

发震时刻：13 时 21 分

微观震中：29.3°N，103.2°E

宏观震中：四川省乐山市金口河区

震　　级：M=5.0

震源深度：14km

震中烈度：VI 度

震源机制解：利用 CAP 方法反演了金口河区 M5.0 地震的震源机制解，结果显示此次地震为逆冲型，节面 NNW 向，最佳拟合深度 12km。

二、烈度分布与震害

本次地震烈度调查在乐山市金口河区、峨边彝族自治县、峨眉山市共调查 89 个烈度调查点，其中生命线调查点 28 个。根据现场考察结果，地震共造成 15 个乡镇受灾。分别为：金口河区永和镇、金河镇、吉星乡、永胜乡、和平彝族乡；峨边彝族自治县沙坪

四川省乐山市金口河区 5.0 级地震震源机制解参数

时间	震级 M	深度 /km	节面 1			节面 2			P轴		T轴		B轴	
			走向	倾角	滑动角	走向	倾角	滑动角	方位	倾角	方位	倾角	方位	倾角
2015-1-14 13:21:39	5.0	12	342°	41°	101°	148°	50°	81°	244°	5°	8°	82°	154°	7°

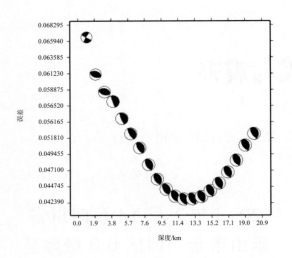

震源机制反演中的误差-深度分布图

镇、新林镇、红花乡、宜坪乡、杨村乡、共和乡、新场乡、觉莫乡、大堡乡；峨眉山市大为镇。

本次地震震区最高烈度为Ⅵ度，等震线长轴方向总体呈NW向，等震线长轴长29km，短轴长21km。Ⅵ度区总面积约505m²。

主要破坏现象：本次地震造成大量房屋建筑和工程结构损伤，但破坏程度相对较轻。

房屋震害特征：本次地震Ⅵ度区内砖木结构房屋极个别墙体倒塌，部分房屋墙体出现明显裂缝，多数房屋梭瓦。砖混结构房屋极个别墙体出现贯通性裂缝，部分墙体出现裂纹，多数基本完好。框架结构房屋极个别承重梁可见细微裂纹，少数填充墙开裂，绝大部分基本完好。

工程结构震害特征：本次地震中生命线系统工程结构遭受一定程度破坏。

交通系统：地震造成山体滑坡、崩塌掩埋公路，县、乡、村道路路基轻微受损；少数桥体出现裂缝，护桥栏开裂。

电力系统：个别变电站轻微受损，升压站、机房及塔基轻微破坏，部分电力线路遭受破坏。

通信系统：部分通信基站受损，通信线路损坏。

水利工程结构：部分蓄水池围墙开裂漏水，水渠通道断裂；城区污水处理厂转鼓格

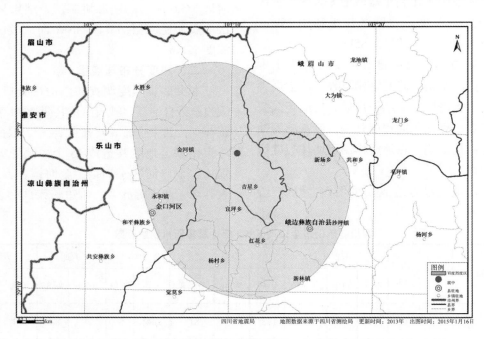

四川省乐山市金口河区5.0级地震烈度图

· 114 ·

栅机等设备受损，污水管网部分震裂；人畜饮水水池震损等。

工矿企业：主要表现为生产设备及厂房和附属设施的破坏，但受损程度都不重。

农林业：坡地及山林受地震影响较大，表现为滚石、崩塌及滑坡造成耕地和林木的破坏。

人员伤亡情况：根据政府有关部门统计，截止到 2015 年 1 月 16 日 9 时，本次地震共造成 20 人受伤，其中 3 人重伤。

经济损失：本次地震造成的直接经济损失主要包括房屋、工程结构损失等。根据四川省地震局现场工作组《2015 年 11 月 14 日四川金口河 5.0 级地震灾害直接损失评估报告》，本次地震的直接经济损失总额为 18996 万元。

（四川省地震局）

2015 年 1 月 18 日河南省濮阳市范县 4.2 级地震

一、地震基本参数

发震时刻：11 时 01 分 23 秒

微观震中：35.68°N，115.38°E

宏观震中：河南省濮阳市范县

震　　级：M=4.2

震源深度：7km

震中烈度：V 度

二、烈度分布与震害

经过现场工作队的调查，确定本次地震宏观震中位于范县濮城镇，震中区烈度为 V 度，等震线长轴为 NNE 向，短轴为 NWW 向。等震线呈椭圆形，长轴约 57km，北北东向；短轴约 37km，面积 1656km²。范围东到濮城镇的毛营村，南到濮城镇的五零村，西到濮城镇的景庄村，北到濮城的北徐庄，

呈椭圆分布，长轴北东方向，面积约 20km²。该区内震时室内绝大多数人有震感。门窗作响，普遍听到地声，个别老旧房屋出现细微裂缝，房屋结构基本完好，无人员伤亡。有感范围主要分布在河南省范县和山东省鄄城县、东明县，以及莘县等部分县区。

2015 年 2 月 22 日新疆维吾尔自治区塔城地区沙湾县 5.0 级地震

一、地震基本参数

发震时刻：14 时 42 分 43 秒

微观震中：44°6′N，85°42′E

宏观震中：新疆维吾尔自治区沙湾县

震　　级：M=5.0

震源深度：14km

震中烈度：VI 度

震源机制解：此次地震震源断错类型为逆断型，发震构造主断面主压应力 P 轴方位为 228°。

二、烈度分布与震害

宏观震中位于沙湾县东湾镇西地村，地震最大影响烈度为 VI 度。VI 度区西北至阔斯库则吾村，东南至潘家庄村，长半轴约 5km，短半轴约 3.6km，面积约 58.3km²；V 度区西南至十三户村，东南至南湾配种站，长半轴约 15km，短半轴约 10km，面积约 414.7km²。

地震破坏情况：灾区房屋结构类型主要可分为土坯房、砖木结构房屋、单层砖混和多层砖混房屋。受灾房屋结构以土坯房为主，其建筑面积占灾区房屋的 95%，其中包括部分砖包皮房屋，个别单层砖木和单层砖混结构房屋有轻微破坏或基本完好，破坏程度较轻。

本次地震没有造成人员伤亡，地震造成

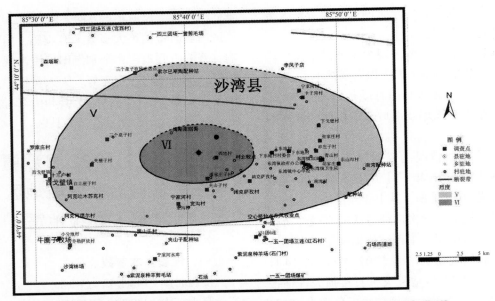

发布单位：新疆维吾尔自治区地震局　制图单位：新疆维吾尔自治区地震局应急指挥中心　制图时间：2015年2月24日

新疆维吾尔自治区沙湾县5.0级地震烈度图

直接经济损失 5173.48 万元。

（新疆维吾尔自治区地震局）

2015 年 3 月 1 日云南省临沧市沧源县 5.5 级地震

一、地震基本参数

发震时刻：18 时 24 分 40 秒

微观震中：23°30′N，98°54′E

宏观震中：云南省临沧市沧源佤族自治县孟定镇政府所在地一带

震　　级：M=5.5

震源深度：11km

震中烈度：Ⅶ度

震源机制解：如表所示

地震类型：主震—余震型

二、烈度分布与震害

（一）烈度分布特征、灾区范围及面积

等震线形状呈椭圆形，长轴走向总体呈北东向。Ⅵ度区（中国灾区）及以上总面积约 2130km²，其中，Ⅶ度区总面积 200km²，Ⅵ度区总面积 1930km²。

Ⅶ度区东起孟定镇罕宏下寨，西至芒卡镇芒玖村，北自孟定镇芒坑村一带，南到芒卡镇竹蓬寨，面积约 200km²。

Ⅵ度区东起镇康县军赛乡岔路村—耿马县勐简乡野鸭塘村一带，西至中缅国境线，北自镇康县军赛乡田坝镇，南到沧源县班洪乡班独村—班老乡永跌村一带，面积约 1930km²。

（二）震害基本情况

1. 房屋震害特征

Ⅶ度区：框架结构房屋个别框架柱开裂、露筋、墙体剪裂，少数填充墙开裂、掉灰皮；砖混结构房屋墙体开裂、掉灰皮较为普遍，少数承重墙体贯穿裂缝；砖木结构房屋大多数墙体角部、结合处等部位开裂、梭掉瓦，少数空心砖墙抬梁式房屋倒塌或局部倒塌；土木结构房屋多数墙体开裂、梭掉

云南省沧海县 $M_S5.5$ 地震震源机制解参数表

地震	节面I			节面II			P轴		T轴		N(B)轴	
	走向	倾角	滑动角	走向	倾角	滑动角	方位	仰角	方位	仰角	方位	仰角
沧源5.5	333°	81°	159°	66°	69°	10°	21°	8°	288°	21°	131°	67°

瓦,个别墙体局部倒塌。

Ⅵ度区:框架结构房屋个别墙体与框架结合部开裂;砖混结构房屋少数墙体细微裂缝;砖木结构房屋与土木结构房屋少数墙体开裂、梭掉瓦,个别局部倒塌。

2. 工程结构震害特征

电力系统:杆塔倾斜;线路受损;变电站、供电所、主控室、调度室等房屋受损;电容器、开关及配电变压器等设备受损。

交通系统:路面开裂,路基下沉、开裂,路基塌方,挡墙开裂;桥梁损坏;涵洞受损等。

通信系统:杆路倾斜,光缆断裂,基站设备损坏,机房受损;广电光缆损坏,机房设备受损等。

供排水系统及其他市政设施:供水管线破坏;污水处理厂设备损坏,管网损坏;垃圾处理填埋场受损。

水利工程结构:水库坝体开裂、老裂加大;沟渠开裂渗漏及原有渗漏加大;堤防开裂;水池水窖开裂;沟渠开裂;乡村集中供水设施损坏;水文设施和水保设施受损。

3. 人员伤亡

据民政部门统计,本次地震造成50人受伤,其中8人重伤,42人轻伤。

4. 经济损失

云南地震灾区直接经济总损失83760万元。其中,耿马县61620万元,沧源县11820万元,镇康县10320万元。

(云南省地震应急保障中心 毛 利)

2015 年 3 月 14 日安徽省阜阳市 4.3 级地震

一、地震基本参数

发震时刻:14 时 13 分 34 秒

微观震中:33.05°N,115.83°E

宏观震中:安徽省阜阳市

震 级:M=4.3

震源深度:6km

震中烈度:Ⅵ度

震源机制解:如表所示

安徽阜阳市 $M_S4.3$ 地震震源机制解参数表

地震 M_S	节面I			节面II		
	走向	倾角	滑动角	走向	倾角	滑动角
阜阳 4.3	300°	80°	−4°	30°	85°	−170°

地震 M_S	P轴		T轴		B轴	
	方位角	倾角	方位角	倾角	方位角	倾角
阜阳 4.3	255°	9°	165°	3°	55°	80°

地震类型:震群型

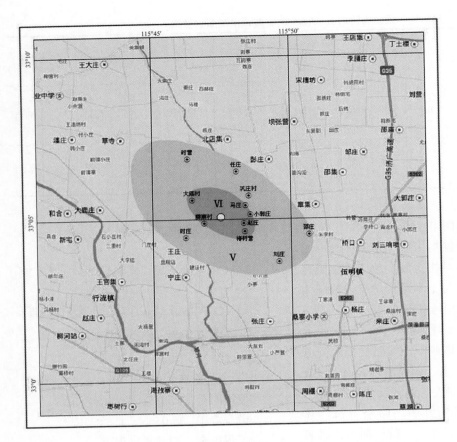

2015年3月14日安徽省阜阳市4.3级地震烈度图

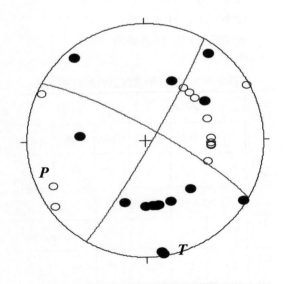

安徽省阜阳市4.3级地震震源机制解图

二、烈度分布与震害

地震最大烈度为Ⅵ度，等震线长轴呈北西走向分布，Ⅵ度区面积约 8km²，Ⅴ度区面积约 47km²，造成 2 人死亡、13 人受伤，11250 间房屋倒塌、受损。

（安徽省地震局　郑先进　梅盛华）

2015 年 3 月 30 日贵州省剑河县 5.5 级地震

一、地震基本参数

发震时刻：9 时 47 分 00 秒

微观震中：26°36'N，108°48'E

宏观震中：贵州省剑河县南加镇新柳
村—汪泽村一带

震　　级：M=5.5

震源深度：7km

震中烈度：Ⅶ度

地震类型：这次地震的序列是前震—主震—余震型，属于水库诱发地震，3月23日的3.3级地震是前震，3月30日的5.5级地震是主震，主震之后的地震为余震。

地震特点：本次地震影响范围较小，烈度衰减较快，震害相对较轻；震中区房屋破坏不严重，没有倒塌的房屋，房屋以墙体开裂、少量房屋立柱出现小幅度错位、瓦片滑落为主要破坏形式。经分析，此次地震主要有以下特点：一是地震对地表破坏有限。地震震动持续时间短，地震波对地表的破坏就相对减弱。二是震中地区岩石结构较坚韧。震中地区主要为变质岩，相对于碳酸盐岩（形成喀斯特地貌的灰岩和白云岩），坚韧一些，短时间的震动，不易形成岩石崩塌、滑坡等地震次生地质灾害。三是良好的植被减轻地震次生灾害。灾区植被发育较好，森林覆盖率达到68.2%，形成天然屏障，大大减少了滚石、崩塌等次生灾害的发生。同时，植被将一些地震对地表的破坏现象掩盖起来，形成了一些危险隐患。四是房屋建筑抗震性能相对较好。震中区房屋以木结构、砖木结构和砖混结构为主，砖混结构大多有构造柱和圈梁，木结构房屋抗震性能较好。五是发震时间在白天，大大减少了人员伤亡。发震时间为9时47分，村民多在田间耕作，减少了被瓦片滑落砸伤的危险。六是震中地区人员密度较小。震中地区位于剑河县和锦屏县交界区，人口密度相对较小。七是地震应急避险宣传及演练效果明显。2009年以来，贵州省地震局和贵州省教育厅联合发文对学校开展防震减灾教育和避震逃生演练，并将防震减灾知识纳入中小学教学内容。指

导全省所有中小学校制定地震应急预案及避震逃生方案。在实际工作中，贵州省全省推广威宁经验。在学生课间操时间开展避震逃生演练。此次剑河5.5级地震中，当地学校都在短时间内快速有序地进行疏散，未发生踩踏事件。

二、烈度分布与震害

依照 GB/T 18208.3—2011《地震现场工作　第3部分：调查规范》、GB/T 17742—2008《中国地震烈度表》，通过灾区震害调查，参考地震构造、震源机制解以及余震分布等资料，圈定了本次地震烈度分布图。

灾区面积约637km²，全部属于贵州省黔东南苗族侗族自治州。极震区烈度达Ⅶ度。宏观震中位于剑河县南加镇，等震线形状呈椭圆形，长轴走向呈北东向。

Ⅶ度区：东起剑河县南加镇柳基村以东，西至南加镇东北村以西，南自南加镇竹林村以南，北到南加镇新柳村以北，面积约24km²，主要涉及剑河县的南加镇、南寨乡等2个乡镇。在本评估报告中由于Ⅶ度区范围较小，人口密度小，不列出作单独评估。

Ⅵ度区：东起锦屏县彦洞乡彦洞村，西至剑河县南哨乡白阡村，南自黎平县德化乡岑己村，北到剑河县敏洞乡沟洞村，面积约613km²，涉及剑河县的南加镇、南寨乡、磻溪镇、敏洞乡、柳川镇、南哨乡、观么乡，锦屏县的彦洞乡、河口乡，黎平县的德化乡等10个乡镇。

主要破坏现象：地震造成房屋建筑和工程结构不同程度破坏。

（1）房屋震害。Ⅵ度区：框架结构房屋个别墙体与框架结合部开裂；砖混结构房屋个别墙体细微裂缝，少数梭掉瓦；砖木结构房屋少数墙体开裂、掉灰皮，部分梭掉瓦；木结构房屋少数梭掉瓦，个别柱脚移位。

（2）工程结构震害。①电力系统：杆塔倾斜；线路受损；变电站、供电所、主控

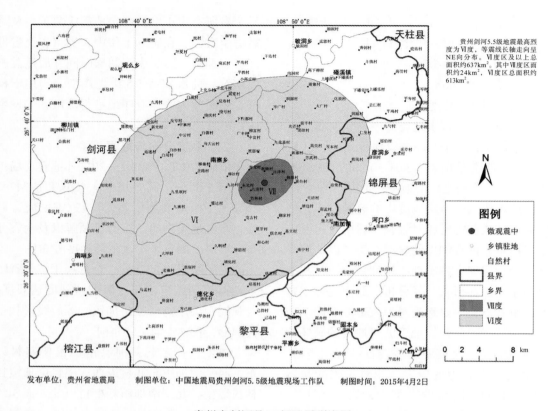

贵州剑河5.5级地震最高烈度为Ⅶ度，等震线长轴走向呈NE向分布。Ⅵ度区及以上总面积约637km²。其中Ⅶ度区面积约24km²，Ⅵ度区总面积约613km²。

图例

● 微观震中
○ 乡镇驻地
· 自然村
⬜ 县界
⬜ 乡界
⬛ Ⅶ度
⬜ Ⅵ度

0 2 4   8 km

发布单位：贵州省地震局   制图单位：中国地震局贵州剑河5.5级地震现场工作队   制图时间：2015年4月2日

贵州省剑河县5.5级地震烈度图

室、调度室等房屋受损。②交通系统：边坡垮塌，路面开裂，路基下沉、开裂，防护工程局部破坏；桥梁损坏；涵洞受损等。③通信系统：杆路倾斜，光缆断裂，基站设备损坏，机房受损；广电光缆损坏，机房设备受损等。④水利工程结构：水库坝体开裂、老裂加大；沟渠开裂渗漏及原有渗漏加大；堤防开裂；水池水窖开裂；沟渠开裂；乡村集中供水设施损坏；水文设施和水保设施受损。

人员伤亡情况：本次地震未造成贵州灾区人员死亡，失去住所人数共2908人。

经济损失：据统计，贵州剑河5.5级地震灾害直接经济总损失51704万元，其中，剑河县41890万元，锦屏县3572万元，黎平县5622万元，天柱县620万元。需要特别说明的是，地震诱发地质灾害总损失16281.6万元，因不属于GB/T 18208.3—2011《地震现场工作　第3部分：调查规范》和GB/T 18208.4—2011《地震现场工作　第4部分：灾害直接损失评估》调查与评估范围，未列入地震灾害直接经济总损失总额之内。

（贵州省地震局）

2015年4月15日内蒙古自治区阿拉善盟阿拉善左旗5.8级地震

一、地震基本参数

发震时刻：15时39分

微观震中：39.8°N，106.3°E

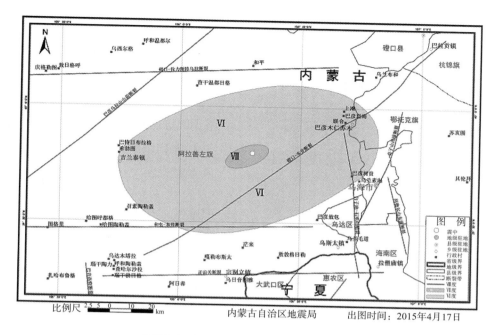

比例尺 2.5 2.5 0 5 10 20 km 　　　　　　内蒙古自治区地震局　　　　　出图时间：2015年4月17日

内蒙古自治区阿拉善左旗5.8级地震烈度图

宏观震中：内蒙古自治区阿拉善盟阿拉
　　　　　善左旗巴音木仁苏木附近
震　　级：$M=5.8$
震源深度：10km
震中烈度：Ⅶ度

二、烈度分布与震害

　　本次地震最高烈度为Ⅶ度，等震线长轴呈北东东走向分布，Ⅵ度区及以上总面积为5030km²，包括阿拉善盟的阿拉善左旗、阿拉善经济开发区、乌兰布和沙产业生态示范区，鄂尔多斯市鄂托克旗，乌海市海勃湾区。此外，位于Ⅵ度区以外的部分地区也受到地震波及，造成个别居民点房屋有少量破坏。

　　Ⅶ度区位于乌兰布和沙产业生态示范区巴彦木仁苏木和阿拉善左旗吉兰泰镇交界处，长轴为17km，短轴为9km，面积126km²。Ⅶ度区的建筑物震害特征主要为土木、土石和砖木结构的老旧房屋少数达到毁坏或严重破坏，多数为中等或轻微破坏。破坏现象一般为墙体严重开裂、纵墙外闪等，个别局部结构倒塌。

　　Ⅵ度区西自阿拉善左旗吉兰泰镇政府所在地，东至乌海市海勃湾区西部，北自乌兰布和沙产业生态示范区巴彦木仁苏木和平村南，南至茫来北。Ⅵ度区长轴为90km，短轴为62km，面积4904km²。Ⅵ度区的建筑物震害特征主要为土木、土石和砖木结构的老旧房屋少数达到中等破坏，多数为轻微破坏或基本完好。房屋破坏主要特征为墙体开裂、横纵墙连接处开裂等。

　　此次地震虽然震级较大，震源深度较深，但是没有出现人员伤亡的情况。主要原因一是震区大部地区人口密度较低，建筑物相对较少。二是得益于近年来自治区各级党委、政府高度重视防震减灾工作，不断强化抗震设防管理，"十个全覆盖"、中小学校舍安全、农居地震安全等工程都极大地提高了全区建筑物的抗震能力，机关、学校、企事业单位等经常开展地震应急疏散演练，应急演练常态化。三是地震发生后，各级政府和有关部门应急响应及时，应急措施得当，受灾群众及时得到疏散和转移安置。这些措施都有效减轻了这次地震灾害造成的损失。

（内蒙古自治区地震局
弓建平　曾国平　王亚莉）

2015 年 5 月 22 日山东省威海市文登区 4.6 级地震

一、地震基本参数

发震时刻：0 时 5 分

微观震中：36.82°N，121.69°E

震　　级：$M=4.6$

截至 4 时 18 分，共记录到余震 159 次

二、烈度分布与震害

山东省地震局立即启动地震应急预案，省局派出现场工作队会同威海、青岛、潍坊、烟台市地震局开展流动地震监测、宏微观异常落实和地震烈度调查等工作。现场调查确定陆地最大烈度为Ⅴ度，主要位于乳山市白沙滩镇，其次涉及海阳所镇、徐家镇部分村庄。震害主要表现为老旧墙体倒塌、住房烟囱断裂、旧房老瓦滑脱、房间隔墙开裂、墙皮脱落等，绝大多数人有感。

（山东省地震局）

2015 年 7 月 3 日新疆维吾尔自治区皮山县 6.5 级地震

一、地震基本参数

发震时刻：9 时 7 分 45 秒

微观震中：37°36′N，78°12′E

宏观震中：新疆维吾尔自治区皮山县

震　　级：$M=6.5$

震源深度：10km

震中烈度：Ⅷ度

震源机制解：震源断错类型为逆冲型，主压应力 P 轴方位 NNE 向

二、烈度分布与震害

宏观震中位于新疆维吾尔自治区和田地区的皮山县，灾区主要涉及和田地区皮山县、墨玉县、兵团第十四师、第三师和喀什地区叶城县。其中Ⅷ度极震区的长半轴为 24km，短半轴为 14km，面积约 1110km²，涉及皮山县固玛镇、皮西那乡、科克铁热克乡、木奎拉乡及兵团第十四师皮山农场；Ⅶ度区，长半轴 45km，短半轴 32km，面积达 3410km²，涉及皮山县固玛镇、皮西那乡、科克铁热克乡、木奎拉乡、乔达乡、木吉镇、桑株乡、阔什塔格乡、巴什兰干乡及兵团第十四师皮山农场；Ⅵ度区西北自叶城县喀格勒克镇，东南至皮山县皮亚勒玛乡，长半轴为 90km，短半轴为 51km，面积 10060km²。Ⅵ度区及以上总面积为 14580km²。

地震破坏情况：灾区房屋建筑的结构类型主要分为土木结构、砖木结构、砖混结构和框架结构。倒塌房屋主要为土木结构房屋和个别老旧砖木结构房屋，土木结构房屋全部破坏，Ⅷ度区 60% 倒塌，砖木结构房屋倒塌均为老旧房屋，Ⅷ度区 15% 倒塌；县城老旧砖混结构多层房屋大面积破坏，15% 达到中等以上破坏；框架结构个别结构破坏，多为轻微破坏，填充墙出现大面积剪切裂缝。

地震对皮山县、叶城县、墨玉县及兵团第十四师的学校、医院等医疗卫生单位房屋造成不同程度破坏。

本次地震造成皮山县 9573 头（只）牲畜死亡，牲畜棚圈毁坏 6612 座、640 座大棚毁坏；兵团第十四师皮山农场 721 座大棚损坏、牲畜棚圈受损 3200 座、牲畜死亡 705 头；兵团第三师叶城二牧场 200 座大棚损坏；叶城县 161 座牲畜棚圈损坏，72 头（只）牲畜死亡。

地震造成皮山县城城市管网（供水、排水、供暖、天然气、管道）出现不同程度的

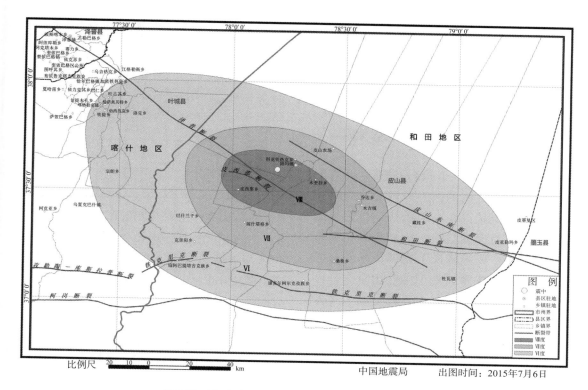

新疆维吾尔自治区皮山县6.5级地震烈度图

破损，影响了灾区居民的正常生活。第十四师城镇连队基础设施受损，其中皮山农场新镇区供水管网受损 13km，排水管网受损 7.2km，老镇区排水管网受损 9.7km。

地震造成皮山县火车站出现中等程度破坏，造成铁路部分路段路基沉降，桥梁涵洞出现裂缝、99 座桥涵受损，地震滑坡造成 279km 道路受损。第十四师 5km 道路受损，山区道路 23 处塌方，15 座桥涵受损。

皮山县及皮山农场的部分水利设施出现一定程度的破坏，其中皮山县的水库坝基、引水涵洞、水塔、自来水管受损；第十四师皮山农场 111 眼机井受损，跃进水库 100m 坝体渗水及放水闸裂缝，27.3km 输水干渠出现裂缝。第十四师 110kV、35kV 变电所房屋基础设施受损，皮山县 26 座通讯铁塔倾斜。皮山县粮食系统仓库出现不同程度变形和裂缝、粮站办公室房顶倒塌、墙体裂缝。总计倒塌

仓库 15 栋，严重损坏 7 栋。

本次地震造成 3 人死亡，260 人受伤，据统计地震造成直接经济损失 54.3 亿元。

（新疆维吾尔自治区地震局）

2015 年 10 月 12 日青海省玛多县 5.2 级地震

一、地震基本参数

发震时刻：18 时 04 分 15 秒
微观震中：34.34°N，98.24°E
宏观震中：青海省玛多县
震源深度：9km
震　　级：$M=5.2$

二、烈度分布与震害

此次地震震中位于玛多县境内的无人区，无法根据房屋的震害程度和人的感觉给

出参考，且震中附近区域的地表没有找到地表破裂和其他地震地质灾害及震害现象，离震中较近的4个村庄部分人员轻微有感，房屋建筑无任何损坏情况，按照中国地震烈度表的划分，认为震中处在Ⅴ度以下的区域。无法通过现场调查和复核给出此次地震的真实烈度划分。

发震断层：玛多5.2级地震区位于青海省中南部黄河源头的高平原区与巴颜喀拉褶皱山脉的交接部位。地质构造位置处于青藏构造系与巴颜喀拉—松潘弧形构造带的结合部位，区域地质上则属于松潘—甘孜褶皱系。该区深部处于昆仑山重力梯度带之上，主要断裂构造为东昆仑断裂带及达日断裂带。该区域历史地震活动较强烈，有历史记录以来在本次玛多5.2级地震震中附近150km范围内共发生5级以上地震16次，最大的地震是1937年1月7日青海阿兰湖东7.5级地震。

灾害损失：此次玛多5.2级地震震中位于玛多县境内的无人区，离震中较近的4个村庄只是部分人员轻微有感，房屋建筑无任何损坏，没有造成人员伤亡和财产损失。

（青海省地震局）

2015年10月30日云南省保山市昌宁县5.1级地震

一、地震基本参数

发震时刻：19时26分39秒

微观震中：25°6'N，99°30'E

宏观震中：大田坝镇政府驻地一带

震　　级：M=5.1

震源深度：10km

震中烈度：Ⅵ度

震源机制解：如图所示

云南省昌宁县5.1级地震震源机制参数表

地震	节面Ⅰ			节面Ⅱ		
	走向	倾角	滑动角	走向	倾角	滑动角
昌宁5.1	46°	60°	−56°	173°	44°	−134°

地震	P轴		T轴		N（B）轴	
	方位	仰角	方位	仰角	方位	仰角
昌宁5.1	7°	59°	112°	9°	207°	29°

地震类型：主震—余震型

余震情况：据云南地震台网测定，截至2016年1月31日，本次地震共发生80次余震，其中1.0～1.9级地震69次、2.0～2.9级地震10次，5.0～5.9级地震1次。

二、烈度分布与震害

1. 烈度分布特征、灾区范围及面积

等震线形状呈椭圆形，长轴走向总体呈NNE向。灾区总面积约910km²。Ⅵ度区总面积约910km²。东起永平县水泄乡大河村至昌宁县漭水镇老人山一带，西至隆阳区丙麻乡奎阁村，南自昌宁县柯街镇花田村、丫口子村一带，北到永平县厂街乡政府驻地。

2. 震害基本情况

（1）房屋震害特征

Ⅵ度区：框架结构房屋个别墙体与框架梁柱结合部开裂；砖混结构极个别房屋墙体剪切裂缝，少数墙体细微裂缝；砖木结构房屋与土木结构房屋少数墙体开裂、梭掉瓦，个别局部倒塌。

（2）工程结构震害特征

交通系统：边坡塌方，路面开裂，路基沉陷、开裂，挡墙受损；涵洞开裂等。

电力系统：杆路受损；线路损坏；用户电表损坏；设备受损。

通信系统：基站及设备受损；线路损坏；杆路倾斜；机房受损等。

水利工程结构：水库受损；塘坝漏水、

涵管断裂及漏水；堤防受损；灌溉沟渠开裂、塌陷；乡村饮用水供水设施及管道受损；水窖开裂漏水等。

（3）人员伤亡

据民政部门统计，本次地震未造成人员伤亡。

（4）经济损失

云南昌宁5.1级地震灾害直接经济总损失24200万元。其中，昌宁县15170万元，隆阳区3320万元，永平县5710万元。

（云南省地震局　徐　昕）

2015年11月23日青海省祁连县5.2级地震

一、地震基本参数

发震时刻：2时2分44秒

微观震中：38.0°N，100.4°E

宏观震中：青海省海北州祁连县

震源深度：10km

震　　级：$M=5.2$

二、烈度分布与震害

此次地震震中周边人口较少，多数居民点位于震中西北约20km，主要分布在八宝镇，其余地区居民点偏少。因此，本次地震烈度调查点主要分布在震中西北10～25km范围内，震中西南区域为高海拔山区，无居民点。按照国家《地震烈度评定工作规范》，祁连5.2级地震极震区烈度为Ⅶ度。

祁连地震序列余震特点：祁连5.2级地震发生后，共记录到$M_L1.0$以上余震46次，其中$M_L1.0～1.9$地震33次，$M_L2.0～2.9$地震10次，$M_L3.0～3.9$地震3次，最大余震为11月23日6时13分46秒$M_L3.4$地震。本次余震序列中主要以$M_L2.0$以下地震为主。

发震断层：祁连5.2级地震发生在青海省与甘肃省交界附近，区域构造上位于祁连山

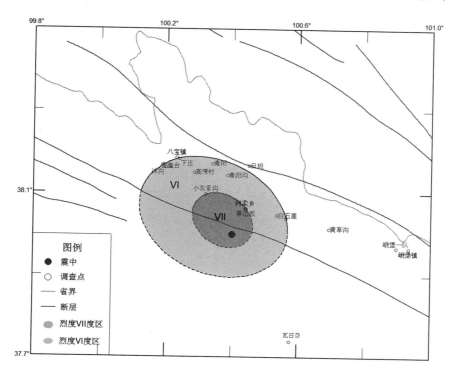

青海省祁连县5.2级地震烈度图

断裂带中东段的托勒山—冷龙岭断裂带,震中100km范围内自1900年以来发生了多次5级以上地震,其中最大的为2003年甘肃民乐6.1级地震。本次祁连县M_S5.2地震发震构造为托勒山—冷龙岭断裂带,西段的托勒山断裂总体走向为NWW向;东段的冷龙岭断裂长度为127km,走向为290°~300°,倾向NE,倾角50°~60°,断层错动山脊,发育地震地表破裂带。两断层均为左旋走滑断层。

灾害损失:祁连5.2级地震没有人员伤亡,只造成八宝镇及阿柔乡的14户居民房屋有轻微破坏。

（青海省地震局）

防 震 减 灾

　　这一部分收载中国地震局系统、各级政府防震减灾三大工作体系（地震监测预报、地震灾害预防、地震震灾应急救援）的建设与进展，全面记录政府、专业队伍、社会各界的作用和贡献，从中可看到中国防震减灾事业的发展。

2015 年防震减灾综述

2015 年，在党中央、国务院的正确领导下，地震部门深入学习贯彻党的十八大和十八届三中、四中、五中全会精神，认真落实中央领导对防震减灾工作的重要指示批示，依法履职，积极作为，各项工作取得新的重要进展。

一、有力有效开展抗震救灾

2015 年，我国大陆地区共发生 5 级以上地震 14 次。地震共造成 34 人死亡、1718 人受伤。新疆维吾尔自治区皮山县 6.5 级、尼泊尔 8.1 级等地震发生后，习近平总书记、李克强总理和汪洋副总理等中央领导同志迅即作出重要指示批示。中国地震局会同国务院抗震救灾指挥部成员单位，按照"分级负责、相互协同"的工作机制，全力协助新疆维吾尔自治区、西藏自治区党委、政府组织抗震救灾，派出工作组赶赴灾区，开展抢险救援、流动监测、趋势研判、烈度评定、灾害评估、科学考察等工作，各支援力量因需而动、按需投送、规模适度，抗震救灾工作更加科学、有序、有效，有力践行抗震救灾新机制。

二、扎实开展监测预报工作

强化重大震情专项跟踪和震后趋势研判，以年度地震重点危险区为震情跟踪重点，制订专门工作方案。全面启动地震监测预报长期发展改革设计，改革震情会商制度。研究探索地震监测预报新技术、新方法。强化台网管理，夯实观测基础，推进仪器研发保障体系建设。推动大数据、云计算等新技术在地震监测预报等领域的应用，实现监测资源共享、优势互补。全面推动地震预警能力建设，进一步优化完善我国地震预警体系建设规划。国家地震烈度速报与预警工程完成立项，进入实施阶段，建成后将直接服务震后指挥决策，为社会公众及时逃生避险和重大工程紧急处置提供信息服务。

三、切实加强应急救援工作

立足应对大震巨灾，全面履行国务院抗震救灾指挥部办公室职责，组成联合工作组对 8 省（区）应急准备情况进行督导检查，督促地方查找薄弱环节，协助解决实际问题，促进地方政府落实应急防范主体责任，有效提升应急准备工作水平。健全制度，完善军地、部门、区域间应急联动机制，深化应急联动、信息传递、资源共享等方面合作。开展地震灾害预评估，建立震灾损失模型，提出应对措施。督促各地方修订预案，各级各类应急演练更加常态化、规范化。应急救援物资储备及时补充完善。国家地震灾害紧急救援队开展全员全装拉动演练，参与东盟地区救灾演习、中美亚太地区演练，全方位检验和提升队伍综合能力。与武警部队军民融合深度发展合作。推动地震专业救援队伍建设，强化专业力量培训，积极引导社会力量参与抗震救灾。

四、不断夯实震害防御基础

全面落实国务院部署，深化地震安全性评价中介服务行政审批制度改革，调整地震安全性评价组织方式，大幅压缩审批范围。开展中央设定地方实施行政审批事项清理工作。"建设工程地震安全性评价结果的审定及抗震设防要求确定"审批纳入企业投资项目核准并联审批目录。强化抗震设防要求管理，发布新一代地震动参数区划图，为新时期全面提升我国抗震设防能力给出科学标准和依据。配合住建等部门开展地震高烈度设防地区农房抗震改造。在云南、四川、广西等地积极推进政策性农房地震保险试点。认定深圳、阳江、唐山、济南4个国家防震减灾示范城市，8个国家防震减灾示范县，246个国家地震安全示范社区。开展台湾海峡及珠江口区域海陆三维地震构造联合探测。完成常州等5个城市活动断层探测与地震危险性评价工作。

五、大力推进地震科技创新

开展地震科技布局顶层设计，确定"地震预警与紧急处置技术"等6个地震科技发展重点方向。"建筑结构基于性态的抗震设计理论及方法"研究项目成果获得2015年国家科技进步一等奖。有关青藏高原向东扩张的动力学机制最新研究成果入选年度中国科学十大进展。稳步推进电磁监测试验卫星研制工作，转入正样研制准备阶段。开展长江安徽段水下气枪震源观测研究。云南鲁甸地震科考工作圆满完成。中美、中印、中韩地震合作分别列入国家领导人访问成果。参与筹备2016年世界人道主义峰会并发挥重要作用。全面加强"一带一路"防震减灾合作，中国东盟地震海啸监测预警系统项目成功立项，资助东亚峰会地震应急救援演练项目。落实海峡两岸地震监测合作协议，扩大海峡两岸联合地震观测。

六、深化防震减灾宣传教育

防震减灾科普工作纳入国家全民科学素质行动计划纲要实施方案和全国中小学生安全教育日活动内容。会同宣传部门组织主流媒体深入开展抗震救灾、恢复重建等宣传报道。建立例行新闻发布制度，成功处置多次涉地震网络舆情事件。与国家民委、中国科协联合制定印发加强少数民族和民族地区防震减灾科普工作的意见。指导支持云南、西藏、新疆等地开设少数民族语言防震减灾专题栏目。在全国141个城市举办"平安中国"大型防震减灾科普主题宣传活动。充分利用全国防灾减灾日等契机，广泛宣传防震减灾知识，组织开展应急疏散演练，提高公众防震减灾意识。

（中国地震局办公室）

防震减灾法制建设与政策研究

2015 年防震减灾法治建设综述

一、防震减灾立法工作

落实党中央、国务院关于推进简政放权、放管结合、优化服务决策部署和《国务院关于第一批清理规范 89 项国务院部门行政审批中介服务事项的决定》（国发〔2015〕58 号）精神，对地震安全性评价中介服务进行清理规范，出台配套改革措施，细化明确需开展地震安全性评价确定抗震设防要求的建设工程目录。《地震安全性评价管理条例》及配套的《建设工程抗震设防要求管理规定》和《地震安全性评价资质管理办法》的修订工作持续推进，各省、自治区、直辖市启动涉及规范地震安全性评价中介服务有关的地方性法规和规章制度修订工作，为地震安全性评价中介服务改革提供法治保障。在全面总结我国防震减灾和抗震救灾工作经验以及国外应急救援法制建设及实践经验的基础上，研究起草《地震应急救援条例》（征求意见稿）。

防震减灾地方立法取得了积极进展。地震预警重点区有关省份开展地震预警地方立法工作不断推进，天津等 7 个省、自治区、直辖市的地震预警管理政府规章列入政府年度立法计划。其中，福建省出台了首部地震预警管理政府规章，四川省、甘肃省地震预警管理政府规章已进入审查程序。青海省制定出台防震减灾条例，至此，全国 31 个省、自治区、直辖市均出台防震减灾地方性法规。甘肃省出台首部地震重点监视防御区管理省级法规。山东省、广西壮族自治区出台了防震减灾知识普及、地震重点监视防御区管理政府规章。

二、行政执法法治监督工作

按照党中央、国务院工作部署，省级地震部门权力清单、责任清单编制工作全面启动，试点市县地震部门权力清单、责任编制工作也逐步启动。依据法律法规、国务院决定、部门规章、部门"三定"等，31 个省级地震局行政权力事项的合法性、合理性和必要性审核工作基本完成，批复 28 个省级地震局的权力清单。有关省级地震局结合地方政府权力清单责任清单运行管理模式，按要求公布权力清单和相应的行政权力运行流程图。通过权力清单责任清单制度实施，进一步规范省级地震部门履行地震行政执法、提供地震公共服务等职能。

配合全国人大教科文卫委员会对云南、湖南防震减灾法实施情况做专题调研。14 个省级人大和 116 个地（市州）级人大开展执法检查或调研。首次组织地震行政执法案卷评查，普查各类执法案卷 12000 余件。

三、普法工作

地震系统年度普法工作要点印发实施，系统各单位按要求积极推进普法依法治理工作。将领导干部学法用法、"谁执法谁普法"普法工作责任制等纳入所属单位领导干部和领导班子绩效考核，相关制度不断健全。法治培训工作取得扎实成效，在"十二五"期间连续五年举办市县防震减灾法治培训班，对全国近390个市县地震部门500多名骨干进行培训，江苏、甘肃等省级地震局组织开展市县地震部门行政执法培训，进一步提高市县地震部门依法行政能力和水平。地震系统各单位"六五"普法总结工作完成，向全国普法办报送"六五"普法总结。在总结"六五"普法经验的基础上，"七五"普法规划研究工作启动，全面谋划地震系统"七五"普法工作。

（中国地震局政策法规司）

2015 年政策研究工作综述

政策研究工作围绕中国地震局党组工作部署，突出为重大决策和重点工作服务，积极探索完善体制机制建设，在增强针对性上下功夫，政策研究工作取得新成就。

一、提升政策研究重点任务成果质量

加强组织督导，防震减灾融合式发展暨服务新型城镇化建设研究、防震减灾融合式发展暨政策环境研究、防震减灾社会管理与公共服务研究、防震减灾基础能力研究、防震减灾改革路线图等五项政策研究重点任务取得较好的研究成果，一些研究成果在全国地震局局长会报告和"十三五"规划中被吸纳采用。

二、强化政策研究年度课题组织管理

围绕事关改革发展的重要问题，制定指南遴选课题，组织、支持30家单位与部门开展了37项政策研究课题。

1.CEA-ZC/2-01-01/2015　提升省级地震部门依法履职水平对策研究
2.CEA-ZC/2-01-02/2015　少震弱震区政府主导作用发挥对策研究
3.CEA-ZC/2-01-03/2015　以项目建设推动基层基础能力提高的策略研究
4.CEA-ZC/2-01-04/2015　防震减灾工作与两型社会融合发展研究
5.CEA-ZC/2-01-05/2015　地震安全公共服务标准化对策研究
6.CEA-ZC/2-01-06/2015　示范县创新性研究及推广策略
7.CEA-ZC/2-01-07/2015　基层地震部门法定职能全面履行对策研究
8.CEA-ZC/2-01-08/2015　应对重特大地震灾害主要任务与对策研究

9.CEA-ZC/2-01-09/2015　　新型城镇化建设中防震减灾策略研究

10.CEA-ZC/2-01-10/2015　　地震部门研究所深化改革研究

11.CEA-ZC/2-02-01/2015　　群测群防在防震减灾融合发展中的作用研究

12.CEA-ZC/2-02-02/2015　　基于移动通信网络的市县公共服务及群测群防信息管理平台研究

13.CEA-ZC/2-03-01/2015　　大城市创建防震减灾示范县（区）方法研究

14.CEA-ZC/2-03-02/2015　　建设工程抗震设防要求全过程管理模式的研究

15.CEA-ZC/2-03-03/2015　　重大工程抗震设防要求执行情况检查规范化研究

16.CEA-ZC/2-03-04/2015　　新形势下相关审批和中介服务模式比较研究

17.CEA-ZC/2-03-05/2015　　新一轮地震行政审批制度改革的关键问题与对策

18.CEA-ZC/2-03-06/2015　　防震减灾社会管理网上联合审批平台路径分析

19.CEA-ZC/2-03-07/2015　　少震区如何做好市县抗震设防管理工作

20.CEA-ZC/2-03-08/2015　　新形势下地震行政审批制度改革的探索

21.CEA-ZC/2-03-09/2015　　我国地震安全农居工程管理与服务模式研究

22.CEA-ZC/2-03-10/2015　　防震减灾应用性成果社会服务政策研究

23.CEA-ZC/2-03-11/2015　　新疆安居富民工程建设进展研究

24.CEA-ZC/2-03-12/2015　　关于地震行政处罚的后保障研究

25.CEA-ZC/2-03-13/2015　　地震安评中介机构规范管理与地震行政审批模式改革研究

26.CEA-ZC/2-03-14/2015　　提高重防区农村新建房屋抗震设防能力对策研究

27.CEA-ZC/2-03-15/2015　　广安市地震农居工程实施现状与对策研究

28.CEA-ZC/2-04-01/2015　　地震应急军地一体保障机制研究

29.CEA-ZC/2-04-02/2015　　省级指挥部驻地地震风险及应急处置对策研究

30.CEA-ZC/2-04-03/2015　　地震灾情汇集与协同平台技术方法研究

31.CEA-ZC/2-04-04/2015　　边疆少数民族地区地震应急工作思路研究

32.CEA-ZC/2-04-05/2015　　我国地震救援人员能力与训练考核标准研究

33.CEA-ZC/2-06-01/2015　　地震系统事业人员招聘模式创新实践与研究

34.CEA-ZC/2-06-02/2015　　防震减灾队伍建设机制的构建研究

35.CEA-ZC/2-08-01/2015　　地震信息传播策略研究

36.CEA-ZC/2-08-02/2015　　防震减灾重要政策梳理

37.CEA-ZC/2-10-01/2015　　中国地震局老年教育管理创新研究

三、细化防震减灾调查研究管理

紧紧围绕2015年全国地震局长会暨党风廉政建设工作会议部署的八大任务和防震减灾政策研究四大方向，制定计划。局党组同志明确选题，深入基层和联系点认真研究问题，全年深入基层调研80次。各部门各单位主要负责同志围绕本领域重点工作、预算定额试点、事业单位结构优化等方面组织开展多次调研。39个局属单位实施了174项调研任务。

（中国地震局政策法规司）

2015 年地震标准化建设工作

全年发布 1 项国家标准、5 项行业标准和 3 项地方标准，修订发布《地震标准制修订工作管理细则》（中震法发〔2015〕44 号）。截至 2015 年底，国家质量监督检验检疫总局、国家标准化管理委员会和中国地震局共批准发布实施地震标准 109 项，其中国家标准 32 项，地震行业标准 77 项。

一、国家标准化管理委员会批准发布 1 项国家标准

GB 18306—2015《中国地震动参数区划图》正式发布。2007 年在科技部的支持下启动区划图标准修订的预研究工作，2010 年国标委正式立项，2012 年底完成报批工作，2015 年 5 月15 日正式发布。新修订的区划图给出的全国设防参数整体上有适当提高，取消不设防区，对于提高我国建设工程的抗震设防能力与水平、满足全社会对地震安全提出的新要求具有十分重要的意义。

二、中国地震局批准发布 5 项行业标准

（1）DB/T 5—2015《地震水准测量规范》（代替 DB/T 5—2003）；
（2）DB/T 59—2015《地震观测仪器进网技术要求　地震烈度仪》；
（3）DB/T 60—2015《地震台站建设规范　地震烈度速报与预警台站》；
（4）DB/T 61—2015《地震监测预报专业标准体系表》；
（5）DB/T 62—2015《全球导航卫星系统基准站运行监控》。

三、新增 3 项地方标准

（1）福建省地方标准 DB 35/T 1488—2015《地震应急避难场所要求》；
（2）陕西省地方标准 DB 61/T 984—2015《应急避难场所　场址及配套设施》；
（3）陕西省地方标准 DB 61/T 985—2015《中小学防震减灾示范学校评价指南》。

四、强化标准宣贯，推进新一代区划图实施

组织开展新一代区划图强制性国家标准的宣传贯彻，结合 2015 年世界标准日宣传活动以及"较大的市地震部门行政执法培训班"，对新一代区划图标准实施的若干问题进行解读。标准文本出版印刷后发送至地市级地震工作部门。

（中国地震局政策法规司）

地震监测预报

2015 年监测预报工作综述

中国地震局监测预报司认真贯彻落实全国地震局长会议暨党风廉政建设工作会议要求，圆满完成年初确定的 17 项重点任务，深度谋划监测预报改革思路。

一、科学把握震情形势，稳步提升地震预测预报水平

一是周密开展震情监视跟踪工作。在坚持目前好的做法的基础上，年初全国部署 180 余项跟踪措施，突出跟踪措施的"实"，追求震情研判的"准"。尽管全年地震活动水平不高，但坚持震情跟踪不松懈，全年组织 1732 人次核实宏微观异常 299 项。尼泊尔 8.1 级大震后及时开展应急流动观测和会商，科学准确把握其对我国大陆的影响。有监测能力地区 10 次 5 级以上地震中的 5 次发生在年度危险区，云南昌宁 5.1 级地震前向云南省政府报告并获高度评价；二是全面实施震情会商改革。加强顶层设计，检查指导 38 家单位编制会商改革实施方案，聚焦三要素，强力推进不同学科和区域预测指标体系的构建，以年度全国地震趋势会商会为代表的会商科学性和逻辑性明显提升；三是以创新开放共享理念引领地震监测预报实验场建设。向社会公开发布三年科学发展规划和科研方向指南，观测和探测数据共享平台正式上线，吸引了北京大学、中国科学院、中国科学技术大学等科研团队的积极参与，同时，开拓国际视野，与南加州地震中心、加州大学初步建立合作关系，"梧桐树"效应逐步凸显。

二、夯实地震监测基础，强化台网运行管理与技术研发

2015 年，监测预报司始终把"抓管理、保运行、提质量"作为工作重心。一是提升地震监测硬实力。建成全国主要大型水库地震数据共享处理系统，实现震区水库信息自动发布，弥补水库地震研判短板；广东速报、陕西数据两大灾备中心主体完工，网络安全与数据服务保障能力得到提升。二是增强地震监测软实力。完成震级国家标准修订，实现震级标准与国际接轨；推广全新速度模型，定位精度进一步提高；推进新参数测定常规化，台网产品进一步丰富；实施地震编目改革，编目时间从 4 周大幅缩短至 5 日；建立监控通报和参数同步机制，实现全网设备准实时运行自动监控。三是仪器研发生产运维体系取得实质性进展。制订未来 5 年观测技术发展指南，指导观测技术发展；探索仪器研发入网机制，完成测震类设备检测标准体系和测试平台示范项目，建成四大仪器片区维修中心，有效提升前兆仪器运行率。

三、践行融合发展，推进部门合作与社会资源引入

2015年，监测预报司把部门合作与资源融合作为重要突破口。一是大力推动部际合作。推动中国地震局与广电、航天、测绘、水电等行业合作协议签署，具体落实2016年协同工作计划，通过交换获得测绘地信局10万千米一等水准、气象局全国5万观测点气象三要素基础数据，共享600余个GNSS站的历史和实时数据。二是充分借助社会力量。试点引入企业生产研发的测氡、测汞仪器，解决地球化学观测仪器短缺问题；利用系统外实验设施，明确需求，调动企业积极性，以零投入方式完成电磁波仪器性能改进；借助互联网企业资源，实现震区人口热力图产品化和实用化。通过试点项目，为进一步扩大监测预报融合发展积累第一手经验。

四、明确技术思路，全面推进预警工程和技术示范

国家地震烈度速报与预警工程成功立项，以功能实现、行业实现和社会实现为目标，全面启动可研技术设计。在管理层面，梳理台站布局、数据处理、网络拓扑、信息发布及运维保障等方面40个关键技术问题，提请专家组研究，创新性提出"三网融合"技术思路和"一网多用、二级处理、三级发布、四级服务"的总体架构。组织开展技术方案比选和国际咨询论证，印发台站勘选指南，完成与各建设单位的技术对接。同时，坚持开展烈度速报与预警技术实验，2015年9月10日河北昌黎发生4.2级地震，唐山预警示范系统在震后5秒发布准确信息，预警关键技术得到实践验证。

五、聚焦需求，提升地震信息服务时效性与影响力

在中央部委中首次举办"互联网＋地震"主题大型论坛，创新防震减灾服务新模式；"中国地震台网速报"与新浪和今日头条合作，实现60秒内向亿级用户精准定向发布，进入最具影响力政务头条号前三名。速报信息系统与国家预警中心信息发布系统实现对接，信息发布的时效性和广泛性显著提高。举办数据共享用户推介活动，为国内外300多项研究提供高质量数据服务，获得广泛赞誉；地震数据共享支持课题荣获科技部大学生创新大赛二等奖。

六、着眼长远，确立监测预报创新理念和改革思路

召开全国监测预报工作会议，超前谋划、梳理问题、厘清思路，在编制"十三五"监测预报和信息化专项规划的同时，启动监测预报二十年发展设计。针对地震台站科技产出水平不高的问题，提出建立观测"王牌军团"地球观象台系列；针对地震监测技术缺乏支撑与创新的问题，提出建立虚拟地震观测研究院的设想；针对地震仪器瓶颈问题，提出建立孵化器抚育和智力分成激励等研发新机制；针对海量台站建设运维的挑战，提出以区域监测预报中心为支撑的分布式运维新模式；针对业务管理时效性、规范性需求，提出建立基于网络的监测预报管理信息系统。为全面贯彻实施，成立9个监测预报改革设计组，明确主要任务和年度计划，各项工作稳步推进。

七、加强自身队伍建设，筑牢思想防线和制度堤坝

2015 年，监测预报司党支部认真学习党的十八大，十八届三中、四中、五中全会精神和习近平总书记重要讲话，深入开展"三严三实"专题教育，严格遵守党的政治纪律、政治规矩和组织纪律，落实党建工作责任制。加强内部制度建设，颁布监测预报司工作规则，制订预算编制细则。没有发生违纪违规问题。

（中国地震局监测预报司）

2015 年度地震监测预报工作质量全国统评结果（前三名）

一、监测综合评比

（一）省级测震台网

第一名：新疆台网（新疆维吾尔自治区地震局）

第二名：福建台网（福建省地震局） 安徽台网（安徽省地震局） 河南台网（河南省地震局）

第三名：云南台网（云南省地震局） 广东台网（广东省地震局） 河北台网（河北省地震局） 四川台网（四川省地震局） 陕西台网（陕西省地震局） 湖北台网（湖北省地震局）

（二）国家测震台站

第一名：乌什台（新疆维吾尔自治区地震局）

第二名：库尔勒台（新疆维吾尔自治区地震局） 湟源台（青海省地震局） 宝昌台（内蒙古自治区地震局） 延边台（吉林省地震局） 高台台（甘肃省地震局）

第三名：兰州台（甘肃省地震局） 乌加河台（内蒙古自治区地震局） 攀枝花台（四川省地震局） 腾冲台（云南省地震局） 南京台（江苏省地震局） 成都台（四川省地震局） 姑咱台（四川省地震局） 巴塘台（四川省地震局） 松潘台（四川省地震局）

（三）省级前兆台网

第一名：江苏省地震局

第二名：天津市地震局 湖北省地震局

第三名：浙江省地震局 重庆市地震局 福建省地震局

（四）地壳形变学科

第一名：乌什台（新疆维吾尔自治区地震局）

第二名：泰安台（山东省地震局） 兰州台（甘肃省地震局） 乌加河台（内蒙古自治区地震局） 常熟（南通）台（江苏省地震局）

第三名：营口（金州)台（辽宁省地震局） 临汾（侯马)台（山西省地震局） 蓟县台（天津市地震局） 宜昌台（湖北省地震局） 张家口台（河北省地震局） 姑咱台（四川省地震局） 云龙台（云南省地震局） 鹤岗台（黑龙江省地震局）

（五）电磁学科

第一名：高邮台（江苏省地震局）

第二名：乾陵台（陕西省地震局） 昌黎台（河北省地震局）

第三名：蒙城台（安徽省地震局） 天水台（甘肃省地震局） 海安台（江苏省地震局）

（六）地下流体学科

第一名：乌鲁木齐台（新疆维吾尔自治区地震局）

第二名：聊城台（山东省地震局） 盘锦台（辽宁省地震局） 保山台（云南省地震局）

第三名：庐江台（安徽省地震局） 宝坻台（天津市地震局） 下关台（云南省地震局） 怀来台（河北省地震局） 平凉台（甘肃省地震局）

（七）流动观测

第一名：云南省地震局

第二名：中国地震局第二监测中心

第三名：四川省地震局

二、监测单项评比

（一）省级测震台网

1.省级测震台网系统运行

第一名：河南台网（河南省地震局）

第二名：安徽台网（安徽省地震局） 重庆台网（重庆市地震局） 福建台网（福建省地震局）

第三名：湖北台网（湖北省地震局） 浙江台网（浙江省地震局） 江西台网（江西省地震局） 新疆台网（新疆维吾尔自治区地震局） 广东台网（广东省地震局） 河北台网（河北省地震局）

2.省级测震台网地震速报

第一名：云南台网（云南省地震局）

第二名：四川台网（四川省地震局） 新疆台网（新疆维吾尔自治区地震局） 江苏台网（江苏省地震局）

第三名：广东台网（广东省地震局）　福建台网（福建省地震局）　安徽台网（安徽省地震局）　河南台网（河南省地震局）　河北台网（河北省地震局）　江西台网（江西省地震局）

3. 省级测震台网地震编目

第一名：新疆台网（新疆维吾尔自治区地震局）

第二名：河北台网（河北省地震局）　　　福建台网（福建省地震局）

　　　　云南台网（云南省地震局）

第三名：广东台网（广东省地震局）　　　安徽台网（安徽省地震局）

　　　　陕西台网（陕西省地震局）　　　河南台网（河南省地震局）

　　　　山西台网（山西省地震局）　　　湖南台网（湖南省地震局）

（二）国家测震台站

1. 国家测震台系统运行

第一名：库尔勒台（新疆维吾尔自治区地震局）

第二名：乌什台（新疆维吾尔自治区地震局）　红山台（河北省地震局）　成都台（四川省地震局）　延边台（吉林省地震局）　湟源台（青海省地震局）

第三名：太原台（山西省地震局）　大连台（辽宁省地震局）　沈阳台（辽宁省地震局）　宝昌台（内蒙古自治区地震局）　高台台（甘肃省地震局）　洛阳台（河南省地震局）　兰州台（甘肃省地震局）　温泉台（新疆维吾尔自治区地震局）　攀枝花台（四川省地震局）

2. 国家测震台资料分析

第一名：湟源台（青海省地震局）

第二名：乌什台（新疆维吾尔自治区地震局）　库尔勒台（新疆维吾尔自治区地震局）　乌鲁木齐台（新疆维吾尔自治区地震局）　宝昌台（内蒙古自治区地震局）　兰州台（甘肃省地震局）

第三名：高台台（甘肃省地震局）　乌加河台（内蒙古自治区地震局）　攀枝花台（四川省地震局）　松潘台（四川省地震局）　延边台（吉林省地震局）　天水台（甘肃省地震局）　姑咱台（四川省地震局）　腾冲台（云南省地震局）　南京台（江苏省地震局）

3. 无人值守国家测震台站资料产出

第一名：内蒙古自治区地震局乌加河台（阿尔山台）

第二名：云南省地震局昆明台（中甸台）　云南省地震局昆明台（勐腊台）　陕西省地震局西安台（安康台）

第三名：青海省地震局格尔木台（花土沟台）　内蒙古自治区地震局呼和浩特台（阿古拉台）　云南省地震局昆明台（富宁台）　新疆维吾尔自治区地震局库尔勒台（且末台）　河南省地震局洛阳台（南阳台）　河南省地震局洛阳台（信阳台）

（三）区域前兆台网

1. 系统运行

第一名：天津市地震局

第二名：江苏省地震局　湖北省地震局

第三名：重庆市地震局　山东省地震局　山西省地震局

2. 产出与应用

第一名：福建省地震局

第二名：江苏省地震局　新疆维吾尔自治区地震局

第三名：湖北省地震局　河北省地震局　辽宁省地震局

3. 技术管理

第一名：浙江省地震局

第二名：天津市地震局　吉林省地震局

第三名：安徽省地震局　重庆市地震局　广东省地震局

（四）地壳形变学科

1. 区域水准测量

第一名：中国地震局第二监测中心 108 组

第二名：中国地震局第一监测中心 205 组

第三名：中国地震局第二监测中心 104 组

2. 流动重力观测

第一名：云南省地震局滇西组

第二名：四川省地震局第 3 组

第三名：新疆维吾尔自治区地震局南疆组　江苏省地震局第 2 组　陕西省地震局第 2 组　山东省地震局鲁南组

3. 断层形变场地观测

第一名：中国地震局第二监测中心（水准）

第二名：四川省地震局（水准）

第三名：陕西省地震局（水准）　江苏省地震局（水准）

4. 断层形变观测台站

第一名：临汾台（山西省地震局）

第二名：南通台（江苏省地震局）

第三名：合肥台（安徽省地震局）　金州台（辽宁省地震局）

5. 摆式倾斜仪观测台站

第一名：怀来台（SQ70D，河北省地震局）

第二名：乌加河台（SSQ 2I，内蒙古自治区地震局）　宁波台（VS，浙江省地震局）　乾陵台（VS，陕西省地震局）　姑咱台（VS，四川省地震局）

第三名：徐州台（VP，江苏省地震局）　泰安台（VS，山东省地震局）　北京观象台（VS，中国地震局地球物理研究所）　抚顺北大岭台（SSQ 2I，辽宁省地震局）　麻城台（VS，湖北省地震局）　淮北台（SSQ 2I，安徽省地震局）　临汾台（SSQ 2I，山西省地震局）

6. 水管倾斜观测台站

第一名：抚顺北大岭台（辽宁省地震局）

第二名：涉县台（河北省地震局）　十堰台（湖北省地震局）　攀枝花台（四川省地震局）

第三名：云龙台（云南省地震局）　肃南台（甘肃省地震局）　乌什台（新疆维吾尔自治区地震局）　湖州台（浙江省地震局）　离石台（山西省地震局）　蓟县台（天津市地震局）

7. 重力潮汐台站

第一名：兰州台（甘肃省地震局）　阿勒泰台（新疆维吾尔自治区地震局，陆态）

第二名：乌什台（新疆维吾尔自治区地震局）　太原台（山西局，陆态）　格尔木台（青海省地震局）

第三名：鹤岗台（黑龙江省地震局，陆态）　沈阳台（辽宁省地震局）　黄梅台（湖北省地震局）　北京观象台（中国地震局地球物理研究所）

8. 洞体应变台站

第一名：宜昌台（湖北省地震局）

第二名：云龙台（云南省地震局）　抚顺北大岭台（辽宁省地震局）　定海台（浙江省地震局）

第三名：肃南台（甘肃省地震局）　泰安台（山东省地震局）　姑咱台（四川省地震局）　涉县台（河北省地震局）　常熟台（江苏省地震局）

9. 钻孔应变台站

第一名：库尔勒台（新疆维吾尔自治区地震局）

第二名：徐州台（江苏省地震局）　泰安台（山东省地震局）

第三名：宽城台（河北省地震局）　宁陕台（陕西省地震局）　锦州台（TJ1，辽宁省地震局）

10. 钻孔分量应变台站

第一名：通化台（吉林省地震局）

第二名：湟源台（青海省地震局）

第三名：仁和台（四川省地震局）　高台台（甘肃省地震局）　昭通台（云南省地震局）

11.GNSS 基准站全国统评结果

第一名：景泰台（甘肃省地震局）

第二名：乌什台（新疆维吾尔自治区地震局）　隆尧台（河北省地震局）　弥勒台（云南省地震局）　独山子台（新疆维吾尔自治区地震局）　乌海台（内蒙古自治区地震局）

第三名：泰安台（山东省地震局）　溧阳台（江苏省地震局）　承德台（河北省地震局）　旬邑台（陕西省地震局）　乌加河台（内蒙古自治区地震局）　昌邑台（山东省地震局）　新平台（云南省地震局）　施甸台（云南省地震局）　海原台（宁夏回族自治区地震局）　宝坻台（天津市地震局）

12. 陆态网络基准站信道节点全国统评结果

第一名：淄博台（山东省地震局）

第二名：云龙台（云南省地震局）　烟台台（山东省地震局）　隆尧台（河北省地震局）　泸州台（四川省地震局）

第三名：定西台（甘肃省地震局）　乌什台（新疆维吾尔自治区地震局）　玛沁台（青海省地震局）　通海台（云南省地震局）　高台台（甘肃省地震局）　岢岚台（中国地震台网中心）　建德台（浙江省地震局）　乌兰浩特台（内蒙古自治区地震局）　珠海台（广东省地震局）

（五）电磁学科

1.地电阻率

第一名：高邮台（江苏省地震局）

第二名：临汾台（山西省地震局） 昌黎台（河北省地震局） 天水台（甘肃省地震局） 嘉山台（安徽省地震局）

第三名：绥化台（黑龙江省地震局） 延庆台（北京市地震局） 银川台（宁夏回族自治区地震局） 甘孜台（四川省地震局）

2.地电场

第一名：南京台（江苏省地震局）

第二名：大同台（山西省地震局） 瓜州台（甘肃省地震局） 海安台（江苏省地震局） 乾陵台（陕西省地震局） 夏县台（山西省地震局） 蒙城台（安徽省地震局）

第三名：平凉台（甘肃省地震局） 德都台（黑龙江省地震局） 弥渡台（云南省地震局） 山丹台（甘肃省地震局） 新沂台（江苏省地震局） 红浅台（新疆维吾尔自治区地震局）

3.地磁基准

第一名：红山台（河北省地震局）

第二名：通海台（云南省地震局） 昌黎台（河北省地震局） 长春台（吉林省地震局）

第三名：喀什台（新疆维吾尔自治区地震局） 乌鲁木齐台（新疆维吾尔自治区地震局） 肇庆台（广东省地震局） 成都台（四川省地震局） 大连台（辽宁省地震局）

4.地磁秒采样

第一名：喀什台（新疆维吾尔自治区地震局）

第二名：乾陵台（陕西省地震局） 昌黎台（河北省地震局） 红山台（河北省地震局）

第三名：蒙城台（安徽省地震局） 通海台（云南省地震局） 成都台（四川省地震局） 乌鲁木齐台（新疆维吾尔自治区地震局） 天水台（甘肃省地震局） 乌加河台（内蒙古自治区地震局）

5.FHD 观测

第一名：高邮台（江苏省地震局）

第二名：红山台（河北省地震局） 溧阳台（江苏省地震局） 武汉台（湖北省地震局）

第三名：昌黎台（河北省地震局） 淮安台（江苏省地震局） 太原台（山西省地震局） 新沂台（江苏省地震局） 大丰台（江苏省地震局）

6.总强度监测

第一名：福建省地震局

第二名：安徽省地震局 河北省地震局

7.矢量监测

第一名：云南省地震局

第二名：甘肃省地震局 新疆维吾尔自治区地震局

（六）地下流体学科

1. 水氡

第一名：平凉台附件厂（甘肃省地震局）

第二名：新 10 泉（新疆维吾尔自治区地震局） 宁波台（浙江省地震局） 聊城台（山东省地震局）

第三名：盘锦台（辽宁省地震局） 天水台（甘肃省地震局） 姑咱台（四川省地震局）

2. 水位

第一名：锦州沈家台井（辽宁省地震局）

第二名：高村井（天津市地震局） 通化云峰井（吉林省地震局） 平凉 C11 井（甘肃省地震局） 昆山苏 21 井（江苏省地震局） 宁晋井（河北省地震局） 通海高大井（云南省地震局） 延庆五里营井（北京市地震局） 宁德台（福建省地震局） 孝义台（山西省地震局）

第三名：泾阳口镇井（陕西省地震局） 新 04 井（新疆维吾尔自治区地震局） 松江佘山台（上海市地震局） 石柱鱼池井（重庆市地震局） 何家庄台（河北省地震局） 苏 06 井（江苏省地震局） 平凉威戎井（甘肃省地震局） 通河 1 井（黑龙江省地震局） 祁县台（山西省地震局） 罗源洋后里台（福建省地震局） 宿迁苏 05 井（江苏省地震局） 山龙峪井（辽宁省地震局） 曲江台（云南省地震局） 宝坻王 3 井（天津市地震局） 海口台（海南省地震局） 西安毛西井（陕西省地震局） 泸沽湖台（四川省地震局） 弥勒井（云南省地震局）

3. 水温

第一名：延庆五里营井（北京市地震局）

第二名：九峰井（深）（湖北省地震局） 新04井（新疆维吾尔自治区地震局） 宁波台（浙江省地震局） 攀枝花川 05 井（四川省地震局） 大滩陇 18 井（甘肃省地震局） 西宁台（青海省地震局） 沈家台（浅）（辽宁省地震局） 高村井（天津市地震局） 九江台（江西省地震局） 通河 1 井（黑龙江省地震局） 何家庄台（河北省地震局）

第三名：昌邑鲁 02 井（山东省地震局） 昆山苏 21 井（江苏省地震局） 田东平 1 井（广西壮族自治区地震局） 昌平台（深）（中国地震局地壳应力研究所） 下关团山井（云南省地震局） 左家庄井（中国地震局地质研究所） 海口台（海南省地震局） 五大连池台（浅）（黑龙江省地震局） 泉州台（福建省地震局） 襄阳万山井（湖北省地震局） 宿迁苏 05 井（江苏省地震局） 白家疃台（浅）（中国地震局地球物理研究所） 锦州药王庙井（辽宁省地震局） 云峰台（浅）（吉林省地震局） 深州冀 23 井（河北省地震局） 威戎井（甘肃省地震局） 板桥井（北京市地震局） 清水温泉井（甘肃省地震局）

4. 气氡

第一名：聊城台（山东省地震局）

第二名：库尔勒台（新疆维吾尔自治区地震局） 保山台（云南省地震局） 攀枝花台（四川省地震局）

第三名：夏县台（山西省地震局） 平凉台（甘肃省地震局） 宁德台（福建省地震局） 山龙峪井（辽宁省地震局）

5. 水汞

第一名：下关台（云南省地震局）

第二名：洱源台（云南省地震局）　平凉北山 1 号泉（甘肃省地震局）

第三名：怀来台（河北省地震局）　延庆台（北京市地震局）

6. 气汞

第一名：聊城台（山东省地震局）

第二名：怀来 4 井（河北省地震局）　保山台（云南省地震局）

第三名：庐江台（安徽省地震局）　攀枝花台（四川省地震局）　陇南台（甘肃省地震局）

7. 氦气

第一名：白浮台（中国地震局地质研究所）

第二名：宝坻王 3 井（天津市地震局）

第三名：聊城台（山东省地震局）

三、分析预报评比

（一）分析预报综合评比

1. 一类局

第一名：云南省地震局

第二名：四川省地震局

第三名：新疆维吾尔自治区地震局

2. 二类局

第一名：安徽省地震局

第二名：山东省地震局

第三名：内蒙古自治区地震局

3. 三类局

第一名：重庆市地震局

第二名：湖北省地震局

第三名：陕西省地震局

4. 局直属单位

第一名：中国地震台网中心

第二名：中国地震局地壳应力研究所

第三名：中国地震局地震预测研究所

（二）日常分析预报

1. 一类局

第一名：新疆维吾尔自治区地震局

第二名：河北省地震局

第三名：四川省地震局

2. 二类局

第一名：山东省地震局

第二名：安徽省地震局

第三名：内蒙古自治区地震局

3. 三类局

第一名：陕西省地震局

第二名：吉林省地震局

第三名：青海省地震局

4. 局直属单位

第一名：中国地震台网中心

第二名：中国地震局地壳应力研究所

第三名：中国地震局第一监测中心

（三）年度会商报告

1. 一类局

第一名：云南省地震局

第二名：新疆维吾尔自治区地震局

第三名：甘肃省地震局

2. 二类局

第一名：天津市地震局

第二名：安徽省地震局

第三名：宁夏回族自治区地震局

3. 三类局

第一名：青海省地震局

第二名：重庆市地震局

第三名：陕西省地震局

4. 局直属单位

第一名：中国地震台网中心

第二名：中国地震局地震预测研究所

第三名：中国地震局地球物理研究所

（四）前兆异常现场核实报告

1. 形变学科

第一名：

2014 年 7 月 4 日山东西冶流动短水准异常现场核实报告

第二名：

2014 年 6 月 27 日河北赤城垂直摆倾斜异常现场核实报告

2014 年 5 月 20 日江苏宿迁短水准异常现场核实报告

2014 年 4 月 17 日河北永年水管倾斜异常现场核实报告

2014 年 3 月 18 日新疆榆树沟倾斜与体应变异常现场核实报告

2013 年 10 月 5 日湖北十堰柳林沟水管倾斜异常现场核实报告

第三名：

2014 年 3 月 7 日辽宁桃花吐短水准异常现场核实报告

2014 年 7 月 25 日河北涉县伸缩异常现场核实报告

2014 年 7 月 31 日河北阳原水平摆异常现场核实报告

2014 年 7 月 4 日山东五胜流动短水准异常现场核实报告

2014 年 7 月 23 日山西昔阳水平摆异常现场核实报告

2014 年 3 月 3 日宁夏海原钻孔应变异常现场核实报告

2013 年 9 月 26 日搜救中心墙子路、张家台跨断层流动形变异常现场核实报告

2014 年 8 月 26 日云南昭通水平摆（修订稿）异常现场核实报告

2. 流体学科

第一名：

2014 年 2 月 20 日新疆库尔勒新 43 泉气氡、水温、静水位、浅层水温异常现场核实报告

第二名：

2013 年 9 月 10 日天津塘沽井水位（续）异常现场核实报告

2014 年 4 月 28 日山西静乐井水温异常现场核实报告

2014 年 5 月 22 日山西朔州井水位异常现场核实报告

2014 年 2 月 13 日山东荣成鲁 32 井水温异常现场核实报告

2014 年 6 月 26 日山西东郭井水位水温异常现场核实报告

2014 年 3 月 17 日新疆阿热买提村及哈拉峻地区大面积宏观冒水现象异常现场核实报告

2014 年 3 月 31 日内蒙古开鲁水氡异常现场核实报告

2013 年 12 月 18 日河北黄骅井水位异常现场核实报告

第三名：

2014 年 7 月 3 日河北沧 13 井水温异常现场核实报告

2014 年 3 月 29 日内蒙古赤峰气汞、气氡异常现场核实报告

2014 年 5 月 8 日辽宁楼房井水位异常现场核实报告

2014 年 3 月 3 日山东大山井水温异常现场核实报告

2013 年 11 月 5 日新疆库尔勒新 43 泉气氡异常现场核实报告

2014 年 5 月 14 日内蒙古锡林浩特水位异常现场核实报告

2014 年 3 月 26 日天津辛庄井水温异常现场核实报告

2014 年 3 月 29 日内蒙古赤峰气汞异常现场核实报告

2014 年 5 月 26 日广东河源水氡异常现场核实报告

2014 年 6 月 17 日云南保山一井气汞、水温、流量及浅井水温（修正）异常现场核实报告

2014 年 4 月 22 日云南会泽井水位异常现场核实报告

2014 年 5 月 29 日安徽肥西井水温异常现场核实报告

2014 年 6 月 24 日河北阳原痕量氢异常现场核实报告

2014 年 5 月 23 日江苏溧阳苏 22 井水位异常现场核实报告

2014 年 7 月 18 日山西介休井水位异常现场核实报告

2013 年 11 月 25 日山西介休井水温异常现场核实报告

2014 年 4 月 24 日河北河间（马 17）井水位异常现场核实报告

3. 电磁学科

第一名：

2014 年 5 月 24 日江苏高邮地电阻率异常现场核实报告

第二名：

2013 年 9 月 24 日北京延庆地电场异常现场核实报告

2014 年 5 月 23 日安徽蒙城地电阻率异常现场核实报告

第三名：

2014 年 6 月 16 日河北阳原地电阻率异常现场核实报告

2014 年 3 月 4 日云南罗次地电场异常现场核实报告

2014 年 8 月 19 日福建龙岩、漳州、泉州、永安、邵武地磁加卸载响应比异常现场核实报告

2014 年 4 月 3 日宁夏石嘴山地电阻率异常现场核实报告

（五）前兆异常现场核实工作

1. 形变学科

第一名：河北省地震局

第二名：山东省地震局

第三名：江苏省地震局　新疆维吾尔自治区地震局

2. 流体学科

第一名：山西省地震局

第二名：云南省地震局　吉林省地震局

第三名：内蒙古自治区地震局　新疆维吾尔自治区地震局　河北省地震局

3. 电磁学科

第一名：北京市地震局

第二名：江苏省地震局

第三名：河北省地震局

四、信息网络评比

（一）台网中心及区域中心系列

1. 综合排名

第一名：中国地震台网中心

第二名：安徽省地震局　湖北省地震局

第三名：山东省地震局　江苏省地震局

2.网络运行单项

第一名：安徽省地震局

第二名：湖北省地震局　浙江省地震局

第三名：江苏省地震局　新疆维吾尔自治区地震局

3.信息服务单项

第一名：中国地震台网中心

第二名：安徽省地震局　天津市地震局

第三名：山东省地震局　上海市地震局

（二）直属单位系列

1.综合排名

第一名：中国地震局地壳应力研究所

第二名：中国地震局第一监测中心

2.网络运行单项

第一名：中国地震局地壳应力研究所

第二名：中国地震局第一监测中心

3.信息服务单项

第一名：中国地震局地壳应力研究所

第二名：中国地震局地球物理勘探中心

（三）市县局与台站节点系列

1.市县综合评比

第一名：烟台市（山东）

第二名：金昌市（甘肃）　襄阳市（湖北）　安阳市（河南）

第三名：阿克苏中心台（新疆）　德宏傣族景颇族自治州（云南）　临汾市（山西）　铜陵市（安徽）　龙岩市（福建）

2.台站节点综合评比

第一名：泰安台（山东）

第二名：克拉玛依台（新疆）　嘉峪关台（甘肃）　洛阳台（河南）

第三名：宜昌台（湖北）　下关台（云南）　邯郸中心台（河北）　漳州台（福建）滨海台（天津）

（中国地震局监测预报司）

2015 年中国测震台网运行年报

一、中国地震台网建设及运行情况

1. 台网构成

通过中国地震局"十五"重大工程项目"数字地震观测网络"的实施，已经建成由 1 个国家地震台网和 32 个区域地震台网组成的覆盖全国的地震监测台网。全国地震运行台站达到 1014 个，其中包括国家台站 148 个，区域台站 814 个，火山台站 33 个，2 个台阵 19 个台点。

2. 地震台网运行情况

2015 年，包括国家测震台站、区域测震台站、火山测震台站和科学台阵在内的 1014 个台站的实时观测数据首先汇集到各区域测震台网中心，然后通过流服务器汇集到国家测震台网中心。

国家测震台网中心共接收 14 个境外援建台站的实时观测数据，包括 2 个阿尔及利亚台、10 个印度尼西亚台和 2 个老挝台。此外，还近实时接收全球地震台网（GSN）77 个台站的观测数据。同时国家测震台网中心向 32 个省级测震台网中心转发相邻区域台站的实时数据，向五大区域自动地震速报中心转发其负责区域内台站的实时数据，还向地球所测震备份中心和广东国家地震速报备份中心实时转发全部固定台站的实时数据。图 1 为中国地震台网数据汇集图。

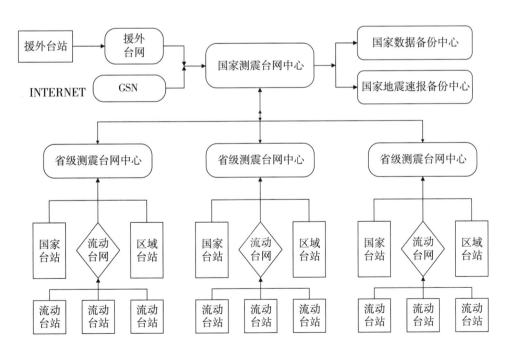

图1 中国地震台网数据汇集图

3. 国家台站运行情况

2015 年度，144 个国家台站实时数据连续率平均为 97.89%，其中 3 个台站连续率 100%，94 个台站连续率在 90% 以上，10 个台站连续率在 95% 以下，连续率最低的西藏那曲台站是 23.78%。具体运行率见表 1。

表 1　国家台站实时运行率

台站代码	运行率	台站代码	运行率	台站代码	运行率	台站代码	运行率
AH/HEF	99.67%	HL/BNX	99.10%	NM/HLR	99.64%	XJ/BKO	98.16%
AH/MCG	99.57%	HL/HEG	99.49%	NM/WJH	99.69%	XJ/FUY	99.42%
BU/BJT	98.97%	HL/HEH	99.30%	NM/WLT	99.81%	XJ/HTA	99.32%
CQ/CQT	99.41%	HL/JGD	98.41%	NM/XLT	99.02%	XJ/KMY	99.54%
FJ/FZCM	100.00%	HL/MDJ	98.81%	NX/GYU	99.70%	XJ/KOL	99.47%
FJ/NPDK	100.00%	HL/MIH	99.43%	NX/YCH	99.37%	XJ/KSH	99.21%
FJ/QZH	99.70%	HL/MOH	90.24%	NX/YCI	99.64%	XJ/KUC	98.24%
GD/GZH	99.67%	HL/NZN	99.40%	QH/DAW	98.54%	XJ/QMO	97.73%
GD/SHG	95.01%	HL/WDL	99.56%	QH/DLH	99.10%	XJ/RUQ	97.80%
GD/SHT	99.26%	HN/CNS	99.62%	QH/DUL	98.33%	XJ/WMQ	99.33%
GD/SZN	99.71%	HN/JIS	99.67%	QH/GOM	97.73%	XJ/WNQ	99.46%
GD/XNY	96.67%	HN/SHY	97.81%	QH/HTG	91.21%	XJ/WUS	99.53%
GS/AXX	99.43%	HN/TAY	100.00%	QH/HUY	98.83%	XJ/XNY	99.41%
GS/GTA	99.69%	JL/CBS	97.26%	QH/QIL	97.20%	XJ/YUT	97.22%
GS/JYG	99.75%	JL/CN2	99.77%	QH/TTH	99.14%	XZ/CAD	92.73%
GS/LZH	99.48%	JL/THT	99.65%	QH/YUS	99.13%	XZ/CHY	98.33%
GS/TSS	98.39%	JL/YNB	99.49%	SC/BTA	97.93%	XZ/GZE	91.20%
GX/GUL	99.43%	JL/YST	94.25%	SC/CD2	99.50%	XZ/LIZ	99.04%
GX/HCS	98.44%	JS/LYG	99.72%	SC/GZA	99.34%	XZ/LSA	99.49%
GX/LNS	98.83%	JS/NJ2	99.51%	SC/LZH	99.51%	XZ/NAQ	23.78%
GX/PXS	98.09%	JX/HUC	99.24%	SC/PZH	99.44%	XZ/PLA	98.02%
GZ/DJT	98.46%	JX/JIJ	99.68%	SC/SPA	99.11%	XZ/RKZ	99.53%
GZ/LPS	85.57%	JX/NNC	98.51%	SC/XCE	98.49%	XZ/SQHE	98.06%
GZ/XYT	78.54%	JX/SHR	99.60%	SD/JIX	96.07%	YN/EYA	99.58%
HA/LYN	99.75%	LN/CHY	99.31%	SD/QID	95.89%	YN/FUN	98.63%
HA/NY	99.68%	LN/DDO	99.67%	SD/TIA	99.28%	YN/GEJ	99.77%
HA/XY	99.71%	LN/DL2	99.60%	SD/YTA	97.86%	YN/GYA	98.31%
HB/ENS	99.73%	LN/SNY	99.49%	SH/SSE	99.47%	YN/KMI	99.72%
HB/MCH	99.44%	LN/YKO	99.66%	SN/ANKG	99.59%	YN/MEL	99.33%
HB/SYA	99.25%	NM/AGL	98.87%	SN/HZHG	98.29%	YN/MLA	99.49%
HB/WHN	99.75%	NM/ARS	99.71%	SN/XAN	99.67%	YN/TNC	99.72%

台站代码	运行率	台站代码	运行率	台站代码	运行率	台站代码	运行率
HB/ZHX	99.71%	NM/BAC	99.82%	SN/YULG	87.87%	YN/ZAT	99.74%
HE/CLI	97.88%	NM/BTO	98.95%	SX/LIF	99.38%	YN/ZOD	97.88%
HE/HNS	99.72%	NM/CHF	99.82%	SX/SHZ	99.21%	ZJ/HUZ	99.59%
HI/QZN	97.65%	NM/GNH	98.37%	SX/TIY	99.11%	ZJ/WEZ	99.66%
HI/XSA	86.81%	NM/HHC	99.73%	XJ/BCH	99.30%	ZJ/XAJ	99.69%
总运行率				97.89%			

4. 首都圈台站运行情况

首都圈包括北京、天津、河北 3 个完整行政区。其中，北京 19 个台站，运行率为 98.12%；天津 31 个台站，运行率为 97.87%；河北 53 个台站，运行率为 98.53%。首都圈台站整体运行率为 98.17%。

5. 省级地震台网运行情况

32 个省级地震台网（包含中国地震局地球物理研究所）在扣除改造等影响后的实时连续率平均为 97.05%，其中连续率在 99% 以上的有 10 个台网，连续率在 95% 以上的有 30 个台网，连续率在 90% 以下的有 1 个台网，贵州台网连续率 64.86%。表 2 为省级地震台网实时运行率。

表 2　省级地震台网实时运行率

台网名	代码	运行率	台网名	代码	运行率
安徽	AH	99.21%	江苏	JS	95.98%
北京	BJ	98.12%	江西	JX	98.46%
球所	BU	98.62%	辽宁	LN	99.02%
重庆	CQ	99.60%	内蒙古	NM	99.06%
福建	FJ	99.01%	宁夏	NX	99.12%
广东	GD	97.97%	青海	QH	97.63%
甘肃	GS	96.52%	四川	SC	97.04%
广西	GX	94.40%	山东	SD	95.76%
贵州	GZ	64.86%	上海	SH	98.95%
河南	HA	99.67%	陕西	SN	97.73%
湖北	HB	99.27%	山西	SX	98.57%
河北	HE	98.53%	天津	TJ	97.87%
海南	HI	96.54%	新疆	XJ	98.17%
黑龙江	HL	96.90%	西藏	XZ	97.03%
湖南	HN	99.41%	云南	YN	98.83%
吉林	JL	98.68%	浙江	ZJ	99.08%
总运行率			97.05%		

二、中国地震台网的资料产出

1. 地震速报

（1）全国地震速报。2015 年国家地震台网产出国内自动速报 354 次，监测并速报国内地震 691 次，其中正式速报地震 92 次，确认并转发区域地震台网速报地震 599 次。在速报的 691 次国内地震中，3.0～3.9 级地震 474 次，4.0～4.9 级地震 119 次，5.0～5.9 地震 25 次，6.0～6.9 级地震 5 次，7.0～7.9 级地震 1 次。2015 年速报国内 $M \geqslant 5.0$ 地震共 31 次（表 3），最大为东海海域 7.2 级地震。

表 3　2015 年国内 $M \geqslant 5.0$ 地震速报目录

序号	发震时刻	纬度/ °N	经度/ °E	深度/ km	震级 M	参考地名
1	2015-01-07 12:48:31.6	24.3	121.7	10	5.2	台湾地区宜兰县
2	2015-01-10 14:50:57.2	40.2	77.3	10	5.0	新疆维吾尔自治区克孜勒苏柯尔克孜自治州阿图什市
3	2015-01-14 13:21:39.1	29.3	103.2	14	5.0	四川省乐山市金口河区
4	2015-02-04 18:44:22.0	32.9	83.5	10	5.2	西藏自治区阿里地区改则县
5	2015-02-14 04:06:28.7	22.6	121.5	7	6.2	台湾地区台东县附近海域
6	2015-02-22 14:42:56.6	44.1	85.7	4	5.0	新疆维吾尔自治区塔城地区沙湾县
7	2015-03-01 18:24:40.5	23.5	98.9	11	5.5	云南省临沧市沧源佤族自治县
8	2015-03-23 18:13:51.1	23.8	121.7	20	5.7	台湾地区花莲县附近海域
9	2015-03-30 09:47:34.6	26.6	108.8	7	5.5	贵州省黔东南苗族侗族自治州剑河县
10	2015-04-15 15:39:28.6	39.8	106.3	10	5.8	内蒙古自治区阿拉善盟阿拉善左旗
11	2015-04-20 09:42:55.6	24.0	122.5	10	6.4	台湾地区花莲县附近海域
12	2015-04-20 19:45:12.4	24.1	122.5	20	5.9	台湾地区花莲县附近海域
13	2015-04-20 20:00:01.8	24.1	122.5	20	6.0	台湾地区花莲县附近海域
14	2015-04-25 17:17:05.6	28.4	87.3	20	5.9	西藏自治区日喀则地区定日县
15	2015-04-26 01:42:53.8	28.2	85.9	10	5.3	西藏自治区日喀则地区聂拉木县
16	2015-04-26 04:01:35.6	24.0	122.5	8	5.3	台湾地区花莲县附近海域
17	2015-05-11 16:38:20.7	24.5	120.6		5.0	台湾苗栗县附近海域
18	2015-06-25 03:12:51.1	41.7	88.4	9	5.4	新疆维吾尔自治区吐鲁番地区托克逊县
19	2015-07-03 09:07:46.9	37.6	78.2	10	6.5	新疆维吾尔自治区和田地区皮山县
20	2015-08-13 22:08:00.7	24.1	122.4	7	5.2	台湾地区花莲县附近海域
21	2015-09-01 21:24:45.2	24.0	121.5	6	5.0	台湾地区花莲县
22	2015-09-16 03:37:34.2	24.3	121.9	7	5.7	台湾地区宜兰县附近海域
23	2015-09-16 21:08:57.5	24.3	121.9	7	5.4	台湾地区宜兰县附近海域
24	2015-10-12 18:04:14.4	34.4	98.2	9	5.2	青海省果洛藏族自治州玛多县
25	2015-10-19 10:17:36.1	24.9	122.0	7	5.3	台湾地区宜兰县附近海域
26	2015-10-30 19:26:39.4	25.1	99.5	10	5.1	云南省保山市昌宁县
27	2015-11-02 05:09:41.7	22.8	121.6	10	5.6	台湾地区台东县附近海域
28	2015-11-11 23:33:19.0	24.5	122.7	90	5.0	台湾地区宜兰县附近海域

序号	发震时刻	纬度/ °N	经度/ °E	深度/ km	震级 M	参考地名
29	2015-11-14 04:51:36.1	31.0	128.7	10	7.2	东海海域
30	2015-11-15 03:20:21.0	31.4	128.8	10	6.0	东海海域
31	2015-11-23 05:02:42.1	38.0	100.4	10	5.2	青海省海北藏族自治州祁连县

（2）首都圈地区地震速报。2015年国家地震台网监测并速报首都圈地区（北京、天津、河北）地震12次（表4），其中2.0～2.9级地震5次，3.0～3.9级地震6次，4.0～4.9级地震1次，最大为河北昌黎4.2级地震。

表4　2015年首都圈地区地震速报目录

序号	发震时刻	纬度/ °N	经度/ °E	深度/ km	震级 M	参考地名
1	2015-01-11 20:34:10.6	39.83	118.77	14	2.8	河北省唐山市滦县
2	2015-02-28 11:20:49.5	39.16	116.62	12	2.8	河北省廊坊市永清县
3	2015-03-05 14:05:50.6	38.91	116.79	9	2.8	天津市静海县
4	2015-04-19 18:21:47.5	38.94	116.29	25	3.0	河北省廊坊市文安县
5	2015-06-12 14:40:33.2	41.12	114.44	11	3.0	河北省张家口市张北县
6	2015-07-05 06:06:20.4	40.28	115.42	15	3.2	河北省张家口市涿鹿县
7	2015-09-14 18:10:10.3	39.72	118.80	14	4.2	河北省秦皇岛市昌黎县
8	2015-09-14 18:23:41.2	39.73	118.79	13	3.3	河北省秦皇岛市昌黎县
9	2015-11-15 23:21:06.4	39.75	118.56	13	3.0	河北省唐山市滦县
10	2015-11-18 06:36:50.7	40.61	114.33	11	2.8	河北省张家口市怀安县
11	2015-11-28 02:10:38.1	39.33	117.94	5	3.4	河北省唐山市丰南区
12	2015-12-06 08:07:49.3	39.38	117.93	15	2.8	河北省唐山市丰南区（有感）

（3）全球地震速报。2015年国家地震台网产出全球自动速报356次，监测并速报全球地震953次，其中正式速报地震205次，确认并转发区域地震台网速报地震748次。在速报的953次全球地震中，5.0～5.9级地震35次，6.0～6.9级地震90次，7.0～7.9级地震17次，8.0～8.9级地震3次。2015年速报全球 $M \geqslant 7.0$ 地震共20次（表5），最大为智利中部沿岸近海8.2级地震。

表5　2015年全球 $M \geqslant 7.0$ 地震速报目录

序号	发震时刻	纬度/ °N	经度/ °E	深度/ km	震级 M	参考地名
1	2015-02-17 07:06:26.1	39.9°	144.5°	10	7.1	日本本州东海岸附近海域
2	2015-03-30 07:48:30.0	−4.7°	152.6°	30	7.4	新不列颠地区
3	2015-04-25 14:11:26.3	28.2°	84.7°	20	8.1	尼泊尔
4	2015-04-25 14:45:23.1	28.3°	84.8°	30	7.0	尼泊尔
5	2015-04-26 15:09:08.0	27.8°	85.9°	10	7.1	尼泊尔
6	2015-05-05 09:44:04.7	−5.5°	151.9°	30	7.2	新不列颠地区

序号	发震时刻	纬度 / °N	经度 / °E	深度 / km	震级 M	参考地名
7	2015-05-07 15:10:22.0	−7.3°	154.5°	20	7.1	巴布亚新几内亚
8	2015-05-12 15:05:18.7	27.8°	86.1°	10	7.5	尼泊尔
9	2015-05-30 19:23:02.6	27.9°	140.5°	690	8.0	日本小笠原群岛地区
10	2015-07-18 10:27:32.1	−10.4°	165.2°	20	7.2	圣克鲁斯群岛
11	2015-07-27 12:49:44.8	52.4°	−169.6°	10	7.0	阿留申群岛
12	2015-07-28 05:41:25.0	−2.7°	138.6°	30	7.1	印度尼西亚
13	2015-09-17 06:54:31.2	−31.6°	−71.6°	20	8.2	智利中部沿岸近海
14	2015-10-21 05:52:03.0	−14.8°	167.3°	130	7.2	瓦努阿图群岛
15	2015-10-26 17:09:32.3	36.5°	70.8°	210	7.8	兴都库什地区
16	2015-11-14 04:51:36.1	31.0°	128.7°	10	7.2	东海海域
17	2015-11-25 06:45:37.5	−10.6°	−70.9°	600	7.5	秘鲁
18	2015-11-25 06:50:54.9	−10.0°	−71.0°	610	7.7	秘鲁
19	2015-12-05 06:24:54.3	−47.7°	85.1°	10	7.0	东南印度洋海岭
20	2015-12-07 15:50:03.6	38.20°	72.90°	30	7.4	塔吉克斯坦

（4）显著性地震速报。2015 年 5 月 30 日，日本小笠原群岛地区发生地震，国家地震台网先于日本气象厅给出准确地震参数（表 6），并且排除 2 个误报结果干扰，日本气象厅在 6 月 1 日修订的结果几乎与国家地震台网速报的结果一致。

表 6　2015 年 5 月 30 日日本小笠原群岛地区地震速报参数对比

来源	发布日期	发震时刻	深度 / km	震级 M
国家地震台网速报	2015-05-30	2015-05-30 19：23	690	8.0
日本气象厅速报	2015-05-30	2015-05-30 19：24	590	8.5
日本气象厅修正	2015-06-01	2015-05-30 19：23	682	8.1

2. 地震编目分析与结果产出

2015 年度中国地震台网产出首都圈地区正式编目地震目录 2705 条，全国及周边地区快报地震目录 56375 条，全国及周边地区正式报地震目录 81548 条，震相数据 340 余万条，其中 107 个国家地震台站向台网中心报送 5 日报震相数据 125 万余条，经台网中心定位、分析等处理后，确定震相 75 万余条，产出地震目录 3003 条。中国地震台网统一编目具体产出情况见表 7。

表 7　2015 年度全国地震统一编目具体产出情况

编目种类 \ 震级	M<3.0	M3.0 ~ 4.0	M4.0 ~ 5.0	M5.0 ~ 6.0	M6.0 ~ 7.0	M≥7.0	总数
快报编目	55211	624	154	257	109	20	56375
正式报编目	78048	614	1601	1147	117	21	81548

3. 大震应急产出

为进一步发挥现有数字化地震台网的整体效能，丰富台网应急产品产出，服务于震后抗震救灾，中国地震台网中心作为牵头单位，联合中国地震局地球物理研究所、地震预测研究所、地质研究所及地壳应力研究所等多家单位承担实施大震应急产出工作。自 2008 年 5 月 12 日以来，已累计完成 290 多次国内 5 级以上、国外 7 级以上地震产出服务工作。

2015 年度共完成大震应急产品产出任务 39 次。在完成规定动作的同时，中国地震台网中心地震台网部还不断研发新产品，为大震应急服务。

（1）在行业科研专项"大震应急产品产出服务技术规范"的推动下，台网部将标准研究与实际应急产出紧密结合起来，制订了《地震应急数据产品发布约定》，对地震动烈度分布图、震源破裂过程以及区域地震构造图等 7 类数据产品在结果解读等方面做进一步的规范。

（2）地震矩张量近实时测定系统正式运行。8 月 1 日开始，全球和中国大陆地震矩张量近实时测定系统已在台网中心正式上线运行。系统自动测定全球 M_W5.5 以上和我国 M_S5.3 以上地震矩震级、震源机制解及质心深度等震源参数，为未来我国地震矩震级发布、地震海啸预警及地震灾情预判等提供科学的参考依据。

（3）2015 年强震破裂方向判定软件研发进展顺利。为有效判定强震破裂方向性，用于震后快速识别地震实际发震断层，服务于地震灾害安全评估，通过利用携带强震丰富的震源性质信息的波形数据来反演地震震源参数，台网中心研发的强震破裂方向判定软件进展顺利。该软件采用一种频率域和时间域多步波形反演方法基于地震多普勒效应原理，反演不同方位台站的视破裂持续时间，判定强震的破裂方向。基于此软件，成功判定 2013 年四川芦山 M_S7.0 强烈地震、2014 年云南鲁甸 M_S6.5 地震等的地震破裂方向，为地震灾害快速评估提供可借鉴的宝贵实例。说明本软件具备准确判定中国大陆强震（M_S>6.5）破裂方向性的能力，具有较高的实用价值。

4. 数据存储与备份

2015 年中国地震台网共计产出区域台站连续波形数据 10380.28GB、国家台站连续波形数据 1536.39GB、强震台站连续波形数据 1274.53GB。并按照 SDS 数据结构（SeisComP Data Structure）对 2015 年全年连续波形数据进行了数据包整理和数据归档，存储格式仍为 miniSEED 格式。同时对所有观测到的数据全部实现通过磁带库进行磁带备份。区域台网原始连续波形（miniSEED）数据量统计见表 8。

表 8　2015 年区域台网原始连续波形（miniSEED）数据量统计表　（单位：GB）

月份	1	2	3	4	5	6
数据量	901.09	783.10	877.58	887.99	930.70	867.00
月份	7	8	9	10	11	12
数据量	929.42	798.03	703.73	915.19	879.62	906.83
总计	10380.28					

5. 地震数据服务

地震台网部分别通过"地震数据管理与服务系统"网站（http://www.csndmc.ac.cn）和英文网站"World Data Center for Seismology，Beijing"（http://www.csndmc.ac.cn/wdc4seis@bj/）向国内和国外用户提供数据服务。

在 2015 年 7 月 3 日新疆于田地震、4 月 25 日尼泊尔地震等几次大地震，以及 8 月 20 日天津爆炸等事件的应急工作中，为科研人员提供事件波形、震相报告等数据的应急服务。

2015年，数据共享网站（http://data.earthquake.cn/）新增用户约300个；数据服务系统访问量11万余人次，在线数据服务量约368.43GB。接收离线数据服务6次，为中国科学技术大学、湖北省地震局等单位及"背景场"等多个项目提供波形和震相的离线数据服务，共约1.17TB。

6. 国际资料交换

根据协议，中国地震台网为美国地震学研究联合会（IRIS）提供20个国际资料交换台站所记录到的全球5.5级以上地震的事件波形数据。通过国际资料交换，这些台站已成为全球地震台网重要组成部分。2015年，国家地震台网中心与IRIS的事件波形数据全年交换总量为17.2 GB（表9和图2）。

表9　2015年国家地震台网中心与IRIS的地震事件波形交换数据量统计表

月份	1	2	3	4	5	6
数据量	1.10	1.50	1.30	1.80	1.80	1.00
月份	7	8	9	10	11	12
数据量	1.30	1.10	2.20	1.30	1.70	1.10
合计	17.2					

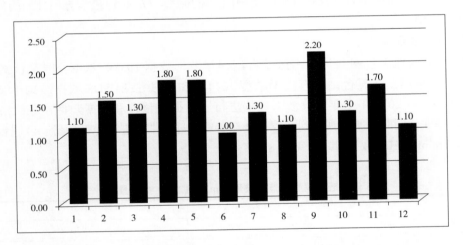

图2　2015年国家地震台网中心与IRIS的地震事件波形交换数据量统计图

三、重大项目建设

1. 背景场项目建设

（1）新建台站。通过中国地震局背景场项目的实施，在全国范围内新建测震台站85个，目前这些台站已建设完成并通过测试和联调过程，进入试运行阶段。

（2）台站卫星信道改造。2015年，通过背景场项目的实施，完成全国范围内47个国家台站的卫星链路信道改造，实现这些台站的卫星/有线双信道传输，使台站观测数据一路通过有线信道先到省级台网中心再到达国家台网中心，另一路通过卫星链路直达国家台网中心，并在台网中心建成一套利用卫星信号完成大震速报的实时监控系统，达到了项目设计中把卫星作为观测数据传输备份信道的预定目标。

（3）地震活动图像数据处理系统。地震活动图像数据处理系统能够产出全国以及各区域地震活动图像，产出的全国大部分地区地震活动图像监测下限达到 $M_L 1.5 \sim 2.0$，青藏高原和部分近海海域达到 $M_S 3.0$。

（4）地下物性结构成像数据处理系统。地下物性结构成像数据处理系统能够产出全国和区域地壳速度结构三维图像。该系统产出的地壳结构横向分辨率达到 30 ~ 50km、纵向分辨率达到 10km；地幔岩石圈结构横向分辨率达到 50 ~ 100km、纵向分辨率达到 20km；上地幔结构横向分辨率达到 100 ~ 200km、纵向分辨率达到 100km 以内。

（5）地壳应力场反演处理系统。地壳应力场反演处理系统能够动态产出全国大部分地区 $M_S 2.5$ 以上地震的拐角频率、应力降等震源参数。该系统能动态产出全国大部分地区 $M_S 2.5$ 以上地震的拐角频率、应力降等震源参数，能动态产出全国 $M_S 3.0$ 以上地震的震源机制，能动态产出全国 $M_S 3.0$ 以上地震的震源机制，也能够产出时间分辨率优于 1 年的全国及区域应力场变化图像。

2. 简易烈度计地震预警示范项目建设

为了给即将实施的国家烈度速报与预警工程积累经验，也为了尽快在重点区域形成预警能力，2015 年中国地震局在京津冀、福建沿海和川滇交界开展简易烈度计地震预警示范项目建设，由河北省地震局技术牵头，北京市地震局、天津市地震局等单位联合完成。

由于基于 MEMS 的烈度仪是新出现的观测仪器，在地震系统没有使用过，为了配合项目实施，按照中国地震局监测预报司的要求，由中国地震台网中心牵头，组织中国地震局工程学研究所、黑龙江省地震局、片区仪器维修中心的专家组织开展仪器测试工作。

2015 年 8 月，测试组辗转哈尔滨中国地震局工程力学研究所振动实验室、宾县地震台、北京中国水利水电科学研究院工程抗震研究中心和中国地震台网中心，完成对 8 个投标人 10 个型号共 40 台简易烈度计烈度仪的招标测试。8 月 27 日项目完成设备招标，有 3 个厂家中标。

3. 数据共享项目建设

（1）数据服务 Web Service 云平台建设。为推动地震科学数据共享业务向前发展，在数据共享项目的支持下，地震台网部开发出数据服务 Web Service 云平台一套。该系统是一个基于云计算的能够满足海量数据服务需求的完全自动化的数据服务 Web Service 接口，它可用于满足用户对大量地震事件波形数据进行下载的需求，可快速响应用户请求并实现全自动化数据服务，其接口可以被封装在用户程序中，实现随时随地随需地获取相关数据。本系统是使广域网上各站点之间能够相互通信、共享信息的接口，实现与操作系统平台无关、与编程语言无关的技术层，保证基于不同平台的应用服务之间可以互操作。它可以在任何支持网络通信的操作系统中实施运行。

（2）EMERALD 地震事件波形数据处理服务系统建设。EMERALD 是一个大数据集的浏览、管理、编辑、处理与分析软件（Explore，Manage，Edit，Reduce and Analyze Large Datasets），是一个对地震事件波形进行处理与分析的开源系统。该系统具有如下特点：数据来源的开放性；数据处理方法的可扩展性；数据处理步骤的可重复性；操作的灵活性。

该系统可为行业网内用户提供以 PostgreSQL 数据库为后台数据存储，以浏览器为前台操作界面的地震事件波形数据处理软件，使数据共享工作从数据本身的共享扩展到数据处理的服务。

2014 年 8 月，中国地震台网中心引入 EMERALD 系统，并在将该系统应用于中国地震台网的数据共享和服务业务方面做一部分探索和研究工作。地震台网部开展 EMERALD 原型系统的解析，完成中国地震台网中心 EMERALD 系统搭建，进而在该系统中成功接入中国地震台网波形数据，并在部分台网和台站开展系统的试用和推广。

图 3 和图 4 为系统中昆明地震台记录的 2015 年 12 月 7 日塔吉克斯坦 M 7.4 地震的原始记录和带通滤波记录的对比。中国地震台网中心 EMERALD 系统自动化批处理工作见图 5。

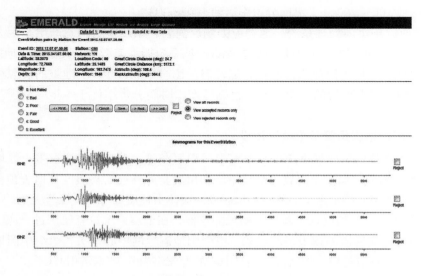

图3　原始事件波形记录图

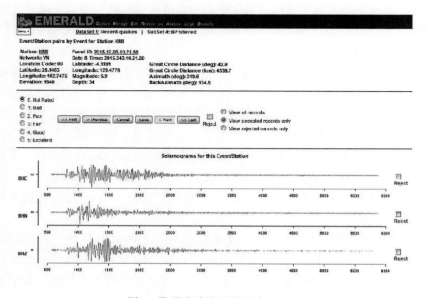

图4　带通滤波处理后的波形记录

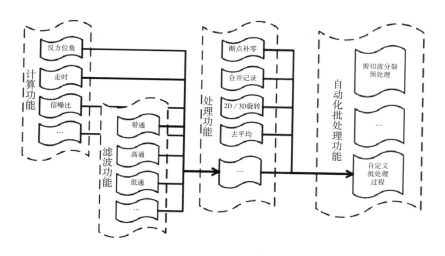

图5 自动化批处理工作示意图

4. 协作共建，互惠双赢——西安地震台与地震台网部共建活动

中国地震台网中心地震台网部与西安基准地震台于 2007 年签订"地震观测技术交流协作单位共建协议"，成为协作共建单位。为进一步深化业务交流和单位共建，应地震台网部邀请，西安台台长马世虎于 2015 年 11 月 10—11 日带领王建昌、闫俊义、冯红武等技术骨干来到地震台网部，进行了参观和交流。

5. 国家测震台站数采安装使用培训班在京举办

2015 年 12 月 9—11 日，国家测震台站数采安装使用培训班在北京举办，中国地震台网中心牵头对国家测震台站使用的 EDAS-24L6 数采进行全面更新。目前，设备招标工作已经完成，北京港震仪器设备有限公司中标，将提供 EDAS-GN6 数采。本次培训为国家台站更好地完成下一步数采的安装和使用工作奠定了基础。

（中国地震台网中心）

2015 年中国地震前兆台网运行年报

一、台网运行概况

我国地震前兆台网由地壳形变、电磁、地下流体三大学科观测台网组成，涵盖观测台/站、省级区域地震前兆台网中心、学科台网中心和国家地震前兆台网中心四级业务管理机构。其主要任务是为地震预报以及相关学科领域的科学研究提供观测数据。

我国地震前兆台网的观测对象为地球物理和地球化学动态，采样记录方式以数字化自动观测为主。其显著特点是地壳形变、电磁、地下流体三大学科的多个领域、多种观测项目和多种观测方式相互结合，互为补充。随着近几年观测技术、信息技术的迅速发展，我国地震前兆台网目前基本实现数字化、网络化观测。

2015 年，有 34 个区域地震前兆台网（以下简称区域台网）共 814 个观测台站向国家地震前兆台网中心（以下简称国家中心）报送数据。其中国家台 237 个，区域台 295 个，市县台 282 个。

全国各区域台网向国家中心报送观测数据的仪器共 2868 套。其中，"十五"数字化仪器（含背景场项目建设仪器）2073 套，"九五"数字化仪器 376 套，人工观测仪器 357 套，模拟观测仪器 62 套。测项数 4145 个，测项分量数 7853 个。另有 100 余套不定期观测的地磁绝对观测仪器未纳入统计。

按观测学科统计结果如下。

地壳形变观测台网承担着我国大陆地壳形变的监测任务，由形变和重力观测台网组成。其中形变观测台站 267 个，观测仪器 592 套（占总数的 20.64%），测项分量 2314 个；重力观测台站 46 个，观测仪器 47 套（占总数的 1.64%），测项分量 293 个。

电磁观测台网承担着我国大陆电磁场的监测任务，由地磁和地电观测台网组成。其中地磁观测台站 165 个，观测仪器 311 套（占总数的 10.84%），测项分量 1081 个；地电观测台站 144 个，观测仪器 237 套（占总数的 8.26%），测项分量 1467 个。

地下流体观测台网承担着我国大陆地下流体的监测任务。观测台站 487 个，观测仪器 1186 套（占总数的 41.35%），测项分量 1485 个。

综合起来，全国地震前兆台网观测台站、观测仪器基本情况统计见表 1。

表 1　全国地震前兆台网观测台站、观测仪器基本情况

学科		台站数	仪器数				
			"十五"	"九五"	人工	模拟	合计
地壳形变	重力	46	41	6	0	0	47
	形变	267	490	70	20	12	592
电磁	地磁	165	274	7	30	0	311
	地电	144	213	24	0	0	237
地下流体		487	715	178	255	38	1186
辅助观测		400	340	91	52	12	495

（合计：2868）

全国各区域台网有 2868 套观测仪器每天向国家中心报送数据，其中有 2287 套观测仪器纳入区域台网的运行管理评价，占报送观测数据仪器的 79.74%（2014 年为 78.77%）。

2015 年 1—12 月，全国各区域台网仪器的平均运行率为 97.61%（2014 年为 98.60%），平均数据汇集率为 98.92%（2014 年为 98.82%），平均数据连续率为 97.42%（2014 年为 98.09%）。其中，全国各区域台网参评仪器的平均运行率为 98.75%（2014 年为 98.81%），平均数据汇集率为 99.51%（2014 年为 99.37%），平均数据连续率为 98.75%（2014 年为 98.74%）。因背景场项目仪器列入监控，相比 2014 年，2015 年台网部分运行指标幅度略有下降，见表 2。

表 2　2015 年 1—12 月各区域台网平均运行指标

序号	统计类别	全台网仪器情况	参评仪器情况	备　注
1	仪器数量	2868	2287	79.74%仪器参评
2	仪器运行率	97.52%	98.75%	
3	数据汇集率	98.88%	99.51%	
4	数据连续率	97.34%	98.75%	

二、台网管理概况

2015 年，全国地震前兆台网运行管理工作在中国地震局监测预报司的直接领导下，在 2014 年工作的基础上，继续以强化规范台网运行和台网产出为目标，台站、区域中心、学科中心和国家中心各环节工作协调配合，积极推进台网观测、台网运行、产出与服务、技术管理等各方面的工作。

（一）台网运行管理监控

2015 年，全国地震前兆台网运行工作继续按照现有运行质量的监控思路，由国家中心负责监控全国区域地震前兆台网的运行管理工作，各学科台网中心负责台站观测数据质量的监控，区域中心负责本区域台网的运行质量监控。

国家中心和各学科中心根据技术要求相关规定，每日对各区域前兆台网的仪器运行、数据汇集、数据质量等进行监控，并将监控中发现的问题以邮件等形式反馈给相关区域台网。

依据评比办法对区域地震前兆台网运行管理进行评比，评比采用年评比和月评比相结合的方式。国家中心每月 15 日前完成月评比工作，同时将评比结果在国家中心网站（http://qzweb.seis.ac.cn/twzx）上公布。区域中心通过月评比报告及时掌握上月本区域台网的总体运行情况，发现运行中存在的问题并及时更正。国家中心 2015 年 4 月完成区域前兆台网的年度评比工作，在评比与培训会上，对评比中存在的问题进行讲解。

同时各省级地震监测主管部门组织制定区域台网运行管理考评办法，明确奖励与惩罚措施，对区域台网的技术管理、系统运行和产出应用等工作进行定期检查与年度考评。

2015 年，继续推进前兆台网质量监控体系的建设与完善，在台网运行质量监控方面取得了突出的成绩。

（二）中国地震背景场探测项目前兆分项建设

2015 年，前兆台网部参与本项目的工作主要有省级地震局背景场项目验收报告审核和背景场项目前兆分项验收报告编写。

省级地震局背景场项目验收报告的审核，主要是对省级地震局提交的竣工报告、技术报告、试运行报告、测试报告进行审核。截至 2015 年 10 月 25 日，国家前兆台网中心完成全部 35 个单位的资料审核。

背景场项目前兆分项验收报告的编写，主要是承担竣工报告、技术报告、试运行报告、测试报告的编写工作。由黄经国、余丹负责竣工报告，刘高川、叶青负责技术报告，纪寿文、王军负责试运行报告，黄兴辉负责测试报告编写。截至 2015 年 10 月底，国家前兆台网中心组织有关专家，经过几次编写，完成竣工报告、技术报告、试运行报告、测试报告编写工作。

背景场项目验收。2015 年 11 月 20 日，中国地震局召集有关专家在台网中心召开背景场项目验收会。前兆部有关人员对前兆分项的竣工报告、技术报告、试运行报告（含测试报告）向验收专家组做了汇报，经过专家质询、项目组答疑，背景场项目前兆分项顺利通过了验收。

（三）前兆台网监测数据异常跟踪分析工作

根据《关于全面开展地震前兆台网数据跟踪分析工作的通知》（中震函〔2013〕311 号）工作要求，地震前兆数据跟踪分析工作于 2014 年正式全面开展。2015 年全台网数据跟踪产品产出能力得到较大提升，在报告产出、规范制定与评比、软件升级完善、技术培训与会议，以及跟踪分析工作论文专辑出版等方面开展卓有成效的工作，开展地震前兆数据跟踪分析，逐步实现地震前兆台网日常工作的重心从观测为主向观测、应用并重转变，机制逐步建立；进一步提升前兆台网的产出与服务能力，同时更大程度地发挥台站监测人员的智慧和能力，调动工作积极性；推进前兆数据对地震监测预报的服务水平。

（四）专题工作会议

为了规范前兆台网运行管理工作和提高运行质量，及时纠正运行管理过程中存在的问题，国家中心和各学科台网中心定期集中对区域台网技术人员进行技术培训。培训内容包括观测技术、数据处理分析、技术系统维护、工作要求等。同时各区域台网根据需要，定期组织台站工作人员进行培训或经验交流。

2015 年，全国地震前兆台网在全国范围内组织 4 次专题会议（培训）。

1. 2014 年度全国地震前兆台网运行管理质量评比会议

2015 年 5 月 25—27 日，在重庆召开 2014 年度区域前兆台网的评比会议，全国区域地震前兆台网的技术骨干、学科台网中心专家、国家前兆台网中心人员参加会议。会上对 2015 年 4 月初的预评比工作内容进行审核，公布评比结果；并对台网运行中存在的突出问题进行沟通、交流。2014 年度全国地震前兆区域台网的评比与交流工作圆满完成。

2. 2015 年度全国前兆台网运行管理交流与培训

2015 年 11 月 9—13 日，在海南省琼海市举办 2015 年度全国前兆台网运行管理培训班。培训会上，国家前兆台网中心人员就前兆台网运行管理、技术系统维护、数据质量控制、异常跟踪分析要求等内容展开讲解。

通过此次会议，进一步提高省局人员前兆台网观测系统和技术系统维护方面的技能，推进运维监控系统、前兆新门户、地震应急等新软件的部署应用。安排专家讲座和省局间的工作交流，更好地促进台网的运行管理工作。

3. 2015 年度地震前兆台网仪器设备更新升级项目验收会

2015 年 12 月 21 日，由中国地震台网中心负责牵头完成的 2015 年地震前兆台网仪器设备更新升级项目验收会议在北京召开。会议成立以钱家栋研究员为组长的项目验收专家组。

会上，国家地震前兆台网中心代表项目组对项目的总体情况、实施管理过程和完成情况进行工作汇报；各片区项目实施负责人汇报了各片区项目的具体实施及完成情况。各学科组专家还对本项目的计划制订、仪器测试和试运行情况进行汇报。

验收组专家认真审议项目验收资料，经质询和讨论，形成验收意见，一致同意通过验收，并建议各单位做好项目的后续跟踪工作，充分发挥项目效益。

4. 2015 年度全国地震前兆台网数据跟踪分析工作技术培训

2015 年 11 月 24—26 日，全国地震前兆台网数据跟踪分析工作技术培训在安徽合肥召开，来自全国 34 个区域前兆中心的业务骨干 50 余人参加技术培训。国家前兆中心、各学科台网中心相关业务骨干和专家参加授课。

国家前兆中心分别就 2015 年度前兆台网数据跟踪分析评比工作情况、数据跟踪分析工作中存在的主要问题、数据跟踪分析相关技术标准与要求、数据跟踪分析软件使用等进行系统讲解。各学科台网中心分别就数据跟踪分析工作评比细则、学科分析方法、学科研究现状等进行全面讲解。

各学科逐步引入当前学科研究现状和前沿等内容，提高学员对当前各学科台网研究现状的全面了解，同时也为将数据跟踪分析工作逐步推向深入开展奠定方向和基础。

三、台网运行情况

根据管理办法和技术要求，各省级区域前兆台网中心应认真履行区域前兆台网前兆仪器运行维护工作，及时监控台网的运行情况。

数据汇集率是评价全国前兆台网产出数据及时性的关键性指标，区域中心每天应及时汇集本区域前兆台网的前兆观测数据并及时向国家中心报送；国家中心每天计算各区域台网数字化原始数据和预处理数据自然采样率的汇集率，然后计算出月平均汇集率，进而计算年平均汇集率（具体计算方法参见评比办法），其中人工地磁绝对观测仪器和模拟观测仪器未纳入计算范围，因仪器故障造成全天观测中断的观测项目，在统计汇集率时不作未到计算。

区域台网观测数据连续率为区域前兆台网所有观测台项数字化原始数据及模拟实测数据的年连续率的平均值，是评价观测数据质量的指标之一。

根据全国地震前兆台网向国家地震前兆台网中心汇集数据的到达情况，统计各区域前兆观测仪器产出的原始观测数据连续率、汇集率及仪器运行率。

2015 年，全国地震前兆台网运行仪器共计 2713 套，其中有 2137 套仪器参与每月的运行评比，占台网仪器比例的 78.77%（2014 年为 78.77%）。参评仪器比例大于 75% 的区域台网有 27 个（2013 年为 30 个），小于 75% 的区域台网有 7 个，分别为湖南、河北、广西、广东、海南、四川、福建（受环境干扰仪器或一些地方台仪器未参评）。

下面分别就汇集率、运行率和连续率与 2014 年作比较说明。

（一）台网数据汇集率

2015 年，全台网数据汇集率较 2014 年提高 0.09%，为 98.91%（2014 年除震防中心外全台网的汇集率为 98.82%）。全台网数据汇集率较 2014 年提高的有 21 个区域台网。有 7 个区域台网提高比例超过了 1.1%，其中湖南、吉林和海南较 2014 年提高比例超过 2.0%；此外，下降 1.0% 及以下的有 5 个区域台网。小于 95% 的区域台网有甘肃，汇集率为 93.89%。

2015 年，参评仪器的数据汇集率较 2014 年提高 0.14%，为 99.51%（2014 年除震防中心外参评仪器的汇集率为 99.37%）。参评仪器数据汇集率与全台网数据汇集率均下降的有 9 个区域台网，较 2014 年连续两年下降的有黑龙江和甘肃 2 个区域台网。有 14 个区域台网全台网数据汇集率与参评仪器数据汇集率同时提高。

（二）观测仪器运行率

2015 年，全台网仪器运行率较 2014 年下降 0.70%，为 97.87%（2014 年除震防中心外全台网的运行率为 98.57%）。全台网仪器运行率较 2014 年提高的区域台网有 13 个，其中，提高 0.4% 及以上的有 8 个，江西、地球所及西藏较 2014 年提高比例超过 1.5%；下降 1.1% 及以下的有 12 个，广西、黑龙江及云南相对 2014 年下降幅度大于 4%。

2015 年，参评仪器运行率较全台网仪器运行率高 0.76%，为 98.63%。其中参评仪器与全台网仪器运行率均大于 99% 的有地质所、天津、陕西、地壳所、安徽、河南等 13 个区域台网。

（三）台网数据连续率

2015 年，全台网仪器数据连续率较 2014 年下降了 0.42%，为 97.67%（2014 年除震防中心外全台网的连续率为 98.09%）。全台网数据连续率较 2014 年提高的有 14 个区域台网，其中较 2014 年提高 0.5% 的区域台网有 11 个，其中湖南和地球所较 2014 年提高超过 2.2%。此外，较 2014 年下降比例超过 0.5% 的有云南、广西、黑龙江等 13 个区域台网。

2015 年，参评仪器数据连续率较全台网数据连续率提高 1.00%，为 98.66%。参评仪器数据连续率较 2014 年提高的区域台网有 16 个，其中江西、地球所、预测所、陕西、青海及地壳所等 6 个区域台网较 2014 年提高 0.5% 以上。

（四）总结

综合上述结果分析，整体上，2015 年全国地震前兆台网仪器运行率、数据汇集率和数据连续率较 2014 年稳中有升，特别是参评仪器相比 2014 年提高较多。有 5 个区域台网在各方面的运行指标都较 2014 年有所提高，分别是江苏、山西、河北、福建及云南，以上区域台网在 2015 年加强台网运行管理工作中取得较好成绩。江西的运行率和连续率运行指标相比 2014 年下降较多，应多加强仪器维护与台网运维工作。

四、专项工作

（一）中国地震背景场探测项目前兆分项工作

1. 中国地震背景场探测项目前兆台网联调、试运行工作

前兆台网联调、试运行工作概况。2013 年 12 月 10 日，中国地震局监测预报司发布《中国地震背景场探测项目前兆台网联调及试运行方案》（中震测函〔2013〕211 号）。2014 年 1 月 27 日至 2015 年 7 月 3 日，背景场项目建设法人单位中国地震台网中心根据该方案有关要求，陆续批复 31 个建设单位进入试运行，试运行期为 1 个月。

全国有 31 个单位，共 209 个台站、428 套数字化观测仪器通过联调、试运行工作（另有 54 套地电阻率仪备用仪器、14 套未安装仪器未参与联调、试运行）。

2. 中国地震背景场探测项目前兆数据处理与加工系统软件开发

2015 年软件主要进行两方面工作，一是软件试运行并正式上线，二是完成软件验收工作。

（二）2015 年地震前兆台网观测数据跟踪分析工作

1. 总体情况

2015 年，全国地震前兆台网共计对 2075 套前兆仪器进行了分析，其中单套仪器分析完整率超过 85% 的有 1911 套。产出事件记录 30599 条，其中观测系统事件 6103 条，自然环境事

件 3714 条，场地环境 3002 条，人为干扰 3611 条，地球物理事件 12622 条，不明原因 1547 条。全国台网数据分析完整率（指应分析）为 98.72%。

2. 报告产出

（1）每月 20 日前，专人负责完成编写上一月的全国前兆台网数据跟踪分析月总结报告并上网，现已编写完成了 11 份报告。

（2）完成编写 2014 年度全国前兆台网数据跟踪分析工作年度总结分析报告。

（3）2015 年 3 月 23 日至 4 月 4 日，国家中心牵头的工作小组分别赴河北省黄壁庄地震台和邯郸地震台开展数据跟踪分析年报图集编写工作，系统完成了对 2014 年全国前兆台网事件分析记录图集的汇编及筛选和总结工作。

3. 规范制定与评比

（1）依据《地震前兆台网运行管理评比办法》，国家中心对评分项进行进一步的细化，制定《地震前兆台网数据跟踪分析工作评比细则》，并在 4 月完成对全国区域前兆台网 2014 年度数据跟踪分析评比工作。

（2）每月 15 日前完成对全国前兆台网数据跟踪分析月评比工作，并及时公布到国家前兆中心网站。

（3）制定《地震前兆数据跟踪分析事件描述要素标准》，并在 8 月吉林会议上公布，同时在 9 月阶段总结会议和 11 月安徽合肥技术培训会上进行讲解。

4. 软件升级完善

组织学科和省局骨干专家，依据《地震前兆台网数据跟踪分析工作约定》和《数据跟踪分析工作技术指南》，多次召开会议就软件功能完善方面进行讨论，同时根据用户提出的意见和建议，及时组织对软件功能进行完善，并及时在线发布更新。软件版本已从 1 月时的 1.4.2 升级到 1.5.10。

5. 技术培训及相关会议

（1）2015 年 4 月 15—18 日，2014 年度全国地震前兆台网预评比工作会议在北京召开。会议对 2014 年度各区域台网的数据跟踪分析工作进行评比，从年报、月报、事件质量抽查、数据跟踪分析工作创新等各方面把关，并评选出数据跟踪分析工作优秀的区域台网。

（2）2015 年 5 月 5—6 日，中国地震台网中心前兆台网部在北京组织召开前兆台网数据跟踪分析工作及软件需求分析编写讨论工作会议。会议对 2014 年台网观测数据跟踪分析工作进行认真总结梳理，讨论各学科台网关于数据跟踪分析工作的评比标准，并对数据跟踪分析工作技术指南的修订内容和计划进行讨论。

（3）2015 年 5 月 27—30 日，由国家前兆中心组织完成全国区域台网数据跟踪分析技术培训工作，会上就学科评比办法修订、数据跟踪分析方法、事件分析记录填报、新版软件使用等进行了全面培训。

（4）2015 年 7 月 19—22 日，数据跟踪软件小组赴福建省开展数据跟踪分析软件使用情况及问题需求反馈调研，先后前往福州台、龙岩台、漳州台、厦门台进行调研。

（5）2015 年 7 月 23—24 日，在台网中心召开数据跟踪分析软件调研情况以及数据跟踪分析技术指南相关修订研讨会，中国地震局监测预报司领导、学科代表、部分省局台站代表、数据跟踪分析软件小组成员以及国家中心工作小组参会。

（6）2015年8月20日，在台网中心召开地震前兆台网观测数据跟踪分析技术指南修订讨论会议，国家中心工作小组成员、部分学科代表参加。会议讨论修订事件分类及影响因素分类，并对分类型事件记录要素填写规范进行详细研讨。

（7）2015年8月25—27日，中国地震台网中心在吉林市组织举办全国前兆台网观测数据跟踪分析技术交流暨科技论文写作培训班。

（8）2015年9月23日，2015年度地震前兆台网数据跟踪分析阶段总结工作会议在北京召开。来自全国各区域前兆中心、学科台网中心、国家前兆中心相关负责同志40余人参加会议。

（9）2015年11月24—26日，全国地震前兆台网数据跟踪分析工作技术培训在安徽合肥召开，来自全国34个区域前兆中心的业务骨干50余人参加了技术培训。

6. 数据跟踪分析工作论文专辑

初步完成一册《前兆台网观测数据跟踪分析研究》文集专辑撰写、组稿与一审修改工作，目前组稿32篇，并已于2015年11月提交《地震地磁观测与研究》编辑部审稿，预期在2016年第二期作为专辑刊载。

（三）2015年仪器更新升级及片区维修中心试点建设项目

1. 项目内容

根据《关于报送2013—2014年度台站灾害损失恢复专项任务实施方案的通知的要求》（中震测函〔2014〕104号），2015年度地震前兆台网仪器设备更新升级项目主要内容是完成更新升级96套前兆仪器以及改造相应配套设施，另更新40套地电场电极及改造相应配套设施。2015年度片区维修中心建设试点项目要求完成华北片区、西南片区（四川）、西南片区（云南）、新疆片区维修中心建设。

2. 项目进展

1）更新升级项目完成情况

（1）实施方案编写：3月，国家中心负责编制完成2015年度前兆台网仪器设备更新升级项目的实施方案，并组织完成对各片区实施方案的评审工作。

（2）项目仪器购置：①5月，中国地震台网中心委托招标代理公司中招国际招标有限公司完成对2015年度前兆台网仪器设备更新升级项目和维修中心试点项目的仪器招标，并于5月27日组织片区中心与仪器厂家完成仪器采购合同签订。②6月，针对第一次招标过程中未能招标成功的仪器进行二次招标，剩下的地电场仪、地电仪、测汞仪由省局自行采购。③针对第一次招标中的中标仪器水位水温仪，因受到其他公司的质疑，国家中心和财务处积极与招标公司沟通，经财政部财库司的处理，维持了中标结果，处理期近两个月。2015年9月2日，中国地震台网中心在地壳应力研究所组织召开2015年度前兆仪器设备更新升级项目与片区前兆维修中心试点建设项目水位水温仪采购事宜商讨会议。中国地震局监测预报司、中国地震台网中心、中国地震局地壳应力研究所等单位11位专家参加会议。要求中标单位按照标书要求严格把关生产质量，按期供货，保质保量完成。④编制各仪器厂家生产、测试、供货、安装的进度时间表。

（3）仪器测试与供货：2015年，组织学科专家完成如下中标仪器的测试工作。①8月30日—9月1日，在甘肃兰州，完成对地电场电极的测试工作，测试结果符合标书要求，已完成电极供货。②9月25日，在北京地壳所，完成对气象三要素仪的测试工作，测试结果符合标书要求，已经完成供货，陆续安装。③10月8—9日，在湖北武汉，完成对伸缩仪水管仪、垂直摆倾斜仪的测试工作，水管仪伸缩仪陆续发货安装，垂直摆倾斜仪按照专家测试意见，进行重新修改和测试工作，已经完成第二次测试工作。④10月26日，在北京白家疃零磁空间实验室，完成对磁通门磁力仪的测试，测试结果符合标书要求。⑤10月27—28日，在北京地壳所，完成对水位水温仪的室内测试工作，目前在温泉台进行实地稳定性测试工作。

（4）仪器安装：完成数字水准仪和核旋仪的供货安装，其他仪器也已陆续安装。

（5）中期检查：11月13—14日，由中国地震台网中心负责牵头组织的2015年度前兆台网仪器设备更新升级与片区维修中心试点建设项目中期检查会议在京召开。各片区中心和台网中心相关工作负责人、学科组专家、部分仪器生产商等20余人参加会议。监测预报司车时副司长出席会议并讲话。

（6）项目验收：12月21日，由中国地震台网中心负责牵头完成的2015年地震前兆台网仪器设备更新升级项目验收会议在北京召开。会议成立以钱家栋研究员为组长的项目验收专家组。验收组专家认真审议项目验收资料，经质询和讨论，形成验收意见，一致同意通过本项目的验收，并建议各建设单位做好项目的后续跟踪工作，充分发挥项目的效益。

（7）预算编制：7月，组织编制2016年度前兆仪器更新计划，已完成编制和上报。根据2016年的预算编制计划，重新编制2016—2018年前兆台网仪器设备更新升级计划并上报监测司。

2）片区维修中心建设试点项目完成情况

（1）维修中心实施方案编制：①组织河北局、四川局、云南局、新疆局，完成编制片区维修中心建设实施方案，并上报监测预报司，与仪器更新升级项目同时得到批复。②在四川、河北、新疆，分别对4个片区的维修中心的装修实施方案进行详细讨论、场地实地查勘和审核，要求各片区按照统一要求、风格进行装修建设。

（2）管理办法编制：为保障维修中心的正常运行，组织专家编制地震前兆台网仪器维修管理办法和管理细则，并上报监测预报司讨论和批复。

（3）备用仪器购置：与仪器更新升级项目一起，委托招标代理公司对规格统一的备用仪器设备进行统一招标和采购。

（4）维修手册编制：组织河北、新疆、四川、云南局和部分仪器厂家，分别编制形变、电磁、地下流体学科观测仪器维修手册，并作为技术培训材料在培训班上分发讲解。

（5）技术培训：组织完成3次有针对性地对华北、西南（四川）、西南（云南）、新疆片区的技术培训。

①8月9—16日，在新疆乌鲁木齐完成形变仪器维修技术培训工作。

②9月7—12日，在四川成都完成电磁仪器维修技术培训工作。

③10月14—20日，在云南大理完成地下流体仪器维修技术培训工作。

④11月底，在河北石家庄完成公用设备使用的技术培训工作。

（6）维修中心装修：新疆、成都中心已完成装修工作，陆续设备进场。

（7）项目验收：根据《关于开展2015年度地震前兆仪器维修中心建设试点项目验收工作的通知》（震台网函〔2015〕318号），12月25日，在四川成都组织开展对华北、西南（四川）、西南（云南）、新疆片区前兆台网仪器维修中心建设的验收。验收专家组一致同意通过验收。

（8）预算编制：完成其他四个片区2016年度前兆片区维修中心试点建设方案申请工作。

（四）前兆台网运行监控系统建设

1. 项目目标

数字化前兆台网建成，台网监测运行与管理逐渐步入有序化工作状态。但在设备运行监控和系统流程后端的管理处理环节上，基本处于依托各级节点上的人工操作阶段。由于全国前兆台网规模大、内容丰富、高速运行产出、管理指标多等特点，在现有运行管理方式下，台网运行管理效率、运行监控自动水平、运行质量控制等方面已不能适应数字化监测台网工作和信息化技术的快速发展需要。

因此开发前兆台网运行管理与监控系统，实现台网运维自动化，为各级用户服务，成为一项迫切的任务。具体概括起来需实现以下两方面目标。

①运行数据方面：完成对国家前兆台网中心、区域前兆中心、前兆台站的各类主机、设备、网络等运行状态进行实时监测并采集，实现对各类运行数据的统一管理、预警、信息统计及报表生成与下载。

②业务数据方面：完成监控日报每日报送、基础信息实时更新采集、前兆台网日常运维业务数据报送，实现运维业务数据的统一管理、展示、分析与报表下载。

2. 项目内容（表3）

表3　项目内容

序号	系统功能	功能描述	备注
1	系统设计	包括系统架构设计、异地部署方案、负载均衡实现、集群扩展、异地数据交换等，本期不全部实现，但在开发过程中需要纳入考虑，譬如表设计、程序留接口，另外应有实际部署发现压力过大如何处理等解决方案	
2	监控日报	保留现有C/S模式下的功能、设计、数据等，系统设计为B/S架构	
3	仪器监测	重点监控背景场前兆仪器的网络联通状况	3～6和10按树型管理模式
4	服务器监测	重点监控服务器网络联通状况、检测基本命令能获取到的信息	
5	网络监视	重点监控台网中心与各省主服务器、省主服务器与台站服务器的网络联通状况	
6	校时监视	重点监控设备的系统时间与时间服务器时间的一致状态	
7	统计分析	对网络、设备、主机等故障次数进行统计，统计周期可以按年、月、周、日进行设定	
8	监控预警	对网络、设备故障等进行预警，本期实现声音、图像告警，并预留接口	
9	角色权限	管理员可进行系统角色、人员、权限的管理	
10	数据库监控	实现数据库活跃状态简单监控	
11	报表下载	结合第7项的统计分析，提供各周期报表产品下载	
12	基础信息更新	完成前兆基础信息历史数据实时更新存储与展示	
13	运维数据表	12张运维报表信息采集与统计，本期完成变更备案表	

3. 系统架构图

（1）系统整体框架

前兆台网运行监控系统基于 BS 模式设计，实现全国前兆台网背景场项目仪器的运行数据和业务数据采集、存储、展示、统计分析与报表生成下载。系统实行异地部署，分国家中心和异地分中心，实现系统负载均衡与数据异地备份，提高系统的各项性能技术指标，保证数据安全。

（2）系统逻辑架构

系统逻辑架构分为用户层、展现层、应用层及数据层。系统为中心用户、省用户及监测站用户建立三级访问账号，不同级别用户拥有不同功能访问权限。

用户可通过前端展现层进入系统，对信息进行编辑，对统计信息、预警信息进行浏览。展现层采用 HTML5、FLX 等 Web2.0 技术，提高用户体验。

应用层是系统提供服务的中心，一方面为展现层提供监控日报服务、设备报备服务、主机监测服务、网络监测服务、校时监测服务、统计分析服务、监控预警服务及角色权限服务；另一方面，为整个应用提供 MVC 控制、通信服务、异常处理、系统日志等组件级服务。

在数据层面，从项目总体规划角度，可采用数据库集群方式提高数据的安全性、可靠性，本期可考虑建设独立数据库服务器，通过异地灾备方式提高数据安全性。

（3）系统技术架构

从技术角度讲，系统采用三层架构模型进行设计开发，尤其在系统前端可采用多渠道展现方式，本期仅实现浏览器访问渠道，但系统预留了移动及客户端接口。此外，系统考虑项目后续的应用扩展需要，可通过 Web service 与第三方应用交互、通过缓存技术实现统一用户管理。

（中国地震台网中心）

2015 年地球物理场流动观测

地球物理场流动观测工作由中国地震局监测预报司统一组织管理，中国地震局第二监测中心负责项目的总体实施和协调管理工作。业务管理部分由学科技术管理部负责具体任务分配、数据处理、分析、汇集等业务，其中湖北省地震局牵头负责流动重力观测；地壳运动监测工程研究中心牵头负责流动 GNSS 观测；中国地震局地球物理研究所牵头负责流动地磁观测；中国地震局第一监测中心牵头负责流动水准和跨断层测量。根据中国地震局监测预报司 2015 年地球物理场观测方案，完成如下工作。

一、区域水准测量

优化改造大华北地区国家一、二等水准网和地震水准监测网 10502.8km，共计踏勘水准路线 83 条，补埋水准标石 100 座。完成常规地震监测项目、中国综合地球物理场观测——大华北地区项目区域精密水准测量共计 7137.2km 的观测任务。监测获取区域及重点监视区垂直形变场变化图像和异常信息。本年度观测任务由中国地震局第一监测中心和中国地震局第二监测中心共同承担完成。

二、跨断层水准和场地观测

完成全国跨 244 个断层水准测量场地、41 处基线场地和 21 处定点台站观测任务。监视局部构造变形,获取活动断裂构造的运动特征。本年度观测任务由中国地震局第二监测中心、四川省地震局、辽宁省地震局、河北省地震局、北京市地震局等 21 家单位共同承担完成。

三、流动 GNSS 观测

完成中国大陆构造环境监测网络项目、中国综合地球物理场观测——大华北地区项目、中国大陆综合地球物理场观测项目 GNSS 区域站共计 2007 个测站的观测任务。监测获取区域及地震重点监视区地壳水平形变图像,为区域强震中期危险地点判定提供依据,为国家大地基准维护提供基础数据。本年度观测任务由中国地震局(中国地震局第一监测中心、中国地震局第二监测中心、湖北省地震局、四川省地震局、云南省地震局、新疆维吾尔自治区地震局)、总参测绘导航局、国家测绘地理信息局、教育部共同承担完成。其中,中国地震局完成 1242 个测点、总参测绘导航局完成 387 个测点、国家测绘地理信息局完成 332 个测点、教育部完成 46 个测点的观测任务。

四、流动重力观测

完成常规地震监测项目、中国综合地球物理场观测——大华北地区项目、中国大陆综合地球物理场观测项目、中国大陆构造环境监测网络项目等共计 7681 点次的相对重力和 81 点次的绝对重力观测以及金州—烟台、烟台—大连跨渤海重力联测任务。监测获取区域及重点监视区地表重力场动态变化图像,为区域大陆动力学和强震中期危险地点预测研究提供重要依据。本年度观测任务由中国地震局(湖北省地震局、中国地震局第一监测中心、中国地震局第二监测中心、中国地震局地球物理勘探中心等 20 家单位)、总参测绘导航局、国家测绘地理信息局、中国科学院共同承担完成。其中,中国地震局完成 7417 个测点和 51 点次绝对重力及 2 次跨渤海重力联测,总参测绘导航局完成 93 点次相对重力和 12 点次绝对重力,国家测绘地理信息局完成 98 点次相对重力和 3 点次绝对重力,中国科学院完成 73 点次相对重力和 15 点次绝对重力观测任务。

五、流动地磁观测

完成常规地震监测项目、中国综合地球物理场观测——大华北地区项目、中国大陆综合地球物理场观测项目、华北强震追踪专项项目等共计 1759 点次的三分量地磁观测和 1509 点次的地磁总强度观测任务。监测获取区域及重点监视区岩石圈场变化图像，为区域强震中短期危险地点判定提供重要依据，为国家地磁图编制提供基础数据。本任务由中国地震局地球物理研究所、河北省地震局、云南省地震局、甘肃省地震局、安徽省地震局等14家单位共同承担完成。

（中国地震局监测预报司）

2015年地震信息化系统建设及服务

中国地震局信息化领导小组认真落实党中央、国务院决策部署，全面推进防震减灾信息化系统建设工作，在组织防震减灾信息化规划实施，推动基础设施升级改造、地震科学数据共享、地震信息公共服务以及政务和业务信息化等方面发挥了重要作用，并取得显著成效。

一、积极开展两个层级的对外合作

一方面在各部际合作框架协议指导下，寻找与兄弟单位深入合作的工作切入点。与中国气象局开展国家预警信息发布系统对接、全国气象三要素观测数据共享工作；与国家应急广播开展信息专线建设及地震信息对接、福建地区预警信息发布测试工作；与航天五院开展基于移动多媒体星的地震预警信息发布时效性需求指标设计和论证，并将中国地震局纳入该颗星主用户单位；与国家测绘地理信息局地图司共同研究天地图行业应用支撑方案并取得专家层面的技术支持等。另一方面按照向社会借力、借智开展工作的指导思想，基于"互联网+"的合作逐渐深入。在阿里云上成功开展云计算测试、预警台站实时流汇集试验工作，为解决计算瓶颈问题、提升数据汇集实效性、有效压缩运维投资进行有益尝试；通过今日头条，实现全国3亿平台用户地震速报信息精准推送；与个推公司合作完成震区人口热力图产品研发，并纳入常规震后应急产出服务。

二、组织举办面向公众的大型活动

2015年4月，成功举办面向科研用户的大型数据共享推介会，并在多个国内外学术交流会上，宣传中国地震局开放共享的数据资源服务政策。2015年全年为40多家单位、100多个计划和项目开展的300多项研究无偿提供400TB高质量地震数据服务。在科技部第三届"共享杯"大赛上，平台支持的参赛作品获得优异成绩。11月，举办面向社会的"互联网+地震"论坛活动，较好统一各部门对"信息化支撑和引领未来事业发展"的认识，树立防震减灾工作在公众网络的社会正能量形象，同时探索向社会借力、借智、借资源的创新工作实效。

三、开展两类平台的能力建设

在信息化基础设施硬件平台建设上，完成台网中心基础设施云平台建设。开展内部业务迁移和统一云部署应用；完成国家数据灾备中心硬件平台建设；依托租用社会公有云模式推动地震信息网的升级和云部署；扩容台网中心视频系统终端接入能力，配合台站改革思路，新增10个台站的视频节点建设，组织开展各单位应用需求调研；充分调研电信等三大运营商的通信资源，组织探索支撑预警工程通信的承载网技术。在服务类软件平台建设上，对内数据共享平台建设基本完成，科技部数据共享平台改版方案确定，启动监测预报核心业务监控平台建设并已完成行业信息网络业务监控功能，开展监测预报项目管理平台建设并基本完成各功能模块和文档编写。

四、推进数据共享体制机制完善

通过印发《地震科学数据共享服务实施细则》，进一步明确地震科学数据共享服务管理体制；打造测震波形数据共享服务品牌，上线发布"全国测震台网波形数据共享服务系统"，提升地震科学数据共享服务能力，首次采用DOI引用建立数据共享服务的国际化、规范化管理；打通系统内GNSS数据实时服务壁垒，实现以一测中心为试点的GNSS数据实时推送共享服务；拓宽强震动数据服务领域，完成2007年至今的强震动数据整理、挖掘和共享，服务用户和离线共享数据量提升迅速，并筹划自动在线共享服务；编写《地震数据共享用户手册》，着手盘点行业数据资源家底，为各类用户理清共享服务手段，为未来更加高效快捷地提供服务打下基础。

五、逐步提升地震信息的社会服务能力

地震信息社会化服务平台初步建立，发布覆盖面不断拓展，发布时效性大幅提升。夯实"12322"地震速报短信平台服务政府应急责任人能力，已实现27家省级地震局的"12322"权威地震信息服务，直接服务西藏自治区政府领导受到好评；通过基于移动互联网的手机APP应用（用户突破120万）、云平台网站（日均访问7.43万人次）、微博（860万用户）、微信（5万用户，区域定制）、新浪（3亿用户覆盖，定向推送）和今日头条（3亿用户）等合作，大幅拓展了对网民，尤其是移动互联网用户的覆盖率和精准推送能力；通过地震数据开放平台建设，有效吸引社会资源进入地震信息服务领域，为培育优质地震业务开发者打下基础。目前，已有天气通等多个亿级用户对接开放平台获取并发布地震消息。

（中国地震局监测预报司）

局属各单位地震监测预报工作

北京市

1. 震情

2015 年，圆满完成"全国两会""中国人民抗日战争暨反法西斯战争胜利 70 周年纪念活动"等重要时段震情保障工作。

组织年中、年度地震趋势会商会，科学研判北京及周边地区地震趋势和震情形势。全年组织各类会商 48 次，参加中国地震台网中心会商 43 次，上报各类会商意见 61 份、宏微观异常零报告表 46 份；落实观测仪器、环境影响等方面的异常变化数十次，完成重大异常现场核实 3 次。

上报并实施《北京地区震情会商制度改革方案（试行）》，拟订《北京地区震情会商与地震预测意见处置工作机制（建议稿）》。探索开展京津冀三地＋京区单位的联合震情会商机制建设，除保持中国地震台网中心、中国地震局京区科研单位外，邀请天津、河北地震部门参加震情会商，共同把握北京及邻区地震活动趋势和预测意见。

2. 台网运行管理

组织专业技术人员参加"2015 年测震学科异常分析报告技术规范""地下流体学科异常核实专用装备使用""分析预报地震地质基础理论和方法"等业务培训。

3. 台网建设

台站优化改造和标准化建设工作稳步推进。2015 年度共申请并投入国家台站优化改造项目和受灾台站恢复改造项目资金。向市财政局上报《北京市地震综合观测台站标准化展示项目可行性研究报告》。完成延庆地震台优化改造项目，延庆、房山和平谷地震台的"灾损恢复"项目，延庆和房山地震台的地源热泵建造工程，以及延庆、通州地震台的地电阻率观测精度改造。完成北京市测震台网优化改造，包括 9 个测震台站无线传输改光纤、6 个测震台站观测环境改造，以及牛栏山地震台环境改造等。完成赵各庄台水温仪，徐辛庄台水位仪、水温仪和门头沟沿河城台水氡仪等前兆项目的更新改造，对各台站的气象三要素仪器的安装信息和使用情况进行普查，对存在问题的仪器进行校测标定。

4. 监测预报基础和应用研究工作

加强基础研究，申报国家自然基金项目 3 个、北京市自然基金项目 4 个、中国地震局地震星火计划项目 6 个、北京市地震局科技项目青年专项 12 个。同时开展国家自然基金项目"利用气枪震源探索区域地壳应力场时空变化"、中国地震局 2014—2015 年度地震科技星火计划项目"北京地区地电观测干扰调查及典型干扰影响计算"和中国地震局 2015 年度震情跟踪重点课题"华北构造区主要地震带分段研究与强震危险性预测"等项目（课题）研究工作。中国地震局 2012—2014 年度地震科技星火计划项目"数字地震波形软件系统的建设"、2014 年度震情跟踪青年课题"首都圈地区地壳应力与介质状态研究"完成并通过验收。

（北京市地震局）

天津市

1. 震情

（1）推进监测预报发展改革，夯实监测预报基础。天津市地震局会同天津市规划局在全国率先编制全市地震监测设施布局规划，强化对地震监测设施和地震观测环境保护。结合天津市实际情况，制订《天津市震情会商改革实施方案》，提高会商研判水平和实效。

（2）加强基层监测工作，充分发挥职能作用。各区县地震办公室充分发挥职能作用，积极调动社会力量，增设、调整宏观观测站点30余个；认真执行宏观异常零报告制度，上报宏观异常零报告599份。各区县地震办公室还积极配合天津市地震局共同开展异常核实等工作，在监测预报工作中发挥积极作用。

（3）完善震情跟踪工作管理，严密监视地震活动趋势。圆满完成"春节、两会、'五一'、中秋和国庆"期间以及"中国人民抗日战争和世界反法西斯胜利70周年纪念日、十八届五中全会、国际生物经济大会、第三届中国绿化博览会"等特殊时段的震情监视保障工作。

2. 台网运行管理

（1）运行情况概况。完成台站现场检查和设备维护维修280余次，前兆、测震、强震和GNSS台网观测数据连续率分别达到99.9%、99.5%、98.0%和99.8%。完成本地及周边地震编目798次，地震速报15次，未出现漏报、错报现象。在年度全国地震观测资料质量评比中，17个测项进入前三名，创本市历史最好成绩。

（2）规章制度建立健全情况。2015年，天津台网建立健全《地震台站工作管理办法（试行）》《观测环境巡查管理规定》《天津台网运行管理要求》等值班制度、技术细则、分析细则、考评办法共计11项，有效推动了台网良好运行。

（3）培训情况。认真落实《中国地震局2014—2018年干部教育培训规划》，区分层次，按需施教。年内参加中国地震局组织的台网观测技术等业务培训100余人次，鼓励和支持3名优秀技术人员到院所深造、2人参加系统内交流访问、1人公派出国留学。

（4）观测环境保护。协调处理宝北—芦台输电线路建设、北京—唐山电气化铁路建设、宁河村民在监测环境保护范围内圈地建房等3起影响地震监测环境事件。与有关部门共同办理了宝坻老台移交手续，补偿费按相关协议已基本到位。

3. 台网建设

2015年，天津市新建、改建地震专业监测台点20余个，累计建成各级各类台点170余个，台点密度位居全国前列。

台站综合观测技术保障系统改造项目完成18个台站防雷设备安装，完成地震背景场项目验收相关文件归档整理工作。

4. 监测预报基础和应用研究工作

天津市地震局认真组织国家自然科学基金项目申报工作，自然科学基金项目申报取得新突破。"基于动态震害预测的结构易损性与震害矩阵方法研究""我国西部三次中强地震前震序列发震机理研究""起伏地表下高精度地震波多震相联合层析成像及其应用"3 个申报项目通过形式审查。

（天津市地震局）

贵州省

1. 震情

年度监测预报工作概述。完成 2015 年年中会商，编制年中地震趋势会商报告；完成 2016 年度会商会，编制 2016 年度地震趋势会商报告，参加中国地震局召开的 2016 年地震趋势会商会；针对 3 月 30 日剑河 5.5 级地震活动情况，进行临时紧急地震趋势会商。

2. 台网运行管理

完成 22 个地震台站和陆态网络站点运行情况的检查维护。新建惠水前兆台站和剑河测震两个台站。在重点区域，架设地震流动观测设备 9 台套（次）进行加密监测。指导帮助三板溪水库地震监测台网建设，协调开展地震前兆台建设。完成《一维速度地壳模型的研究和报告》编写及研讨会议承办任务。

（贵州省地震局）

河北省

1. 震情

（1）年度监测预报工作概述。进一步提升监测能力。2015 年，我省台网布局逐步优化，台网运行日趋稳定，流动观测不断发展，观测质量稳中有进。前兆、测震、强震动台网和信息网络运行良好，台网整体运行率达到 98% 以上，省级测震台网在中国地震局年度评比中获得第三名。在全国 2014 年度地震监测预报资料质量评比中，参评优秀率 100%，获得学科综合评比和单项评比前三名共 44 项，按期完成行业专项"中国综合地球物理场观测——大华北地区项目"大华北地区重点监视区域 68 段次的相对重力观测及 81 个流动地磁测点观测工作。

（2）年度地震趋势会商会情况反判意见。扎实开展震情跟踪。严格执行会商制度，按时召开年中、年度地震趋势会商会，认真编制年度震情跟踪工作方案；积极推进会商机制改革，《河北省震情会商制度改革实施方案》通过中国地震局审核并进入实施阶段；高度重视震情跟踪研究工作，会同山西、内蒙古、地球所、北京大学等单位制订"晋冀蒙交界地区强震短临跟踪研究合作专项",在晋冀蒙交界地区开展震情跟踪研究工作,目前已取得了阶段性成果。

2. 台网运行管理积极

积极推进台站改革和建设。深化中心台试点改革,着力打造窗口化样板台站。新建华北片区前兆维修维护中心,逐步完善监视台网运维保障体系。结合"一县一台"建设,资助启动邯郸宏观观测网试点,协调廊坊市地震局完善电磁波网络,新建永清电磁台并投入试运行。

3. 台网建设

加强观测资料整合利用。重点推进 GPS、电磁扰动等观测资料的分析处理与测震、强震和简易烈度台网"三网"融合实验,大力推动北斗站建设,完成张家口、隆尧、唐山、承德、沧县 5 个陆态网络基准站改造,并做好各基准站试运行维护工作。

(河北省地震局)

辽宁省

1. 震情

(1)年度监测预报工作概述。2015 年辽宁省防震减灾工作牢固树立"震情第一"的观念,坚持和完善短临跟踪工作体系和工作机制,围绕组织领导、跟踪重点、跟踪措施、跟踪责任,落实属地为主,分级、分区负责的监视跟踪责任制。根据中国地震局地震活动趋势会商分析意见,责成相关部门抓好震情监视跟踪,切实把握全省震情发展趋势。同时,要求地震重点危险区内的市级政府制订工作方案,密切监视本地区震情发展和前兆变化。省地震局周密部署震情监视跟踪,制订《2015 年辽宁地区(辽宁庄河至辽蒙交界危险区)强震强化监视跟踪工作方案》,对全省震情监视跟踪工作做出明确要求。分别成立震情跟踪工作领导小组、震情跟踪预测组、地震监测组和台站预报组。制订了 8 项震情跟踪与预测的强化措施和 9 项地震监测的强化措施,各项措施均有明确的责任单位,并要求各单位、部门加强管理,细化工作措施,制订工作方案,做到组织管理有序、目标任务量化、监督考核机制健全,提高执行力和成效。

(2)年度地震趋势会商会情况反判意见。严格执行周、月、季度会商制度,省内及周边地区 3 级以上地震及时召开紧急会商会。加强地区间的交流与密切合作,不断建立健全区域间"联席会商、震情分析成果共享、应急流动观测协作"工作机制,加强分析预报专家队伍建设,提高地震研判水平。做好异常跟踪核实工作,每天及时分析处理各类观测数据,发现异常立即处置,实行宏微观异常"零报告"制度,按照"核实异常不过夜"和分级负责制的要求,做到异常出现一起核实一起。发现重要异常立即组织专家赶赴现场核实,并对异常结果及时进行专题研究。全年共核实异常 6 起,均提交异常核实报告。根据中国地震局《重大震情评估通报制度(试行)》的要求,制订《辽宁省重大震情评估通报实施细则》,该细则明确规定重大震情认定的各项判定依据及启动重大震情评估的相关程序,确定重大震情通报的内容和途径方式等。为切实提高辽宁省预测预报水平和会商研判能力,省政府对中国地震局实施会商改革给予充分关注,全力支持推进《辽宁省震情会商制度改革实施方案》,成为中国地震局首批通过会商改革实施的 4 个试点省份之一，使震情跟踪研判体制机制更加完善。

2. 台网运行管理和建设

一是进一步整合省、市、县三级前兆观测网络资源，将市、县台站符合标准的前兆数字观测手段和部分模拟观测手段接入省前兆台网运行。二是推进前兆台网扩建，全年共新增前兆观测仪器 16 台套，并对部分台站的观测基础设施进行更新和改造。三是加大对台站观测人员的培训力度和技术交流。全年共派出台站地震监测一线的技术骨干 40 余人次参加中国地震局各学科组织的业务培训；组织了全省地震分析预报人员进行分析预报方面的专项培训，以提高基层观测人员的预报能力和前兆数据分析处理能力。

（辽宁省地震局）

上海市

1. 震情

2015 年，上海市地震局贯彻中国地震局进一步加强监测预报工作意见的精神，进行震情跟踪保障，组织召开年中地震趋势会商会以及年度地震趋势会商会，形成 2016 年度会商意见，对年度会商意见进行评审，并将年度意见上报中国地震局。

2. 台网运行管理

（1）运维管理。①组织开展 2014 年度上海市地震局地震监测工作经常性项目专项任务的自评工作，编制《上海市地震局 2014 年度地震监测预报经常性项目执行情况报告》。同时依据《地震监测台网运行经常性项目管理办法（修订）》，组织编报《2015 年度上海市地震局地震监测预报经常性项目任务书》。②观测资料质量评比。组织开展监测预报各学科资料质量省局评比工作，向中国地震局监测预报司上报 2014 年度资料自评比结果。

（2）规则制度建立健全情况。根据中国地震局《关于印发〈全国震情会商制度改革指导方案〉的通知》，组织进行上海市地震局会商改革方案的编写。制定上海市地震局会商报告评比标准、台站（监测中心）会商质量评比办法，监测中心的地震速报、岗位标兵评比工作方法。

（3）培训情况。2015 年共组织监测预报人员 40 人次参加中国地震局组织的各类学科业务知识和岗位技能培训，培训内容包括速报竞赛培训、背景场项目验收培训、台站监测岗位培训、预报培训、前兆数据分析培训等。

（4）资料和科研成果。2015 年，上海市地震局承担 1 项国家自然科学基金项目、5 项中国地震局地震科技星火计划项目、7 项中国地震局"三结合"课题、3 项测震青年骨干培养专项、3 项上海市科研计划项目。

3. 台网建设

（1）台站改革。推进并完成佘山台、崇明台两个台站改革，制定撰写改革方案，发文并推进落实工作。

（2）崇明中心台申请工作。按照中国地震局监测预报司《关于征求中心地震台改革工作方案（初稿）意见的通知》的要求，对崇明台申请中心地震台组织相关专家进行咨询论证，形成相关申请报告并编写中心地震台区划信息调查表上报监测预报司。

（3）佘山野外地球观测站相关工作。先后两次组织相关业务专家赴中国地震局地球物理研究所编写佘山国家野外地球科学观测研究站2011—2015年度工作总结报告。

（4）背景场项目建设。按照中国地震局要求，组织开展上海背景场项目验收工作。2015年8月26日组织专家进行单位子项目验收，验收专家一致认为项目完成规定的建设任务，达到中国地震背景场探测项目验收的相关要求，顺利通过验收。

（上海市地震局）

江苏省

1. 震情

（1）年度监测预报工作概述。2015年，监测预报工作紧紧围绕《中国地震局关于2015年度全国震情跟踪工作安排的意见》，实施市县地震监测预报工作考核细则；震情会商改革实施方案多次研讨修改并通过评审，进入全面改革实施阶段；成立由省有关厅局、高校教授组成的省地震宏观异常落实专家库。

（2）年度震情跟踪与判定。2014年10月和2015年5月在南京分别召开"江苏省2015年度全省地震趋势会商会"和"江苏省2015年下半年地震趋势会商会"。全省13个省辖市地震局、15个省属地震台的代表，局预报评审委员会成员以及地震监测预报职能部门管理人员、职能单位科技人员参加会议。与会代表分析当前存在的突出地震活动图像和前兆异常，对异常的可信度进行详细的论证，经过认真讨论获得2015年度和2015年下半年全省地震趋势和地震重点危险区。全年的震情跟踪工作紧紧围绕地震重点危险区有序开展。

2. 台网运行管理

（1）运行情况概况。2015年在运行台站、观测仪器运行基本正常，有个别仪器运行率较低，如句容苏16井气氡仪、兴化08井水温仪，其他观测仪器运行基本正常，数据稳定性较高。2015年江苏区域台网仪器的平均运行率为99.43%，观测资料的平均连续率为99.60%，完整率为99.30%（不包括句容苏16井观测站测氡仪和兴化苏08井观测站水温仪）。

（2）观测环境保护。根据中华人民共和国地震行业标准《地震台站建设规范》（DB/T 16—2006），2015年江苏省测震台网所属台站的测震观测环境符合国家行业标准规范要求。全年除仪器故障台和盱眙台、宿迁台台址附近有工程施工，对台基环境噪声有一定影响外，其余所属台站的观测环境未发生明显变化及重大干扰源等情况。

3. 台网建设

（1）台网布局调整（台点调整）。2015年江苏省测震台网由1个省级测震台网中心和43个数字测震台站组成，其中国家级台站3个，区域台站40个。江苏区域台网2015年在运行的台站共计30个，观测仪器共计99套。台站分布主要围绕着江苏省境内的主要断裂带——

郯庐断裂带、无锡—宿迁断裂、淮阴—响水断裂、茅东断裂等，各个构造的 6 级复发周期大致在百年以上，5 级地震也在数十年左右。观测范围涵盖江苏省区域内活动性较强且与现代地震发生关系密切的断裂构造，布局较为合理。

（2）技术系统的观测环境升级改造。2015 年江苏区域前兆台网与变更仪器有关的备案有 5 个：溧阳台新增 VP 宽频带倾斜仪，盱眙台 ZNC-2 型质子矢量磁力仪和徐州台 SQ-70 型水平摆倾斜仪停测，海安台（桑周）地电阻率和盱眙台地磁恢复观测。

4. 监测预报基础和应用研究工作

江苏区域台网中心人员和台站观测人员为主完成的获奖科技成果共 6 项，其中 1 项是软件产品的研制与应用，获得省局级一等奖；2 项是观测方式创新、观测资料分析方法研究及应用，获得省局级三等奖；其余 3 项均是观测成果及资料应用研究，均获得省局级奖励。江苏区域台网中心人员和台站观测人员共发表学术论文 14 篇，有 3 篇为科技核心，其余 11 篇均被第十二届长三角科技论坛防震减灾学术分论坛论文集收录。

（江苏省地震局）

浙江省

1. 震情

根据浙江省数字地震台网测定：2015 年，浙江省共发生 $M_L \geq 1$ 地震 100 次，最大地震为 2015 年 4 月 22 日发生在文成—泰顺交界的 $M_L 3.4$ 地震。文成—泰顺交界区域地震是浙江省地震活动主体地区，浙江省 2015 年度 100 次 $M_L \geq 1$ 地震中 97 次发生在该区域。同时，地震活动程度较低的嵊州及东阳出现小震活动。全年共分析处理国内外地震 1100 条，完成编目地震 502 条，成功速报省内地震 8 次，组织各类地震趋势会商会 62 次。

2. 台网运行管理

2015 年，浙江省地震监测台网运行良好，各类技术系统总体运行率保持在 95% 以上。印发《浙江省实施〈水库地震监测管理办法〉细则》《地震宏观异常落实上报和处置管理办法》等文件，联合公安、国土、住建等厅局发文《关于进一步加强全省地震监测设施和地震观测环境保护的通知》，落实地震台站观测环境保护规定，确定各类台站保护范围。完成《浙江省地震台站风貌（第一部）》编制。组织各类培训班，包括 2015 年度地震台站运维技术培训班，2015 年地震分析预测技术和宏观异常落实培训班，数字地震波分析培训班，全省地震速报业务培训班等，有效提高市县工作人员和台站人员的业务水平，为保证技术系统正常运行以及观测资料的连续可靠提供了有力的智力支持。重点监视防御区地震活动前兆数据量化研究取得成果，建立浙江省地震前兆典型异常库。震情会商机制改革方案通过审核实施。《浙江省实施〈水库地震监测管理办法〉细则》《关于进一步加强全省地震监测设施和地震观测环境保护的通知》等文件出台后，全省监测预报体系进一步实现规制化管理。地震观测资料质量稳步提升，并在杭州下沙爆炸等公共事件调查中发挥作用。

3. 台网建设

杭州地磁台搬迁工程，基本完成工程招标前的全部工作；推进浙南台网维护中心基建工作；推进完成新安江台技术系统升级改造工程，完成 100 米形变观测井建设、观测房土建主体工程等内容；推进宁波地震台山洞改造工程；推进完成湖州地震台 20 号山洞改造工程；完成丽水云和浮云地震台、青田船寮地震台、庆元蒙洲地震台、新昌七星地震台、岱山高亭地震台验收工作。

4. 监测预报基础和应用研究工作

组织申报 2016 年浙江省公益性技术社会发展项目 1 项。共推荐 2016 年度中国地震局"监测、预测、科研"三结合课题 2 项。组织申报 2016 年度测震台网青年骨干培养专项 1 项。组织开展各类科技项目验收共计 7 项。共发表论文 4 篇，其中 ISTP/EI 收录 1 篇、核心期刊 3 篇，出版专著 1 部。

（浙江省地震局）

安徽省

1. 震情

（1）年度监测预报工作综述。2015 年，安徽庐江至鄂豫皖交界地区被列入全国地震重点危险区。一年来，在中国地震局和省委、省政府坚强领导下，全省地震系统始终坚持以震情为中心，制定和完善震情跟踪工作措施，继续强化监测预报基础能力建设，努力提升分析会商和异常核实能力，妥善应对多起有感地震事件，较好地完成了全年震情监视和跟踪工作，监测预报能力得到显著提升。

年度地震趋势会商会情况及判定意见。会议判定认为，2015 年华东地区有发生 $M_S5.0$ 左右地震的可能，重点关注苏鲁皖交界地区；安徽省 2015 年度中小地震活动将保持活跃，皖中西部地区有发生 5 级左右地震的可能。

（2）震情跟踪和管理工作。制订鄂豫皖协作区震情跟踪方案和全省震情跟踪工作方案，牵头开展协作区震情跟踪工作。强化协作区震情联防和省市台联动。在重点区增设观测手段并加强基础研究工作，积极推动监测台站建设，依托"地震监测质量效益年"专题活动，推动观测数据产出和应用。

2. 台网运行管理

（1）运行情况概述。2015 年，全年共维护维修仪器共 390 余人次，维修各种观测设备 50 余台套，有效保证台网正常运行，全省测震台网平均运行率达 98%，前兆台网平均运行率达到 99%。流动观测网 2015 年共完成 272 个流动重力测点、700 个地磁总强度测点和 48 场次跨断层水准场地的观测工作。

（2）规章制度建立健全情况。制定并实施《安徽省地震监测中心学科管理办法》，修订《安徽前兆台网数据跟踪分析实施细则》《安徽省地震局各类观测仪器维护维修规程》等一系列规章制度，进一步规划各学科管理，强化前兆数据跟踪分析工作。

（3）人员培训交流情况。全年全省监测预报部门技术人员参与全国地震监测预报各类培训和省际交流 40 余次。举办台站仪器维护和异常核实培训班，对台站和市县地震部门业务人员强化业务培训。承办中国地震局"全国强震动观测技术业务培训班""全国前兆台网数据跟踪分析工作技术培训班"以及东部青年分析预报人员论坛等培训和交流活动。9 月底在滁州举办全省首次市县地震台站现场交流活动，对市县台站运维管理模式和工作思路进行了深入的分析研讨。

（4）观测环境保护。重视和加强地震观测环境保护工作。与京福高铁公司、泾县铁办签订《泾县地震台观测环境补偿协议》，相关补偿款已支付到位；就庐江地震台环保工作与汤池镇政府签订协议；积极推动解决巢湖市流动 GPS 测点、皖 14 井环境保护事宜。

（5）资料产出与科研成果。2015 年产出《安徽前兆台网运行月报》12 期，《安徽前兆台网数据异常跟踪分析报告》12 期，《安徽前兆台网半年巡检报告》以及系统运行、基础信息等各类检查报告等。在各类科技期刊上发表文章 60 余篇，评选出安徽省防震减灾优秀成果奖 11 项，获得省部级科技奖励三等奖 2 项。

3. 台网建设

台网布局调整。2015 年全年新建成地震台站 19 个，新增各类观测手段 25 项。"十二五"地震监测预警能力建设项目已经基本完成，初步具备整体测试验收条件。"十二五"期间，安徽省共新建或改建地震台站 70 个，共新建或改造观测手段 99 项，新建流动地球物理场监测点 82 个。截至 2015 年底，全省固定地震台站数量已达到 112 个。

4. 监测预报基础和应用研究工作

2015 年，评审立项 10 项局科研基金项目和 58 项局合同制项目，获批中国地震局地震科技星火计划项目 3 项、震情跟踪课题 7 项。2015 年 10 月，由中国地震局陈颙院士发起，中国地震局科学技术司组织实施，安徽省地震局、福建省地震局、中国地震局地球物理勘探中心等多家单位共同参与的地学长江计划"安徽实验"顺利完成，为安徽省重点地区地下结构探测奠定了良好基础。

（安徽省地震局）

福建省

1. 震情

2015 年，福建省地震局广大干部职工牢固树立"震情第一"的观念，着力加强地震监测基础设施建设，改革创新地震会商制度，加强现代化台站建设，强化地震短临跟踪，不断提升地震速报水平和地震会商水平，监测预报工作取得新进展。

2. 台网运行管理

（1）运行情况。测震台网 2015 年平均实时运行率为 99.14%。全年共处理地震报警事件

223次，其中80次为速报地震事件。前兆台网2015年仪器平均运行率98.83%，数据连续率99.19%，数据完整率98.63%，全年产出数据60GB。强震动观测台网2015年共记录到5次地震事件，共获取213条加速度记录，完成5份烈度速报报告，完成478台次台站仪器远程通信检查。

（2）规章制度建立健全情况。加强管理与协调，2015年制定《地震监测仪器维修分中心运行管理细则》和《仪器维修分中心运行质量评比暂行办法》，确保全省地震观测系统的正常运转、各类观测数据可靠，为各级台网和台站在全国观测资料评比中继续取得好名次提供服务。修订完成《福建省地震台站年度绩效考评办法》，制定并印发《福建省地震局台站领导班子成员年度考核办法》，积极发挥台站在台网运维、会商预报、地震应急、科普宣传等方面的作用。

（3）培训情况。按照中国地震局的要求及省局的计划安排，继续稳步推进台站职工的业务培训工作。2015年共有11人次参加中国地震局举办的各类业务培训班。同时，继续采用开培训班和跟班学习的方式做好台站技术人员业务培训，有效提高台站工作人员的专业技术和理论及实践水平。

（4）观测环境保护。依据《地震监测管理条例》，认真做好地震台站监测环境保护工作。2015年协调解决武平烈度速报台搬迁重建工作和漳浦GPS基准台托管事宜，新建的武平烈度速报台已通过验收。

（5）资料和科研成果。2015年，福建省地震局参加中国地震局2014年度地震监测预报工作质量全国统评获得优异成绩：地震台网获省级测震台网综合评比第二名、系统运行第二名、地震编目第二名、地震速报第三名；前兆台网获省级前兆台网综合评比第三名、产出与应用第一名；厦门地震勘测研究中心获电磁学科总强度监测第一名；宁德地震台获水位评比第二名、气氡评比第三名；罗源洋后里台获水位评比第三名；泉州市地震局台获水温评比第三名；预报中心电磁学科前兆异常现场核实报告获第三名；龙岩市地震局获信息网络市县综合评比第三名；漳州地震台信息网络台站节点综合评比第三名。其余台站各观测项目全部获得优秀的好成绩。

3. 台网建设

继续做好现代化台站建设工作。东山地震台优化改造项目全面完成并通过福建省地震局组织的验收；邵武地震台优化改造项目，建设工程已全面完成并通过当地有关质检部门验收，正在进行财务决算和档案整理，各项验收准备工作可于年底前完成；宁德地震台优化改造项目，完成监测楼主体工程建设及围墙并通过当地有关质检部门验收，室外工程招标方案正在审核；厦门台优化改造项目，已完成办公楼改造；泉州台搬迁工程项目正在进行，已完成项目工程规划审批、施工图设计、施工图审查，工程控制价编制和审核、备案等，正准备主楼建设工程的公开招标。

（福建省地震局）

湖北省

1. 震情

2015年，湖北监测台网运行情况良好，测震台网总体运行率为99.35%；地震前兆台网总体运行率为99.91%、数据连续率为99.80%、数据完整率为99.82%。为完善台网布局，加强台站分级、分类管理，按照局党组的统一部署，深化地震台站管理改革，制订《湖北省地震局中心地震台实施方案》，在武汉、宜昌、襄樊和恩施四个台站的基础上成立中心地震台。

2015年组织各类震情趋势会商共85次，其中周会商52次，月会商12次，应急会商13次，湖北省半年会商1次，鄂豫皖苏四省联防会商4次，华东、西南、大华北片区半年会商各1次。

2. 台网运行管理

完成应城地磁台值班室、相对记录室等主体工程建设；完成麻城台道路及桥梁工程建设、黄石台屋顶及走道改造工程建设、黄梅地震台围墙改造、武汉地震中心台和九宫山地震台室内维修改造。

3. 水库地震监测管理

（1）三峡水库地震监测管理。①加强监测系统质量监控，每月汇总系统运行质量报告，建立与三峡地震台网中心定期沟通机制，加强技术交流，及时协调解决三峡地震监测系统运行过程中存在的问题，有效地提高地震速报和地震编目能力。②完成长江三峡地震监测系统地壳形变观测网络跨断层短水准观测和精密流动重力观测各两期、完成GPS基准站观测和GPS流动站观测各一期，对观测数据进行验收和入库，对提交的观测报告进行审查。③结合湖北省水库地震监测台网建设、运行、管理等实际情况，组织制定《湖北省水库地震监测管理办法实施细则》；在长江三峡2015年175米蓄水前，制订《长江三峡工程2015年175米蓄水地震监测与应急方案》。④对长江三峡水库诱发地震监测系统进行半年和年度运行质量检查，2015年系统运行管理工作顺利通过长江三峡集团公司的验收。

（2）丹江口水库地震监测管理。做好南水北调中线工程丹江口水库诱发地震监测系统运行管理，密切监视丹江口库区地震活动的发展趋势，及时处理地震观测资料，保持网络正常运行，做好数据完整入库，加强水库诱发地震的分析判定，并向业主及有关单位呈报重要震情信息，对维护丹江口水利枢纽工程安全运行以及对库区防震减灾起到重要作用。

（湖北省地震局）

湖南省

1. 震情

（1）年度监测预报工作概述。2015年度，湖南省地震局以全国地震局长会暨党风廉政建设会议部署的重点任务为基础，认真分析全省监测预报工作面临的新情况、新任务；立足本省实际，完善预报会商方案，使各类会商取得成效，制定相关制度确保台网正常运行，加大培训力度，提高业务人员工作水平，鼓励申报科研项目，建设科研型单位，优化台网布局，建设新台站并对部分台站环境及设备进行升级改造，有效地推动湖南省地震监测预报工作的发展。

（2）年度地震趋势会商会情况及判定意见。2015年下半年度湖南省境内小震活动较2014年有所增强，虽然没有发生5级以上地震的迹象，但存在发生4级左右地震的可能性。

2. 台网运行管理

（1）运行情况概况。2015年，湖南省区域测震台网正常运行台站24个、区域前兆台网正常运行前兆台站18个、强震动观测台站6个和资兴东江、洪江托口两个水库地震监测台网。区域测震台网总体实时运行率达到99%以上、数据完整率达到97%以上；区域前兆台网总体原始数据连续率达到98%以上、预处理数据完整率达到99%以上、数据跟踪分析完整率达到98%以上。

（2）规章制度建立健全情况。修订《湖南省地震局测震台网运行管理实施细则》。

（3）培训情况。7月30—31日，在湖南省地震局举办为期两天的全省测震分析培训班。来自全省14个市州和部分县市地震部门以及省地震局直属地震台站的地震监测业务骨干或技术负责人共35人参加了培训。培训内容包括地震波理论基础、地震震相分析、Japens地震分析系统操作、新地震参数等内容。11月10日，举办应急流动测震台网观测技术培训班，包括现场组网技术讲授和野外观测演练两个环节，湖南省地震局监测中心全体业务技术人员参加了培训。

（4）资料和科研成果。①周友华等同志编写的《地震问题新解》一书由地震出版社正式出版。该书紧紧依靠地球物理有关理论及地震预测预报实践，在前人研究的基础上，通过科学的、系统的、创造性的长期艰苦研究，对地壳构造运动的动力来源、地震与地壳构造运动的对立统一关系等提出科学的解释；揭示地震形成的三大要素，创造性地提出"三向应变结构"理论，对地震孕育发生的物理过程及一系列的震源应力应变演化过程给出全新的解释。②6月4日，受中国地震局科学技术司委托授权，湖南省地震局组成由广东省地震局副局长钟贻军任组长，湖北省、河北省、湖南省地震局等6名相关专家为成员的验收专家组，对高级工程师唐红亮承担的中国地震局地震科技星火计划项目"湖南省区域地震台网一站式应用服务系统"进行验收评审和答辩，课题项目通过验收。

3. 台网建设

（1）台网布局调整。建成怀化洪江托口水库地震监测台网共3个地震台，全省测震台网台站数量增加到29个。建成株洲地下流体观测台站、沅陵地壳形变深井观测台站，进入试运行，全省前兆台网台站数量增加到20个。

（2）技术系统和观测环境升级改造。更换前兆台网中心两台数据服务器，长沙台水位水温仪、邵阳台测震数据采集器和气象三要素仪、桃源台水位水温仪和气象三要素仪、茶陵台和吉首台宽频带地震计。

（湖南省地震局）

广西壮族自治区

1. 震情

继续推进震情会商制度改革，印发实施《震情会商机制改革实施方案和技术方案》《重大震情评估通报制度实施细则（试行）》，规范重大震情评估和通报等行为，进一步提高地震趋势研究判定水平。8月，承办中国地震局震情会商制度改革进展交流会。高效应对2月23日凤山1.0级、6月16日大化小震群、9月9日龙滩库区震群、"3·30"贵州剑河5.5级等10次地震应急处置工作。

2. 台网运行管理

与广西地理信息测绘局共享19个GNSS基岩点数据，与中国地震局地壳运动监测工程研究中心共享6个"陆态网络"GNSS基准站数据，同时新建4个GNSS基准站，组成广西及邻区空间对地GNSS观测网络，填补广西地球物理场观测的空白。6月，接入天生桥电厂地震台网2个台站数据，与天生桥电厂地震台网数据实现共享，进一步优化全区地震台网布局。与中国科学院岩溶研究所开展合作研究，6月5日实现岩溶所测震数据接入。

自治区地震局与中国地震局地壳运动监测工程研究中心签订北斗地基增强系统地震行业分系统研制协作任务（一期）合同书。建成防城港核电地震速报系统，利用广西数字地震台网100余个台站地震波形数据流，为防城港核电站提供地震自动速报、地震信息共享、手机短信发布、地震速报信息在线查询等多方面的地震数据服务。广西超快自动地震速报系统成功应用，自动速报可以在2分钟内实现。开发地震信息查询服务平台，为其他科研单位及公众获取广西及邻区地震目录提供服务。《大化地震台运行维护管理协议书》正式签订，大化水电站数字地震台的运行维护管理工作由广西桂冠大化水力发电总厂交付广西地震台网中心托管。

3. 台网建设

2015年，广西地震台网完成测震台网新增的钟山台建设任务、完成天等台和天等县虚拟台网建设以及涠洲岛测震台观测环境改造等，因观测环境影响而搬迁重建的防城港、浦北、陆屋3个强震动台站已完成土建施工。地震局、教育厅联合下文，在广西北部湾经济区部分中小学校率先建设地震烈度速报与预警台站，构建面向中小学校的地震烈度速报与预警服务。自治区地震局顺利完成中国地震背景场探测项目广西子项目验收、地壳形变台网部分仪器招投标、超快自动地震速报系统建设等工作，编辑出版《广西简明地震信息手册》等。全区现有市县级地震台53个，投入观测仪器66台（套），企业地震台30个，投入观测仪器30台（套）；宏观测报点981个，群测群防人数1115人，灾情速报网人员9528人，地震知识科普宣传网人员5606人，防震减灾助理员2977人。

建成由91个测点组成的流动重力观测网，年内开展了两期流动重力观测。贵港东津观测站水温仪、水位仪被列入中国地震台网中心年度仪器设备更新改造项目，11月23日完成测试安装。

（广西壮族自治区地震局）

西藏自治区

1. 震情

健全震情会商制度，实行周、月、半年及年终会商，特殊时段会商，紧急震情出现随时会商，区域联动"藏、青、川、滇"联席会商等制度。组织召开周会商48次、月会商12次、临时加密会商67次，共计127次会商。日常震情跟踪常备不懈，加强节假日和特殊时段震情值班工作。

2. 台网运行管理

（1）台网运行。为保证全区地震监测台网正常运行，按照《2015年工作责任目标》《2015年强化震情监视跟踪工作措施》《2015年强化震情监视跟踪工作方案》的要求，对全区台站进行运行维护，确保地震监测台网正常运行。全年台网运行率达到96%。①与四川省地震局合作对藏东南地区进行卫星热红外实时观测。形成区域地震趋势会商意见。②协助中国地震局地壳应力研究所对林芝地区开展土壤气采样观测。③完成拉萨、那曲、昌都地震台卫星备用通道架设任务，保证数据传输正常。

（2）完善规章制度建设。西藏自治区地震局召开震情跟踪工作部署会，制定《2015年度西藏自治区震情跟踪工作方案》《西藏自治区地震速报技术管理规定》《2015年强化震情监视跟踪工作措施》《2015年强化震情监视跟踪工作方案》《西藏自治区地震局震情会商改革方案》。对地震监测、震情跟踪、地震速报等工作进行了全面细化，责任到人，做到有备无患。

（3）培训情况。加强业务人员的培训及备案工作，全年组织岗位培训2人次，业务培训9人次，使监测预报人员的业务能力不断得到提高。

（4）观测环境保护。配合相关部门推进西藏自治区《地震监测设施和监测环境保护办法》的发布工作。

3. 地震监测台网建设

（1）完成与三峡集团雅鲁藏布江下游区域地震监测系统一期运行维护项目的谈判及合同拟订工作。

（2）完成中国背景场探测项目西藏单位子项目预验收及总验收。

（3）完成藏东南地震监测中心技术系统验收工作。

（4）完成国家地震烈度速报与预警项目西藏分项的初设与上报工作、正在积极推动项目进展。

（5）完成山南综合地震台建设项目可行性研究报告的上报立项工作，正在积极推动项目进展。

（6）完成西藏地震局官方网站设计更新与验收工作。

（7）完成北斗基准站建设任务。

（西藏自治区地震局）

宁夏回族自治区

1. 震情

2015 年度宁夏地震监测预报系统工作运转正常，测震、强震、前兆台网运行率均在 99%以上。2015 年宁夏及邻区地震活动水平偏高。

2015 年监视区内共发生 M_L2.0 以上地震 178 次，其中 M_L3.0 ~ 3.9 地震 32 次，M_L4.0 ~ 4.9 地震 5 次，M_L5.0 ~ 5.9 地震 2 次，年度最大震级为 M5.8。

落实《2015 年度全区震情跟踪方案》，围绕 2015 年度全区地震趋势会商报告圈定的宁蒙交界地区（6.0 级左右）和宁甘陕交界地区（6.0 级左右）开展工作。2015 年 4 月 15 日内蒙古阿拉善左旗 5.8 级地震，落在 2015 年度会商会提出的地震危险区内。宁夏地震局有效应对了此次地震事件。

2. 台网运行管理

2015 年测震台网运行率 99.0%以上，完成 53 条地震速报和 285 条地震记录分析编目工作，发送地震短信息 76000 余条。完成 182 次台站仪器脉冲标定和系统标定。实现了 AU 地震信息的自动速报和地震信息自动发布。完成 48 个强震动台网 14400 余次远程拨号和 2500 次远程系统测试工作。

2015 年度全区各台网运行稳定，完成全区监测资料评比，参评 159 项，其中 42 项获得前三名，获奖率 26.4%。

2015 年制定和修订了《宁夏地震局内部短临地震预测管理暂行办法》《宁夏地震局台站（网）观测资料质量评比办法（修订）》《宁夏地震局台站年度综合考评办法（修订）》《宁夏地震前兆台网管理工作细则》《宁夏地震前兆台网观测数据跟踪分析工作细则（试行）》《宁夏地震局台站数据跟踪分析记录规范及工作细则》，改选宁夏地震局地震预报委员会和科技委员会成员。

3. 台网建设

完成 2015 年度固原地震台 65 万优化改造项目，改造装修固原台综合办公楼。完成 2015 年度全区台站 45 万救灾专项任务。

4. 监测预报基础和应用研究

参与、承担"宁夏地震预测新技术和灾情灾害趋势预测分析研究""海原断裂带不同孕震阶段断层段的对比分析研究""海原断裂带地震台阵—宁夏地震台网波形资料处理""宁夏地区地壳速度分区模型及其在地震定位中的应用""宁夏地区震源机制解与区域应力场研究""宁夏区域震源深度分布特征与区域地壳速度模型的研究"等 27 项科研项目，对宁夏及邻区开展地震活动性、前兆观测、地下介质结构等方面的研究。

（宁夏回族自治区地震局）

甘肃省

1. 震情

（1）加强监测工作的组织与管理，强化协调与监督。开展背景场项目、电磁监测试验卫星工程项目、大地电磁测深项目、中法合作项目、电磁监测试验卫星工程项目和全国地电台网技术管理中心相关工作。组织开展地震观测仪器停测审批工作。

（2）完善预报工作措施，建立震情强化监视跟踪工作机制。针对全国地震重点危险区，制订《地震重点危险区协作工作区震情跟踪工作方案》《7 级地震危险区强化监视跟踪工作方案》。制订《甘肃省全国地震重点危险区震情跟踪工作方案》，建立省、市（州）、台站紧密结合的震情强化工作机制，加强各环节责任落实的监督与检查。

（3）年度地震趋势会商会情况及判定意见。2015 年度甘肃地震趋势会商会通过充分论证，系统预测甘肃及边邻地区中强以上地震的危险性和强震发生的可能性，确定 2015 年度甘肃省地震重点危险区，提出可能发生地震的震级。

2. 台网运行管理

（1）运行情况概况。2015 年甘肃省测震台网平均运行率为 96.56%，速报地震 40 个，转发中国地震局速报结果 42 个，完成地震编目 2839 个；前兆台网观测仪器设备运行率为 99.76%，观测数据的连续率 98.80%；强震动台网甘肃"十五"台网运行率为 84.0%，背景场台网运行率为 90.2%；天祝台阵仪器运行率达到 97.39%；陆态网络 8 个站的仪器运行率为 99.8%；信息网络平均运行率为 99.91%，收发电子邮件量 16888 封，门户网站访问量 57281 次。

（2）规章制度建立健全情况。制定《地震观测台网维修与维护制度》《监测中心地震观测设备运行维护管理办法（暂行）》《台站接待管理办法》，并下发台站，共同遵照执行。

（3）培训情况。开展 40 余人次的预报业务培训，较大地提高分析预报人员，特别是新人的专业知识和业务能力。

举办 2015 年度甘肃地震前兆台网数据跟踪分析培训，对全省地震台站 35 名观测人员进行前兆数据跟踪分析和部分学科评比办法培训。举办烈度速报与预警工程项目选点培训，举办文县地震局灾后恢复重建项目 3 个强震台站技术系统调试及现场培训。定期举办观测技术与台网运维业务培训与交流，共培训学员 500 余人次。

（4）观测环境保护。组织完成通渭地电台受宝兰客专影响的改造方案，已协调省重大项目办和省征地补偿办进入赔付审批程序。协调嘉峪关市旅游公路项目影响嘉峪关台地磁观测环境和破坏地电阻率监测设施事件，调研山丹县房地产开发公司关于开发山丹县家属院的事宜、兰州新区规划修编对上川镇兰州台电磁新选场址的影响。与兰州市轨道交通公司协调，推进兰州地铁 1 号线工程影响兰州电磁台事宜。

（5）资料和科研成果。2015 年度在全国地震监测预报工作质量统评中获得前三名 38 项。监测工作取得前三名 37 项，其中：形变学科 5 项，流体学科 11 项，电磁学科 7 项，测震学科 7 项，陆态网络 3 项，信息网络 2 项，强震动 2 项。预报工作取得第三名 1 项。获得 3 项局（所）防震减灾优秀成果奖。

3. 台网建设

（1）地震行业科研专项"中国地震科学台阵探测——南北地震带北段"项目甘肃地区"宽频带流动地震台阵探测""主动源重复探测"和"地磁剖面探测"项目顺利实施。"宽频带流动地震台阵探测"项目完成 3 期数据收集和台站巡查任务，"主动源重复探测"项目完成年度气枪激发任务。

（2）开展甘肃省地震烈度速报与预警项目，健全组织管理机构，与省教育厅、省气象局联合发文，共同推进项目实施。截至 2015 年 12 月已完成项目实施方案的编制、部分台站的宏观勘选任务。

4. 监测预报基础和应用工作

2015 年度监测预报人员获得中国地震局地震科技星火计划 1 项，甘肃省自然科学基金 2 项，中国地震局震情跟踪合同制青年课题 2 项，中国地震局"监测、预测、科研"三结合课题 9 项，甘肃省地震局地震科技发展基金项目 12 项。2015 年度监测预报人员发表论文 36 篇。

（甘肃省地震局）

河南省

1. 震情

（1）年度监测预报工作概述。河南省是我国中部地区地震灾害比较严重的省份之一，省内活动断裂带众多，具有发生 6 级以上地震的构造背景，其强度和频度在全国属中等。河南省地震活动同样具有平静期与活跃期交替出现的特征，在时间排列上呈丛集分布，即时间分布的不均匀性，而在空间分布上主要沿地震构造断裂带方向展布。根据对河南区域地质构造最新的认识，河南省地震活动具有以下几个特点：一是强震遍布全省；二是邻省强震对河南省破坏严重；三是小震大灾。河南省地震具有"震源浅、烈度高、破坏大"的特点。

（2）年度地震趋势会商会情况及判定意见。2015 年 10 月 11—13 日，组织召开全省年度地震趋势会商会，提出 2015 年河南省地震趋势会商意见，对震情短临跟踪工作进行部署。

2. 台网运行管理

（1）运行情况概况。2015 年，河南测震台网全年参评台站平均实时运行率为 99.86%，另台网对参评台站进行的数据完整率统计结果为 99.84%。河南测震台网全年运行良好，基本没有大的故障发生，运行率和完整率较高。2015 年河南区域地震前兆台网在运行观测仪器运行率平均为 99.68%，较上一年度有所提高。其中形变学科仪器平均运行率为 99.97%，电磁学科仪器平均运行率为 99.23%，较上一年度有所下降，流体学科仪器平均运行率为 99.72%，辅助仪器运行率平均值为 99.88%。

（2）规章制度建立健全情况。根据中国地震局的要求，河南省地震局制定《河南区域地震前兆台网运行管理办法》《河南区域地震前兆台网管理实施细则》，规定前兆台网工作职责与工作内容。根据《区域台网运行管理技术要求》，区域中心对台网管理的一系列规章制度进行制定和完善，包括:《区域台网中心与台站的运行值班制度》《区域台网观测系统与技术系统管理和维护制度》《区域台网数据管理和服务制度》《区域台网数据产品产出制度》《区域台网登记与备案制度》《区域台网资料归档制度》。一系列规章制度的建立，对区域中心的日常工作提出具体的工作要求，提高了台网工作的质量，使台网工作更规范化。根据《区域地震前兆台网运行管理技术要求》和《区域台网运行管理办法》，结合河南台网实际运行情况，制订《河南区域地震前兆台网运行管理工作流程》，从而保证台网工作规范、有序、科学地进行。

（3）培训情况。为进一步提高台站人员仪器维修责任和能力，保证仪器设备正常运转，结合 2014 年仪器维修培训班情况，河南省地震局于 4 月 1—3 日举办仪器维修培训班，此次培训邀请了学科组专家和仪器设备研发人员，内容涵盖了测震、电磁、流体、形变等四大学科。培训的主要内容为仪器标定及常见故障处理，通过实物讲解、课堂互动等方式，达到预期效果。6 月，在防灾科技学院召开为期 10 天的监测预报培训班，重点提高市县和台站工作人员分析预报水平，为"一县一台"完成后做好资料分析工作打下坚实基础。坚持学习培训汇报制度，利用远程视频会商系统，要求监测预报中心、各台站等有关人员将学习培训内容制作成课件进行汇报，并将有关材料放置在河南省地震局 FTP 供全省地震系统人员学习交流。为落实《关于全面开展地震前兆台网数据跟踪分析工作的通知》的精神，推进地震前兆台网日常工作重心从观测为主向观测、应用并重转变，河南省地震局积极组织全省分析预报人员认真学习《地震前兆台网观测数据跟踪分析工作约定（试行）》《地震前兆台网数据跟踪分析技术规范——事件分析记录》《关于召开全国地震前兆台网 10 月份数据跟踪分析工作检查交流会议》《全国地震前兆台网观测数据跟踪分析工作培训会议》等文件及会议精神，加强对前兆台网数据跟踪分析软件、技术规范以及学科审核细则的了解和掌握。

（4）观测环境保护。4 月，河南省地震局在充分调研的基础上，与公安厅联合下发《关于设立地震台站保护标志的通知》（豫震发〔2015〕4 号），公布河南省台站点位和测项分布，划定河南省台站保护范围，统一台站环保标牌样式。将通知下发各省辖市、直管县局、中心地震台，并送省国土资源厅、住建厅、水利厅及测绘局等单位备案。通知要求各单位于 2015 年12 月底前完成辖区内保护标志的安装工作，并将地震台的分布情况、保护范围和保护标志设立情况报送当地公安、建设、规划、国土资源、水利、测绘等部门备案，该项工作在河南省2016 年度地震趋势会商会上也做了强调，要求各单位必须在 2015 年年底前完成。目前，河南省各中心地震台均已完成标志牌制作安装工作。河南省地震局已利用该文件开展执法工作，成功实现河南省电力公司的鹤壁 500kV 变电站 35kV 施工电源项目线路避让浚县地电观测场地，有效保护了台站地震观测环境。

3. 监测预报基础和应用研究工作

2015 年，根据资料产出，河南省共产出异常落实报告 9 篇。河南省《异常核实——2014年 3 月 5 日河南航海台井水温异常核实报告》在"2014 年度前兆学科观测资料异常变化现场核实工作报告评比"中获得优秀奖。2015 年河南省根据观测资料获奖成果 7 项。2015 年河南省台网中心和台站观测人员公开发表 10 篇学术论文。

（河南省地震局）

内蒙古自治区

1. 震情

（1）2015 年，内蒙古自治区发生 $M_L \geq 1.0$ 地震 642 次，其中 $M_L 1.0 \sim 1.9$ 地震 419 次，$M_L 2.0 \sim 2.9$ 地震 204 次，$M_L 3.0 \sim 3.9$ 地震 16 次，$M_L 4.0 \sim 4.9$ 地震 2 次，$M_L 6.0 \sim 6.9$ 地震 1 次。最大地震是 2015 年 4 月 15 日 15 时 39 分阿拉善左旗（39°46′N，106°22′E）发生的 $M_S 5.8$（$M_L 6.1$）地震。次大地震是 2015 年 3 月 4 日阿拉善左旗（38°02′N，103°42′E）发生的 $M_L 4.5$ 地震。以上地震次数统计均为可定位地震，而且不包含阿拉善左旗 $M_S 5.8$ 地震的余震序列。

（2）2015 年 10 月 13—16 日，内蒙古自治区地震局在呼和浩特市召开 2015 年度全区地震趋势会商会。会议组织与会专家和分析预报人员对 2016 年度内蒙古自治区地震趋势判定、短临预报工作思路及重点监视区强化跟踪措施进行认真的讨论，确定了 1 个地震重点监视区和 3 个值得注意地区。

（3）2015 年 8 月 22—24 日，在通辽市组织召开"辽蒙"交界区工作会议，8 月 27—29 日在呼和浩特市组织召开"晋冀蒙"交界区工作会议，9 月 22—24 日在乌海市组织召开"蒙宁"交界区工作会议，强化重点危险区震情跟踪工作。

2. 台网运行管理

（1）恢复凉城麦胡图地震台水温、水位观测；解决大甸子观测井供电系统；乌加河地震台 TJ–II 型钻孔应变观测仪器遭雷击后，重新打井、购置仪器恢复正常。

（2）完成气象三要素观测现状调查工作，完成乌加河地震台、八一地震台直流供电系统更新和部分设备修复；更换林西地震台、二连浩特地震台测震观测直流供电蓄电池；完成宝昌地震台地电电极更换；完成赤峰地震台水温仪、锡林浩特地震台气象三要素、科左后旗地震台水位仪、乌加河地震台地磁仪、呼和浩特地震台垂直摆仪器的更新升级改造。

3. 台网建设

（1）中国地震背景场探测项目内蒙古自治区单位子项目通过中国地震局专家组验收，正式投入运行，开始发挥其监测效能。

（2）组织实施赤峰中心地震台子台优化改造项目，通过中国地震局验收。

（3）完成 2016 年阿古拉地震台优化改造项目申报工作，申报金额 79 万元。

（4）完成海拉尔地震台、阿尔山地震台、阿古拉地震台、锡林浩特地震台、宝昌地震台、乌加河地震台基础设施灾损恢复重建项目。项目中期检查获中国地震局监测预报司 3A 评价。

（5）内蒙古自治区北斗项目是 GNSS 陆态网络项目续建工程，自治区地震局承担的包头、海拉尔、乌加河、乌兰浩特、正蓝旗 5 个基准站建设，于 11 月完成项目验收。

4. 监测预报基础和应用研究工作

（1）2015 年，内蒙古自治区地震局承担科研课题 12 项，其中延续性课题 3 项，新承担课题 9 项。

（2）2015 年度内蒙古自治区地震局科技人员共发表课题资助论文 24 篇，其中国际会议收录 3 篇、中文核心 9 篇、一般性刊物 12 篇，一项软件成果完成自治区科技厅成果认证。

（3）内蒙古自治区地震学会获得"2015年度中国地震学会系统优秀学会（会员单位）"称号。

（4）在内蒙古自治区科协第九届自然学术年会评选中，1人获论文一等奖、3人获论文二等奖。

（内蒙古自治区地震局）

山东省

1. 震情

（1）年度监测预报工作概述。认真做好震情监视跟踪工作，制订实施年度震情跟踪工作方案和重点危险区专项跟踪方案，建立震情跟踪检查长效机制。积极推进会商改革，震情会商改革方案在全国首批审核通过并于8月份正式实施。积极参与华东、华北等片区会商，开展临时会商13次、远程视频会商3次，组织召开两次全省震情会商会，较好地把握重点地区、特殊时段和显著性地震后的地震形势。

（2）山东省2015年度地震趋势会商会于2014年10月16—17日在济南召开，提出年度地震趋势会商会情况及判定意见。

2. 台网运行管理

运行情况概况：开展地震监测台网效能评估工作，制定测震台网运行优化方案和地震监测台网效能评估标准，提升监测台网运维时效。26项地震观测资料质量获得全国评比前三名。加强地震观测环境保护，妥善处置拟建输电、铁路等工程对沿途观测站点的影响，举办首届地震监测设备与地震观测环境保护宣传作品征集大赛。

制订《山东省地震监测台网效能评估实施方案》，开展实施监测台网效能评估工作。

全年全省地震系统业务人员参加全国地震监测技术各类培训和省际交流50余人次。组织举办第三届全国地震速报竞赛济南赛区的赛事活动。

3. 台网建设

加强地震监测基础建设，新建成10个县级地震台网中心和10个水温、水位综合观测台站。继续开展乳山地震观测台阵研究，在胶东半岛地区新增地磁台阵观测手段。加强全省地震监测台网的运行维护和技术管理，强化仪器设备更新和备机备件储备，开展流动地磁、重力、水准加密观测，制订测震台网运行优化方案。

4. 监测预报基础和应用研究工作

牵头承担的国家科技支撑计划课题"面向公众的地震监测预警技术集成与示范研究"顺利通过验收，牵头开展郯庐断裂带三维地震构造分段模型与地震发生地点预测研究工作。积极争取省部级以上重点科研项目，获得省重点研发计划项目2项、中国地震局"监测、预报、科研"三结合项目3项。获中国地震局科技成果奖二等奖、三等奖各1项。山东省地震局合同制科研项目立项达到128项，比2014年增长18.5%，科技人员在中文核心期刊上发表论文 22 篇。牵头召开郯庐断裂带三维地震构造分段模型与地震发生地点预测研究专项启动工作会议。

（山东省地震局）

陕西省

1. 震情

制订并实施《陕西省 2015 年震情跟踪工作方案》，全年召开会商会 61 次，落实各类地震异常 35 次，处理社会预测意见 9 起。出台《陕西省地震局重大震情评估通报制度实施细则》，进一步完善重大震情评估和对策上报机制。出台《陕西省震情会商改革方案》，强震预测指标体系建设基本完成。

2. 台网运行管理

加强台网运行管理，强化备机备件储备与调拨，强化监测设备日常维护，各类台网及信息网络、西北区域地震自动速报中心、仪器维修中心运转良好，设备运行率达 97.24%，其中测震台网 98% 以上，GNSS 台网 99% 以上，强震台网 95% 以上。处理地震事件 2887 个，编制地震目录 819 个，发送地震短信 6 万条。监测省内地震 315 次，最大为宁强 3.1 级地震。

3. 台网建设

（1）全面推进中心台建设，落实地震观测质量目标责任制，与各中心台签订年度目标责任书，对台站进行了考核，全面实现观测任务过渡。完成商洛中心台优化改造、略阳 GPS 台搬迁，安康、渭南中心台项目建议书编制完成，其中安康中心台建设取得实质性进展，建设项目已获得安康市发改委批复。

（2）以咸阳为重点，继续推进"一县一台"建设。与气象、测绘等部门加强合作，优势互补，实现监测资源共享。

（3）开展观测环境保护工作，实施周至台地电观测系统改造。

（陕西省地震局）

青海省

1. 震情

（1）年度监测预报工作概述。2015 年，青海省地震局进一步提升监测预报水平，一是强化震情跟踪监视工作，树立"震情第一"的观念，制订《2015 年度青海省震情跟踪工作方案》和《2015 年青海省 7 级地震强化监视跟踪方案》，成立强震强化监视跟踪工作领导小组，于 2 月 6 日召开青海省强震强化监视跟踪工作会议，安排部署全省的震情跟踪工作，并组织震情跟踪检查组赴果洛藏族自治州、海南藏族自治州、海西藏族蒙古自治州等地开展震情跟踪工作检查。

（2）年度地震趋势会商会情况及判定意见。推进地震预报工作，完善视频会商系统，组织召开青海省年中和年度地震趋势会商会、西北片区年中地震趋势会商会；组织现场异常核实14次，电话核实160余次，提交异常核实报告16份；加强震情会商和趋势研判工作，做好"环湖赛""青洽会"等重点时段、重大活动期间的震情保障工作。

2. 台网运行管理

结合青海省地震工作实际情况，制订《震情会商制度改革方案》和《重大震情评估通报的实施细则》，规范制度建设。夯实地震监测基础，加强地震台网运行观测仪器监管，规范仪器停测审批制度，保障观测数据产出效能。加强地震台站观测环境保护，协同当地政府、省直有关部门和地震部门共同推进西宁、大武、德令哈和都兰地震台的环境保护工作。尤其是大武地震台是青海东南部地区唯一的有人值守台站，观测项目较多，为保护好台站的观测设施和观测环境，保障产出连续、可靠和科学的观测数据，12月11日，青海省地震局与玛沁县人民政府在西宁签订"关于大武镇市政道路改造升级工程项目影响大武地震台观测环境解决方案的备忘录"，以监督约定双方的行为。

青海省地震局全年完成测震台网38个固定台站、70个临时台站和1个台阵，前兆台网20个台点，强震动台网55个台站，陆态网络15个GNSS基准站，3个连续重力站和信息网络各节点的检查标定和运行维护工作，测震台网仪器运行率为97.7%，前兆台网运行率99.3%，强震动台网运行率为99.2%，区域中心至国家局骨干网运行率99.9%，区域行业网运行率99.8%。在2015年度中国地震局组织的全国地震观测资料质量评比中湟源地震台的测震资料分析获第一名，测震系统运行、测震综合评比与钻孔分量应变分别获第二名；格尔木地震台重力潮汐资料获第二名；花土沟无人值守台测震资料获第三名；西宁地震台水温资料获第二名；大武地震台（玛沁站）陆态网络基准站信道节点获第三名。青海省地震局2015年度地震趋势会商报告在全国同类省局评比中获第一名。

（青海省地震局）

山西省

1. 震情

2015年，山西省地震局强化震情跟踪工作，成立地震预测研究推进组，实施震情会商机制改革；加强台网运维管理，开展自查巡检工作，调研台网运维新模式，推进中心地震台改革；提升服务意识，为市县台站勘选和业务培训提供技术支持，实施重大震情评估通报工作改革；推进市县台站建设管理，提供经费支持和技术指导，实施市县前兆台站分类管理改革；完善地震观测环境保护工作，制定审核办法，建设查询系统，推进权利清单和责任清单改革。

2. 台网运行

2015 年，山西数字测震台网运行台站共有 57 个，其中"十五"期间新建与升级改造 32 个、"十一五"期间新建 9 个、地方台站 16 个，全年测震台网的总体运行率为 98.86%。

3. 规范制度

制定印发《山西省地震局震情会商制度改革方案》《山西省市级地震部门、专业地震台站震情会商制度改革指导方案》《山西省地震局重大震情评估通报制度实施细则》《山西省市县地震前兆监测台站管理办法》。

（山西省地震局）

云南省

1. 震情

（1）震情跟踪及群测群防。云南省地震局采取有效措施，加强震情跟踪工作，正确把握云南震情趋势。成立云南省震情跟踪工作领导小组，组织各州（市）地震部门、局属各有关单位制订完成 2015 年度震情跟踪工作方案，并将任务逐项分解、落实到人。建立健全分级负责、区域协作震情跟踪工作组织机制。认真做好地震重点危险区的震情监视跟踪工作。

（2）地震趋势会商。全年共召开震情研讨会、会商会、震情跟踪工作会等 90 余次，派出 203 人次的专业技术人员落实上报各类异常 59 次。向省委、省政府报告地震趋势分析意见及措施建议 15 期。在 2014 度全国地震监测预报质量评比中，共计 42 项获奖，云南省获得 42 个前三名，获奖数量连续 12 年保持全国第一。

2. 台网运行管理

（1）运行情况概述。2015 年，全省区域测震台网、前兆台网运行率均在 98% 以上。云南台网速报处理触发地震事件 1024 次，编目地震 16779 个，发送地震短信息 32.4 万余人次。

（2）制度建设和业务培训。2015 年 4 月，作为全国 5 家单位之一，首批获准实施《云南省地震局震情会商制度改革实施方案》。完成由中国地震局组织的"流体观测仪器维修技能培训班"，来自全国 4 个片区前兆仪器维修中心的共 36 名学员参加培训。

（3）观测环境保护。主动开展台站观测环境保护，积极与当地政府协调，妥善处理昭通台、云县台观测环境保护问题。

3. 台网建设

编制完成《云南测震台网"十三五"建设规划（2016—2020）》。启动云南省政府 10 项重点工程（提升大震监测预报能力）——2015 年测震台网示范工程 20 个观测台站设计规划、台址勘选工作，完成 13 个观测点选定。

（云南省地震局）

江西省

1. 震情

（1）年度监测预报工作概述。2015 年，完成跨断层水准测量、流动重力测量、流动地磁测量工作。做好陆态网江西省湖口、吉安陆态网络基准站的通信运维。完成江西地震背景场探测项目的实施和验收，完成省内 12 个台站综合观测技术保障系统工程建设。完成 2015 年年中华南片区会商、郯庐带中南段及邻近区域动力动态过程跟踪课题、新型国产气氡观测仪器稳定性试验研究、华东南地区地震条带预报效能评估及应用等专项任务。

（2）年度地震趋势会商会情况及判定意见。2015 年承办华南片地震趋势会商会。6 月 8—9 日，在瑞金市组织召开华南片区 2015 年年中地震趋势会商会。中国地震局监测预报司调研员黄蔚北，江西省地震局局长王建荣，瑞金市委常委、常务副市长李德伟出席。中国地震台网中心、中国地震局地震预测研究所，广东、广西、海南、湖南、福建、江西等省地震局及相关市（县、区）防震减灾部门负责人和专家共计 40 余人参加。会议形成华南片区 2015 年度下半年地震趋势意见。

2. 台网运行管理

（1）运行概况。江西省测震台网全年平均实时运行率为 98.47%，全年平均数据完整率为98.70%，全年无重大事故发生。完成上饶台、赣州台、修水台、寻乌台等 9 个台的地网改造，完成上饶、赣州、修水和寻乌等 13 个台观测室的综合线路整理，完成九江台 200 米铠装电缆埋地及会昌台 80 米体应变信号线镀锌水管埋地。

（2）规章制度。江西局从 2007 年实施《地震监测预报工作目标考核办法》，每年安排一定基数的奖金。近年来根据工作需要调整分数设置和考核内容，确保监测预报岗位工资收入不低于机关同层级人员，而且在分配系数上做到向分析预报岗位倾斜。2015 年进一步加大对地震科研论文和成果的奖励力度。

（3）培训情况。2015 年，开展不同层次的科技交流，采用走出去和请进来等多种形式进行学术交流 15 余人次。邀请全国地下流体学科组刘耀炜研究员、高小其研究员，国家突发事件预警中心科研人员等来我局作讲座报告。

（4）观测环境。加强地震监测设施和观测环境的保护工作，除因雷击、洪水、暴雨等造成地震台站受灾以外，未发生人为破坏地震监测设施和监测环境的事件。

3. 台网建设

2015 年完成万安、余干等 12 个台站综合观测技术保障系统工程建设工作。完成南昌中心地震台水温和气象三要素的观测仪器安装和观测环境改造工作。推进三清山地震台环境优化改造项目，2015 年 9 月完工通过验收。

4. 监测预报基础和应用研究工作

2015 年 4 月，与东华理工大学签署科技交流与合作协议，开展"新型国产氡观测仪器稳定性实验研究"项目，着力打造一个服务于地震前兆氡观测仪器标准化检测与检定平台。在2014 年相关研究基础上继续改进自然吸气鼓泡脱气装置。脱气装置实验及氡仪器检测实验部分被写入地震行业氡观测标准和仪器检测规范之中，恒流装置部分成果被新疆局、甘肃局、云南局、山东局等应用。

广东省

1. 震情

（1）年度监测预报工作概述。完成 2014 年度全省地震观测资料质量评比；完成 2014 年度地震监测工作自评；完成 2015 年度监测台网运行经常性项目任务书编制；完成 2014—2015 年度广东省地震台站受灾情况调查并编制上报中国地震局；"地震超快速报系统"通过中国地震局监测预报司组织的专家验收；震情会商改革工作稳步推进；举办全省地震速报培训班。

（2）年度地震趋势会商会情况及判定意见。10 月 15 日，2016 年度广东省地震趋势会商会在广州召开。广东省地震局副局长钟贻军出席会议，广东省地震预报评审委员会专家及广东省地震局各部门（单位）、各市地震局与部分台站的领导和代表共 70 余人参加会议，香港天文台、中国地震局驻深圳办事处代表应邀出席会议。广东省地震预报评审委员评审通过地震趋势会商报告。

2. 台网运行管理

（1）强化震情跟踪，完善异常零报告制度。依据近年广东省地震时空分布的新特点及年度地震趋势判定意见，在汕头、河源、阳江、茂名、潮州、揭阳试点实行宏微观异常零报告制度。为进一步加强全省地震前兆台站运行管理，规范日常运行维护和数据产出服务，提高监测效能，充分发挥市县地震部门和台站在震情监视跟踪和异常落实方面的基础作用，建立全省地震前兆台站运行管理月评比结果通报制度。

（2）健全会商体系，稳步推进震情会商体制改革。积极推进震情会商机制改革，按照《关于印发〈全国震情会商制度改革指导方案〉的通知》的要求，编制《广东省震情会商制度改革实施方案》并通过中国地震局审查，2015 年 10 月进入正式实施阶段。改革总体思路和要求是强化日常震情跟踪基础，加强异常核实力度，提高震情会商的科学性和实效性；构建异常判定的指标体系，提高会商的科技支撑；健全会商体系，明确各类会商主要任务；建立会商考评体系，不断提高会商质量。

3. 台网建设

（1）珠江三角洲地震预警台网建设项目进展顺利。截至 2015 年底，共完成 78 个预警台的钻井、成井、土建及设备安装与调试任务；预警台网中心系统平台建设逐步完成，开通网络的预警台站数据已经汇集到台网中心，并实现台站与台网中心的联调。珠海市庙湾、东澳 2 个海岛预警台站台址已初步确定。

（2）广东省地震背景场项目建设完成。广东省地震背景场单位子项目建设任务全部完成并通过验收。项目包括测震台网、地电台网、地下流体台网、强震动台网 4 个专业子项的地震观测台站共 11 个，地震观测仪器共 45 台（套）。其中，测震台网完成新建 2 个台站、改造 1

个台站，地电台网完成改造 1 个台站，地下流体台网完成改造 2 个台站，强震动台网完成新建 5 个台站的建设任务。

（3）国家地震速报灾备中心进入实施阶段。国家地震速报灾备中心项目可行性研究报告获得中国地震局批复同意，项目初步设计方案编制完成。

（4）"地震超快速报系统"通过验收。3 月 25 日，广东省地震局承担的"地震超快速报系统"通过中国地震局监测预报司组织的专家验收。系统自试运行以来，运行稳定、地震信息发布速度快且结果可靠。

（5）技术系统和观测环境升级改造。完成 2013—2014 年度受灾台站改造工作，包括从化地震台挡土石墙、新会地震台道路及排水渠、汕头地震台水渠及挡土墙、新丰江中心地震台双塘台围墙、信宜地震台围墙及挡土墙等修复或重建。根据中国地震局司函《关于批复华南片区地震前兆台网仪器设备更新升级项目实施方案的函》（中震测函〔2015〕58 号），深圳地震台 1 套气象三要素仪完成了更新升级。

4. 监测预报基础和应用研究工作

为实现广东省地震局地震监测业务信息化和自动化、智能化管理，规范地震监测业务流程，提高工作效率，开展地震监测信息管理平台建设。目前，平台系统初步建成，进入测试和完善阶段。

（广东省地震局）

海南省

1. 震情

2015 年，海南省地震局加强监测预报管理，努力提高公共服务时效，扩大地震自动速报短信服务范围，实现海南岛陆网内区域 1 级以上小震 2 分钟内自动速报信息服务。举办"海震杯"第一届地震速报竞赛，提高一线工作人员速报技能和业务水平，提升地震速报时效。以年度地震趋势会商意见为依据，以重大时间节点为监视重点，周密部署震情跟踪，开展前兆数据跟踪分析，实行异常零报告制度。推进震情会商机制改革，实行会商意见评审制度，加强异常调查核实、前兆资料分析和信息上报等环节监督管理，使地震趋势预测意见更加科学严谨。

2. 台网运行管理

2015 年，海南省地震观测台网由固定台网和流动观测点网组成。地震固定观测台网由地震前兆台网、数字测震台网、强震动观测台网和火山监测台网 4 个台网共 51 个子台组成，其中地震前兆台网由 13 个子台组成；数字测震台网由 20 个子台组成；强震动观测台网由 14 个子台组成；火山监测台网由 4 个观测子台组成。地震监测手段包括测震、强震、地磁、流体、形变、大地电场、重力、GPS 观测等 8 种。地震流动观测包括琼北 GPS 形变观测和环岛重力观测。

3. 台网建设

2015 年，完成背景场项目 6 个新建台、4 个改造台、1 个流动观测系统的验收，背景场项目台站进入试运行。项目建成后填补了海南地震监测学科空白，提高了海南岛陆地震及前兆监测能力。海南测震台网完成东方测震台、陵水地震台和尖峰岭台 3 个台站数据传输方式由 3G 传输换成 SDH 传输方式等工作。

4. 监测预报基础和应用研究工作

2015 年，海南省地震局加强对科技工作的管理，组织申报各类科研课题。支持技术人员申报和承担中国地震局及海南省科研课题，自筹资金资助科研课题 9 项，以第一作者在核心期刊公开发表学术论文 5 篇。2015 年海南前兆台网产出区域台网运行、管理、台站观测及异常落实报告等各种报告 42 篇，其中运行月报 12 篇，数据跟踪分析月报 12 篇，运行年报 1 篇，数据跟踪分析年报 1 篇，各流体台站流体年报 5 篇，前兆异常落实报告 6 篇，会商报告 5 篇。测震台网编写地震月报和目录各 12 篇，年报一篇。在 2015 年全国地震观测资料评比中，海口地震台水位和水温观测资料均获得第三名，其他测项获得优秀。

（海南省地震局）

吉林省

1. 震情

按照吉林省地震工作会议要求，部署年度监测预报工作。落实震情跟踪工作，完成年度长白山火山监测与跟踪观测任务；完成省内及邻区 30 个测点流动地磁观测任务；完成全省 36 口流体观测井 71 个样品水质采样测试工作，松原前郭地区 7 套测震流动设备继续开展监测。全年共计进行周、月震情会商 48 次，现场核实宏观和微观异常 10 次。

2. 台网运行管理

完成中国地震局地震监测经常性项目考评总结并签订 2015 年度任务书。全省测震、前兆台网和信息网络运转连续，测震台网总体运行率达到 98.12%，前兆台网数据连续率达到 99%，信息网络连续率达 99.6%，各项指标达到年初工作目标。开展观测资料监测预报效能评估工作，完成基础数据整理。

3. 台网建设

完成地震背景场项目验收工作，正式投入运行。完成全国重点地震台站通化地震台优化改造任务，投资 60 万元；完成丰满地震台、敦化地震台综合观测技术保障系统改造示范任务；完成丰满地震台、延边地震台台站灾损恢复；完成长白山火山监测站、合隆地震台、蛟河地震台前兆设备更新改造项目，并通过验收；完成北斗地基项目点位勘选、基准站观测墩建设和仪器设备安装任务。"吉林省震情跟踪强化地震监测和应急指挥能力建设"项目全面实施，对机房动环监测、虚拟化平台等各分项陆续完成验收。论证并确定国家烈度速报与预警工程项目中吉林省点位的前期工作。

4. 监测预报基础和应用研究工作

1 项地震行业专项、1 项中国地震局地震科技星火计划项目、2 项中国地震局三结合项目通过验收。吉林省通化地震台钻孔应变台网观测（分量应变）资料连续六年进入全国评比前 3 名（2009—2014），"应用背景噪声研究瑞利波速比变化"等 4 个项目获得 2015 年度吉林省防震减灾科技成果奖。第一作者在核心期刊发表 5 篇文章，其中被 SCI 收录 2 篇，被 EI 收录 5 篇。"俯冲带强震与长白山火山区微震活动相关性研究"自然科学基金项目和 4 项中国地震局"三结合"课题获得批复。审核并下达局内研究课题 25 项。与中国地震局地壳应力研究所在长春签订科技交流与合作框架协议。

（吉林省地震局）

新疆维吾尔自治区

1. 震情

新疆境内共发生 4 级地震 31 次（含余震），2 次 5 级以上地震，1 次 6 级地震。4 级以上地震主要分布在天山中段和西昆仑地震带，其中天山中段发生了 11 次 4 级地震和 2 次 5 级地震。

2. 台网运行管理

（1）运行情况概况。新疆测震台网的整体运行率为 98.27%。强震台网的整体运行率为 93.8%。前兆台网观测仪器平均运行率 98.89%、资料连续率 98.91%。陆态网络运行率 95% 以上。流动 GPS 观测完成 60 个点的年度观测任务。流动重力观测网分两期共完成 311 个测点观测任务。流动水准测量两期共完成 26 条测线，55 个测段工作任务。

（2）规章制度建立健全情况。制定了《2015 年度新疆震情跟踪工作方案》《新疆地震局震情会商制度改革实施方案》《新疆地震局重大震情评估通报制度（试行）》《新疆地震局"三网一员"管理细则》和《新疆地震局"三网一员"评比办法》等 13 个规章制度。

（3）培训情况。多次派人参加中国地震局、台网中心、各学科中心组织的培训。联合国家前兆台网中心，举办片区维修中心第一届形变维修培训班。

（4）观测环境保护。加强八盘水磨测震台等台站的保护措施。新疆区域地震前兆台网对台站防雷措施做了保护措施。流动重力监测网 6 个点被破坏，及时重新选点或移点并进行了补测。

3. 台网建设

台网布局调整，"天山中段前兆台网建设项目"剩余的 3 个台站完成基建和仪器的调试安装。

完成 41 个测震台的专线线路升级改造，实施 35 个台的智能电源改造升级工作。完成 20 个强震动台站太阳能供电升级改造工作。完成新疆测震和强震台网中心机房的搬迁工作。完成新疆震情短信平台软件的开发、调试、运行和 EQIM 系统、MSDP 系统地图信息的升级工作。升级测震台网中心 JOPENS 系统，搭建超快流系统。完成 3 个台站 5 套前兆仪器的更新升级，另更新 4 个台站 4 套地电场电极。

4. 监测预报基础和应用研究工作

完成亚欧博览会地震安全保障工作。开展呼图壁主动震源探测野外流动观测台网的建设和运维工作。协助中国地震局地质研究所马瑾院士团队围绕呼图壁主动震源和呼克气田开展高频段地震观测。

（新疆维吾尔自治区地震局）

重庆市

1. 震情

立足震情，做好短临跟踪组织管理工作，确保观测台网正常运行。围绕监测能力建设，完善相关管理制度。稳步推进会商机制改革，做好周、月、节假日和重要时段的会商，加强对宏微观异常的落实跟踪。加强监测预报工作质量月度考评，地震监测预报工作质量持续提高。加强监测预报队伍建设，解决监测中心、预报中心、重庆市地震台、仙女山地震台、石柱地震台人员混用、职责分割、任务不明等问题，调动人员工作积极性。理清监测预报事业单位工作职责，提高运行效能，规范管理。

2. 台网运行管理

（1）运行情况概况。测震：全部台站平均运行率99.50%，数据完整率99.58%。其中，"十五"台网台站运行率99.50%，完整率99.69%；三峡台网台站运行率99.73%，完整率99.65%；彭水台网台站运行率99.58%，完整率99.21%。前兆：台网中心技术系统运行率在99%以上，台网在运行仪器平均运行率99.83%，观测数据平均连续率99.84%，数据平均完整率99.57%，各项指标均超出国家台网中心95%的要求。2015年全国区域前兆台网运行管理月评比成绩，重庆区域前兆台网大部分时段在前十名左右，运行质量稳定在较高水平。

（2）规章制度建立健全情况。修订《监测中心对台站考核管理办法》《监测中心积分绩效考核管理办法》《重庆市地震局地震速报实施细则（2015修订版）》等规章制度，对测震、信息、系统运行、综合 4 个部门，分别出台考核奖励办法，规范台网运行、仪器设备维护、软件系统管理，巡查、维护、数字化地震数据产出流程更新等工作内容，保障台网的综合运行稳定高效。

（3）培训情况。开展速报演练 12 次，集体演练 19 次。11月，举办第三届重庆市地震局速报竞赛。对新进值班人员上岗考核 1 次，上岗 3 人。参加2015年第一期、第二期测震台网震源参数目录日常产出培训会、西南片区强震动观测研讨培训会等各类培训班和评比会 6 次。

（4）观测环境保护。将地震监测设施和观测环境保护工作纳入区县工作任务中。对部分台站锈蚀的防盗门进行更换，对渝北台、奉节荆竹台、奉节兴隆台摆房进行重新装修，解决漏水问题，对黔江台山洞进行防潮处理，重新翻新仪器支墩和腔体，对荣昌台进行滑坡治理和堡坎修复。通过维修改造，有效保障台站设备和人员的安全，仪器运行率明显提高。

3. 台网建设

（1）台网建设布局情况。研究制订《重庆市国家地震烈度速报与预警工程项目建设方案》。根据方案，建设内容包括台站观测系统、通信网络系统、数据处理系统、紧急地震信息服务系统和技术支持保障系统 5 个部分，投资规模近 2000 万元。推进台站勘选工作，为下一步可行性研究做好准备。地震背景场探测项目建设的秀山测震台，红池坝综合台（测震、地电、强震），仙女山国家基本地磁台，巴南安澜流体台以及奉节、巫山、忠县强震台通过中国地震局专家组的测试和验收，正式运行，并编写完成项目试运行报告、技术报告及竣工报告。

（2）技术系统和观测环境升级改造。完成 2015 年重庆市地震局台站综合观测技术保障系统改造，对涪陵地震台、长寿地震台、巫溪红池坝地震台、武隆仙女山地震台、黔江地震台、巫山建坪地震台、武隆地震台、万盛地震台、渝北地震台、秀山地震台、万州溪口地震台 11 个台站的综合布线、交流配电、线路信号防护以及接地等观测技术保障系统进行改造，12 月 12 日通过中国地震局总验收。改造后的台站运行更加稳定，雷害及故障明显减少，达到预期效果。

（重庆市地震局）

黑龙江省

1. 震情

2015 年，黑龙江省地震监测预报系统各单位，结合黑龙江省地震监测预报的具体情况，合理分工，由省地震监测中心负责黑龙江区域测震、前兆、强震台网和应急、信息中心的运行和维护，由省地震分析预报与火山研究中心负责全省地震分析预报工作，由各有人值守专业台站完成各自地震监测设备维护和资料产出，各学科质量管理组负责监测资料的质量监控和技术支持，完成黑河台、德都台优化改造，探讨中心台承担区域仪器维修维护任务和台站规范化建设。各单位分工合作，较好地完成了年度监测预报工作。

2015 年继续争取支持，在全省开展流动地磁和宏观水温观测，有效弥补全省地震前兆监测能力的不足，为研判震情提供丰富的资料。

2015 年，黑龙江省及周边地区共发生地震 192 次，无重大地震事件发生。

2. 台网运行管理

2015 年度全省地震观测资料及会商报告质量评比工作于 2016 年 1 月 27—30 日在鹤岗市举行，此次评比工作由局监测预报处组织，学科质量管理组具体实施，来自各学科质量管理组和相关单位的 30 余人参加评比。

3. 观测系统及观测台网建设

监测台网布局逐步优化。国家投资 744 万元实施的中国地震背景场探测项目黑龙江分项圆满完成，顺利通过验收。省政府投资 1790 万元实施"黑龙江省地震深井综合观测网项目"，完成地震专业仪器安装。齐齐哈尔地震局完成甘南县、克东县地震监测台站设备改造。大兴安岭地震局新建呼中地震台。佳木斯地震局完成敖其地震台建设。牡丹江地震局协调推进莲花水库地震台网建设，仪器安装完毕。伊春地震局争取资金20万元对青峰台进行设备更新改造。

4. 监测预报基础和应用研究工作

2015年，黑龙江省地震局科研项目新增立项13项，资助经费90余万元，研究领域涉及震情跟踪技术研究、农村民居减隔震技术等，这些项目的研究，将进一步提高黑龙江省防震减灾相关领域的科研水平。完成中国地震局地震科技星火计划项目结题验收2项。2015年共发表文章28篇，其中SCI检索期刊2篇、EI检索1篇。

（黑龙江省地震局）

四川省

1. 震情

年度监测预报工作概述。2015年度，四川省地震局深入贯彻中国地震局统一部署，全面落实全国地震监测预报工作会议精神，认真按照《关于2015年度全国震情跟踪工作安排的意见》要求，切实加强组织领导、健全工作机制、细化工作职责、狠抓工作落实，切实强化全省地震监测预报和震情监视跟踪工作，努力把握震情趋势发展，努力提升社会服务能力和水平。

2. 台网运行管理

（1）运行情况概况。前兆台网：四川省区域前兆台网所辖前兆观测点58个，其中国家级台站9个、省级台站23个、市县级台站26个。测震台网：2015年四川数字测震台网有台站60个，台网中心达到接入测震台站不低于300个；提供不低于2000路台站实时波形数据服务；具备在线连续波形数据不低于3个月，事件波形数据不低于3年的存储能力。水库地震监测台网：四川水库监测台网运行有瀑布沟、紫坪铺、武都、大岗山、泸定5个水库地震台网，以及黄金坪水库临时地震台网总计40个台，产出台网数据文件大于2400GB，刻录光盘879张。跨断层流动监测网络：27处跨断层流动场地（其中水准、基线综合场地8处，水准场地19处）年度观测6周期。流动重力观测2周期，第一周期观测278个测点、284个测段，第二周期观测283个测点、294个测段。流动地磁观测2周期，每周期观测72测点。GNSS监测台网、信息网络：完成四川省地震局GPS观测网络与中国大陆构造环境监测网络共计67个基准站数据整理、采集、存储、数据解算工作，备份GPS数据1TB，存储数据14GB，全年基准站连续运行率达到97%，数据完整率97%。

（2）规章制度建立健全情况。制定《四川省地震局重大震情评估通报实施细则》。印发实施《四川省震情会商制度改革实施方案》。

（3）培训情况。2015年监测中心针对台站人员举办7期培训班，培训人员达182人次。同时，监测中心还把四川测震台网中心和前兆台网中心作为台站人员长期的学习培训基地，全年共有9个单位共19人次到台网中心进行针对性学习。

（4）观测环境保护。四川省将地震观测环境保护纳入省政府的政务中心，依法加强全省地震台站观测环境保护。2015 年度，共接收建设工程地震监测环境审批件 195 份。四川省地震局对可能影响地震观测环境的工程项目，及时开展调查，积极加强沟通协调，按照"既保证地震监测工作正常进行，又兼顾地方经济建设"的原则，共同寻求解决办法。

3. 台网建设

（1）测震台网及前兆台网。继续开展芦山地震科考布设的 35 个流动台和 11 个震情跟踪加密台的运维工作，完成"科学台阵探测项目"布设在阿坝、广元等地 63 个宽频带流动台站的两期巡检与数据回收工作；按计划完成了国家科技支撑项目"地震预警应用台网组网研究""地震预警数据处理平台研制"以及"四川地震预警信息发布政策研究"3 个子项的执行进度，并通过科技部组织的中期检查；完成了川滇试验场安排的 8 个震情跟踪流动台的场址勘选与台基处理工作。

（2）水库地震监测台网。对 13 个台站的数采和信道进行全面的升级改造，12 月底改造工作完成。2015 年 12 月，完成珙县页岩气开采区 6 个流动遥测地震台建设。

（3）GNSS 监测台网。在"十五"期间建设的四川 GPS 观测网络基础上，在"5·12"汶川地震灾后重建中对原有的 GPS 台站进行了改造，新建了 12 个 GNSS 台站，同时由四川赛思特公司投资建设了 12 个川东 GNSS 台站。目前已经建成 36 个 GNSS 台站，共同构成四川 GPS 地壳运动监测系统，已完全实现高精度的 GPS 数据自动化处理，保证数据处理的效率和质量。

4. 监测预报基础和应用研究工作

2015 年全局共承担或参与包括国家级重点项目、"十二五"科技支撑项目、地震行业专项、中长期工作专项、短期跟踪专项及地震科技星火计划项目等各级科研项目 10 余项。

（四川省地震局）

中国地震局地球物理勘探中心

1. 震情

年度监测预报工作概述。2015 年，完成地震重力测网中的内蒙古测网、山西测网、晋鲁豫测网和蒙北测网两期复测及陕西关中测网、宁夏测网和甘肃东南一期复测工作。2015 年共计测量重力测点 1248 点次、重力测段 1354 个段次、总计 200 个闭合环；新建测点或改造测点 15 个；全年共计总行程约 15 余万千米，安全无事故，圆满完成 2015 年度监测任务。

2. 台网运行管理

（1）运行情况概况。1248 个测点中除了 5 个被杂物覆盖的测点和 10 个被破坏的测点，其他测点均正常观测。

（2）培训情况。8 人次参加中国地震局监测预报司举办的分析预报培训班、重力数据新软件的使用培训班、地震地质培训班和测震学异常培训班。

（3）资料和科研成果。2015 年重力观测资料与处理结果及时与中国地震台网中心、中国地震局地震预测研究所、中国地震局重力学科组、宁夏回族自治区地震局、内蒙古自治区地震局、陕西省地震局、山西省地震局、山东省地震局、河北省地震局和河南省地震局等兄弟单位共享。

3. 台网建设

台网布局调整（台点调整）：对 10 个台网改造新建测点与老点进行四程联测。

4. 监测预报基础和应用研究工作

承担自然基金项目"华北克拉通三维速度、密度结构及动力学意义"（项目号：41274113）、地震行业专项"中国综合地球物理场观测——大华北地区重力、地磁观测研究"（项目号：201508009-08）、"震情跟踪合同制任务——山西地区重力场动态变化与异常跟踪分析（2015010206）"、"中国地震局'三结合'项目——山西测网重力资料的深入分析与地震危险性跟踪"（150201）和物探中心青年基金项目的观测研究工作，向中国地震局监测预报司提交年中、年度会商报告各 1 份；在核心期刊上发表文章 4 篇。

（中国地震局地球物理勘探中心）

中国地震局第二监测中心

1. 年度监测预报工作概述

根据划定的地震重点危险区，制订流动监测方案和震情跟踪监测方案，开展地震监测预报工作。

2015 年共完成区域精密水准测量任务 2991 千米，跨断层场地水准测量 66 个场地（220 处次），红外测距 12 个场地（75 条边），GPS 观测 401 个站点，流动重力观测 802 个测点，水准路线踏勘埋石 5012 千米。

2. 年度地震趋势会商会情况及判定意见

从中心 2015 年度地震危险区预测结果与实际发生地震对比看，年度地震活动水平的预测判断基本正确；综合判定的 7 个危险区中，3 个时间地点正确、震级略弱，2 个危险区边缘发生了相应的地震。

3. 监测预报基础和应用建设

基于多种观测资料，加强综合预报方法探索。及时完成多学科、多手段大量观测资料的处理工作，收集兄弟单位其他观测资料，基于 GPS、重力、水准、跨断层等资料，开展多学科综合预报研究探索，注重震例研究与实效检验。开展重大项目成果应用研究，探寻地震发生的物理机制及三维地壳运动揭示的孕震特征。构建跨断层与定点形变资料异常分析、跟踪与指标体系。注重数值模拟团队能力建设，利用三维地球动力学模型，挖掘多种资料可能包含的物理含义并将结果应用于预报。

（中国地震局第二监测中心）

中国地震应急搜救中心

按照中国地震局的统一部署，搜救中心现场部认真完成2015年度首都圈流动监测任务，以及背景场项目验收、"华北地区强震强化监视跟踪项目"、地震重点危险区地磁总强度加密监测项目中承担的任务，为首都圈及华北地区地震预报和研究工作提供真实、完整的基础数据。

1. 按时完成首都圈日常监测预报工作

（1）跨断层水准测量，全年监测12期24个场地，共完成431测段。

（2）跨断层基线测距，全年完成11个场地，224条边次观测，落实异常加密观测1个场地。

（3）流动重力测量，全年完成华北重力网监测任务2期，共计207个测点、226个测段。

（4）流动地磁测量，全年完成监测任务4期，共184个测点，参加全国地磁资料统一处理，使用中科院十三陵地磁台为日变站。

（5）分析预报工作，全年共会商13次，参加中国地震局各种震情会商共5次，2次参加现场异常落实工作。

2. 搜救中心承担的监测类项目取得的进展

（1）背景场项目通过验收。针对中国地震背景场探测项目前兆流动观测系统——流动重力观测网建设项目，组织专家测试和验收，顺利通过验收并归档，形成6卷48份档案材料。

（2）华北强震跟踪研究。中心承担的"MT-InSAR华北强震跟踪专项"，针对晋冀蒙交界区、云南宾川、云南建水等强震危险区跟踪购置、处理SAR影像，获取该区域形变场动态变化，提交趋势跟踪报告。

（3）地震重点危险区地磁总强度加密监测项目。2015年完成山西中北部至晋冀蒙交界地区地磁总强度加密监测任务2期，共54个测点。

（中国地震应急搜救中心）

台站风貌

吉林通化地震台

通化地震台位于吉林省南部，与辽宁省、朝鲜毗邻，由中心台和柳河台、云峰台、金川台三个子台组成，主要承担区域测震、形变、地磁、地下流体观测任务，隶属吉林省地震局，为国家基本台。

钻孔分量应变 2009—2014 年连续 6 年获得全国评比前三名，其中 2014 年获得全国评比第一名。

2013—2014 年地下流体水位、水温测项连续两年分别获得国家评比前三名。

2013 年台站节点获得全国第三名。

测震手段成绩多年来位于全国优秀中上游水平。

2015 年，获吉林省地震监测预报成果科技进步二等奖。

山西大寨地震观测站

昔阳地震台大寨地震观测站，位于山西省晋中市昔阳县大寨镇金石坡村小寨，地处太行山西麓，虎头山北坡，是山西省地震局直属的专业台站，属于综合一类台。始建于 1969 年 5 月，1978 年，原国家地震局和山西省地震队对台站进行大规模扩建，共建成观测室及职工宿舍 50 余间，并建专用 T 型山洞 120 米，专用磁房 30 平方米。随着社会的进步和科技的发展，原来的工作模式已不能满足社会的需求和工作的要求，根据中国地震局《关于做好重点地震监测台站优化改造项目工作的通知》(中震测函〔2002〕25 号)精神，2008—2010 年重新对台站的山洞进行改造，新建 20 平方米磁房，利用县城家属宿舍闲置土地，新建一座二层 390 平方米监测中心，将信息节点和前兆测项集成到监测中心，原测点变为有人看守无人值守的基础观测站（现称大寨地震观测站）。

2015 年，完成台站优化改造任务。

辽宁锦州地震台

锦州地震台始建于 1971 年 6 月，是辽宁省地震局直管专业台站。

锦州地震台是辽宁省辽西地区重要的地震监测台站之一，台站所在区域位于华北地震区，地处郯庐断裂带的西侧边缘，担负着辽西及周边地区地震监测的任务。

辽宁省锦州地震台共有干部职工 18 人，在岗人员 11 人。现有测震、形变、地下流体三大学科，13 套观测仪器，23 个测项，同时代管义县、药王庙观测站 8 套观测仪器、23 个测项的数据收集与预处理工作。

经过 40 多年的不断发展与完善，锦州地震台已形成地震监测、分析预报、地震应急等较为全面的工作体系。从 1999 年起，连续 13 年获得辽宁省地震系统先进单位；从 1997 年起，观测资料参加中国地震局评比，共获得 23 个前三名。

天津宁河地震台

宁河地震台于 1975 年 5 月开始筹建，1976 年基本建成。宁河地震台是天津市区域地震台，该台是天津市东部唯一的台站，为天津市地震局所属专业台，是距唐山老震区最近的台站，台址位于天津市宁河县大北村西侧，距市区约 70 千米。该台占地面积约 10000 平方米。该台地质构造处在沧东断裂北延桐城断裂带及蓟运河断裂的交界带上。现有在职职工 5 人。目前有地磁、流体、强震、GNSS、CO_2 等观测手段，其中地磁为核旋观测，流体为水温、水位观测。

在地质构造上台站位于黄骅坳陷与东西向燕山构造带的交界带上，西邻沧东断层，北邻芦台断层，南为汉沽断层，新生界地层厚度大于 1000 米，其下为寒武—奥陶系灰岩。

云南腾冲地震台

腾冲地震台始建于 1970 年，是云南省地震局直属的国家基本台，位于云南西部边陲腾冲县腾越镇尚家寨社区前董库 1 号（县城东南），距城区 1.5 千米。台站编制 14 人，现有专业技术人员 9 人，都为本科学历，其中高级工程师 2 人，工程师 3 人，助理工程师 4 人。台站由地震台和火山观测中心两部分组成，现有测震、电磁、流体、形变四大学科 18 种观测手段 30 余个测项，其中测震为国家数字地震台，地电、流体属国家基本台。腾冲火山观测中心由火山数字地震台网和火山地化站构成。火山数字地震台网由 8 个子台组成；地化站建有一个火山地球化学综合实验室，开展地下流体综合监测。

监测任务包含地震监测和火山活动监测两方面。承担着向中国地震台网中心上报国内外地震参数和前兆观测数据任务，为中国地震局相关学科科研部门提供连续、可靠、完整的观测资料；还向省局有关部门及地方地震系统定期提供地震、前兆观测数据及各种资料。同时还承担着腾冲火山区域的地震活动及火山活动的监测任务，为腾冲火山监测研究积累资料。

地震灾害预防

2015 年地震灾害预防工作综述

一、抗震设防要求管理

1. 一般工程

2015 年 5 月 15 日，国家质量检验检疫总局和国家标准化管理委员会公告发布 GB 18306—2015《中国地震动参数区划图》，拟从 2016 年 6 月 1 日起正式实施。中国地震局组织编写出版《中国地震动参数区划图宣贯教材》，组织 3 次全国范围的宣贯培训。积极推动各行业做好相关规范、标准和区划图的衔接工作。

新颁布的区划图为第五代地震区划图，增添地震动反应谱特征周期场地调整表，更新为"两图两表"，强调场地除了对地震动强度有影响外，对地面运动的特征也有不可忽视的影响，区划图的场地条件为平均场地，超越概率水平依然为 50 年 10%。第五代地震区划图的重要意义在于整体提高全国设防标准，提出抗震设防要求新理念，体现在：消除不设防地区，以"两图两表"完善对地震动的全面表述，探索将抗倒塌理念融入基于 50 年超越概率 10% 水平地震动的编图中，以四级地震作用全面反映全国地震危险性的状况，克服以往地震区划图在地震危险性表达方面的不足，纠正公众对地震区划图理解上的偏差。

2. 重大工程和可能产生严重次生灾害工程

2015 年，依法履行抗震设防要求监管职责，全国审定重大工程抗震设防要求 3990 项，参加审查城市总体规划 18 个，参加国家重大工程抗震专题审查 13 项，确保抗震设防要求在重大工程建设中的落实。

中国地震局积极推进行政审批规范化，2015 年进一步加强地震行政许可服务窗口建设，推进行政审批事项网上办理系统建设，全面实行行政审批受理单制度，实行办理时限承诺制，编制和提供行政审批服务指南，制定审查工作细则，建立申请人评议制度。

中国地震局落实中央建立企业投资项目核准并联审批有关要求，"建设工程地震安全性评价结果审定及抗震设防要求确定"审批纳入企业投资项目核准并联审批目录，于 2015 年 7 月正式接入企业投资项目在线审批监管平台，和其他行业主管部门的审批项目实现网上集中并联办理，审批进度网上实时公示，有效保证行政审批事项从受理到批复各个环节的公开透明，充分接受各方监督。2015 年，通过并联审批平台共批复 7 项审批事项，均在规定时限内完成，切实提高了审批效率。

全面贯彻落实国务院清理规范行政审批中介服务改革的决定，中国地震局发布《关于贯彻落实国务院清理规范第一批行政审批中介服务事项有关要求的通知》（中震防发〔2015〕59 号），对地震安全性评价进行改革，一是调整应当开展地震安全性评价的工程范围；二是转变地震安全性评价服务方式，由中介服务改为行政审批过程中的技术性服务；三是转变地震安全性评价管理方式，改由地震行政审批部门委托开展。

3. 农居工程

2015 年，中国地震局与有关部委密切协作，推动农居工程的全面实施，截至 2015 年底，全国共建设农居工程示范户近 2000 万户，惠及 6000 余万人。其中 2015 年国家投资 98 亿元，建成 120 万户。各级地震部门编制推广农居抗震图集，组织工匠培训等技术指导活动，加强宣传引导。2014 年云南鲁甸地震后，中国地震局认真总结震害经验，提出加快推进农村民居地震安全工作的建议。经过调研，确定自 2015 年起，由住建部牵头在危旧房改造项目中设立专项资金，在 8 度区和地震重点监视防御区优先实施农房抗震改造工作。中国地震局的主要任务是配合住建、发改、财政等部门继续做好抗震技术支撑工作。农居工程的实施，提升了农民的地震安全意识，激发和带动了农民建设安全家园的积极性，促进了农村人居环境的不断改善，减灾实效明显。

二、活动断层探测与填图

2015 年，中国地震局周密部署、严格管理，全力推进我国地震活动断层探测工作。

一是继续推进南北地震带及其他重点地区的活断层探测。完成"中国地震活断层探察——南北地震带中南段项目"，做好验收的筹备工作，继续推进"中国地震活断层探察——南北地震带北段项目"；完成京津冀地区，江苏经济发达地区，中西部等重点监测防御区内活动断层探测和活动性鉴定工作。

二是加大城市活动断层探测力度，加快推进省会城市、地震重点监视防御区大中城市，以及人口众多、经济发达地区大中城市的活动断层探测工作，提升城市防震减灾基础能力，提高城市地震风险可预见性，提早采取加固、避让等减轻地震灾害损失的措施，指导各地健全工作机制，做好活动断层探测成果转化应用。全年共完成临汾、常州、焦作、吴忠、大庆 5 个城市的活断层项目验收。

三是加大工作检查力度，召开城市活动断层工作检查会议，11 月 18 日，组织专家在扬州对正在实施的泰州、宿迁、扬州、连云港、合肥、新乡、渭南等城市的活动断层探测工作进行集中检查。增加野外工作检查指导的比重，做好以质量和应用为目标跟踪管理和指导；编制完成活动断层数据库标准，继续推进活动断层避让等标准编制工作，规范活动断层探测活动。

四是加强活动断层数据信息系统建设，做好数据信息共享，提高利用效率，包括为监测预报提供科学依据，提高应急处置图件质量和精度，开发建设活动断层探测成果的三维可视化平台，利用网站借助地震应急、成果产出等时机，采取多种手段推进相关工作的科普宣传。

三、市县防震减灾

1. 强化市县地震机构和队伍建设

市县地震工作机构和队伍稳步壮大，截至 2015 年底，全国地级行政区共有地震工作机构 333 个，县级地震工作机构 2694 个。全国市县防震减灾工作人员 16102 人。全国共有防震减灾志愿者队伍 5112 支，总人数 736532 人；共有防震减灾助理员 72448 人。加强基层防震减灾队伍培训工作，提升市县地震部门人员履职和服务社会能力，举办第 5 期市县防震减灾管理干部培训班，培训以课堂授课、多震区市县工作经验介绍和北川地震现场实地教学相结合，45 名地方政府和地震部门的领导参加培训；在深圳培训中心组织 5 期市县防震减灾人员培训班，培训市县工作人员 300 余人；鼓励各省根据当地防震减灾实际开展有针对性的市县培训工作。编制市县防震减灾培训专用教材，在培训中试点使用。

2. 继续推进四个纳入，完善市县考核机制

中国地震局进一步强化基层防震减灾主体责任落实，不断推进防震减灾工作纳入当地经济社会发展规划、纳入财政预算、纳入目标考核，以及将抗震设防要求纳入基本建设管理程序，促进了防震减灾工作的开展。全国大部分市县把防震减灾工作纳入当地国民经济和社会发展规划与财政预算，240 个地市政府将防震减灾工作纳入政府目标责任考核，推动职责和责任落实，271 个地级市将抗震设防要求管理纳入基本建设管理程序。248 个地级市地震部门进驻了当地政府政务服务中心，确立抗震设防要求管理相关行政许可并有效实施，一些地方探索抗震设防要求全过程监管，有效保证了建设工程地震安全。

2015 年中国地震局在市县防震减灾工作双层考核基础上，修订市县防震减灾工作年度考核办法，在原来对市县防震减灾工作考核基础上，增加对市县人员的工作考核，98 个地市级、136 个县级地震工作部门为先进单位，224 名市县工作人员为先进工作者。

3. 规范示范社区创建工作内容，大力推进示范创建工作力度，加强指导和检查

进一步规范示范社区创建工作内容，2015 年印发《关于加强地震安全社区建设工作的指导意见》（中震防发〔2015〕46 号），明确地震安全社区建设的主要内容。已经基本形成国家—省—市三级管理，每年开展两次示范社区评审的管理格局，并逐步走向规范。2015 年新建地震安全示范社区 1178 个，截至 2015 年底，全国总计建成地震安全示范社区 3236 个。组织开展两批国家地震安全示范社区认定工作，共认定国家地震安全示范社区 246 个，总数达 614 个。完成了深圳、阳江、唐山和济南 4 个国家防震减灾示范城市的验收认定，以及山东 5 个县、陕西 3 个县的国家防震减灾示范县的验收认定。截至 2015 年底，已经认定 19 个国家防震减灾示范县（区、市），一大批示范县正在创建中；已经认定了深圳、唐山、阳江、济南 4 个城市为国家防震减灾示范城市，有 16 个城市正在创建中。中国地震局分别与大连、长春签署共同创建国家防震减灾示范城市合作协议。

四、防震减灾宣传

2015 年，通过强化部门间合作，将防震减灾科普宣传融合到各领域，形成强大的防震减灾社会宣传教育合力。一是联合全国妇联赴云南鲁甸地震重灾区举行防灾科普特别活动；二是将防震减灾科普内容作为教育部主办的第 20 个全国中小学生安全教育日活动主要内容之一；三是联合中央人民广播电台在林芝开展少数民族语言防灾宣导，走进西藏；四是联合中国残联开展无障碍防灾科普产品捐赠活动；五是积极参与科技部组织的科技活动周系列活动，选派专家参加科技列车丹东行等活动；六是与国家民委、中国科协对拟联合下发的《关于加强少数民族和民族地区防震减灾科普工作的若干意见》进行调研；七是与中国科协共同成立防震减灾科普教育基地联盟。

发挥"平安中国"品牌示范作用，逐步成为防震减灾科普宣教工作的主推手。2015年活动以"平安中国乡村行""千城大行动暨2015防灾文化电影季"为着力点，以防震减灾主题故事片、科教片、动画片为重头电影组成的防灾文化系列文艺作品为载体，在全国科普活动重要时段，开展量大面广的各类宣传活动。2015年全国31个省区市的141个城市举办"千城大行动"主题活动，活动受众面近3亿人次，中央和地方主流媒体全方位跟踪报道各地宣传活动，播发100余篇稿件。

注重基地、作品建设，进一步夯实防震减灾科普宣教工作基础。一是积极推动各级防震减灾科普教育基地、地震科普示范校、防震减灾科普场馆建设；二是开展精品科普作品创作，与中央电视台合作拍摄制作电视专题片《安得广厦千万间》，反映由中国地震局推进实施的抗震农居安全工程，给农牧民生产、生活带来的巨大变化；三是积极推荐优秀作品参与国家的"全国优秀科普读物"和"优秀科普微视频"评选；四是组织地震系统地震科普网站参评"科普中国"品牌网站。

突出重点时段，创新方式，依托网络平台做好防震减灾宣教工作。2015年5月12日是国家第七个"防灾减灾日"，在常规活动基础上，云南、西藏、新疆等地地震部门还专门针对云南沧源5.5级地震、尼泊尔8.1级地震、新疆皮山6.5级地震等开展专题宣传。按照2014年"四网协议"的规划，平安中国活动官网、教育部全国中小学生安全教育网、中国地震科普网和习网，在2015年联合举办全国中小学生防震减灾科普知识网络大赛。全国各地的总参赛人数达到158万余人，其中参赛学校35082所，老师34187人，学生777644人，家长771818人。

（中国地震局震害防御司）

局属各单位地震灾害预防工作

北京市

1. 加强建设工程抗震设防监管

做实抗震基础，提升城乡震害防御能力。2015 年共评审重大工程地震安全性评价行政许可事项（报告）40 个，其中批复 32 个；审查重点抗震设防要求项目 168 个，出具批复 168 份；审查绿色通道抗震设防要求项目 324 个。

及早谋划市城市副中心建设工程抗震设防工作，自 2010 年起，完成包括北京市城市副中心在内的通州新城地震小区划一、二、三期工程，面积达 174.96km^2。为做好"2019 北京世界园艺博览会""2022 年北京—张家口冬季奥林匹克运动会"的地震安全保障，延庆区实施"延矾盆地北缘断裂调查与沿线民居抗震评价项目"。

2. 稳步实施城乡房屋抗震改造

持续推进老旧小区房屋建筑抗震节能综合改造，全年完成 1964 万 m^2，涉及 18.24 万户，其中抗震改造 120 万 m^2。启动棚户区改造项目 137 个，签订改造协议或完成搬迁 6 万余户。完成农宅改造 12.2 万户，其中，新建翻建 1.8 万户，综合改造 9535 户，单项改造 9.5 万户，超额完成了改造 8 万户的年度计划。开展了颐和园、北海等文物古建筑的修缮工作，提升其抗震性能。中央在京单位老旧小区综合整治工作全面铺开，1980 年以前老旧房屋抗震检测与鉴定已全部完成，全年改造完工 103 万 m^2。

3. 扎实开展生命线工程抗震排查加固

完成城镇燃气管道重大隐患治理 261 项，石油天然气管道隐患整改 288 处，实施热力管线翻修、大修工程 97 项，改造燃气管线约 60km。完成桥梁隧道维修加固工程 16 项。开展危化品、尾矿库、再生资源回收等重点污染企业环境安全隐患排查与专项整治，强化地震等自然灾害应急处置的准备和能力建设。开展地震引发地质灾害隐患排查，对 1000 余处重要隐患点进行再排查和整改；投入 5000 万元，对 9 条山区公路沿线 81 处地质灾害隐患点进行治理。对 8 座中型水库、12 座小型水库进行安全鉴定，制定除险加固计划。开展人防工程的地震安全隐患排查和防控工作。

4. 加大防震减灾知识宣传力度

通过开放科普基地和专业台站，为地震应急志愿者队伍授旗，播放电视宣传片，陈列宣传展板，发放宣传品等形式，开展贴近市民的防灾减灾宣传活动，参与市民总数超过 300 万。为中小学生发放《城市防震减灾实用指南》《青少年防震减灾知识手册》《小学生灾害教育读本》等科普读物。全市在"5·12"国家防灾减灾日期间共举办各类宣传活动 80 多场，参与市民近 10 万。中国地震局副局长阴朝民、北京市人民政府副秘书长徐波观摩了房山主会场活动——"北京市'5·12'防震减灾科普示范学校地震应急疏散演练活动"。各项活动共发放图书、折页、光盘、挂图等防灾减灾宣传材料近 300 万份（套），其中普法宣传材料 3 万余份。继续推进防震减灾科普宣教基地、地震安全示范社区和防震减灾科普示范学校建设。新建成国家级地震安全示范社区 18 个、市级地震安全示范社区 19 个、防震减灾科普示范学校 13 所，以及各类防灾减灾宣教场所 200 余处。举办第二届"城市与减灾杯"防灾减灾作品大赛、防震减灾科普讲解大赛。组织区县积极参加第四届"平安中国"防灾宣导系列公益活动。

5. 开展"十三五"防震减灾规划编制工作

围绕减轻大震巨灾风险，紧扣首都地震安全需求，积极思考，科学布局，进行《北京市"十三五"时期防震减灾规划》编制工作。截至年底，经广泛征求地震系统内外各方面意见和反复修改，规划初稿已编制完成，与北京市规划编制计划安排保持同步。

（北京市地震局）

天津市

1. 抗震设防要求管理

严格贯彻国家新一代地震动参数区划图要求，实施建设工程抗震设防要求行政许可 38 项，开展抗震设防执法检查 4 次。将抗震设防纳入全市市场监管随机抽查联合检查目录，确定监管内容 2 项，检查要件 8 项。完成全市防灾救灾建筑、人员密集场所、城市基础设施和老旧直管公房等 4 类、18 种、2 万余栋、4400 余万 m^2 建（构）筑物抗震设防普查工作。对 10 项、35 万 m^2 超限高层建筑开展抗震设防专项审查。规划部门将防震减灾行政审查列入国土利用规划、城镇建设规划等重要规划常态性程序。

2. 地震安全性评价管理

对地铁 10 号线、滨海新区文化中心等 28 项重大建设工程进行专门地震安全性评价，对总投资 25 亿美元、预计年产值 2400 亿元的大众汽车华北整车生产基地拟选厂址开展专项场址地震安全性评价工作，消除德国投资方疑虑，为项目顺利落户天津做出重要贡献。

3. 震害预测工作

天津市断裂活动性与区域地壳稳定性评价通过遥感影像构造解译、地球化学探测、电阻率 CT 法探测、构造应力场及形变场分析等综合探测方法对研究程度较低的蓟运河断裂、宝坻断裂、工部断裂开展初步探测与评价。根据地震、地形变和构造 3 个评价因子和地震震级、地震频次、峰值加速度、垂直形变、水平形变、断层长度、断层切割深度及最新活动时代等评价要素，对天津市开展区域地壳稳定性评价，划分出不稳定区和基本稳定区，评价天津市的"安全岛"，为城市规划、国土资源开发、产业布局和重大建设工程选址及抗震设防提供重要依据。

4. 活动断层探测工作

2015 年，天津市地震局组织开展昌平—丰南断裂、西藏日喀则活动断层等多条断裂带活动性探测和地震危险性评价工作，为城市规划布局和功能定位提供重要科学依据。

5. 防震减灾社会宣传教育工作

天津市各有关部门充分利用国家防灾减灾日、天津科技周等特殊时段，集中开展防震减灾系列宣传活动，累计组织讲座、参观、竞赛等活动 30 余次，发放宣传材料 6 万余份，直接受众超过 10 万人。充分发挥全市各级电台、电视台、报刊、网络等主流新闻媒体作用，通过《天津新闻》《都市报道 60 分》等重点栏目，及时宣传防震减灾工作进展和科普知识。教育部门把防震减灾作为开展"平安校园"的重点内容，蓟县、河北区等区县组织开展示范学校"回头看"、防震减灾"小手拉大手"等内容丰富、形式多样的宣传活动，努力提高广大师生的防震减灾意识和综合素养。

南开社保中心、天津物产国际物流有限公司、蓝天救援队等各级各类企事业单位和社会组织主动开展防震减灾宣传教育、地震应急疏散演练等防震减灾行动，呈现出人人参与防震减灾的良好态势。滨海防震减灾科普教育基地被认定为"中国人民武装警察部队后勤学院实践教学基地"。

6. 其他工作

2015 年，天津市创建市级防震减灾示范社区 6 个、防震减灾科普示范学校 6 所。其中，津南区三鑫社区、滨海新区贻成豪庭社区和河东区富民河畔小区等 3 个社区被评定为国家级防震减灾示范社区。和平区、津南区、河北区获得年度全国地市级防震减灾工作考核先进单位称号。

（天津市地震局）

河北省

1. 加强全省抗震设防要求规范化管理

修订完善《河北省地震安全性评价工作管理办法》《河北省地震安全性评价行业自律准则》和《河北省地震安全性评价现场工作规范》，对于加强地震安评工作管理、提高安评工作质量有更强的推动作用。

2. 推进农居地震安全工作

将"开展地震环境和建设场地条件勘察，加强农村住房抗震设计和技术应用"纳入《中共河北省委河北省人民政府关于加快转变农业发展方式推进农业现代化的实施意见》，实现在政府层面推动农居地震安全的实施。农村民居地震安全工程顺利推进，全省结合农村危房改造完成 44 万户，中小学校校舍完成改造加固 8869 所。

3. 加强防震减灾法制建设

河北省地震局会同省人大城建环资委对河北省南北部各 3 个市开展"一法一条例"实施情况调查，针对性地提出当前河北省防震减灾工作面临的主要问题和改进建议。《唐山市防震减灾条例（草案）》经省人大审议批准，已正式实施。

4. 提高防震减灾宣传水平

组织实施《防震减灾宣传专项规划》，全省防震减灾知识普及率稳步提高。组织建成省级防震减灾科普基地 10 个，省级防震减灾示范学校 200 余所，省级地震安全示范社区 20 余个。唐山市创建成为全国首批"防震减灾示范城市"。2015 年，在唐山召开全省防震减灾示范城市创建表彰观摩暨防震减灾工作调度会，进一步动员全省各地开展防震减灾示范性创建工作，推动防震减灾融合式发展。

（河北省地震局）

贵州省

1. 一般建设工程抗震设防要求管理

2015 年，贵州省新建、改建、扩建建设工程抗震设防要求确定列入省市县三级地震部门行政许可事项，贵州省地震局防震减灾行政审批事项入驻省政府政务服务中心和省人民政府网上办事大厅，省市县三级启动新建、改建、扩建建设工程抗震设防要求管理。

2. 地震安全性评价管理

贵州省工程防震研究院组建完成。该院主要工作内容是：防震减灾科学技术研究，工程场地地震安全性评价，地震灾害预测、震害鉴定、调查评估和科学考察工作，建设工程抗震设防要求科学技术保障相关工作，建筑抗震性能鉴定，防震减灾政策研究。

2015 年，贵州省对龙洞堡机场三期扩建项目、紫云—望谟高速公路、六枝—水城天然气支线管道建设工程等 24 个重大工程和可能发生严重次生灾害工程进行了地震安全性评价和技术审查。

3. 地震安全性评价改革

贵州省率先将地震安全性评价结果审定行政审批事项调整为由贵州省地震安全性评定委员会开展技术审查，拉开地震安全性评价改革帷幕。

4. 防震减灾宣传教育

积极开展防震减灾宣传教育。印发《关于做好参加全国防震减灾宣传工作会议有关事宜的通知》，组织收听收看全国防震减灾宣传工作电视电话会议。举办第四个防震减灾宣传活动周，贵州省地震监测台站、地震监测台网中心接待群众参观体验 12400 余人次，贵州省市县举办防震减灾专题培训与讲座 76 次，培训领导干部 8400 余人次，组织和指导贵州省各中小学校开展防震减灾主题教育活动和地震紧急疏散演练 17600 余次。

5. 市县防震减灾工作

贵州省地震局完成市县防震减灾工作基础资料调查统计。组织开展年度市县防震减灾工作考核和推报工作。组织开展市县基础项目申报推荐工作。制定下发《市县防震减灾部门权力清单（建议稿）》和《贵州省防震减灾行政执法法律文书范本》，对市县依法防震减灾进行指导。

6. 农村民居地震安全工程

贵州省地震局制订《2015年贵州省农村民居地震安全示范工程实施方案》，组织开展农居工程申报、任务下达与资金拨付，签订《贵州省农村民居地震安全示范工程建设协议书》。第二季度，贵州省地震局对12个县（市）农居工程示范点进行中期检查和组织验收工作。贵州省地震局提炼和撰写的《贵州走出一条有别东部不同西部的农村抗震设防新路》等深度文章在人民网和中国地震局网站发表。

7. 农村土坯房抗震改造

2015年1月5日，贵州省威宁、赫章两县启动"土坯房抗震改造工程"行动计划，对威宁、赫章两县受南北地震带威胁严重地区的土坯房进行抗震改造。贵州省实施扶贫生态移民搬迁攻坚战，总计投入资金38亿元，完成抗震生态移民房4.6万套、安置搬迁20万人。贵州省启动地震基本烈度Ⅶ度地区18个县农房抗震改造工程。

（贵州省地震局）

辽宁省

1. 不断强化抗震设防要求管理

加强对地震行政许可管理，严把对重大建设工程和可能发生严重次生灾害建设工程抗震设防要求行政审批工作，严把"安评"报告质量关，按照规定程序和时限办理行政许可审批。2015年共受理各安评资质单位送审报告33份，经组织辽宁省地震安全性评价委员会评审，按照相关法律法规规定及有关程序对28项建设工程的抗震设防要求进行行政审批。

2. 防震减灾科普宣传成效显著

2015年，辽宁省各地区各部门组织开展形式多样的防震减灾科普宣传活动。特别是在国家防灾减灾日、应急宣传周等重要纪念日、特殊时段，有针对性地开展防震减灾科普知识宣传。发布《家庭应急防震减灾准备方案》。同时，辽宁省委宣传部会同辽宁省广播电视台、辽宁省地震局分别在5月、10月组织开展为期1周的防震减灾知识集中宣传活动。辽宁广播电视台"教育青少""北方""影视""生活""体育"等5个频道，每日2次播放防震减灾公益广告《撑起一片天》《守护生命》等防震减灾科普宣传片。

全省各地区各部门积极协调配合，形成工作合力。全年共举办现场宣传活动980余场，发放各类防震减灾知识宣传手册40余万册，制作宣传展板2400多块，印制宣传挂图2万多张，制作宣传条幅1800余条，举办专家讲座150余场，设置专题宣传栏800多个，全方位、多角度地宣传、普及防震减灾知识，不断提高公众自救互救能力。

3. 农村民居地震安全工程稳步推进

按照辽宁省防震减灾工作领导小组会议精神，辽宁省发改委转发《国家发展改革委关于下达2015年农房抗震改造中央预算内投资计划的通知》，计划在辽宁省投资3550万元用于农村民房抗震改造。重点对辽宁省在抗震设防烈度8度以上的县级以下4500户农村危房进行抗震加固、改造。辽宁省地震局、辽宁省住建厅等相关部门绘制辽宁省地震烈度Ⅷ度区分布图和抗震设防烈度Ⅷ度以上地区农村基础数据。

4. 市县防震减灾能力不断提升

加强防震减灾示范工程建设，昌图县成为辽宁省首个防震减灾示范县。全年认定国家级地震安全性社区2个，省级地震安全社区8个，创建省级科普示范学校30余所。在全国市县防震减灾工作考核评比中，沈阳市、大连市、抚顺市、丹东市、盘锦市地震局荣获综合考核先进单位，大连金州区、庄河市、昌图县、长海县、辽中县地震部门获得全国县级防震减灾工作考核先进单位，沈阳市胡舒颖等11名同志荣获全国市县防震减灾先进工作者。

（辽宁省地震局）

上海市

1. 抗震设防要求管理

加强重大建设工程地震安全性评价管理。2015年共对江浦路越江隧道新建工程等8个项目的地震安全性评价报告进行审查。

进一步完善上海市强震观测系统建设，对"十五"期间建设的代表性超高层建筑结构地震反应台阵——上海环球金融中心结构地震反应观测台阵进行升级改造，于2015年3月完成改造技术方案的评审。

根据中国地震局整体工作安排，于2015年10月完成上海地震社会服务工程单位子项目验收。

2. 地震安全性评价管理

2015年，全年完成2项安评单位乙级资质变更申请的初审。

根据中国地震局要求，对安评单位"注册资本最低限额条款"相关事项进行清理，发布公告。废止将地震安全性评价执业资格管理工作移交学会协会的有关文件，不再指定上海市灾害防御协会负责二级地震安全性评价工作师注册、变更、注销等工作。

根据《国务院关于第一批清理规范89项国务院部门行政审批中介服务事项的决定》（国发〔2015〕58号）的要求，取消建设工程场地地震安全性评价行政审批中介服务，不再要求申请人提供地震安全性评价报告，改由审批部门委托有关机构进行地震安全性评价。

3. 震害预测工作

完成地震烈度速报网络和建筑物震害快速判定项建议书编制，为地震烈度速报网络和地震灾情快速判定系统建设做技术准备。

4. 活断层探测工作

参与编写的《中国城市活动断层概论——20个城市活断层探测成果》一书由地震出版社出版，同时继续对探测成果图件进行修改。推进探测成果的应用推广，加大在城市大型建设项目中的应用。

5. 防震减灾宣传教育工作

（1）开展针对性宣传教育工作。2015 年 5—12 月，在上海市科委的指导下，携手上海学生联合会，举办"震设人心——首届上海市大学生防震减灾科普作品征集活动"，并于防灾减灾日当天在同济大学海洋与地球科学学院举行活动启动仪式。活动向全国在校大学生征集科普作品 110 份，通过网络评选和专家评议评选出优秀作品 27 份。

（2）开展科普作品创作工作。与中国地震应急搜救中心联合制作科普宣传片《面对地震灾害，我们在行动》，拍摄"震在发生"系列微电影第三部《海洋台》，与上海市科技信息中心联合制作《地震防护》MG 动画短片，介绍大城市避震方法，"防灾减灾日"宣传周期间利用东方明珠移动电视平台，在地铁和公交上滚动播放。

（3）扎实做好嵌入式科普工作。2015 年 3—6 月，与上海新闻广播《安全进行时》合作，协办"第二届安全达人校园挑战赛"，委派专家进校园宣传科普知识；以"尼泊尔 8.1 级地震"为契机，委派专家走进直播间，参与节目录制，普及震时防护技能。

（4）稳步推进常规工作开展。编印《"5·12"防灾减灾日特刊》共计 2 万份。制作宣传册、环保袋、应急工具套装、应急手电筒、鼠标垫等多种宣传产品，向全市市民免费发放，深入普及防震减灾知识。

（5）开展示范社区创建工作。2015 年，上海市共有 11 个区 21 个社区提交创建申请，其中 12 家社区被认定为市级地震安全示范社区。同时黄浦区、浦东新区、闵行区、奉贤区 4 区共 5 家社区先后被认定为国家地震安全示范社区。

（6）开展防震减灾科普示范学校建设。会同上海市教委启动上海市防震减灾科普示范学校认定工作，共 12 个区县 24 所学校提交了创建市级防震减灾科普示范学校申请，计划 2016 年完成认定。

（上海市地震局）

江苏省

1. 抗震设防要求管理

根据省统一部署，江苏省地震局行政审批事项全部进入省政务中心，实行窗口统一管理。江苏省地震局行政审批窗口正式成立，并顺利运转。组织各市地震局、省地震工程院、省内安评单位对近年来地震安全性评价工作情况开展检查，编写检查报告。目前，江苏省城市一般工业与民用建筑都能按国家颁布的地震动参数区划图规定的抗震设防要求进行抗震设防；重大建设工程和可能发生严重次生灾害的建设工程，基本上按规定进行专门的地震安全性评价工作。全年依法审批 172 项建设工程抗震设防要求。

2. 地震安全性评价管理

办理部分丙级单位资质延续事项。个人注册证书管理工作交由江苏省地震学会管理，学会制定二级安评师个人执业资格核准管理办法，并进行二级注册证换证工作。

3. 震害预测工作

盐城震害预测项目基本完成，正在完善项目报告，准备验收。江苏省高邮小区划完成招投标工作，进入实施阶段。

4. 活动断层探测工作

南京、苏州、徐州、南通活断层探测成果在城市规划、重大建设项目中得到广泛应用，取得实效。常州市活断层探测项目顺利通过总验收，工程质量受到中国地震局专家好评。

5. 防震减灾社会宣传教育工作

利用电视、电台、报纸和防震减灾门户网站、"中国江苏"在线访谈、"12322"防震减灾公益服务平台等大众传媒尤其是新兴媒体宣传科学减灾理念，展示防震减灾业务、服务、科研工作，展示江苏省防震减灾工作者的精神风貌。全省地震系统利用"5·12"防灾减灾日、科普宣传周等重要时间节点，组织或参与开展多种形式的科普教育宣传活动，数十万人参与活动。组织南通、无锡、常州、扬州、泰州等市多次开展"平安中国"系列宣传活动；南京市开展防震减灾卡通形象征集大赛，制作防震减灾动画并参加科技部宣传微视频大赛；组织省地震科普专家在全省范围内开展地震科普知识巡讲活动，共计30余场次，受众近万人；参加江苏省科普宣传周广场宣传活动，发放5000余份防震减灾宣传资料等。充分发挥宣传阵地作用，江苏省地震局一直将门户网站作为宣传工作的主阵地，网站信息量逐年增长。通过不断的努力，局门户网站现有"地震科普""专题焦点""常见知识"等栏目，基本覆盖各个方面，并根据科普活动的时间段推出相应的更新。新增洪泽防震减灾体验馆等4个省级防震减灾科普教育基地，创建省防震减灾科普示范学校37所，积极发挥科普教育基地和示范学校的宣传辐射作用。

6. 其他方面

大力推进防震减灾示范城市、示范县（市、区）创建工作。起草全省防震减灾示范城市、示范县（市、区）创建实施细则及评分标准，并以省防震减灾联席会议名义将文件印发至各市政府。由省政府命名示范城市和示范县，开全国之先河。洪泽县、高邮市和淮安市加快推进防震减灾示范县和示范城市创建工作，制定示范县和示范城市创建工作方案，并以当地政府的名义向中国地震局提出了书面申请，创建工作正全面展开。

进一步加强地震安全示范社区工作，共有8个社区获得国家级地震安全示范社区命名，57个社区获得省级地震安全示范社区命名。

（江苏省地震局）

浙江省

1. 抗震设防要求管理

新版《中国地震动参数区划图》（以下简称《区划图》）宣贯。新版《区划图》于2015年5月出台后，浙江省及时采购大量文本和宣贯材料发放给有关省级部门、局各单位和部门以及各市县地震部门，浙江省地震局会同省住建厅，对各市住建部门、全省工程设计单位和施工图审图机构等，全面开展新版《区划图》宣贯培训。全年共办理37项重大建设工程的抗震设防要求行政许可。持续推动浙江省地震安全农居工程建设。根据省政府工作部署，在温州文成泰顺震区实施抗震安居工程，将于2017年12月底完成新建民房10800户、原房维修约18000户、对公共基础设施进行加固或重建。

2. 地震安全性评价的管理

认真履行行政审批职能，常态化管理省网上办事大厅和发改委联审平台浙江省地震局相关网上审批工作，并承担省政务网浙江省地震局网上值班工作。年内组织实施并完成浙江省地震局地震安全性评价网上评审系统建设，同时协助指导舟山市地震局做好许可权委托下放的具体落实。规范完善地震安全性评价行业管理，建立科学合理的质量控制制度，制定出台规范性文件《浙江省地震安全性评价信用管理办法（试行）》和《浙江省地震安全性评价现场工作暂行规定》。

3. 震害预测工作

"浙江地震社会服务工程震害防御服务系统"顺利通过验收，将进一步提高浙江省地震社会服务能力。推动浙江省首个地震小区划项目顺利实施。

4. 活动断层探测

完成对"天台盆地地震构造探查"项目的验收，并在项目实施期间协调相关市县地震部门开展协助，以保障项目建设顺利进行。

5. 防震减灾社会宣传教育工作

印发《关于做好2015年防震减灾宣传工作的通知》。举办全省防震减灾科普培训班，提高市县地震部门科普宣传工作能力。浙江省地震局成为浙江省全民科学素质行动计划成员单位，在省减灾委、省教育厅、省科技厅、省科协等有关部门的联合组织下，开展重点时段宣传工作。会同温州市政府举办"第四届'平安中国'防灾宣导公益活动暨温州市2015年防灾减灾宣传活动周"启动仪式，并组织11个县（市、区）参加活动。据不完全统计，活动周期间参与群众超过40万人，全省设立防震减灾临时科普咨询台300余处，发放各类宣传资料10万余份，其间举办各类应急演练200余场，参与演练群众超过30万人，各类平台展播宣传视频（含公益广告）10部。在重点项目支持下，完成科普设备采购，设计制作印发科普宣传资料，鼓励、指导、重点支持市县地震部门开展防震减灾宣传教育。全省各级各类科普基地总数达80个，其中新增3家，新认定为省级基地6家。有2个社区新获得国家地震安全示范社区称号。

（浙江省地震局）

安徽省

1. 防震减灾法制建设

制定并发布《安徽省防震减灾行政处罚裁量权实施办法及细则》，有效规范全省防震减灾行政执法行为。联合省政府法制办举办第十二期防震减灾行政执法人员资格认证培训班，69名同志通过考试并取得行政执法资格。全省448卷行政执法案卷顺利通过中国地震局政策法规司组织的合法性和规范性检查。

2. 抗震设防要求管理

安徽省16个市局进入同级规委会、进入行政审批窗口和纳入基建程序，9个市局参与竣工验收。53个县进入同级规委会、52个县进入行政审批窗口、48个县纳入基本建设程序、31个县参与竣工验收。安徽省地震局认真履行规委会成员单位职责，全年组织对6个城市总体规划和亳州抗震防灾专项规划进行审查。制定出台《关于加强建设工程地震安全性评价全程监管工作的通知》。2015年，全省受理294项重大工程安评报告，为历年最高。

3. 地震小区划及活动断层探测

完成安徽省引江济淮工程场地地震安全性评价工作，顺利通过国家安评委评审，成为引江济淮工程20个专题中率先完成的子专题，为引江济淮工程顺利开工拿到第一张国家部委通行证。召开全省城市活断层探测咨询研讨会，顺利推进实施合肥市地震活断层探测和六安市、霍山县地震小区划项目。

4. 农村民居地震安全工作

配合安徽省人大城建环资委赴六安市开展农村民居抗震设防执法调研，形成调研报告并提出5条建议。安徽省地震局与省发改委、省财政厅、省住建厅联合下达2015年第一批农民抗震改造中央预算内和省级配套投资计划，明确中央基建投资金额，用于支持4400户农村危房抗震改造，同时省级补助资金按照每户3750元的标准进行配套。配合省住建厅制定《安徽省农村民居抗震设防管理若干规定》，组织编印并免费发放农村民居防震资料，指导和帮助农民科学抗震建房。

5. 防震减灾宣传工作

制订《2015年防震减灾宣传教育工作方案》。成功策划省政府防震减灾新闻发布会，向中央、省、市20多家新闻媒体和公众通报安徽省防震减灾整体工作进展情况，与社会公众建立良性互动。新闻发布会相关情况被国务院新闻办网站图文转载。与省委宣传部联合部署"5·12"防灾减灾日期间防震减灾各项宣传工作，《安徽新闻联播》栏目在防灾减灾日期间连续5天播报防震减灾工作；《安徽日报》刊载张鹏局长署名文章；《安徽商报》连续两天利用四个整版对防震减灾工作进行报道；《新安晚报》采访团两天时间辗转近800km采访艰苦台站。全年，在各类报刊媒体刊发防震稿件37篇，创作宣传教育专题片9部。

6. 市县防震减灾工作

依据《安徽省防震减灾目标考核细则》，完成16个市政府目标管理绩效考核。16个市地震局完成机构改革，其中淮北、蚌埠市地震部门与人防部门合署办公。淮南市5个区成立地震局，从而实现全省105个县级地震机构全覆盖。在中国地震局组织的2015年度市县防震减灾工作综合考核中，滁州市地震局、合肥市地震局、六安市地震局、宿州市地震局等4个地市级地震部门以较强的综合实力获得综合考核先进单位称号，凤阳县、霍山县、萧县、五河县、合肥市包河区、蜀山区等5个县级地震部门被评为全国县级综合考核先进单位，另有9名同志被评为先进个人。

7. 其他工作

印发《关于清理调整群测群防网点加强工作规范化管理的通知》，要求各地按照"四个一"标准，对网点进行摸底排查、规范调整。对重点危险区观测网点进行实地检查，并电话抽查其他网点。

（安徽省地震局）

福建省

1. 抗震设防要求管理

组织省局相关法规和行政执法工作人员到广西参加《中国地震动参数区划图》培训班，并于 2015 年 12 月召开全省市县防震减灾工作会议，以会代训开展全省地震系统执法培训和《中国地震动参数区划图》培训，安排部署新一代地震区划图的宣传贯彻落实工作。

2. 地震安全性评价

做好重大工程地震安全性评价监管工作，2015 年，全省有 129 项能源、交通等重大建设项目依法进行地震安全性评价。落实改革要求，推进行政审批制度改革，规范中介服务。

3. 活动断层探测与填图

在福州市组织专家组对"台湾海峡西部地壳深部结构探测"项目 2014 年工作成果进行验收及 2015 年工作方案进行论证。6 月，福建省地震局实施完成陆域两个水库、海上三个固定点和海上沿两条测线的气枪震源激发，获取大量的福建及台湾海峡深部探测资料，验证高频GPS 解算、海上定点激发震源控制等多个技术系统，为实施福建省海洋战略规划提供了宝贵的基础资料。

4. 防震减灾宣传

围绕"科学减灾 依法应对"这一主题，开展"5·12"防震减灾宣传周活动。建立起例行新闻发布制度，5 月 12 日，在省政府新闻发布厅召开防震减灾工作新闻发布会，围绕地震预警、应急、科普等民众关心、关注的热点问题，以新闻发布会的形式开展新闻宣传活动。由福建省地震局和中国地震局震害防御司、中央电视台科教频道合作拍摄制作的专题片《与地震波赛跑》于 5 月 12 日晚黄金时间在中央电视台科教频道《走近科学》栏目播出。积极响应第四届"平安中国"防灾宣导活动，在 5 月 12 日前后，组织数字电影院线深入福建省龙岩、宁德、三明等地的社区、学校、乡镇流动放映防震减灾科普动漫影片《我在震中》《惊天动地》《前方·后方》等。联合海峡出版发行集团和福建科学技术出版社编写出版了地震安全知识问答书籍——《农村震害警与诚》读本，重点面向农村村民提供科普读物。联合福建省教育厅、福建省公安厅、福建省红十字会等单位，举办 2015 年福建省学生安全知识电视大赛，为配合组织好这次电视大赛，组织编辑了 150 道防震减灾竞赛试题。开展地震安全社区建设工作，引导市县争创国家地震安全示范社区。福州、莆田、泉州、漳州、三明等地共 29 个社区申报国家级地震安全示范社区，全部通过评选，荣获国家地震安全示范社区称号。

5. 其他工作

积极推进地震预警立法工作。在全国地震系统率先将地震预警纳入立法范畴，完成《福建省地震预警管理办法》的立法工作，5月6日福建省人民政府第40次常务会议通过并以福建省人民政府令第162号颁布，于8月1日起实施，为全国地震预警系统的建设和立法工作提供经验。组织申报的《地震预警信息发布》地方标准获省质监局立项。

福建地震社会服务工程项目通过验收。2015年5月项目完成试运行，2015年5月、7月，分别组织福建省单位工程的测试和验收，2015年11月在福州召开验收会，由项目总工办对福建子项目进行验收，并通过了验收。

（福建省地震局）

湖北省

1. 震害防御重大项目建设

湖北省实施2015年度高烈度区农村危房改造项目，该项目共向湖北省十堰竹山、黄冈罗田、荆州公安、恩施咸丰等多个县市区134000余户农民拨付农房抗震改造专项资金1.1亿余元。

通过"武汉城市圈防震减灾平安计划工程"地震安全示范计划项目，向安陆市镇高寨村等10个农居示范村拨付项目资金188万元。全省引导建设地震安全农居工程15900余户，下放农居工作经费200万元。

向武汉城市圈内市县地震部门农居信息网建设、地震观测与预警示范工程、地震应急避难场所建设和防震减灾科普教育基地建设等4类共计12个项目下达2015年中央投资资金500万元。

2. 抗震设防管理

组织省地震安评委员会对宜昌新华国际广场、鄂州客运站综合枢纽工程等160余项重大工程地震安评报告进行评审，并参与湖北能源荆州煤港电厂等2个重大项目初可研审查工作。

各州市地震部门积极开展一般工民建工程的抗震设防要求监管，武汉市完成一般工民建工程行政审批1907项，十堰市55项，鄂州市75项，黄冈市33项，宜昌市23项。

在鄂州举办《第五代中国地震动参数区划图》宣贯培训会，来自各地市州及重点县市区的地震工作部门管理、技术人员参加培训，共发放各类宣贯材料200余套。

3. 防震减灾社会宣传

举办"湖北省第四届防震减灾宣传活动周"启动仪式，湖北省地震局姚运生局长和黄冈市陈安丽市长出席启动仪式；组织全省各地市州参加"平安中国"防灾宣导系列公益活动，全省共播放专题减灾电影50场次；宣传周期间全省各级地震部门共发放各类宣传展品25万余份、举办各类宣传讲座310余场，在社区、学校等人员密集场所举办各类地震应急综合演练1500余场次。武汉市地震办组织全市地震系统进行防震减灾知识电视竞赛，并将半决赛、决赛在武汉电视台文体频道进行直播。武汉南湖中学防震减灾科普馆开馆，将开馆仪式与地震综合应急演练相结合,《楚天都市报》、湖北经视对开馆仪式活动进行全面报道。十堰市全市10万人同一时间段参与大规模地震应急演练,较大提升了社会影响力。

组织开展省级防震减灾示范社区创建活动,共评定2015年省级示范社区9个;中国地震局认定黄冈市黄梅县五祖镇一天门社区等4个社区为2015年度国家级地震安全示范社区。

4. 其他工作

将"建设工程抗震设防要求的确定""影响地震观测环境的建设工程的审批""应当建设专用地震监测设施的建设工程的审批"等3项行政审批事项纳入省政府办公厅公布的《湖北省市(州)级和县(市、区)级行政审批事项通用目录》。

积极配合省发改委,在全国率先将上述三项行政事项纳入"投资项目联审平台",完成省、市、县三级投资项目联审平台上线试运行工作。

(湖北省地震局)

湖南省

1. 抗震设防要求管理

依法完成行政审批项目187项,市县完成一般建设工程抗震设防确认700余项,继续开展地震安全农居示范工程,完成洪江托口镇省级地震安全农居示范点项目验收,累计建成7万余户,受惠人口达40余万。

2. 地震安全性评价管理

全年审批丙级资质1项,开展地震安全性评价157项,地震动参数复核1项,省防震减灾工作中心开展地震安全性评价106项,外省相关资质单位开展地震安全性评价52项。

3. 防震减灾社会宣传教育工作

在"5·12"防灾减灾日、防震减灾法实施日、世界标准化日、法制宣传日开展科普宣传活动。认定省级防震减灾科普示范学校20所,省级地震安全示范社区19个;组织岳阳、株洲、张家界三市参加"平安中国"的宣传活动;启动防震减灾科普动漫片制作工作;岳阳市地震局撰写的《韧性的较量》一文入选中央国家机关工委与中国法学会、全国普法办、人民网联合主办的"中央国家机关最受网民欢迎的法治故事"评选活动。

(湖南省地震局)

广西壮族自治区

1. 法制建设

广西壮族自治区第三部地方政府规章《广西壮族自治区地震重点监视防御区管理办法》于

2015年9月1日经广西壮族自治区12届人民政府第57次常委会议审议通过，自2015年11月1日起施行。《地震应急避难场所运行管理规范》和《地震应急避难场所场址及配套设施要求》2项地方地震标准首次纳入广西地方标准制定计划。

2. 审批改革

主动取消一般工程抗震设防要求技术咨询收费，简政放权取消丙级地震安全性评价资质认定。贯彻落实《国务院关于第一批清理规范89项国务院部门行政审批中介服务事项的决定》和中国地震局的通知要求，不再要求申请人提供地震安全性评价报告，改由审批部门委托有关机构进行地震安全性评价。自治区地震局及时与自治区物价局对接，协商修改收费文件，积极与自治区发展改革委对接地震安全性评价目录之外的一般建设工程目录，同自治区编办协商修改全区行政许可操作规范等，确保中央的各项改革要求落到实处。

3. 抗震设防

自治区地震局先后参与南宁地铁3号线工程初步设计，北海电厂二期初步设计及防城港核电厂二期3、4号机组可研报告等项目的安评审查。承办GB 18306—2015《中国地震动参数区划图》宣贯华南片区培训班，华南片区各省（区、市）地震局及广西各设区市技术人员200余人参加培训。自治区地震局与自治区民政、保监部门协同配合，首次将农村民居地震保险纳入全区农村住房政策性保险范畴。年内中央财政补助4.94亿元用于广西抗震设防烈度7度及以上的地震高烈度设防地区5.86万户农房抗震改造。

4. 宣传教育和示范性建设

全区各级各类学校围绕"科学减灾　依法应对"主题，重点抓好"8个一"地震知识活动。"平安中国"千城系列宣传行动在广西深入开展。联合广告公司制作《建设安全房屋，擎起爱的天空》农村民居建设宣传片，签订2000场电影下乡协议。"防灾减灾日"期间，全区开展校园演练1665场，参与师生111万人次。全区各部门和企业开展应急演练共计244场，参与群众达35720人次。据统计，截至2015年，全区累计建立各级地震科普教育基地78个，其中国家级1个，自治区级15个；全区建立防震减灾科普示范学校273所，其中地市级的94所，比2014年度增加56所，增长率达147%。全区共建成44个防灾避险公园，公园面积1850多公顷，完成投资6.5亿元。学校和街道社区共设置救灾物资储备库100多个。全区共有10个市推荐99个城乡社区参加全国和全区综合减灾示范社区的评选，其中50个社区被评为"自治区综合减灾示范社区"，22个社区被推荐参评"全国综合减灾示范社区"。积极推进国家地震安全示范社区申报工作和防震减灾科普教育基地评定工作，已建成自治区地震安全示范社区25个；其中，国家级地震安全示范社区6个。

（广西壮族自治区地震局）

西藏自治区

1. 抗震设防要求管理

2015 年，西藏自治区地震局积极推进重大建设工程、生命线工程和可能发生次生灾害的建设工程地震安全性评价工作，尤其在报告质量上严格把关，截至 2015 年 11 月底共组织评审 14 份地震安全性评价报告。同时，根据中国地震局《关于开展全国地震安全性评价工作检查的通知》（中震函〔2015〕33 号）要求，西藏自治区地震局组织地震安全性评价工作自查，开展专项整治工作，进一步规范西藏自治区地震安全性评价相关行为。

2. 活动断层探测工作

大力推进日喀则市活动断层探测与地震危险性评价项目。西藏自治区日喀则市活断层探测与地震危险性评价项目是西藏自治区"十二五"时期重点建设项目，也是西藏发展防震减灾工作重点支撑项目。

3. 防震减灾社会宣传教育工作

参与"平安中国"乡村行防灾宣导科普走基层系列活动。2015 年 4 月中下旬，西藏自治区地震局在中国地震局的组织下，在拉萨市、林芝市、山南地区举办"'平安中国'乡村行防灾宣导科普走基层"系列主题活动。

积极开展"5·12"防灾减灾日系列宣传活动。为切实做好防灾减灾日的防灾减灾各项宣传工作，根据中国地震局相关文件要求，西藏自治区地震局印发《关于做好 2015 年"防灾减灾日"期间防震减灾宣传工作的通知》（藏震防发〔2015〕18 号），制订《西藏自治区地震局2015 年"防灾减灾日"宣传周系列活动方案》，并根据活动方案精心组织开展一系列有声有色的宣传活动。

启动防震减灾科普示范学校建设工作。西藏自治区地震局草拟《西藏自治区防震减灾科普示范学校管理办法（征求意见稿）》，并多次与西藏自治区教育厅、西藏自治区团委、西藏自治区科协等相关部门协调、沟通，力争联合印发。

完成《西藏自治区防震减灾培训教材》编写印制工作。各级党政干部的防震减灾意识和应对、处置地震灾害的能力，是最大限度减轻地震灾害损失的重要保证，也是实现西藏自治区防震减灾事业跨越式发展的重要基础。

4. 法制建设工作

继续做好《西藏自治区地震监测设施和地震观测环境保护办法》（以下简称《办法》）立法工作。为了加强对西藏自治地震监测设施和地震观测环境的保护，西藏自治区地震局经过与政府法制办多次协商，通过《西藏自治区人民政府 2014 年度规章制定计划》，确定将《办法》列入自治区立法计划。

5. 防震减灾工作规划建设

西藏自治区地震局开展"十三五"西藏防震减灾规划震防部分立项工作，目前"西藏防震减灾宣教基地建设""昌都市地震活断层探测与危险性评价"两个项目均已完成项目可研报告，有待相关部门审批。

6. 地市防震减灾工作建设

继续加强地市防震减灾工作指导。山南地区地震局、林芝市地震局被评为2015年度全国地市级防震减灾工作综合考核先进单位，山南地区地震局吕琳同志、林芝市地震局王晓冬同志被评为2015年度全国市县防震减灾人员考核先进工作者。2015年年初，西藏自治区地震局参与召开了西藏自治区防震减灾工作联席会议，并组织各地（市）分管领导和地震局长参会，会议对2015年西藏自治区防震减灾工作重点任务进行了全面部署。为进一步强化西藏自治区地市防震减灾知识普及和宣传教育工作，西藏自治地震局制定并印发了《2015年防震减灾宣传工作要点》，强化防震减灾知识宣传普及，提高各地市防震减灾能力，为各地市经济社会发展提供有效地震安全保证。

组织举办首期西藏自治区地市防震减灾培训班。为加强地市防震减灾人才队伍建设，2015年6月30日—7月2日，西藏自治区首期地市防震减灾培训班在拉萨举办，共有来自西藏自治区7地市地震局的10余名学员参加培训。各业务处室的负责同志和技术骨干为学员进行授课。

（西藏自治区地震局）

宁夏回族自治区

1. 抗震设防要求管理

对抗震设防要求审批进行重新梳理，出台符合现实操作的审批管理流程；宁夏回族自治区地震局权力清单，通过中国地震局审核确认。

2. 活动断层探测工作

2015年12月4日，吴忠项目通过中国地震局震害防御司组织的专家验收。活断层探测成果移交给吴忠市政府，为吴忠市政府和相关部门的城市发展规划、土地利用、重大工程选址以及防震减灾等提供科学依据。固原项目已完成大部分野外工作，探明目标区清水河隐伏断层和羊坊—明庄隐伏断层运动方式、活动时代，项目共设计10个子专题，其中1:25万地震构造图及其说明书、浅层地震勘探、小震精定位、钻孔联合剖面探测专题已完成，阶段成果已应用于固原市的城市建设。中卫市活动断层探测项目成功立项。

3. 防震减灾社会宣传教育工作

制发《全区2015年防震减灾宣传工作方案》，继续推动防震减灾知识进机关、进学校、进企业、进社区、进农村、进家庭，组织有关专家开展专题讲座10余场次。配合"平安中国"活动组委会，做好防灾宣导系列公益活动。利用新媒体做好宣传工作，开通新浪官方微博，定期发布科普信息；利用短信平台，全年发送公益短信500万条。组织开展"倡行法治 尊法守法"法律知识竞赛答题、全国百家网站和微信公众号"尊法学法 守法用法"法律知识竞赛活动，宁夏地震局派出代表队参加宁夏公民素质知识竞赛。拍摄《科学减灾

依法应对 防震减灾从我做起》的公益广告宣传片，在"5·12"全国防灾减灾日、科普宣传周、"7·28"唐山大地震纪念日等重点时段集中播出。

4. 其他工作

（1）按照中国地震局法规司要求，完成对市县地震行政执法案卷的收集以及对宁夏地震局案卷的整理工作。完成《中国防震减灾百科全书·宁夏管理卷》的补充、完善及编纂工作。

（2）固原市、石嘴山市被评为地市级全国市县防震减灾工作综合考核工作先进单位，西吉县、同心县被评为县区级全国市县防震减灾工作综合考核工作先进单位；固原市西吉县吉强镇中街社区和吴忠市同心县富兴社区被评为"国家级地震安全示范社区"。

（3）完成宁夏地震社会服务工程震害防御分项工程验收和项目验收工作。

（宁夏回族自治区地震局）

河南省

1. 抗震设防要求管理

推进各市抗震设防纳入联审联批。给各市局提出具体工作要求。积极推进各市抗震设防纳入联审联批，收效显著。河南省已有16个省辖市将抗震设防要求纳入基本建设管理程序。推进地震安全农村服务站建设。驻马店每个乡都至少建立1个农村地震安全服务站，共约170多个地震安全服务站，固始、周口也已完成每个县（市、区）都至少建立1个农村地震安全服务站。

2. 地震安全性评价管理

提高安评工作质量。印发《河南省地震安全性评价报告评审管理办法》（豫震防发〔2015〕13号），严格安评报告评审程序，评审评委认真负责，安评报告质量提高。治理安评扩大化。明确省政府第〔120〕号令中必须进行地震安全性评价的建设工程，强制要求规定范围以外的建设工程进行地震安全性评价属于违法违规行为，对确实存在违法违规行为的资质单位将进行通报批评，屡禁不止的降低或注销单位资质。组织完成河南省人民政府行政监督证和行政执法证的换证工作。换发执法证11个、监督证7个。

3. 活动断层探测工作

2015年3月对新乡、焦作、濮阳印发《关于报送城市活断层探测、地震小区划工作进度的通知》，截至目前，南阳、驻马店、郑州、安阳4个市的活断层项目已完成；焦作市活断层探测已通过总验收；新乡目前在开展第二期活断层探测工作，洛阳活断层探测招标工作已完成；濮阳已争取市财政对活断层探测工作资金700余万元，目前正开展项目前期筹备；周口、平顶山已积极争取市政府支持，目前在编写活断层探测可行性报告。震害防御处督促已完成和正在开展活断层探测的市局及时将活断层探测结果提交市政府，为城市设计规划提供依据。

4. 防震减灾社会宣传教育工作

积极创建防震减灾科普示范学校和教育基地。向省辖市、省直管县地震部门印发《关于申报 2015 年河南省防震减灾科普示范学校和防震减灾科普教育基地的通知》，2015 本年度示范学校和科普教育基地创建提出了明确要求。充分发挥宣讲团作用。在全省开展科普讲座 73 场，其中危险区开展了 31 场，超额完成危险区"三市一县"开展 80% 的目标。"十二五"期间共创建省级防震减灾科普示范学校 140 所；创建国家级防震减灾科普教育基地 2 个，省级 7 个。2015 年还未完成最后验收，预计会有 45 所示范学校、2 个教育基地通过验收。2015 年创建省级地震安全示范社区 6 个，国家级地震安全示范社区 7 个。创新载体，多渠道开展防震减灾宣传。除继续办好《中原减灾》报外，通过建立官方微博、建立微信平台和《河南防震减灾》刊物等方式，不断创新宣传载体，多渠道多方式开展防震减灾宣传，起到良好的宣传效果。

5. 其他工作

建立防震减灾能力评价指标。为贯彻落实《河南省人民政府办公厅关于明确豫政〔2011〕89 号文件重点工作责任单位的通知》（豫政办〔2012〕167 号）的相关要求，落实 2020 年防震减灾工作目标，加快推进河南省市（县）防震减灾能力建设，为建立符合河南省省情震情，具有较强指导性和操作性的市县防震减灾能力考核体系，河南省地震局组织人员认真研究豫政办〔2012〕167 号文件各项工作任务，制订《河南省市（县）防震减灾能力评价指标体系》（豫震防发〔2015〕34 号），于 2015 年 5 月 14 日印发执行。

（河南省地震局）

内蒙古自治区

1. 抗震设防要求管理

（1）对内蒙古自治区内完成的地震安全性评价报告进行评审及审批。

（2）对内蒙古自治区 6 个地震安全性评价丙级资质单位进行清理，延续 4 个丙级资质单位。开展行政许可实施情况检查，定期开展地震安评资质单位审验。

（3）指导乌海市、包头市开展城市活断层探测工作。乌海已完成 4 个专题，包头已完成 6 个专题并验收。

（4）11 月，在鄂尔多斯市举办 GB 18306—2015《中国地震动参数区划图》宣贯培训班。

2. 防震减灾社会宣传教育工作

（1）2015 年 5 月 11—17 日全区防灾减灾科普宣传周，以"科学减灾 依法应对"为主题，全区各级地震部门通过在广场设立宣传展示区等形式开展防震减灾宣传。《北方新报》《内蒙古晨报》等媒体对宣传活动进行采访报道。全区各盟市地震局出动宣传队伍 1000 余人次，发放宣传资料 5 万余份。

（2）在乌兰察布市、锡林郭勒盟、鄂尔多斯市和兴安盟开展"平安中国"宣传活动，申领"平安中国"宣传资源包，悬挂横幅、赠送图书《乐乐熊大冒险》《今天明天》DVD 光盘，发放宣传资料（扇子、宣传册、宣传手提袋），播放防震减灾科普影片。

（3）内蒙古防震减灾科普教育基地、包头防震减灾科普教育基地、赤峰防震减灾科普教育基地和海拉尔防震减灾科普教育基地，在防灾减灾科普宣传周、"5·12"防灾减灾日和"7·28"唐山地震纪念日期间接待参观万余人次。阿拉善盟地震局、巴彦淖尔市地震局通过当地电视台播出地震科普纪录片。

3. 盟市防震减灾工作

（1）完成 2015 年各盟市地震工作部门办公、人员、经费等信息统计和市县防震减灾工作基础资料统计。

（2）征求自治区民政厅和住建厅意见后，印发地震安全示范社区建设和评比办法，完成 2015 年两批地震安全示范社区创建评比工作，17 个社区获自治区级地震安全示范社区称号，4 个社区获得国家级地震安全示范社区称号。

（3）组织开展先进市县地震工作典型案例申报工作，包头市、鄂尔多斯市获得全国地市级防震减灾工作综合考核先进单位；呼和浩特市赛罕区、土默特右旗、满洲里市、扎兰屯市、化德县获得全国县级防震减灾工作综合考核先进单位；呼和浩特市赛罕区中专路街道巨海社区、包头市青山区富强路街道锦林社区、包头市昆都仑区阿尔丁街道乌兰社区、通辽市开鲁县开鲁街道和平社区被认定为国家级地震安全社区。

（4）完成全区市县防震减灾基础能力建设需求项目征集工作，共征集项目 81 个，向中国地震局申报 8 个项目。

（5）完成全区市县防震减灾工作年度考核，包头市地震局、鄂尔多斯市地震局获得全区市级防震减灾工作年度考核一等奖。

4. 社会及其他工作

（1）国家地震社会服务工程内蒙古自治区单位子项目通过中国地震局专家组的系统测试和项目验收。

（2）完成《中国防震减灾百科全书·内蒙古管理卷》的编写工作，正式报送编委会。

（内蒙古自治区地震局）

山东省

1. 抗震设防要求管理

加强建设工程抗震设防管理，各级地震部门审核确定 680 项重大建设工程、2000 余项一般建设工程的抗震设防要求。加强地震行政审批服务，省地震局进驻省级重大项目网上联审平台，组织开展红旗窗口复核和认定工作，命名表彰 38 个窗口。开展全省新农村建设工程抗震设防情况检查、全省农村民居抗震设防现状抽样调查和中央农房抗震改造项目需求摸底，为政策制定和工作部署提供科学依据。认定 23 个省级地震安全农居示范工程。部署开展新一代《中国地震动参数区划图》贯彻实施工作。

2. 地震安全性评价管理

加强地震安全性评价行业管理，对贯彻行政审批中介服务改革及时提出指导意见，进一步规范安评单位从业行为，清理不符合条件的注册人员。

3. 活动断层探测工作

淄博市王母山禹王山断裂探测成果投入应用，沂南县城等4个地震小区划项目基本完成，滕州、高青地震小区划工作开始实施。

4. 防震减灾社会宣传教育工作

利用防灾减灾日等有利时机，举办防灾减灾大型图片展、地震台站社会公众开放日、新闻媒体"走基层"专题采风等活动，通过新闻媒体、广场宣传、科普讲座、手机短信、网站专栏、模拟演练等多种形式开展宣传。省防震减灾科技园区接待多批次中小学生、党校学员参观考察，充分发挥宣传阵地作用。正式开通运行省地震局官方微博、微信，社会反响良好。完善舆情监视引导工作机制和工作队伍，对地震传言实施强化监视。命名23个省级地震安全示范企业，22个省级防震减灾科普宣教基地，59个省级地震安全示范社区，新增14个国家级地震安全示范社区。继续推进试点示范工作，济南市成功创建国家防震减灾示范城市，禹城等5个县（市、区）成为国家示范县，垦利等7个省级示范县通过验收或基本完成创建。

5. 其他工作

《山东省防震减灾知识普及办法》正式实施。《山东省农村建筑抗震设防要求管理办法》完成起草，并征求省有关部门的意见。《山东省地震台（站、点）标识编码规则》《地震应急避难场所分类与代码》地方标准制定工作取得阶段性进展。

（山东省地震局）

陕西省

1. 抗震设防要求管理

加强抗震设防要求和地震安评管理工作。各市本级和70%县（区）将抗震设防要求纳入基本建设管理程序，写入各市防震减灾目标责任书，抗震设防要求管理进入省投资项目在线审批监管平台。省政府对全省各市政府实施防震减灾目标责任管理。西安、咸阳、宝鸡将防震减灾工作纳入政府综合目标考核体系。

2. 地震安全性评价管理

开展行政审批事项改革，落实安评中介服务事项清理要求，改革地震安评方式，取消二级安评师执业资格注册。实施地震安评服务86项、一般工民建备案1824项，参加重大工程可行性论证12项。通过省地震局微博、微信、培训班进行第五代《中国地震动参数区划图》宣贯。

继续推进安全示范工程建设，省政府办公厅印发《陕西省防震减灾示范县（区、市）创建活动实施意见》，省地震局印发《陕西省防震减灾示范社区认定管理办法（暂行）》。创建国家防震减灾示范县区3个、省级8个，国家地震安全示范社区10个、省级13个、市级37个，省级防震减灾科普基地1个、科普宣传示范企业1个。

3. 防震减灾社会宣传教育工作

利用"5·12"防灾减灾日等重要时段，开展第六届省防震减灾宣传周、防震减灾科普知识展、"平安中国"防灾宣导、防震减灾三秦行、公民走进地震局等活动。通过微博、微信、网站等平台向社会提供震情信息10万余条。西安地铁在车站及列车传媒上循环播放防震减灾宣传片。全年全省共开展各类宣传活动1000多场次，专题讲座200余场，直接参与群众达120万人次。教育部门将防震减灾科普知识纳入中小学生安全教育教学计划。省地震局制作的《我所了解的地震预警》获科技部"2015年全国优秀科普微视频作品"奖。省地方标准《中小学防震减灾示范学校评价指南》发布实施，各地创建省级防震减灾科普示范学校26所、市级77所。

（陕西省地震局）

青海省

1. 抗震设防要求管理

2015年，青海省地震局联合省教育厅、省科协组织专家对全省各州市推荐的15所参评学校进行评审，其中11所学校被认定为"青海省防震减灾科普教育示范学校"；对各州市初审、推荐的9个参评社区和1个参评企业进行评定，其中5个社区和1个企业分别被认定为"青海省地震安全示范社区"和"青海省防震减灾示范企业"，格尔木市西城区河西街道小岛社区和玉树市扎西科街道西同社区被命名为"国家地震安全示范社区"。截至2015年，全省共有51所省级防震减灾科普教育示范学校，21个省级地震安全示范社区（示范乡镇、示范企业各1个）。

2015年，通过开展城镇地震小区划、活动断层探测和震害预测，为城乡规划建设提供基础依据。青海省地震局夯实震害防御基础，规范青海省各地区的防震减灾行政事项审批；继续加强抗震设防要求监督管理，开展新一代地震区划图的宣传贯彻工作，联合相关部门开展培训，组织多渠道、多形式宣传，推进各行业抗震设计规范与新一代区划图的衔接，确保各类新建、改建、扩建建设工程全面符合新的标准；统筹涉农项目资金，推动农牧区民居地震安全工程实施，加大对地震重点危险区内农牧民住房中危房的加固和重建工作力度，扩大覆盖面，逐步改变青海省农村牧区民居抗震能力明显不足的状况，促进城乡地震安全均等化。

2. 防震减灾社会宣传教育工作

青海省地震局继续推进防震减灾科普教育示范学校、地震安全示范社区、示范城市创建工作，建立防震减灾科普教育示范学校和地震安全示范社区的复查工作机制，确保真正起到示范引领作用；加强市县基层工作，加大对市县落实抗震设防要求监管、农居抗震图集编制、农村工匠培训、监测能力提升、应急准备和科普宣教等方面的支持力度。

（青海省地震局）

山西省

1. 抗震设防要求管理

组织开展《山西省建设工程抗震设防条例》和新一代《中国地震动参数区划图》的实施、宣贯工作。2015 年 6 月 9 日举办"山西省抗震设防知识竞赛"。出台《关于改进抗震设防要求行政许可工作的通知》。率先在全国建立由地震、发改委、国土、住建等 10 家单位组成的省级抗震设防联席会议制度。除长治市外，全省 10 个市也建立抗震设防联席会议制度。

配合省人大科教文卫委员会于 2015 年 10 月 23 日至 11 月 4 日对《山西省建设工程抗震设防条例》贯彻落实情况开展检查、调研。

全年完成抗震设防要求审批 289 项，地震安全性评价项目 278 项。

按照山西省政府办公厅关于进驻省政务服务平台的要求，变更"抗震设防要求管理处"为"行政审批管理处"。

纳入省改善人居环境工作领导组。配合省发改委、财政、住建、农业等部门，研究制定实施方案，推进国家农村民居地震安全工程建设和农居抗震改建工程实施。继续在大同、朔州、忻州开展农村民居抗震改建实施工作。与省住建厅联合印发《关于做好 2015 年农村住房抗震改建试点工作的通知》。与省住建厅联合印发《关于提前下达 2016 年农村住房抗震改建试点任务的通知》，提前下达大同、朔州、忻州 3 市改建任务。

2. 地震安全性评价

继续做好重大建设工程地震安全性评价评审工作，加强对地震安评现场工作量的考核，把好地震安全性评价服务质量关。修订《山西省地震安全性评价范围》，规范安评行为。

3. 震害预测工作

完成太原市"强震危险区大城市地震灾害情景构建项目"阶段任务。完成大同市"震害预测工作与建立震灾快速评估系统项目"和"装备工业园区地震小区划"项目的立项工作。完成忻州市新建城区云中新区（北区）小区划项目。完成晋中市"地震灾害预测及防御对策项目"验收工作。完成阳泉市新北区小区划验收工作。完成晋城市阳城县小区划项目立项工作。完成临汾市市区震害预测一期和洪洞县小区划项目。完成运城市新建城区小区划项目和市区震害预测项目立项工作。

4. 活断层探测工作

临汾市市区活断层探测项目通过中国地震局验收。完成吕梁市交城县活断层探测项目阶段性任务。完成长治市"晋获断裂带活断层探测二期"验收工作。

5. 防震减灾社会宣传教育

组织开展"平安中国"千城大行动系列公益活动。"5·12"期间面向全省各大中小学校推广发放《防震减灾优秀宣讲》《防震减灾进校园》专题片、《校园地震应急演练》微电影等。开展全省"防震减灾宣传工作及宣传作品意见征集问卷调查"活动。"7·28"期间，以忻州市为宣传主场，结合"平安中国"防灾宣导千城大行动的要求，开展为期一周的重点时段宣传。组织全国范围的防震减灾征诗、征联活动。

认定省级示范县（区）9个、示范社区36个，省级防震减灾科普教育基地4个、科普示范学校55个。大同、吕梁、阳泉的3个社区被中国地震局授予"国家地震安全示范社区"称号。

6. 权力清单编制

完成《山西省地震局关于对权力清单制度相关事项进行审核确认的请示》《山西省地震局清单编制基本情况》《山西省地震局职权清单总表》《山西省地震局权力清单事项对照表》《山西省地震局责任清单总表》，通过中国地震局确认批复。

（山西省地震局）

云 南 省

1. 抗震设防要求管理

与云南省交通运输厅联合进行云南省交通建设项目抗震设防要求检查，促进重大工程地震安全性评价结果运用。并向中国地震局报送《2015年云南省交通建设项目抗震设防要求检查情况报告》。配合住房和城乡建设部门做好年度抗震安居房建设指导工作。

2. 地震安全性评价管理

积极推动开展地震安全性评价结果使用情况检查，依托、借助云南省行政审批服务事项管理系统，防范地震安评扩大化，加强地震安评管理。云南省投资项目审批中心省地震局窗口依法审批344件重大项建设工程的地震安全性评价报告。

3. 农居地震安全工程和地震安全示范社区建设

参与编制《2015—2019年全省农村危房改造和抗震安居工程建设规划》，全程参与省政府第三督查组的督查工作，对昭通市、滇中新区的农村危房改造和抗震安居工程建设情况进行督查。

组织完成2015年两批次地震安全示范社区创建评审认定工作，共有23家社区获评国家地震安全示范社区。9月完成对西盟、镇康两县工作调研，并将镇康县作为2016年地震安全示范县城创建项目上报中国地震局。

4. 地震预警及立法

组织起草《云南简易烈度计地震预警试验区建设专项实施方案》。完成《云南省地震预警管理规定（草案）》起草、征求意见和论证工作，已申报2016年省政府立法计划规章一档。

5. 地震保险试点

同云南省民政、财政、住建、保监等部门多次召开协调会，经省政府批准，联合印发《云南省大理州政策性农房地震保险试点方案》。2015年8月7日，云南省大理州政策性农房地震保险完成第一笔签单，正式落地实施。

6. 防震减灾宣传教育

2015年，云南省地震局新媒体共发布各类信息600余条（篇），阅读量达数百万人次。鲁甸地震 1 周年座谈会、"11·6" 例行新闻发布会首次实现新媒体直播报道。云南数字地震科普馆初步建成,社会公众足不出户,就能参观访问科普馆。与省教育厅联合下发《关于加强防震减灾科普教育工作的意见》,配合教育出版社完成《中小学地震安全教材》的编写,实现全省防震减灾知识进中小学教材的目标。开展重要纪念日科普宣传活动。组织开展《防震减灾 平安云南》"八进"活动 50 余次,受众 6 万余人。云南省地震局被中国地震局评为"2015年度防震减灾社会宣教工作先进单位",荣获"2015 年第四届防灾宣导系列公益活动优秀组织奖",云南省地震局新媒体被新华网评为省直机关政务新媒体综合影响力奖。

(云南省地震局)

江西省

1. 抗震设防要求管理

(1)市县机构与队伍建设进一步发展,截至 2015 年 11 月底,江西省地市级地震机构总数为 11 个,其中独立建制 8 个,合署办公 3 个。县(区)级地震机构总数 100 个,其中独立建制 53 个,合署办公 45 个,内设机构 2 个。专职在编人员合计 661 人。

(2)2015 年 10 月,联合省人大教科文卫委分三个调研小组先后赴九江市、萍乡市、赣州市及九江县、瑞昌市、会昌县、瑞金市等地开展防震减灾联合执法调研。

(3)开展江西省市县防震减灾"六个一""九个一"工程验收检查工作。在各市、县(区)自评的基础上,通过查看资料、听取汇报和现场检查相结合的方式,全面完成对全省 11 个设区市、100 个县(市、区)的"六个一""九个一"工程验收工作,并向省政府报送了《防震减灾"六个一"和"九个一"工程验收情况报告》。

2. 地震安全性评价管理

2015 年 6 月,行政审批事项进入江西省政府新的网上审批平台。行政审批事项进驻为中央垂直管理部门驻赣机构唯一,加强依法行政。

3. 加强防震减灾政策研究和法规建设

通过开展 2015 江西省防震减灾制度体系建设,将地震灾害预防系统的 10 项管理制度纳入体系,实现科学规范管理。

4. 加强防震减灾社会宣传教育

(1)2015 年,设计制作 4 万册针对社会家庭和中小学校不同宣传对象的防震减灾宣传手册。

(2)2015 年 4 月,联合江西省普法办、新法制报社和江西法制网,利用法制江西网"江西省百万网民学法律"平台开展防震减灾知识网络竞赛活动,共有 125131 人参与网络知识竞赛。

(3)积极开展"平安中国"千城大行动活动号召,组织南昌市、九江市、景德镇市和广丰县参与"平安中国"千城大行动,全省有 4 个市县共有 15 所学校、7 个社区开展了 24 场次的防震减灾科普宣传教育片放映，超过 30 万人直接参与活动。

（4）组织开展江西省 2015 年度的省级防震减灾示范工程（防震减灾科普示范学校、科普教育基地和地震安全示范社区）创建工作。共认定 1 个省级防震减灾科普教育基地和 6 个省级防震减灾示范社区。

5. 其他工作

2015 年 10 月，组织开展全省新一代《中国地震动参数区划图》培训班。全省市县防震减灾部门的负责人及部分业务骨干共计 140 余人参加培训。通过培训，市县地震部门负责人对新一代区划图的掌握更加全面，理解更加深入，业务水平和依法履职能力得到进一步提升。

（江西省地震局）

广东省

1. 抗震设防要求管理

2015 年，共完成辖区内 308 项重点建设工程的抗震设防要求审定，紧紧围绕中国地震局 2015 年推进简政放权放管结合优化服务工作方案及广东省人民政府推进行政审批标准化建设工作部署进行，逐步推进抗震设防行政许可、地震安全性评价管理、行政审批中介服务、网上办事大厅建设等工作深入有序开展。

根据广东省人民政府"清理省政府部门非行政许可审批事项，并延伸到市县"的要求，对广东省及市县各级地震工作主管部门的行政许可事项进行清理规范，并根据广东省行政审批事项通用目录明确各级保留的行政审批事项的主项和子项名称，以改变各市县抗震设防要求行政许可名称不统一、工作内容不统一的问题，为开展行政审批事项标准化打好基础。4 月，省行政审批标准化建设工作进入实施阶段，广东省地震局做了大量的准备工作，做到与省政府进度一致，但由于《国务院关于第一批清理规范 89 项国务院部门行政审批中介服务事项的决定》包含工程场地地震安全性评价中介服务事项，将对"建设工程地震安全性评价报告审定及抗震设防要求确定"行政审批职能履行产生重大影响，该事项的审批流程、审批要素及与之对应的法律法规依据都将会有较大变动，因此，商请省编办暂缓办理标准化录入工作。

进一步加强社会管理责任，先后参加阳江、梅州抽水蓄能电站，东莞深能源电力扩建等多个重大能源项目选址地震安全服务，将安全服务融合到省和地方的经济社会发展中，为地方经济作出了重大贡献。

抓好城市抗震防灾规划建设，为城市安全提供地震安全保障。重点做好东莞市中心城区及松山湖区的抗震防灾规划编制，突出城市规划阶段的抗震设防管理，将地震部门现有成果运用于规划编制，服务于整个城市发展。同时利用城市总体规划修编，为城市做好规划建设的技术服务。全年共计为汕头、阳江、惠州等多个城市的总体规划和综合建设规划提供技术服务。

2. 地震安全性评价管理

按照中国地震局 2015 年行政审批改革方案取消甲级、乙级地震安全性评价资质认定的初审的规定，经与省行政许可通用目录管理机构沟通，申请取消广东省地震局甲级、乙级地震安全性评价单位资质审查许可事项。根据中国地震局经营性国有资产管理改革要求，广东省地震局对广东省工程防震研究院与广东省地震工程勘测中心进行整合，让原注册在勘测中心的甲级、乙级地震安全性评价工程师转出，在个人资质变更注册工作完成的基础上，报中国地震局核准，注销广东省地震工程勘测中心的地震安全性评价单位资质。

2月，为适应国家和广东省行政审批改革形势发展要求，结合广东省防震减灾工作实际，地震安全性评价报告审定这一技术服务环节转由广东省地震学会负责。2015年工作重点顺着改革思路转移的同时，依然坚持抓质量、促规范，一是从严要求安评报告质量，规范问题集中的报告签名盖章页和柱状图格式，严格执行立案退案制度，严把形式审查关；二是加大现场检查工作力度，全年共组织现场检查7次，分别对广东省工程防震研究院、广东省地震工程实验中心、广州南粤地震工程勘察有限公司等单位安评工作的各项情况进行检查，重点是政策执行、制度落实、内部管理等，督促安评工作领域的党风廉政建设等；三是对佛山市地震局承担安评许可委托下放的实施情况进行现场检查，要求确保地震安全性评价行政许可工作合法，程序规范，报告质量合规，杜绝技术上的漏洞和缺陷。7—8月，选取广东省工程防震研究院怀集至阳江港高速公路工程怀集至郁南段项目进行全程跟踪。全年共审查批复安评报告308份，并做好科技档案的归档工作。

3. 震害预测工作

完成深圳市二期、珠海市、惠州市城市震害预测项目的招标工作，总计开工面积达2000km²。

开展"城市工程抗震设防基础数据三维可视化服务系统项目"，以广州市部分城区为试点，收集整理区域内工程钻孔资料及工程场地地震安全性评价资料，建立城市工程抗震设防基础数据三维可视化系统，为城市规划建设提供技术支持。

4. 活断层探测

完成惠州市城区断裂探测项目、西江断裂（珠海段、江门段）探测工作的招标工作，由广东省工程防震研究院承担项目建设；完成深圳市活断层探测（二期）项目、肇庆市小区划工作的招标工作。

5. 其他工作

（1）防震减灾示范城市创建。防震减灾示范城市创建是第一次由省地震局牵头，多部门参与的城市创建工作，是综合体现地震部门社会管理职责的工作。2014年组织完成第一批深圳市、阳江市的省级验收认定工作，通过实践建立省级示范城市创建工作验收认定工作机制，完善验收认定工作程序和评分体系。1月，在省级验收认定工作基础上，协助深圳市、阳江市政府补充完善国家防震减灾示范城市申报材料，顺利通过国家地震局组织的验收认定工作。第一批验收认定的3个国家级示范城市，广东省占2个。

（2）完成广东地震社会服务工程验收，建成省城乡震害防御系统。广东地震社会服务工程作为国家地震社会服务工程的子项目，包括震害防御系统和应急救援系统。8月，广东省社服工程通过专家验收，得到国家社服工程首席专家们的一致认可，认为"广东省地震局的成果令全系统敬佩，是名副其实的标杆"。建成的省城乡震害防御系统，作为服务平台，包括11个服务产品，将为社会公众提供195项服务内容，极大提高了省震害防御服务能力。

（3）防震减灾地方标准编制。广东省防震减灾领域第一个地方标准《重要建设工程强震动监测台阵技术规范》通过省质量技术监督局组织的最后审定。

（广东省地震局）

海南省

1. 抗震设防要求管理

2015年，海南省地震局继续加强抗震设防要求管理。利用"海南省抗震设防要求全程监管技术服务系统"，为政府和社会提供地震区划、抗震设防要求、活断层分布、历史地震灾害等专业服务，为建设工程提供抗震设防现场检测服务。开展南海局部区域地震危险性评估，为三沙工程建设抗震提供科学依据，更好服务国防和南海建设。推进地震行政审批改革，精简审批事项，取消"地震安全性评价人员执业资格核准""地震安全性评价单位资质核准"等21项，将海南省地震审批事项由27项精简为6项。实现"省外地震安评资质单位来我省开展安评业务的备案"网上受理、异地审批。制定《海南省地震局取消部分项目地震安全性评价措施实施方案》。

2. 地震安全性评价管理

2015年，海南省地震安全性评定委员会继续加强地震安全性评价管理。组织专家深入重大工程现场，实地查看现场钻探、剪切波测试等野外工作情况，严把地震安评质量关。年内，完成包括迈湾水利枢纽、三亚市园林局宿舍改造及保障房项目、珊瑚宫殿二期、芒果社、海口秀英万达广场住宅、海南省儿童医院新建项目（一期）、海花岛1#岛入岛主桥梁等项目在内的42个地震安全性评价报告评审，为建设工程提供科学合理的抗震设防要求。对海南省医学院、东方市汽车客运站、海南省儿童医院等项目抗震设防要求给出指导意见。

3. 农居地震安全工程建设

2015年，海南省继续加强农居地震安全工程建设。海南省地震局完成全省农村民居地震安全工程专题宣传片《农居抗震 势在必行》的拍摄制作。举办抗震农居地震安全工程培训班15期，培训农村建筑工匠、乡镇防震减灾助理员和村防震减灾联络员千余名。全年全省完成抗震农居典型示范户建设3500户，推广建设抗震农居2000余户，95.0%以上的行政村均建有抗震农居典型示范户。

4. 防震减灾社会宣传教育

2015年，海南省继续抓好防震减灾科普宣传教育。利用全国防灾减灾宣传周、"平安中国"活动及全省科技活动月等契机，编印防震减灾科普宣传折页、学生科普宣传材料和家庭地震应急宣传手册等，免费向社会发放；组织开展现场科普宣传、科普宣传片播放、公益电影放映、专题讲座、地震台站开放、地震应急避险演练、防震减灾琼剧编排等内容丰富、形式多样的防震减灾科普宣传活动。继续推进地震安全综合示范社区（乡镇）创建，认定三亚市吉阳区春光社区、澄迈县金江镇大拉村、文昌市文城镇等14个社区（乡镇）为省级地震安全综合示范社区（乡镇）。

5. 其他工作

2015年，海南省地震局完成国家地震社会服务工程震害防御服务系统建设，于11月通过中国地震局验收。12月，举办地震社会服务工程震害防御服务系统应用培训班，对参与系统建设的海口市等10个市县地震局抗震设防要求审批和监管业务员进行应用培训。完成海口海秀断层活动性鉴定项目野外钻孔剖面施工，对海秀断层活动性进行了初步评定。加强市县群测群防管理，开展防震减灾助理员、群测群防联络员培训，提升群测群防人员业务素质，更新各市县群测群防网络信息，完善全省地震群测群防网络体系建设。

（海南省地震局）

吉林省

1. 抗震设防要求管理

依法加强重大工程抗震设防管理，严格地震安全性评价报告评审，全年完成8项报告审定。积极跟进地震安全性评价及中介服务改制工作。

2. 活动断层探测和震害预测工作

组织实施三个较大活动断层探测和震害预测项目，延吉活动断层项目完成初查、施工设计等前期工作，松原震害预测项目完成场地调查、现场测试以及大部分房屋抗震性调查工作，扶余—肇东断裂南端活动性研究项目已通过阶段性验收。

3. 农村民居地震安全工程

联合人社厅将农村民居抗震知识纳入农民工技能培训内容，联合科技厅、宣传部将农村抗震知识纳入科技下乡内容、放上党员干部培训网站，与省发改委、建设厅等部门配合，提供吉林省农村地震基本烈度分布情况，为确定下一阶段农村民居地震安全工程范围提供科学依据。

4. 防震减灾社会宣传

按照2015年初制定的《2015年全省防震减灾社会宣传工作要点》，通过多种手段，搭建多个平台，开展多项活动，有效推动全省防震减灾宣传工作深入开展。在第七个国家防灾减灾日期间，全省开展大规模的宣传活动，全省各级新闻媒体共跟踪采访报道50余次，展出宣传板1100余块，发放宣传单、挂图和宣传手册40余万份，组织应急演练300余场，举办科普讲座60余场。与科技厅联合举办2015年度"科技活动周"活动，与省教育厅联合举办全省幼儿地震安全知识培训班。

（吉林省地震局）

新疆维吾尔自治区

1. 抗震设防要求管理

2015 年，加强法制建设，推动依法行政，大力推进抗震设防相关行政审批制度改革，修订相关管理制度，改由审批部门委托有关机构进行地震安全性评价。重新梳理新疆维吾尔自治区地震局行政许可事项，完善办事指南和审批流程，完成建设工程抗震设防要求确定和地震安全性评价报告审定网上并联核准的前期工作。全面理清权力责任，建立权力清单和责任清单制度。《新疆地震预警管理办法》作为准备项目纳入 2015 年自治区立法计划。起草编制《新疆维吾尔自治区防震减灾制度体系设计（初稿）》。与自治区安居办组织开展全疆培训会议，完成喀什经济开发区地震小区划项目，落实皮山灾后重建小区划任务，为灾后重建提供基本资料。申请加入自治区全民科学素质办公室，并获得成功。

2. 防震减灾安全宣传教育

2015 年全疆共组织专场活动千余场，展出防震减灾展板万余块，发放各种宣传资料 15 万余份，播放宣传片 2000 余次，发送防震减灾公益短信 30 多万条，宣传活动实现进学校、乡村、机关、企事业单位，全疆受众达百万人，防震减灾综合素质进一步提升。

（新疆维吾尔自治区地震局）

重庆市

1. 抗震设防要求管理

辖区内建设工程抗震设防要求管理。对于一般新建工程，在初步设计审批环节，要求对超过 10 层及以上的高层建筑必须编制抗震设计专篇，并组织专家对项目初步设计进行技术审查，将抗震措施纳入初步设计审查的重要内容，严格按照《重庆市地震安全性评价管理规定》（重庆市人民政府令第 283 号）进行地震安全性评价，市地震局全年依法审批项目 46 个。28 个区县（自治县）实质性开展抗震设防监管。

重大生命线工程抗震设防。对嘉陵江大桥、重庆枢纽东环线工程、跳蹬—江津线、重庆枢纽东环线工程（部分重要节点）、太洪大桥等 5 个建设项目均严格按规定进行地震安全性评价。

农村民居抗震设防管理。编制印发《重庆市巴渝新农村民居通用图集》《重庆市农村 D 级危房拆除重建通用图》《村镇居住建筑抗震构造图集》《村镇建筑实用技术图集》《农村民居经济实用抗震技术挂图》《村镇居住建筑抗震设计导则》等标准图集，为农村抗震民居建设提供技术支持。

2. 地震安全性评价管理

重庆市地震局对市外从业单位进行备案，对从业单位的资质和执业人员资格、行为记录等进行严格审查后，方允许其在辖区内开展业务。全年辖区内共有 44 个建设项目进行地震安全性评价，4 家从业单位均严格按照法律法规开展工作。

3. 防震减灾社会宣传教育

举办第三届重庆市防震减灾知识竞赛，竞赛宣传主页点击量达 734469 次，参与网络竞赛答题 111417 人次。开发两款便携式科普模型，其流动性突出、互动性高的表达理念和特性，在全国地震系统尚属首创。建设和推广重庆市地震微信公众服务平台，方便公众随时学习地震科普知识，了解全球震情。编制宣传手册 1.8 万册，并以此带动 12 个区县更新地震科普宣传手册。

（重庆市地震局）

黑龙江省

1. 抗震设防要求管理

安评委受理安评单位提交的报告 18 个，组织安评委专家评审报告 18 个，印发评审意见和抗震设防要求批复 17 个（其中龙江县花园水库评审未通过），并对安评报告进行归档。

2. 地震安全性评价管理

按照中国地震局要求，对 2010 年以来全省抗震设防管理、地震安全性评价报告和规范安评委评审程序等工作进行自检自查，并报送建设工程地震安全性评价和抗震设防管理工作自检报告。

3. 市县防震减灾工作管理

完成市地 2015 年度防震减灾工作任务和工作目标的职能分解工作，编制 2015 年市（地）地震工作目标任务分解表，并印发市（地）地震部门，指导市（地）如期完成全年度防震减灾工作目标。

黑龙江省地震局震防处联合应急处、宣教中心、监管站、工程院推进国家地震安全示范社区建设，组织省级示范社区申报和评审，已完成 5 个国家级示范社区的申报工作。联合宣教中心做好科普示范基地建设。

组织省市县共 12 人参加中国地震局市地工作培训班，对防震减灾法规、政策和标准进行解读，对监测、震防、应急及市县综合防御体系建设进行探讨，推进防震减灾事业融合式发展。

举办全省"三网一员"培训班，对年度地震危险区的宏观观测员、地震速报员、科普宣传员进行培训，针对宏观观测、应对地震谣言、灾情速报和科普宣传等专题做详细讲解。

4. 防震减灾宣传

（1）防震减灾新闻宣传。

2015 年 7 月，黑龙江省地震局举办首期防震减灾新闻宣传培训班，对全省各市地县地震局主管新闻宣传工作的局长和宣传工作骨干进行培训。

2015 年 12 月，黑龙江省地震局与《黑龙江晨报》联合到宾县地震台开展新春走基层活动，让更多的人了解基层防震减灾工作、了解一线工作的辛苦与坚守。

（2）防震减灾社会宣传教育。一是日常防震减灾宣传，联合省减灾委、省科协、省教育学院等单位做好科普宣传活动，将防震减灾知识以专题形式纳入省减灾委《防灾减灾手册》中，印发 20 万册。二是特别抓住"5·12""7·28"、科技周等几个公众关注、普及知识的特殊时段，加强地震科普和应急知识的宣传，同时以防震减灾科普馆为平台，开展专题性的防震减灾科普活动。三是做好区划图宣贯工作，通过生动的宣传品设计使公众通过一张图就能理解《中国地震动参数区划图》的使用，并配合震防处深入市县开展宣贯工作。四是突出网络科普特色，通过线上线下相结合的科普活动形式，发起"防震减灾、你我参与"的微博话题活动，3 天时间吸引 6000 余名网友转发，微博粉丝量增长 1000 多。五是指导帮助庆安县建成防震减灾科普馆，指导帮助七台河完成科普馆建设项目书，并支持齐齐哈尔、伊春、五大连池开展宣传活动。另外，经过积极沟通与协调将防震减灾宣传加入龙江科普微信平台，通过省科协微信的广泛应用和推广，普及地震科普知识，在培养大量客户群的同时，扩大了社会影响力。

科普馆现已成为防震减灾科普宣传的重要窗口。为实现科普馆运行正规化，2015 年科普馆进一步加强制度建设，建立《科普馆工作人员制度》和《参观者须知》，并为科普馆投保公共责任险和财险。科普馆已累计接待参观人员 15500 余人，被评为中国科协科普活动日优秀组织单位。

2015 年，黑龙江省地震局防震减灾科普知识宣讲团开展纳新工作，已吸收市县、台站 13 名优秀讲师加入，提高市县的科普宣讲能力。为锻炼宣讲团队伍，组织局内及台站 6 名同志参加全省科普讲解大赛，通过内部学习、外部培训和局内模拟演练等形式不断练习，最终黑龙江省地震局获得优秀组织奖，6 名同志获得科普讲解优秀奖。

5. 黑龙江省震害预防工作

（1）地震安全性评价管理。按照黑龙江省政府的统一安排，地震局配合物价局取消地震安全评价工作收费标准，安评收费实行市场调节。

（2）震害预测工作推进"烈度速报与预警工程"项目的实施。组建项目组织和实施体系，确定项目工作目标和任务，做好项目经费的申请，确保项目如期开工。

（黑龙江省地震局）

四川省

1. 地震安全性评价管理

2015 年，四川省地震局审定 76 项建设工程抗震设防要求，按时办结率 100%，零事故、零投诉。启动实施成都市地震小区划工作，开展天府新区活断层探测。2015 年，推动地方政府开展灾害风险评估，建立地震巨灾保险。配合保监部门做好城乡居民住房地震保险试点工作，结合幸福美丽新村建设、牧民定居行动及彝家新寨建设等富民惠民工程，深入推进地震安全农居工程。配合发展改革、住建部门开展四川省Ⅷ度区农村危房改造工作。

2015 年 11 月 3 日，举办 GB 18306—2015《中国地震动参数区划图》宣贯培训班，省市两级防震减灾部门、住房和城乡建设部门以及发改委、国土、交通、水利等省级厅局相关管理人员、建筑勘察设计单位相关业务人员近 200 人参加培训。

2. 防震减灾社会宣传教育工作

2015 年，联合四川省住建厅编印《四川农村民居防震抗震知识读本》，会同教育厅编制中小学防震减灾知识读本，宣传抗震设防知识。

2015 年，四川省地震局会同教育厅完成中小学校防震减灾知识读本编制并公开发行，该读本融入了防震减灾基本法律制度。各级地震部门利用全国中小学生安全教育日、防灾减灾日、科技活动周、全国科普日、全国助残日、全国中小学开学日等重大、特殊时段，结合幸福美丽新村建设、危旧房改造、防震减灾示范试点创建、防震减灾科普基地（场馆）建设，创新思路和方法，深化防震减灾法律知识进机关、进学校、进企业、进社区、进农村、进家庭、进寺庙"七进"活动。累计举办知识讲座约 1100 场次，发放各类宣传资料 90 余万份。还依托"平安中国"千城大行动在 12 个市州 13 个城市的 78 个社区或学校举办了防震减灾基本暨法律知识巡展。

3. 市县工作

2015 年 12 月 15 日，四川省防震减灾领导小组会议审议并通过《四川省第二批防震减灾示范县（市、区）评选认定工作方案》，四川省第二批防震减灾示范县（市、区）评选认定工作拉开帷幕。

中国地震局认定的"国家地震安全示范社区" 13 个。2015 年 11 月 18 日，四川省地震局印发《四川省防震减灾示范社区创建管理办法》（川震防发〔2015〕146 号）和《国家地震安全示范社区推荐申报要求》（川震防发〔2015〕147 号）。

2015 年，四川省地震局、四川省教育厅、四川省科学技术协会新认定省级防震减灾科普示范学校 25 所。2015 年 7 月 28 日，四川省地震局批复凉山州防震减灾局、昭觉县人民政府开展防震减灾综合能力建设项目。

（四川省地震局）

甘肃省

1. 提升抗震设防要求管理能力

积极开展既有建筑物抗震安全普查工作。14 个市州已基本完成城市既有建筑物抗震安全普查工作，并建立专门的数据库。认真贯彻落实《关于进一步推进农居地震安全工程建设的意见》，指导实施农村民居地震安全工程。2015 年内新建抗震安全农居 26 万户，培训农村工匠 11800 余人次。全省已建成抗震安全农居 357.4 万户，占全省农居总数的 74%，并在历次破坏性地震中发挥显著的减灾实效，农村民居抗震能力明显提高。

2. 推进地震安全性评价管理

在新一代《中国地震动参数区划图》发布后，甘肃省各级地震部门积极开展宣贯培训工作，甘肃省地震局拨出专款采购一批区划图和宣贯教材分发至各市州和县区。全省审批确认重大建设工程抗震设防要求 138 项，确认一般建设工程抗震设防要求 1516 项，确保各类建筑达到抗震标准。按照国务院和中国地震局工作部署，调整地震安全性评价组织方式，终止面向社会的中介服务，重新规范安评范围。

3. 强化防震减灾社会宣传

2015 年甘肃省委宣传部与甘肃省地震局联合印发《甘肃省 2015 年防震减灾宣传教育工作方案》，甘肃省地震局还与省科协联合制作 16 集防震减灾科普公益宣传片。2015 年，全省共组织大型科普宣传 180 多场次、发送手机短信 170 余万条、电影专场 50 多场次、刊发稿件 900 多篇、电视消息 500 多条、专题新闻 70 多条，受众达 200 余万人次。省地震局与省教育厅、省科协共同完成第 5 批 20 所省级防震减灾科普示范学校的评审认定工作。命名 11 个省级地震安全示范社区和 10 个国家级地震安全示范社区。加快防震减灾科普教育基地建设。组织市州积极参与"平安中国"系列活动，社会公众依法参与防震减灾活动意识明显增强，自救互救和应急避险能力普遍提高。

（甘肃省地震局）

地震灾害应急救援

2015 年地震应急救援工作综述

一、地震应急准备工作

根据国务院要求和部署，国务院抗震救灾指挥部连续两年对年度地震重点危险区抗震救灾应急准备情况进行检查，2015 年派出 5 个督查组对有关地区进行专项督查，督查检查结束后向国务院报送了检查情况报告，并向有关地方进行通报。李克强总理，张高丽、汪洋副总理等领导同志对检查情况报告作出重要批示，对这项工作给予充分肯定。总的来看，地震应急准备专项检查督查工作对指导督促地方落实应急防范主体责任，做好应急准备工作，有力有序有效开展抗震救灾，最大限度减轻地震灾害损失，发挥了重要作用。

2015 年初印发《关于做好 2015 年度地震重点危险区地震应急准备工作的通知》，组织专家和 11 个地震重点危险区涉及的 13 个省级地震局进行实地调研，对每个危险区研究编写《地震灾害预评估和应急处置对策要点》。

加强地震应急预案工作，完善预案编制、演练、评估等制度，基本完成省级政府地震应急预案的修订，举行地震应急指挥系统年度演练，指导各地各部门开展地震应急演练。

年初，国务院办公厅将《地震应急救援条例》制定列为国务院 2015 年立法工作计划的研究项目，并将条例制定作为防震减灾年度重点工作进行部署。按照中国地震局领导要求，积极开展条例制定起草工作，起草完成征求意见稿。

二、地震突发事件应对

2015 年我国境内共发生 5.0 级以上地震 31 次，成灾事件 13 次。地震共造成 34 人死亡，1218 人受伤，直接经济损失约 180 亿元。地震发生后，震灾应急救援司立刻收集灾情并提出辅助决策建议，快速报送灾害损失评估结果，产出抗震救灾专题信息、图件和图表，为国务院领导和中国地震局领导决策提供服务保障。先后组织尼泊尔 8.1 级地震、新疆皮山 6.5 级地震以及内蒙古阿拉善左旗 5.8 级地震等多次地震事件的现场应急处置，协助发震省地震局开展烈度评定、灾害损失评估、现场宣传、科学考察等应急处置工作。特别是高效完成烈度图的绘制和发布，有力地服务抗震救灾和恢复重建工作。紧急协调轮值省局、直属单位派出现场应急工作队员支援灾区。

4 月 25 日，尼泊尔发生 8.1 级地震，造成严重人员伤亡和财产损失，国际社会广泛关注。应尼泊尔政府请求，党中央、国务院、中央军委决定派遣中国国际救援队赴尼实施国际人道主义救援。中国救援队是第一支抵达尼泊尔的联合国认证重型国际救援队，在救援期间，救援队实施快速、高效、科学救援，成功营救出 2 名幸存者，并承担现场救援行动国际协调任务。

三、应急救援队伍建设

为贯彻落实 2015 年国务院防震减灾工作联席会议精神，进一步提升国家地震灾害紧急救援队地面机动和保障能力，经国务院、中央军委批准，5 月 6—8 日，由中国地震局、中国人民解放军总参谋部统一部署，国家地震救援队成功开展一次由 480 名全体队员参加的全员全装拉动演练。5 月 23 日，中国国际救援队应邀参加东盟地区论坛第四次救灾演习，此次演习也是中国首次在境外开展的军地联合救灾行动。

加强应急救援人员技能培训，促进能力提升。先后为国家地震救援队举办 5 期培训，依托国家地震紧急救援训练基地和兰州国家陆地搜寻与救护基地，2015 年共完成各类省级救援队训练近 20 期、1000 余人次，举办地震灾害调查评估培训班、地震应急指挥中心技术培训班。

改善现场工作队的专业化、集成度，加大装备、物资保障力度，研究确定地震现场工作队装备配置方案，向局属各单位配发工作服装和标识，在重点地区储备羽绒服和小型救援装备，为灾评科考工作人员配发个人装备。

参与制定《应急产业发展协调机制 2015 年重点工作任务》和《应急产业重点产品和服务指导目录（2015 年）》，组织有关单位推进地震应急产业发展工作。

四、地震应急救援科技成果实用转化

多次组织召开地震应急专家组工作会议和地震应急救援理论研究研讨会，总结理论研究和创新工作中的进展，全面推进应急救援理论、方法和技术研究工作，围绕地震应急救援急需的科技问题，探讨解决的办法和思路。大力推进地震应急救援科技成果实用化，发挥科学技术在地震应急准备与处置中的重要基础和关键保障作用，初步取得了一批科研成果并开始应用于应急救援实践，有效提高应急处置事前、事中、事后各环节的能力和水平。

强化应急产品服务，加强和规范局属单位应急科技产品产出和报送工作，组织编制地震科技重点突破方向"地震灾情快速获取和高精度评估技术"专项组织实施方案，其中基于电力、通信网络状况的灾情快速获取工作已在河北、甘肃、云南、辽宁等地开始试点示范建设，取得较好成效，重点开展高寒、高原、高温环境下的救援能力研究。

调动国家地震社会服务工程应急救援项目法人单位、各建设单位和专家团队的积极性，实时跟踪、督促项目实施进展情况。

五、深化部门间合作

健全完善区域、部门应急联动机制，深化与相关部门在信息传递、资源共享等方面的合作。2015 年与工业和信息化部、民政部、国防科工局、国家测绘地理信息局、总参谋部应急办等有关部门协商合作事宜。继续推进 6 个片区区域联动工作，指导和协助各片区因地制宜深化片区内应急救援互动与合作。

六、国际交流合作

继续跟踪和吸收国外先进的理念和技术，提升我国在灾害救援领域的国际影响力，服务于国家整体外交战略。积极参与联合国人道主义事务办公室组织的相关国际事务，包括新版INSARAG指南翻译、INSARAG年会及搜救队队长年会、UNDAC培训及年会、参加世界人道主义日纪念活动等。积极开展双边和多边的交流合作，包括东盟地区救灾演习，中美亚太地区演练，中新救援队联合夏训，蒙古、尼泊尔等国应急救援人员培训等。

七、"十三五"专项规划编制

全面推进"十三五"地震应急救援专项规划编制工作。认真组织开展"十二五"防震减灾规划体系中地震应急救援规划实施情况总结和评估，在深入分析研究当前应急救援工作形势、存在问题和面临机遇的基础上，研究提出"十三五"时期的基本发展思路，制定"十三五"应急救援规划编制方案。组织多次集中编制和研讨，明确"十三五"地震应急救援的发展目标、指导原则、重点任务和重大举措，完成"十三五"地震应急救援专项规划初稿编制。

（中国地震局震灾应急救援司）

局属各单位地震灾害应急救援工作

北京市

1. 全力做好应急戒备和地震事件处置

按照《北京市 2015 年地震应急准备工作方案》，做好地震安全保障工作，适时启动全国"两会""APEC 峰会"、抗战胜利 70 周年阅兵等特殊时段的应急值守机制，强化值班和信息报送，现场工作队按专项方案备勤。圆满完成全国地震现场应急工作轮换值班工作，协助新疆地震局开展皮山 6.5 级地震的现场工作。

2. 进一步完善地震应急预案体系

启动 25 个相关领域地震应急处置方案和次生灾害应对预案的修订工作。北京市地震局编制《参加中国地震局地震现场应急工作队轮换值班工作实施办法》，修订《值守应急工作制度》，制作"地震应急响应任务卡"，明确地震应急响应的启动条件、工作职责和任务，规范及时有效应对不同级别突发地震事件的能力。

3. 稳步推进地震应急队伍建设

继续推进驻京部队地震应急救援队的装备配备工作。成立首支专业航空医疗救援飞行队。组织开展市级地震应急志愿者全员轮训和灾情速报员、志愿者培训，确保每人每年接受培训。组织应急志愿者参与尼泊尔地震救援工作。组织开展"12322"防震减灾公益服务短信平台使用情况核查和灾情速报演练。北京市应急志愿者服务队荣获"2014 年北京市应急志愿者轮训工作突出贡献奖"。北京市现有消防、武警和驻京部队 3 支市级地震应急专业救援队，共计674 人；区县级地震应急队伍 23 支、787 人。现有地震应急志愿者队伍 20 支、3372 人，其中市级 1 支、31 人，区县级 19 支、3341 人；共有区县防震减灾志愿者队伍 612 支、20540 人；灾情速报员队伍覆盖所有社区、村。

4. 持续开展地震应急演练

各级各类地震应急演练逐步常态化，演练形式更加丰富。全年开展各类培训、演练近 2000 场次，参与市民超过 200 万人。市公安消防、经济信息管理、司法、档案等行业开展紧急疏散、实战拉动、桌面推演等形式的地震应急演练。

5. 扎实推进地震应急避难场所建设

2015 年，北京市新建地震应急避难场所 12 处，总面积 66.175 万 m^2，可疏散人数 9.85 万人。北京市共有地震应急避难场所 106 处，其中 Ⅰ 类场所 11 处、Ⅱ 类场所 37 处、Ⅲ 类场所58 处，总面积约 1702.765 万 m^2，可疏散人数约 280.92 万人。

（北京市地震局）

天津市

1. 应急指挥技术系统建设

按照社会服务工程应急救援项目整体进度要求，完成所有建设任务、文档编写和档案整理工作，2015 年 8 月 23 日通过中国地震局专家组验收。

完成"十二五"防震减灾能力提升工程应急指挥技术系统完善与建设项目的建设方案编制和最终论证，确保项目具备实施条件。完成地震应急基础数据库房屋、学校数据更新。强化指挥技术系统运维管理，开展技术系统联试联调 36 次。

完成年度地震重点危险区地震灾害预评估和应急处置要点报告的编制工作。

2. 地震应急救援准备

天津市抗震救灾指挥部深入推进地震应急预案体系建设，全面安排部署新一轮预案和保障计划修订工作。截至 2015 年底，天津市地震应急预案规定的 16 个专项保障计划已全部完成报备，18 个抗震救灾指挥部成员单位全部完成地震应急预案的修订并报备，16 个区县地震应急预案修订完成，形成横向到边、纵向到底的全市应急预案体系。12 月 29 日，天津市地震局组织召开局长专题会议，审议通过《天津市地震局地震应急预案》，12 月 31 日正式印发执行。

不断加强灾情速报网络建设，全市各区县积极调动社会力量，拓宽灾情收集渠道，增设、调整宏观观测站点 30 余个。天津市宏观观测站点已达 130 余个，量大、面广的震情灾情速报网络已经形成。为加强地震灾情速报网络建设，10 月 20—21 日，天津市地震局组织全市地震"三网一员"业务人员集中开展培训，各区县地震办公室负责同志及业务人员 40 余人参加。

3. 应急救援队伍建设

2015 年 1 月 29 日，天津市地震局组织召开"天津市地震灾害紧急救援队联席会议"，市应急办、市地震局、天津警备区、武警天津总队、武警 8630 部队、市公安消防局、武警后勤学院附属医院、市国土资源和房屋管理局等联席会议单位应急救援负责同志参加会议。会议围绕地震灾害紧急救援队 2014 年工作情况及 2015 年建设内容和全年救援队装备完善、实战训练、演练等内容进行深入交流，确定年度工作重点。

天津警备区和应急、地震、交通运输等部门统筹整合地方政府、驻津部队和社会志愿者队伍资源，强化专业与行业救援力量建设，建成 13 支、10 余万人的应急救援队伍。

（天津市地震局）

河北省

1. 高效及时应对有感地震和地震谣传事件

应急救援能力全面增强。2015 年，河北省地震系统各单位各部门团结协作、密切配合，高效开展应急联动工作，妥善处置6次有感地震和2次地震谣传事件，维护社会稳定。

2.切实加强地震应急演练

河北省地震局、省军区、省委宣传部和保定市政府等有关单位及部门配合完成中国国际救援队北京至保定全员全装拉动演练，提升省、市、县三级部门间地震应急保障协同配合能力。组织开展省防震减灾工作联席会议成员单位的地震应急桌面演练、全局各部门和指挥部工作组地震应急演练，参加晋冀蒙交界跨省实兵实装拉动地震应急演练、地震系统应急技术系统应急保障演练等，提高河北省地震队伍应急工作水平。邢台市地震局联合市教育局印发《邢台市学校地震应急演练指导意见》，为全市大中专院校和中小学应急演练提供指导意见。

3.强化应急救援队伍建设

2015年4月，组织全省37名专业地震灾害紧急救援队伍指挥管理骨干，赴国家地震紧急救援训练基地参加高级培训；7月，联合举办唐山市地震系统应急管理培训班；10月，举办河北省地震现场应急工作培训，先后培训各级地震应急工作人员150余人。邯郸市政府出台《关于进一步加强基层应急队伍建设的实施方案》，推动基层地震应急队伍建设。

4.加强地震应急保障基础能力建设

河北省地震局修订完成《河北省抗震救灾指挥应急手册》和《河北省地震应急预案应急手册》，人员、队伍、装备等基础保障信息更新率超过50%，完成了地震应急指挥基础数据的大幅度更新，共更新数据58943条。编制出版《河北省地震应急救援工作基础材料——断裂构造特征及说明》。会同省通信管理局合作开展基于通信网络的震后灾情快速获取工作，提升破坏性地震后灾情快速评估能力。邯郸市、张家口市印发地震应急预案应用手册，用于指导全市地震应急指挥工作。邢台市、廊坊市印发关于应急避难场所建设的指导性意见，进一步规范地震应急避难场所管理建设。

（河北省地震局）

辽宁省

1.不断建立健全地震应对工作机制

根据《中国地震局2015年地震趋势和进一步做好防震减灾工作意见》，辽宁省庄河—辽蒙交界地区被确定为2015年度5～6级地震重点危险区。为充分做好地震应对准备工作，由省政府应急办、省地震局组织研究制订《2015年辽宁地震应急准备工作方案》和《辽宁省2015年庄河—辽蒙交界地震重点危险区专项抗震救灾应对工作方案》，不断建立健全各项工作制度，加强统一领导，明确责任分工，强化区域部门间的协调联动。沈阳铁路局、交通厅、辽宁电力有限公司等部门紧密结合防震减灾工作实际，进一步修订本部门的专项地震灾害应急预案，一旦发生破坏性地震能够积极响应，发挥自身职能作用，按照预案的统一分工和部署有力有序做好地震应对工作。

2. 组织开展地震应急演练

为了不断提高应急指挥和处置能力，辽宁省地震局、安监局、通信管理局、沈阳铁路局、省电力公司等多家单位结合自身职能任务开展本系统的地震应急演练，分别在地震预测预报、信息报送、安全生产应对、通信保障演练等多领域进行模拟实践。全省各地区结合省政府第117次业务会议要求，结合区域特色有针对性地开展不同形式的地震应急演练，旨在提高全省各地区各部门抗震抢险救灾技术水平和应急处置能力。

3. 抓好安全隐患排查

辽宁省防震减灾工作领导小组各成员单位切实提高对防震减灾工作的认识，按照2015年初省防震减灾工作领导小组会议部署，狠抓责任落实，不断提高防御地震灾害能力。

辽宁省水利厅在全省范围内开展以重要水源地、水库、水电站和在建水利工程为防范重点，加强在地震防御区、危险区内各类水利工程的监视工作，深化防震减灾隐患排查，对不符合抗震设防要求的水工建筑物和重要设施进行加固。

辽宁省交通厅对交通基础设施建设项目、公路基础设施等进行拉网式排查。结合防震减灾工作要求，重点检查危险性较大的结构工程部位、涉水跨河桥梁、易塌方积水等关键环节，对重大基础工程设施和次生灾害源进行地震风险评估，加强地震灾害源的定期检查和维护，发现隐患及时处置。

辽宁省通信管理局组织开展全省防震减灾应急通信保障工作专项检查，组织省内各级电信运营企业开展防震减灾应急通信保障工作检查，加强对应急通信物资、设备的检查和管理，开展全省卫星电话拨测抽查。同时，与省地震局研究建立地震信息通报工作机制，签订《辽宁地震信息与通信网络数据共享合作协议》，确保在地震发生后能够快速、准确地提供灾情信息，保障救灾快速有效。

4. 强化应急队伍建设，提高应急保障能力

辽宁省交通厅不断提高地震应急抢险、道路运输保障能力，在全省范围内组建省、市、县三级道路运输应急保障车队，其中省级保障车队500台（客运车辆200台、货运车辆300台），确保地震灾情发生后，迅速集结运力，接受统一指挥和调动，能够立即投入到抗震救灾人员和物资的应急运输任务，做好道路畅通保障和应急运力准备工作。省服务业委成立应对6～7级破坏性地震工作领导小组，着力加强在消费品流通、生活服务、市场建设和秩序等环节的监管，协调全省服务业系统做好防震减灾所需的应急保供等工作。

5. 做好物资储备工作

辽宁省财政每年安排专项资金用于补贴支持应急物资储备。为确保救灾储备物资应急保障落实到位，2015年6—7月省民政厅对全省救灾物资储备进行了摸底排查。辽宁省现有各级物资储备库有63个，省级救灾物资的储备规模达到3100多万元，市级以下储备规模达到6400多万元，全省救灾物资储备规模达到9500多万元，一旦发生地震能够保障有效安置受灾民众。省服务业委切实做好应急商品监测工作，对与人民群众生活和防震减灾工作密切相关的粮食、食用油、蔬菜、肉类等生活必需品价格、销售量、库存、供给渠道等情况进行监测，健全重要商品储备制度。全省各市落实"菜篮子"市长负责制要求，保障地震发生后能够供应当地居民7～10天消费量。同时，与交通部门密切配合，落实鲜活农产品"绿色通道"政策，对抗震救灾、提高运输效率、减少损耗等方面起到促进作用。

6. 做好地震应急准备工作检查

为全面做好全省抗震救灾和应急准备工作，辽宁省政府成立由辽宁省地震局、应急办、省政府督察室、民政厅、财政厅组成的联合检查组，围绕中心工作开展督促检查。2015年，检查组分别赴沈阳、锦州、盘锦、阜新等地震重点危险区和省级地震救援队进行专项检查，重点检查应急准备工作部署、地震安全隐患排查、地震应急预案体系建设、地震紧急救援队建设、应急物资储备、应急避难场所建设、地震应急知识宣传和演练等7个方面内容的落实情况。对各地区和部门存在的问题，提出明确整改要求，切实强化各项应对工作的组织落实，确保省防震减灾工作会议部署落实见成效。

（辽宁省地震局）

贵州省

1. 地震应急救援准备

2015年，完成省市县三级地震应急预案修编工作。通过进一步完善地震应急预案，确保地震发生后各级政府能够高效有序地开展地震应急救援工作。根据省政府《关于2015年地震重点危险区抗震救灾应急准备检查情况的通报》批示（办1822〈2015〉），对地震重点危险区威宁县抗震救灾应急准备情况进行全面检查，对存在的问题责令当地政府进行整改。2015年，贵州省多个市（州）结合广场、绿地、公园、学校、体育场馆等公共设施，因地制宜建立应急避难场所，配备必要的救生避险设施和物资。黔西南州建立应急避难场所938个，总面积523.11万 m^2，其中城区 $5000m^2$ 以上的大中型应急避难场所64个，$10000m^2$ 以上的大型应急避难场所40个。

2. 地震救援实战演练

2015年，贵州省各市（州）先后开展20多次地震应急演练。演练可大大提高地震灾害救援队伍紧急救援能力，检验应对地震突发事件的应急救援和联动作战能力，达到提升地震紧急救援快速反应能力、组织指挥能力、现场处置能力及自我保障能力的目的。贵州省120多所中小学校开展防震减灾知识宣传教育和避震逃生应急疏散演练活动，增强了广大师生的地震防范意识和自救互救能力。

3. 地震应急救援队伍建设

2015年，六盘水、毕节市等市（州）先后对抗震救灾指挥部和防震减灾联席会议制度成员单位进行调整，建立以市（州）长或副市（州）长为指挥长，主要部门负责人为副指挥长，军分区、公安局、武警支队、消防支队、卫计委等单位为成员单位的市级政府抗震救灾指挥部，明确抗震救灾指挥部、指挥部办公室以及各成员单位的工作职责，强化各市（州）防震减灾工作的领导和组织协调。

4. 地震救援队伍培训

2015年4月6—10日和7月5—18日，贵州省抗震救援指挥部先后选派2批地震紧急救援队技术骨干共 14 人参加国家地震紧急救援训练基地第 29 期和第 33 期高级及中级地震救援队技术骨干培训。2015 年 10 月，在铜仁市举办国家人社部"防震减灾技术更新高级研修班"，邀请到国家行政学院应急管理案例研究中心主任、应急管理教研部（中欧应急管理学院）副教授钟开斌为研修班学员讲授《应急管理的基本策略与方法》。剑河 5.5 级地震发生后，省地震局组织贵州省地震技术人员赴剑河灾区进行现场科普考察，使未参加地震救援的市县地震技术人员进一步了解剑河地震的地质情况和现场破坏情况。

5. 地震现场应急工作情况

2015 年，除对 3 月 30 日剑河 5.5 级地震高效处置外，贵州省地震局先后对较大的有感地震有效进行应急处置地震地质考察：一是 9 月 4 日金沙县发生多次有感地震，贵州省地震局及时安排技术人员组成工作队赶赴现场调查，安装流动地震监测仪；二是 11 月 19 日镇宁发生 4.1 级地震，贵州省地震局及时安排技术人员跟随工作队，携带两台流动地震监测仪安装在震中区，进一步监测跟踪地震；三是 12 月 7 日，贵州省地震局接到紫云县地震工作部门报告：在紫云县板当镇附近的三处饮用井水全部变浑浊，疑为地震前兆现象，贵州省地震局及时安排技术人员跟随工作队进行现场调查。

（贵州省地震局）

上海市

1. 地震应急救援准备

（1）各级各类地震应急预案修编情况。截至 2015 年底，已有 6 家上海市防震减灾联席会议成员单位的部门预案编制完成并通过评审。乡镇街地震应急预案的编制工作正在稳步推进中，预计在 2016 年全部完成。

（2）地震应急演练落实情况。2015 年，上海市地震局应急现场工作队参加在浙江丽水举行的华东地震协作区应急救援联合演练。

2015 年 11 月 16 日，上海市地震局应急现场工作队参加由上海市地震局联合上海市东方医院灾难医救队和武警上海市总队第九支队（市武警特种救援队）共同举办的 2015 年上海地震紧急救援联合演练。中国地震局副局长修济刚、上海市政府副秘书长黄融、上海市地震局局长吴建春、上海市应急办主任熊新光、武警上海总队司令员朱宏、东方医院院长刘中民等出席并现场观摩演练。

（3）应急避难场所建设情况。此项工作由上海市民防办牵头。各区县的应急避难场所建设规划编制工作已完成。截至 2015 年底，上海市共建成 46 个应急避难场所。其中一类的 3 个，二类的 27 个，三类的 16 个；场所型的 36 个，场地型的 10 个。总占地面积 229.45km²，有效使用面积 81.966km²，可容纳避难人数 24.99 万人。已建成的应急避难场所具有独立的应急供电、应急供水系统，标志标识、疏散安置示意图等设施，在紧急状况下可开设和启用避难安置区、篷宿区、指挥场所、通信设施、监控系统、医疗卫生、消防设施、应急厕所、污水处理、物资储备、专业救援车辆停放区、设置应急和消防通道、垃圾储运处理等应急避难功能。

2. 应急救援队伍建设

（1）各级地震现场应急工作队伍建设和管理情况。2015 年上海市地震局地震现场应急工作队一直本着"地震现场怎么做，队伍就怎么练"的原则，加强现场队员的技能和体能训练工作，组织 2 次全体队员的体能和技能培训。

（2）各级地震灾害紧急救援队伍建设和管理情况。自上海武警特种救援队成立以来，上海市地震局要求其每年上报年度训练计划和目标，并将浦东监测中心借给其驻扎训练使用，平时还与上海市地震局应急现场工作队联演联训，并给予一定的费用用于训练补贴。

（上海市地震局）

江苏省

1. 应急指挥技术系统建设

省级应急指挥技术系统于 2015 年底在"江苏省防震减灾基础能力提升工程地震应急救援综合保障工程"建设中完成了升级改造并通过验收。省防震减灾"十一五"重点专项（地震台站加密及应急指挥系统协同建设项目）——全省 13 个市级地震应急指挥技术系统全部建成并通过验收，实现与省地震局、中国地震局视频语音互联互通和资源共享。地震应急基础数据库建设在"江苏省防震减灾基础能力提升工程地震应急救援综合保障工程"中做到更新。

2. 地震应急救援准备

（1）各级各类地震应急预案修编情况。重新修订《江苏省地震局地震应急预案》。组织有关部门学习借鉴云南、贵州等国内 5 级以上地震应急处置经验，数次细化修订江苏省地震局预案关键环节。

（2）地震应急演练情况。利用全国第七个防灾减灾日等重要时机，根据"科学减灾　依法应对"主题，指导督促市、县政府和各行业部门开展多种形式的地震应急演练。

（3）应急救援科普宣传教育情况。利用"5·12"防灾减灾日、科普宣传周等重要时间，组织或参与开展多种形式的科普教育宣传活动：与省教育厅、省科协在南京师范大学仙林校区开展防震减灾宣传活动；与南京博物院联合对游客进行防震减灾知识宣传；与南京地质博物馆等联合举办防震减灾科普知识宣传咨询活动；参加江苏省科普宣传周广场宣传活动，发放 5000 余份防震减灾宣传资料等。

（4）地震灾情速报网建设和管理情况。按照中国地震局要求，加强对江苏省地震局"12322"热线的管理，该系统运转正常，在地震信息发布、防震减灾知识普及、舆情和灾情收集、公众咨询等方面发挥积极作用。

（5）地震应急避难场所建设情况。配合省住建厅落实各市地震应急避难场所建设任务，并纳入省政府 2015 年度防震减灾目标责任书，付诸实施。上半年，配合省住建厅进一步修订《江苏省地震应急避难场所管理办法》。以省防震减灾联席会议办公室名义，向省有关部门征求国家标准《地震应急避难场所运行指南》的意见。

（6）乡村、社区应急工作开展情况。全省累计创建近300个地震安全社区，重点利用"5·12"防灾减灾日、科普周、"7·28"唐山地震纪念日、国际减灾日等，组织如地震应急避险、自救互救培训等内容丰富、形式多样的地震应急演练，提高社会公众应急避险能力。

3. 应急救援队伍建设情况

（1）各级地震救援机构建设情况。全省地震应急救援组织体系基本建立。全省13个省辖市和所辖102个县（市、区）中的大部分县（市）建立防震减灾工作联席会议。

（2）各级地震现场应急工作队伍建设和管理情况。根据《江苏省地震局地震应急预案》《江苏省地震局地震现场工作实施细则》规定，结合江苏省地震局地震现场工作的实际，对江苏省地震局地震现场工作队队员进行调整和充实，并明确职责。

（3）各级地震灾害紧急救援队伍建设和管理情况。赴三支省级专业救援队调研地震应急救援工作，总结交流2014年救援队建设情况、取得的成绩以及2015年工作打算，探讨进一步加强军地协作机制，提高救援队地震救援实战能力。

（4）青年志愿者队伍建设和管理情况。全省建立地震应急志愿者队伍529支，人数达17万人。与省城市应急协会、省志愿者协会、省城市应急志愿者总队联合开展第三届全省应急志愿者工作总结表彰活动，并对全省2014年度工作中涌现的一批优秀应急志愿者、优秀应急志愿服务组织给予联合表彰。

4. 应急救援条件保障建设情况

（1）地震现场应急装备建设情况。2015年以来，省、市、县购置应急救援装备100多台（套），新增应急装备费数百万元。

（2）救援物资及装备建设情况。2015年以来，全省各市都建成了不同级别的救灾物资库，救灾物资储备充足。

（江苏省地震局）

浙江省

1. 应急指挥技术系统建设

经过5年的建设，浙江国家社会服务工程应急救援系统通过总体验收并投入使用。该系统由宏观灾情获取与报送平台、地震紧急响应平台和应急救援联动信息服务平台3个部分构成。实现地震应急救援的信息获取、信息处理与信息服务，提升浙江省地震应急响应能力和公共服务水平。

2. 地震应急救援准备

下发《关于开展2015年度全省地震应急工作检查的通知》，省地震局深入到全省11个地市，对超过22个市（县、区）进行应急检查，推动基层切实落实应急防范主体责任。各地市政府地震应急预案修订完成并颁布实施，县级预案修编率达到60%。其中杭州市13个区、县（市）级地震应急预案全部修订印发并报备。杭州市、宁波市等还编写了相应的地震应急预案操作手册。

3. 应急救援队伍建设

围绕中国地震局地震现场应急工作队轮值工作，做好准备同时应对多次不同区域的地震事件，狠抓浙江省地震局现场应急工作队建设。

4. 应急救援条件保障建设

舟山市地震局添置 3 套北斗短报文终端通信设备作为有关震情灾情信息传送的应急平台，用于应急值班。宁波市地震局 9 月建成 $160m^2$ 的应急装备库，已储备专业、后勤保障两大类装备共计 18 种、202 件。

（浙江省地震局）

安徽省

1. 应急指挥系统建设

安徽省地震应急指挥中心全年共完成日常运维 365 次，上报灾情简报 365 份、值班信息 365 份、辅助决策报告 730 份、各类运维巡检日志 730 份、周报 52 份、月报 12 份；全年组织和参加各类演练 13 次，上传演练总结 12 份、演练文件 1760 份；制作省级、市级地质构造图、地震分布图、经济密度图等各类专题图 420 余幅。

2. 地震应急预案体系建设

全省 16 个市全部完成市级地震应急预案的修订，各县启动县级地震应急预案修订工作。各市地震局在协助完成政府地震应急预案修订的同时，指导市直重点部门、县（市）区、乡镇街道、重点企业、学校地震应急预案编制。

3. 重点区应急协作和灾害预评估

安徽省地震局作为牵头单位在安庆组织召开鄂豫皖协作区第一次地震应急工作会议。会议讨论并形成《2015 年鄂豫皖协作区地震应急联动方案》。

4. 地震灾害调查评估培训

6 月，安徽省地震局组织举办全省地震灾害评估培训班。安徽局地震现场工作队队员以及全省 16 市、15 个重点区县和 12 个省属台站的地震应急业务骨干 80 余人参加培训。16 名学员获得地震灾害调查评估初级评估师资格，36 名学员获得地震灾害调查评估评估员资格。

5. 地震应急演练

安徽省地震局与省教育厅联合印发《关于在全省学校开展"防震减灾"专题教育宣传月活动的通知》（皖教秘思政〔2015〕20 号），指导全省各级各类大中小学和幼儿园，开展"掌握避险技能，开展应急演练"为主题的宣传教育活动。

6. 地震应急处置

2015 年 3 月 14 日，安徽阜阳发生 4.3 级地震，造成 2 人死亡，13 人受伤，15251 间房屋受损，4.15 万人受灾，直接经济损失 7537 万元。地震发生后，安徽省、市地震部门立即启动地震应急Ⅳ级响应，张鹏局长迅速全面地部署各项应对工作。时任省委书记张宝顺、省长王学军等领导先后作出批示指示。王跃副局长带领12人现场工作队第一时间赶赴震区指导抗震救灾工作，组织开展烈度调查评定、震灾调查隐患排查和应急检查等工作。

（安徽省地震局）

福建省

1. 应急指挥技术系统建设

（1）省级地震应急指挥技术系统建设。严格执行24小时值班制度，加强值班人员培训，完善值班和系统运维制度，通过应急值班室软硬件建设，将应急指挥系统运维与应急值班有机结合，定时检查、定期维护、定期测试，有效保障应急指挥系统的高效有序。全年提交运维报告877份。

（2）地震应急基础数据库建设。重点加强应急基础数据库补充完善和应急基础图件的标准化产出，实现了人口、国民经济统计数据精确到乡，在及时更新、不断增补数据库的基础上，严格按照《破坏性地震应急专题地图产出流程与制作规范》制作全省范围专题图16幅，九地市专题图135幅，部分重点区县专题图32幅，共制作不同图幅的专题图件500余幅，并且每次月演练、季度演练都严格按照规范产出相应的应急产品。

2. 地震应急救援准备

（1）各级各类地震应急预案修编情况。2015年，福建省地震局继续按照福建省地震应急预案要求，积极推动各抗震救灾指挥部成员单位、市县政府及相关部门修订地震应急预案，并要求各抗震救灾指挥部成员单位报送地震预案的电子版。

（2）地震应急检查工作落实情况。2015年10月，福建省地震局、省应急办、省民政厅、省安监局等部门联合组成检查组，按照《福建省地震应急预案》（闽政办〔2013〕113号）和《福建省应急检查管理办法》（闽震〔2011〕54号）有关规定，对南平市地震应急工作进行检查。其他各设区市也由社区市政府牵头，各自开展地震应急检查工作。

（3）地震应急演练落实情况。5月13—14日，福建省地震局联合武警福建省消防总队主办，由漳州市人民政府和武警福州指挥学院协助，在漳州实施了"闽动—2015福建省县级地震灾害紧急救援队跨区演练"。

（4）应急救援科普宣传教育情况。积极加强和拓展网络宣传地震科普知识的方式，"5·12"宣传周期间正式开通福建省地震局官方微信，并利用微博、微信平台开展"闽动—2015福建省县级地震灾害紧急救援队跨区演练"的微直播，取得良好效果。

（5）应急避难场所建设情况。截至2015年12月，福建省共建成地震应急避难场所697个，超额完成再建300个地震应急避难场所的要求。福建省地震局牵头制定的《地震应急避难场所要求》地方标准正式发布，并于2015年6月1日正式实施。

3. 应急救援队伍建设

（1）各级地震救援机构建设情况。省、市、县三级地震部门均组织本级省人民政府抗震救灾指挥部联络员会议，对本级抗震救灾指挥部成员单位成员及联络员的联系方式进行更新。

（2）各级地震现场应急工作队伍建设和管理情况。2015 年 11 月，福建省地震局组织在福州、厦门开展地震系统现场工作队培训，包括地震现场工作特点、现场评估工作实务及中国地震局地震灾害评估培训系统使用等多项内容，夯实现场工作队的理论基础。

（3）各级地震灾害紧急救援队建设和管理情况。根据省政府办公厅《关于进一步加强我省地震灾害紧急救援队伍装备建设的通知》（闽政办发明电〔2013〕71 号）要求，启动新一轮省级地震救援队装备建设，分 2013、2014、2015 年三年计划采购，至 2015 年 12 月已基本完成，涉及金额 6832 万元，除通信指挥车外，所有救援装备均到位并投入使用。组织各级救援队指挥员、业务骨干分别赴北京、兰州两大地震紧急搜救基地培训。指导各地积极开展地震救援队建设，新建多支县级地震救援队，进一步夯实基层地震应急救援基础。

4. 应急救援条件保障建设

救援物资及装备建设情况：根据福建省地震应急预案要求，福建省商务厅牵头建立福建省应急物资储备管理系统，福建省地震局地震应急救援装备及各单位、企业物资储备情况均及时上传系统，可更快速直观反映应急物资储备情况。福建省救灾物资储备库已正式竣工启用，并被国家民政部、财政部确定为"中央救灾物资福州储备库"。

（福建省地震局）

湖北省

1. 有序有效有力应对地震事件

2015 年，湖北省地震局共处置地震突发事件 6 次，出动现场工作队 2 次。每次地震发生后，湖北省地震局立即启动应急响应，有序有效有力地应对地震突发事件。4 月 15 日内蒙古阿拉善左旗 5.8 级地震和 4 月 25 日尼泊尔 8.1 级地震应急处置过程中，分别派出现场工作组，协助受灾省份开展现场工作，得到受灾省政府、中国地震局的肯定。

2. 健全"一案三制"

经湖北省政府同意，修订《湖北省地震应急预案》，印发给全省 17 个市州；编制《湖北省 2015 年地震重点危险区抗震救灾应急准备工作方案》《2015 年度湖北省地震局地震应急准备工作方案》，指导全年地震应急准备工作的开展。下发《2015 年市县地震应急工作要点》，修订《湖北省地震应急工作检查评比方法》，推进市县应急工作发展。鄂豫皖三省相关地震部门制定《2015 年鄂豫皖地震应急联动协作区应急准备工作方案》；鄂豫陕三省针对南水北调中线丹江口库区建立联动协作机制；中南五省（区）联动协作机制进一步推进；持续加强与两支省级地震应急救援队的联系。

3. 加大地震应急演练培训力度

湖北省地震局组织开展长江三峡 175m 实验性蓄水地震应急演练、全省地震应急桌面推演等多次专业性地震应急演练；开办湖北省第一期地震现场"第一响应人"培训班，邀请中国地震应急搜救中心教官团队现场教学，全省 17 个市州及部分县区地震部门安排人员参加；安排省级地震应急救援队两次赴国家训练基地培训。

4. 落实地震应急准备检查工作

6 月和 9 月，湖北省地震局与省政府应急办、发展改革委、民政厅、安监局等部门分别对黄冈市、麻城市、英山县、罗田县及宜昌市政府应急准备工作进行检查，督促整改工作中存在的问题，指导各地做好地震应急准备。

（湖北省地震局）

湖南省

1. 应急指挥技术系统建设

（1）湖南省地震应急指挥技术系统不断完善。应急技术值班人员按日、周、月、半年和年度运维技术要求进行系统运行维护与值班管理，确保技术系统的正常运转，对部分设备进行更新升级，并按要求改造升级地震应急指挥技术平台。

（2）开展与湖南省省级突发事件预警信息发布系统平台对接前期准备工作。9 月，同省气象局商讨湖南省省级突发事件预警信息发布系统对接相关事宜，确定突发事件信息发布机制以及对接方案和对接初步计划。

（3）根据《湖南省地震行业视频会议及现场单兵系统使用管理办法》，开展市州地震局视频会议系统和全省现场单兵系统的联调和户外演练测试工作。

（4）完成全省及 14 个市州应急专题图件共计 15 套 30 幅的制作。

（5）9 月 24 日，参加中国地震局 2015 年全国地震应急指挥系统应急响应与服务保障演练。演练模拟湖南省张家界市慈利县发生 5.5 级地震。针对震情，迅速开展地震速报、快速评估与辅助决策、政府指挥决策建议等应急处置工作。演练期间共产出应急专题图件及相关资料共 12 类 60 余个文件。

2. 地震应急救援准备

（1）各级各类地震应急预案修编情况。截至 2015 年底，全省有省级政府地震应急预案 1 件，市级政府地震应急预案 14 件，县级政府地震应急预案 111 件，乡级政府地震应急预案 1034 件；省级地震系统地震应急预案 1 件，市级地震系统地震应急预案 14 件。

（2）地震应急检查工作落实情况。按照中国地震局和湖南省政府相关文件要求，结合本省实际情况开展 2015 年度地震灾害风险评估工作，形成《2015 年湖南省地震局地震灾害风险评估报告》，为统筹规划全省地震应急工作提供了有利的指导意见。根据年度会商意见和地震灾害风险评估报告，制订《2015 年湖南省地震局地震应急准备工作方案》。

（3）地震应急演练落实情况。2月12日，湖南省地震局组织局机关工作人员及长沙市地震局机关工作人员开展地震应急桌面演练。演练内容包括震情信息的快速发布、震情报告与应急协调、地震灾害损失预评估与应急救援指挥决策措施建议等11个科目。

（4）应急救援科普宣传教育情况。湖南省地震局在长沙红星通程商业广场举行以"识别灾害风险，掌握减灾技能"为主题的防灾减灾日宣传活动。活动现场共发放地震应急科普资料3000余份。

（5）应急避难场所建设情况。全省14个市州共建立156个应急避难场所，合计面积1313.08万 m²，至少可安置260万人。

3. 应急救援队伍建设

（1）各级地震救援机构建设情况。全省14个市州全部成立地震工作机构。各市州地震局明确应急管理岗位和工作人员，部分市县成立综合应急救援队伍，将地震应急救援任务纳入综合应急救援队的职责，有效促进地震应急救援专业队伍的建设。

（2）青年志愿者队伍建设和管理情况。截至2015年底，已在地震部门备案的社会应急救援志愿者队伍共有35支，总人数为2906人。

4. 应急救援条件保障建设

根据中国地震局要求，湖南省地震局给本局部分地震现场工作队队员配备统一的春秋工作服、夏长短袖上衣、马甲、腰带、工作鞋等工作装备。

5. 地震应急救援行动

2015年，湖南省内湘北常德、张家界，湘中长沙、娄底，湘南永州多次发生有感地震。地震发生后，省地震局组织召开紧急地震趋势会商会，并派出由省、市、县地震局联合组成的工作组赴震区开展现场调查。通过积极应对省内有感地震事件，不断强化地震应急响应与处置措施，及时为政府和群众提供震情信息和决策支持，在政府重视、群众关心、媒体关注的突发地震事件中发挥积极作用。认真做好全国地震现场应急轮换值班工作：根据中国地震局地震现场应急工作队（省级地震局）轮换值班制度，湖南省地震局为3月份全国地震现场应急轮值单位之一。为做好轮换值班准备工作，省地震局预先制订值班人员名单表和应急支援方案。

（湖南省地震局）

广西壮族自治区

1. 应急救援队伍建设

广西地震灾害紧急救援队已发展至300人，进一步装备一批现代化救援设施，全区共建成8支地市级和16支县级地震应急救援队，救援队员达2万余人。完成《广西地震搜寻与救护基地建设项目建议书》及其建设标准说明的编制。新购地震现场应急队灾害调查与应急科考类、后勤保障类、个人保障类等现场设备、装备共338件。

2. 应急演练

2015年4月，承办2015年度西南片区测震应急流动演练。12月10—11日，广西地震灾害紧急救援队开展全员全装全科目24小时联合应急拉动演练，来自自治区地震局、武警广西总队、武警水电第一总队、武警广西总队医院的60名现场应急队队员、302名救援官兵、50多台救援车辆参演，检验广西地震灾害紧急救援队的地震应急准备情况、协同配合作战能力和日常应急训练效果。

3. 应急预案和避难场所建设

将自治区、市抗震救灾指挥部成员单位以及乡（镇）政府地震应急预案的修订列入自治区年度绩效考核指标。全区制定各级各类地震应急预案达2万多件。建成各类地震应急避难场所85个，总面积达430万 m²，可疏散人数约203万人。

4. 应急机制建设

编制《2015年全球 中国 广西地震活动及灾害图册》《2015年度广西地震危险区地震风险评估与对策研究报告》《2015年度自治区地震局地震灾害现场工作方案》以及《自治区抗震救灾指挥部应急处置操作手册》。建成可实现国家—自治区—市—县—现场五级互联互通的地震应急指挥平台，完善广西地震应急指挥技术系统。自治区地震局还参与"3·30"贵州剑河5.5级地震、"4·25"尼泊尔8.1级地震应急处置工作，并应邀派出2名专家赴尼泊尔强震现场开展震后科考工作。

（广西壮族自治区地震局）

西藏自治区

1. 地震应急救援准备

2015年7月和8月，西藏自治区副主席多吉次珠率自治区地震、民政等相关部门负责人前往那曲、阿里地区对地方政府如何做好组织指挥、应急预案、联动机制、物资储备等应急准备方面工作进行专项检查，确保有关地区应急准备防范措施做实做细，落实到位。

根据2015年年度地震趋势会商意见，2015年初，西藏自治区地震局就进一步做好2015年地震监测预报、震害防御和应急救援等工作进行安排部署，按照中国地震局震灾应急救援司的要求，制订《西藏自治区地震局2015年地震应急工作准备方案》，下发各职能部门和各地市地震局，就地震系统进一步做好地震应急各项准备工作进行再安排再部署。

为加强地震应急指挥系统应急响应和服务保障能力，强化震后应急响应、分析研判、产出服务和技术保障等应急处置工作，2015年9月，组织应急保障中心参加中国地震局震灾应急救援司、中国地震台网中心和全国31个省局地震应急部门举行的全国地震应急指挥系统应急响应与服务保障演练。

2. 应急救援条件保障建设

根据防震减灾联席会议要求，自治区防震减灾联席会议各成员单位及各地市积极配合，不断加强应急准备工作，分别从人员、物资等各方面进行安排部署，确保地震重点危险区发生破坏性地震时能够做出及时有效的处置。

3. 地震应急救援行动

2015年4月25日14时11分，尼泊尔发生 M8.1地震。地震共造成西藏自治区27人遇难，3人失踪，860人受伤，直接经济损失103亿元。地震发生后，西藏自治区地震局在中国地震局和自治区党委、政府的坚强领导下，有条不紊、高效快捷、积极稳妥地开展各项地震应急工作。

4. 省级地震灾害应急与救援队伍建设

西藏自治区已建设完成两支地震应急救援专业队伍，即依托公安消防总队组建的西藏自治区地震灾害紧急救援总队和依托西藏武警总队组建的武警救援队，在西藏自治区近年来历次抗震救灾、玉树地震灾害救援和2015年"4·25"尼泊尔8.1级地震西藏灾区抗震救灾中发挥专业救援队伍作用。

（西藏自治区地震局）

宁夏回族自治区

1. 应急指挥技术系统建设

（1）省级应急指挥技术系统建设。2015年11月20日，国家地震社会服务工程——宁夏分项正式通过中国地震局专家组验收。宁夏地震社会服务工程应急救援系统通过系统性向各相关机关单位进行数据收集及协调共享扩展，专业调查及地市数据收集，建立应急救援信息库。2015年该项目三大平台（宏观灾情获取和报送平台、紧急响应处理平台、联动服务平台）全部建设完成，并通过测试验收，正式投入使用。

（2）市级应急指挥技术系统建设。宁夏地震局积极指导配合石嘴山市地震局和固原市地震局应急指挥系统建设项目。2015年完成石嘴山应急指挥系统的应急指挥大厅建设及信息化部署，包括视频会议系统架设、机房改造、服务器部署、软件升级等。固原市地震灾情快速捕获与应急指挥系统项目主要完成市县两级地震部门的视频会议系统和市级移动指挥车视频接入系统的建设工作。

2. 地震应急救援准备

（1）地震应急演练落实情况。2015年10月25日，宁夏地震局开展全局地震应急演练。演练事先不打招呼，不追求演练过程的连续性和完美性，重在以演代训，全程模拟地震发生后的应急响应和处置流程。宁夏地震局职工到岗迅速，圆满完成演练各项预设场景和科目任务。

（2）应急救援科普宣传教育情况。2015年6月18日，宁夏地震局应急救援处受邀为宁夏电力科学研究院讲授题为"科学防震　综合减灾"的防震减灾知识讲座，为电力科学研究院全体职工介绍近年来国内破坏性地震事件情况、地震基本知识、防震减灾工作体系及防灾避险基本知识。2015年12月2日，受邀为银川市委党校应急管理干部培训班讲授题为"应急值守与信息报送"的应急管理专题讲座，重点讲授应急管理的基本理论、发展历程、突发事件的应对和处置，以及应急值守和信息报送的工作要求。同时，还组织全体干部学员们实地参观宁夏地震局地震监测台网、宁夏地震应急指挥技术系统和应急通信车等相关工作设施。

3. 应急救援队伍建设

2015年5月18日，宁夏地震局下发《关于进一步明确地震应急体制机制和任务分工的通知》，进一步明确地震应急工作原则和体制机制，根据工作职能和人员情况进一步将宁夏地震现场应急工作队队员扩充至69人。

4. 应急救援条件保障建设

2015年5月，宁夏地震局对应急物资储备库进行清理，全面进行老旧物资清理，应急物资装备盘点登记入册等。

5. 地震应急救援行动

2015年4月15日，内蒙古自治区阿拉善盟左旗发生5.8级地震后，宁夏地震局党组高度重视，在第一时间迅速部署，震后40分钟就派出第一批现场工作队赶赴震区，本次地震现场应急由分管应急工作的副局长带队，共有24名队员参与现场工作，派出10辆越野车参与现场调查。

（宁夏回族自治区地震局）

河南省

1. 省级地震灾害应急与救援队伍建设

加强河南省地震现场应急队伍的规范化建设。组织制订印发《河南省地震局地震应急行动方案》，明确各工作组、各应急岗位人员职责，及时根据人员岗位变动情况，调整应急队员；统一地震现场应急着装标识，配发地震现场人员工作装备、工作服装、应急标识等，进一步推进地震现场规范化建设。扩展救援能力，完善行业救援队伍联动机制建设，探索建立与企业消防救援队合作的新机制。

2. 河南省地震应急救援工作

（1）应急指挥技术系统建设。省级地震应急指挥技术系统建设：建设完成应急指挥中心技术系统升级改造，实现防灾减灾信息的发布、会议功能、会议摄像自动跟踪、会议录播功能，圆满完成局各项会议、省防震抗震指挥部会议及桌面推演等应急指挥和技术保障任务。市级地震应急指挥技术系统建设：为全面推进省辖市地震应急指挥技术平台建设，河南省地震局落实中央项目资金481万，下发《河南省地震局关于支持省辖市地震应急指挥技术系统建设的通知》，用于建设信息网络基础平台、视频会议系统、多媒体系统、防震减灾综合服务系统及地震现场应急通信卫星综合移动终端，并配备地震应急通信系统。濮阳、焦作、商丘、周口市地震应急技术系统已建设完成，实现与省局互联互通。郑州、开封市地震应急技术系统正在建设之中，许昌、平顶山、驻马店市局已落实地方配套资金，正在开展项目技术方案编制，进行项目前期工作。南阳市地震应急指挥技术中心主体土建完成。其他市局也在启动地震应急技术系统升级改造或建设工作。

（2）地震应急救援准备。各级各类地震应急预案修编情况：18个省辖市政府和10个直管县完成修订备案，备案率100%；38个指挥部成员单位已经完成预案修订并备案，备案率95%，通过地震应急预案的修订与备案工作，地震应急救援工作得到理解和支持不断增多，河南省地震应急预案体系建设取得阶段性成果。地震应急演练落实情况：全省地震应急桌面演练逐步常态化。下发《河南省地震局关于建立河南省地震系统地震应急三级联动制度》，对省、市、县地震部门应急联动提出要求并予以规范。3月25日省局与豫南应急联队8个单位进行协作联动地震应急演练；6月18日省局与焦作市、武陟县三级地震部门联动应急演练；9月23日省局与豫北应急联队协作应急演练，11个单位86人到达现场；9月24日参加全国应急指挥技术中心演练。

（3）应急救援队伍建设。各级地震现场应急工作队伍建设和管理情况：各级地震部门均建立有地震现场应急工作队，并且相继成立豫北、豫南地震应急联队，每年进行突袭演练。各级地震灾害紧急救援队伍建设和管理情况：目前，省辖市均依托消防、公安队伍建立救援队伍，并且进行常态化演练。

（4）应急救援条件保障建设。地震现场应急装备建设情况：2015年相继采购60余类、万余件物品，河南省地震局地震应急工作组组长、现场工作队队员、本部工作队队员、应急人员应急装备配备水平得到大幅提升，还首次向省辖市、直管县地震局配发应急装备。救援物资及装备建设情况：地震应急移动指挥平台建成投入使用。其多样化的通信手段、先进的进口沃尔沃底盘和方舱式的设计，标志着河南局在地震现场指挥通信方面处于全国先进水平。

（5）地震应急救援行动。地震现场应急工作情况：1月18日，濮阳范县3.9级地震发生后，河南省地震局先后派出2批次现场工作队，在地震现场，由河南局、山东局和当地政府组成地震现场联合指挥部，开展震后趋势会商、灾情调查、流动监测等工作，圆满完成各项应急处置任务。

（河南省地震局）

内蒙古自治区

1. 应急指挥技术系统建设

对应急指挥系统数据库系统及ArcGIS图形数据库进行部分更新和改进；建成区域地震应急数据信息中心；新建应急指挥系统和视频会议系统，保证应急联动时与中国地震局和各省局的视频联调；对卫星设备进行重新定位及隔离度测试。

2. 地震应急救援准备

（1）制订《内蒙古自治区2015年度地震重点危险区专项抗震救灾应对工作方案》。

（2）对呼和浩特市、乌兰察布市、赤峰市、通辽市及自治区有关部门、大中型企业开展地震应急准备工作检查，检查结果报国务院抗震救灾指挥部办公室。自治区地震应急准备工作在 4 月 1 日国务院地震应急工作检查时得到检查组的肯定。

（3）完成自治区 2015 年度两个地震重点危险区灾害预评估与应急处置要点工作报告的方案策划、实地调研和编写工作，完成两个地震重点危险区地震灾害应急风险评估与应急对策工作报告。

（4）指导呼和浩特市、包头市规范建设地震应急避难场所。

（5）呼和浩特市、乌兰察布市、通辽市分别制订本盟市《专项抗震救灾应对工作方案》。

（6）包头市制定《包头市地震应急预案管理办法》《包头市地震应急预案备案制度》和《包头市地震应急工作检查管理办法》。

（7）巴彦淖尔市制定印发《巴彦淖尔市地震应急预案管理办法》和《巴彦淖尔市地震应急工作检查管理办法》。

3. 应急响应情况

2015 年 4 月 15 日，内蒙古自治区阿拉善盟阿拉善左旗发生 5.8 级地震。自治区地震局和各有关盟市、部门按照《内蒙古自治区地震应急预案》，分别启动应急响应，开展抗震救灾工作。天津市地震局、湖北省地震局、中国地震应急搜救中心和中国地震局地质研究所等单位在中国地震局震灾应急救援司带领下，派出队员支援内蒙古灾区；宁夏回族自治区地震局、河北省地震局作为应急协作区单位也分别派出 18 人和 5 人现场工作队支援内蒙古灾区。

4. 应急救援队伍建设

（1）举办内蒙古自治区第二期应急管理干部培训班，组织自治区地震救援技术骨干参加兰州国家陆地搜寻与救援基地举办的应急救援实战操作培训班。

（2）8 月 25—26 日，自治区地震局与河北、山西地震局共同牵头在内蒙古丰镇市组织开展全国地震系统首次多区域应急协作联动演练。

（3）9 月 16 日，自治区地震局和武警内蒙古总队牵头，在武警总部内蒙古区域训练基地举行地震抢险救灾演练。自治区副主席白向群、自治区部分防震减灾工作领导小组成员单位负责人参加演练。

（4）包头市政府成立地震应急管理专家组，组建地震应急救援专家组和地震现场工作队，建成地震应急装备库。

（内蒙古自治区地震局）

山东省

1. 应急指挥技术系统建设

山东省地震应急指挥中心通过视频会议系统平台的升级，进一步提升省级地震应急指挥中心的视频会议服务能力。在全国省级地震应急指挥中心运维质量评比中，获得综合考核第三名、地震应急指挥中心技术平台第二名、地震应急基础数据库第三名、地震现场工作优秀、应急卫星通信系统第三名、地震应急专题图第三名。

2. 地震应急救援准备

加强地震应急准备，编制印发《重特大地震灾害应急处置工作要点》《地震重点地区应急准备工作方案》《地震重点危险区抗震救灾专项应对工作方案》，完成重点危险区地震风险评估。完善地震应急联动机制，东中西三个地震应急协作区召开联动会议，在威海、临沂、枣庄三个联动区活动中开展桌面推演。5月8日，省政府在潍坊市举行大型地震应急演练，87支救援队伍、2156名应急救援人员以及382辆救援车辆参演。开展全省地震系统地震应急工作主题月和演练活动。

全省共建成各级、各类地震应急避难场所1425个，面积11998万 m^2，可容纳避难人口2900万人，初步具备一定的应对地震灾害事件的疏散安置能力。

3. 应急救援队伍建设

结合全国地震现场应急工作队轮换值班工作，开展全省地震系统地震应急工作主题月活动。选送救援骨干和市县地震部门应急救援管理干部参加国家集训。依托民兵骨干，推进全省地震应急救援志愿者队伍建设。

4. 应急救援条件保障建设

投入900余万元为省救援队增配两辆高性能地震救援车辆，更新个人防护装备。

中国地震局配发灾评科考单兵设备，每套包括手持工作终端（已预装地震现场灾害调查软件）、手持GPS、激光测距仪、移动电源、存储设备、数码相机、文具包、装备包、工作背囊、拉杆箱等共12件（台），为顺利完成地震现场工作做好准备。

5. 地震应急救援行动

妥善处置5月22日文登乳山近海4.6级等16次有感地震事件，3次派出工作队到地震现场开展工作。1月18日濮阳范县发生3.9级地震，部分地区有较强震感；5月22日文登乳山近海发生4.6级地震，造成乳山市白沙滩镇部分房屋受损。震后，省市县地震部门有序开展震情速报、紧急会商、流动监测、灾害调查、烈度考察、应急宣传等工作，较好地维护了社会稳定。

（山东省地震局）

陕西省

1. 应急指挥系统建设

制定《陕西省地震局应急指挥中心考核评比奖励办法》，组织市级应急指挥系统考核，应急指挥技术系统进一步优化。应急指挥技术系统和信息网络全年运行率达到98.89%，跨省通信主干链路连通率达到100%，全国质量评比6项进入前三名。完成基于"天地图"的基础地理数据库建设，在规范内更新8类数据共3084条，新增加332条，在规范外更新4类数据共

26万条。开发"基于Android移动终端的现场灾害调查"软件，初步形成以"天地图"为支撑的高精度、多类型的电子地图服务，建立基于天地图的地震应急响应平台。

2. 地震应急救援准备

陕西省地震局编制《2015年度陕西省地震局地震应急准备工作方案》，联合相关部门开展震情跟踪和应急准备工作专项检查，督促地震应急准备工作各项措施落到实处。调整局地震应急指挥部成员，制订印发《2015年度陕西省地震局重特大地震灾害现场应急支援及现场应急工作队轮换值班方案》，确定支援人员，落实装备、交通、后勤保障措施。承担2015年9月全国地震现场应急值班工作。联合山西省地震局制定《临汾至晋陕交界地区应急准备方案》，进一步明确应急协作职责和应急响应机制。联合湖北省地震局、河南省地震局制定印发《南水北调中线丹江口库区地震应急预案》，并签订《鄂豫陕三省地震应急联动工作协议》。地方标准《应急避难场所 场址及配套设施》被省质监局批准发布，避难场所建设不断规范。西安市地震局、市应急办联合印发《关于加快应急避难场所建设的通知》，对全市应急避难场所建设进行安排部署，宝鸡、渭南、铜川等地加强应急避难场所建设与管理工作。

3. 应急救援队伍

西安市地震灾害紧急救援队挂牌成立，宝鸡、渭南2支区域专业救援队伍装备配备到位。选派25名技术骨干赴北京、兰州参加救援专业技能培训，技术水平进一步提升。省地震应急指挥中心获得全国质量考核综合第二名，5项单项获前三名，省地震局被评为省应急先进单位。宝鸡、咸阳、铜川等市建成应急指挥系统。

陕西省地震局被省应急办评为2014—2015年度全省应急管理先进单位。省地震局应急救援处曹允谦同志被省应急办评为2014—2015年度全省应急管理先进工作者，应急中心孙哲同志被评为2014—2015年度全省优秀应急值守员。

（陕西省地震局）

青海省

1. 建立健全地震应急协调联动工作机制

青海省防震减灾工作领导小组各成员单位之间建立地震灾害信息交流和地震应急救援联动工作机制；省政府应急办公室会同省地震局组织召开省级地震应急救援力量协调会，形成省级地震应急救援力量协调机制；与西北地区地震应急救援区域加强联动机制。

2. 加强地震应急救援场所建设和物资储备

推进灾情数据对接通联，实现国家、省、市（州）、县灾情数据互联互通；青海省交通运输厅现有国家级物资储备库1个、省级5个、市级13个，战备钢架桥库房9个，投入资金3000多万元，储备各类公路抢险物资30余种，配备除雪机、挖掘机、装载机、自卸汽车等专业抢险救援机械设备共100多台（套），初步建立起防震减灾后勤保障体系；青海省财政厅拨付90万元经费，用于各县级地震机构购置手持卫星电话、GPS、数码相机等应急设备；各地区、各部门认真开展地震风险隐患排查，交通运输厅全面调查路基、路面、桥涵、隧道、防护设施、交通工程存在的各类病害和安全隐患，制定大中修工程建议计划；省住房建设厅安排各地区重点对公共场所、市政公用设施、年久失修抗震标准较低的居民住宅、农牧民住房危房、易发生次生灾害的工程进行隐患排查，及时采取相关措施。

3. 积极推进应急救援队伍建设

建立健全综合应急救援队、行业救援队、志愿者队伍三位一体的地震应急救援队伍体系；武警青海总队组建 2 支工化救援中队、8 个救援应急分队、46 个县级应急救援班；省财政厅安排应急培训专项经费 50 万元加强队伍培训，组织 2 批（次）专业救援队伍共计 64 人赴北京国家地震紧急救援训练基地和兰州国家陆地搜寻与救护基地参训，并在青海省举办全省地震应急管理高级培训班和全省地震系统应急管理人员培训班。

4. 组织开展地震应急演练

黄南藏族自治州、海东市、西宁市分别组织了州、县、乡三级政府地震应急演练；西宁市在全省 7 所高校开展大学生应急疏散演练；全省各中小学校组织 2 次地震疏散应急演练；省安监局组织开展青海煤业矿山救护队"双盲"应急演练、西宁中油燃气公司"双盲"应急演练、中交三公局循隆公路总承包项目部水上应急救援演练和省事故灾难指挥部危险化学品桌面应急演练；青藏铁路公司开展以"地震造成行车设备损坏、货物列车脱线、影响运输秩序"为主要内容的应急处置综合演练。2015 年有效应对各类地震事件。青海省境内全年共发生"10·12"玛多 $M5.2$、"11·23"祁连 $M5.2$ 两次 5 级以上地震。地震发生后，各相关地区和有关部门认真贯彻落实省委、省政府有关领导指示精神，第一时间启动应急响应机制，第一时间组织核查灾情，迅速有效处置灾情，稳定了群众情绪。省有关部门和震区州（市）、县政府反应迅速，处置得当，地震应急准备工作取得明显成效。

（青海省地震局）

山西省

1. 应急指挥技术系统建设

2014 年底，山西省财政厅下达"山西省地震应急基础数据库更新"300 万元的经费支持项目，2015 年开始实施山西省地震应急基础数据库更新项目，2017 年 6 月完成。2015 年 3 月，在大同、朔州两市开展地震重点危险区地震灾害实地调研和大同市无人机高精度影像航拍工作，收集重点城市重点区域的基础数据，提高地震灾害预评估水平。

2. 地震应急救援准备

（1）各级各类地震应急预案修编情况。2015 年 10 月，山西省防震减灾领导组办公室制定印发《山西省重特大地震灾害事件应急处置流程》，细化明确 7 天内省抗震救灾指挥部领导及成员单位的 25 项重点任务。

（2）地震应急检查工作落实情况。2015 年 3 月，由山西省政府办公厅督查室、省地震局、省国土厅、省民政厅组成的检查组对大同、朔州、忻州市开展地震应急准备工作检查，并深入实地查看物资储备库、学校、救援队伍等14个基层点。

（3）地震应急演练落实情况。2015年山西省累计开展地震联合演练、桌面演练、专项演练800余场次。演练分"应急响应和先期处置、指挥部决策部署会议、救援力量集结拉动、信息报送、现场抗震救灾指挥部会议、现场抢险救援、演练总结"7个阶段，设置1个主演练场和11个分演练场，模拟58个科目，共60个单位、600余人参加，派出了49支各类应急救援队伍，涉及149台车和2架无人机，演练全程长达10小时。

（4）应急避难场所建设情况。截至2015年12月，山西省已建成符合国家标准的Ⅰ类应急避难场所3个（临汾市古城公园、临汾尧都广场、吕梁市市民广场），Ⅱ类应急避难场所7个（大同市文瀛湖公园、阳泉市城市中心公园、临汾市平阳广场、忻州市和平广场、忻州市繁峙县滨河公园、忻州市代县滹沱河湿地公园、运城市南风广场），Ⅲ类应急避难场所8个（永济市樱花园、永济市柳园、永济市蒲园、朔州市人民公园、朔州市中心广场、朔州市体育公园、晋中市榆次玉湖公园、晋中市榆次区文化中心）。全省应急避难场所可容纳90万人，改造7处人防工程后可增加5.3万人的容纳量。

3. 应急救援队伍建设

2015年，山西省地震局分批次组织省级救援队、省直厅局、各市地震局共50人赴国家地震紧急救援训练基地学习培训。各市、各行业加强本地本行业救援力量建设，补充救援装备，开展技能培训。太原市组织专业救援队赴国家地震灾害紧急救援训练基地开展为期14天的地震救援培训。省民政厅加强志愿者队伍管理和培训，组织11个市的民政人员、志愿者共120人的应急救援培训班，充分发挥志愿者在地震救援中的作用。

4. 应急救援条件保障建设

2015年，山西省财政安排资金用于维修补充省地震救援队应急装备。2015年山西省地震局采购补充个人服装、台式一体机、工兵铲、户外保温水壶、户外背包等现场应急装备，并于9月为第一批参加地震现场应急人员共46人提前购买了人身意外伤害保险，提高现场应急人员安全保障能力。

5. 地震应急救援行动

2015年6月2日，太原市晋源区发生3.2级地震，山西省地震局依据《山西省地震局地震应急预案》迅速启动五级应急响应，将震情信息及时报送至中国地震局、山西省委省政府，并开展灾情收集、舆论引导等工作。

（山西省地震局）

云南省

1. 应急指挥技术系统建设

完成云南省地震灾害应急指挥中心的升级改造工作。地震应急保障中心自主研发"基于

IOS系统的地震应急推送系统"。制定印发《云南省州市县区地震应急指挥技术系统建设指南》。

2. 地震应急救援准备

召开省防震减灾工作联席会议、地震应急协作区联动会议的工作部署、应急联动，强化全省地震应急准备工作。开展"地震现场工作指南""云南省重特大地震抗震救灾工作评估体系和机制研究"课题研究。建立防震减灾工作联席会议督查机制。配合国务院抗震救灾指挥部督查组到保山、大理两地和省公安消防总队开展地震应急准备工作督查。

印发年度应急工作准备方案、现场工作队出队方案。全年完成救援队员和现场工作队员月演练12次、季度演练4次。

3. 应急救援条件保障建设

补充地震现场应急队员应急物资装备200套，实现与国家地震现场工作队的着装统一。为150名应急队员购买意外伤害保险。

4. 地震应急救援行动

圆满完成沧源5.5级、贵州剑河5.5级、尼泊尔8.1级、昌宁5.1级、嵩明4.5级、香格里拉4.7级等6次地震的应急处置工作，应急期内共组织和参加6次新闻发布会。安排人员参与尼泊尔8.1级地震应急救援工作。在中共云南省委、云南省人民政府关于鲁甸地震抗震救灾评先表彰活动中，云南省地震局前方指挥部震情监测预报组、前方指挥部灾评科考组荣获先进集体称号，5位同志荣获先进个人称号。

（云南省地震局）

江西省

1. 应急指挥技术系统建设

省级地震应急指挥技术系统建设：江西省地震应急指挥中心技术系统进入收尾阶段。赣南等原中央苏区应急指挥分中心工程正式立项，进入招投标程序。

市级地震应急指挥技术系统建设：11个设区市全部建成多功能一体的技术支撑平台。赣州、鹰潭等地根据区域特点及实际情况，深度开发应急基础平台。

2. 地震应急救援准备

各级各类地震应急预案修编情况：省、市、县三级预案体系全面建立，省、市、县制定政府及部门地震应急预案，全省地震应急预案体系建设延伸到社区、医院、学校，总数近2万件，形成较完备的地震应急预案体系。

应急救援科普宣传教育情况：开展走进省广播电视台"党风政风热线""百万网民学法律"知识竞赛、电视竞赛等防震减灾宣传活动。利用"5·12""11·26"等重点时段，通过手机报、网络平台等宣教形式，推动防震减灾文化"六进"。

地震灾情速报网络建设和管理情况：8个设区市建成地震应急指挥中心，初步建立省市县三级地震灾情速报平台，省市县地震部门之间、地震部门与政府之间的平台互动能力有效增强。

应急避难场所建设情况：宜春市、赣州市应急避难场所在国家发改委立项，总投入均超4000万元。丰城市等地已建成一批示范工程，应急避难场所建设规划布局和功能设置逐步合理化、实用化。全省建成初步具备应急疏散安置能力的避难场所243个，总面积约840万 m^2，可容纳约280人临时安置。

3. 应急救援队伍建设

各级地震救援机构建设情况：省级救援队2支，市级6支，县级104支。

各级地震现场应急工作队伍建设和管理情况：选派省、市地震灾害紧急救援队前往国家救援基地培训，组织培训300人次。派出应急管理人员15人次，参加全国、全省应急高级研讨、新闻应对、技术等培训，提高应急管理水平。

各级地震灾害紧急救援队伍建设和管理情况：建立市级专业应急救援队5支，县级104支。

青年志愿者队伍建设和管理情况：志愿者队伍245支，共计1.8万余人。

4. 应急救援条件保障建设

地震现场应急装备建设情况：12月，启动省防震保安工程应急分项，针对基层应急处置力量装备配备差，应急物资储备有限、种类较少、设备简单等情况，实施市县地震应急支撑项目建设。赣州市利用社会力量，储备救援装备，提高利用率。

（江西省地震局）

广东省

1. 应急指挥技术系统建设

（1）市级地震应急指挥技术系统建设。大力支持市县地震应急指挥系统建设。根据各个市县的实际情况，广东省地震局给予不同程度的资金和技术支持，派出技术人员协助各市地震局对地震应急指挥平台进行改造升级，已完成16个地级市的应急指挥平台建设。此外，区县应急指挥平台建设逐步开展，肇庆市端州区2015年建成广东省内第一个县级地震应急指挥中心。

（2）地震应急基础数据库建设。组织专项工作组开展粤东闽南交界及附近海域地震高风险区的风险评估工作。实地调研各地地理地貌情况；收集更新人口、经济、建筑物、交通、遥感影像、地形坡度、机场、危险源、救灾储备等基础数据，并将人口、经济、建筑物等数据公里格网化；对次生地震地质灾害危险或其他重大次生灾害危险性进行预判；对调研范围内各地城镇、农村建筑物抗震能力分别给出总体评价；掌握了各地现有地震应急救援能力。

2. 地震应急救援准备

（1）地震应急检查工作落实情况。参加全省突发事件风险隐患排查和整改工作情况专项督查；按照《广东省人民政府办公厅关于开展全省突发事件风险隐患排查和整改工作的通知》要求，以广东省地震局制定的《广东省地震灾害风险隐患分级标准和防控措施（试行）》

为依据，指导各市县地震工作主管部门结合本地区实际情况，组织开展地震灾害风险隐患排查和整改工作。组织专项工作组开展粤东闽南交界及附近海域地震高风险区的风险评估工作，编制《粤东地区地震灾害应急风险评估与应急对策报告》。重点针对各地存在的应急应对薄弱环节，提出相应的加强措施，为未来高效应对可能发生的地震灾害提供技术支持，为各级政府开展地震应急应对准备和抗震救灾行动提供决策参考。

（2）地震应急演练落实情况。联合潮州市地震局举行地震应急演练。本次演练与2015年全国地震应急指挥系统应急响应与服务保障演练同步进行，内容包括桌面演练和现场模拟演练。演练总体情况良好，各环节进展顺利，完成所有演练科目，基本达到演练预期目的。每月对地震应急视频会议系统进行轮巡检查和测试，按每月1次的计划，2015年共进行12次演练，其中2次演练为中南五省跨区域联动演练。开展省地震灾害紧急救援队跨区域救援演练；组织参加"神盾—2015"国家核应急联合演习暨台山核电厂首次装料前场内外联合演习。

（3）应急救援科普宣教情况。积极开展第四届"平安中国"防灾宣导千城大行动暨科普宣传活动，获得优秀组织奖；积极参与广东省"全国防灾减灾日"科普宣传周暨公益科普"两进"活动。2015年广东省地震局官方微博、微信公众号粉丝超过30万名。完成省地震科普馆升级改造工作，增加互动设备，趣味性和交互性大大提高。派出宣讲员主动开展"四进"（进机关、进社区、进学校、进企业）等活动，发放宣传产品2万余份，取得良好的效果。广东省数字地震科普馆建设基本完成，建立起与公众互动的便捷通道。

（4）乡村、社区应急工作开展情况。开展两批广东省地震安全示范社区认定工作，新增国家级地震安全示范社区19个，省级地震安全示范社区100个。开展2015年广东省防震减灾科普教育基地认定工作，广州市海珠区少年宫等8个场所被认定为新一批广东省防震减灾科普教育基地。

3. 应急救援队伍建设

（1）各级地震现场应急工作队伍建设和管理情况。进一步完善局领导带班和应急值班制度，包括应急负责人24小时值班制度，省地震预报研究中心、地震监测中心、地震应急与信息中心在岗值班制度等。同时按照中国地震局《关于印发中国地震局地震现场应急工作队轮换值班制度的通知》（中震救函〔2014〕55号）要求，广东省地震局选拔一批现场工作队员承担11月全国震情值班任务。10月，广东省地震局派出现场工作队4名队员参加由中国地震局应急救援司举办的地震灾害评估技术培训班。在深圳组织举办全省地震系统市县地震应急管理培训班，市县地震工作部门负责同志和广东省地震救援志愿者服务队（深圳山地救援队）部分队员共计50人参加培训。培训班采取理论授课和现场教学相结合的方式，讲授地震应急指挥技术体系发展、地震应急预案管理、广东省防震减灾"十三五"规划编制思路、新闻媒体应对、基层地震应急管理等课程。举办地震应急救援桌面演练，安排学员到深圳市安全教育基地和深圳市育新学校实地观摩和考察，达到提高市县地震部门干部应急管理能力的目的。

（2）各级地震灾害紧急救援队伍建设和管理情况。按照年度培训计划，广东省地震局从地震灾害紧急救援队和武警应急救援队选派3批次50名队员到国家地震紧急救援训练基地参加培训。

（3）青年志愿者队伍建设和管理情况。从广东省地震救援志愿者服务队（深圳山地救援队）

选派 10 余名队员参加地震应急管理培训，选派 20 余名队员到国家地震紧急救援训练基地参加专业救援培训。为肇庆、珠海等市培训地震应急救援志愿者百余人。

（4）地震现场应急装备建设情况。为现场工作队配备能够适应高原高寒等气候条件的生活、工作装备，确保现场工作队具备 72 小时自我保障能力。

4. 地震应急救援行动

地震现场应急工作情况。9 月 24 日陆丰发生 $M3.8$ 地震后，广东省地震局迅速派出现场工作队赶往震区开展工作，处置地震谣言，及时稳定社会秩序。

（广东省地震局）

海南省

1. 地震应急指挥系统建设与运行管理

2015 年，海南省地震局继续完善地震应急指挥系统建设。完成国家地震社会服务工程应急救援服务系统基本建设、应用软件部署和各类数据入库，经测试和试运行后，通过中国地震局验收。完成地震应急基础数据库数据收集更新工作，数据包括 2014 年度全省人口统计数据、全省国民经济统计数据、学校和医院数据、各市县最新行政区划图、公路交通数据、地震系统联络数据、地震应急指挥专题地图等 42 类。

2. 地震应急救援准备

2015 年，海南省地震局制订《2015 年海南省地震局地震应急准备工作方案》和《2015 年海南省地震局地震应急演练方案》，开展地震应急演练。开展市县地震应急预案专项检查和督促整改，其中海口、万宁、澄迈等市县修订地震应急预案并举行地震应急演练，琼海、文昌等市县开展地震应急预案专项检查和整改。开展地震应急救援宣传活动，组织大中小学校和社区、企业及机关单位开展地震应急救助演练，提高社会公众地震自救互救意识和能力。

3. 地震救援队伍建设

2015 年，海南省地震局继续加强地震救援队伍建设。推进省、市县救援队基础性建设，落实省地震应急救援体系建设项目经费，完成省地震救援队装备和队员个人装备的招标采购，推进省地震救援队搜救犬基地建设，各市县落实了救援队装备经费，10 个市县完成装备购置。加强救援队伍日常训练演练，选派 20 名省救援队骨干队员到国家地震紧急救援训练基地参加救援技术培训，选派 15 名三亚市地震救援队骨干到兰州国家陆地搜寻与救护基地参加培训，举办全省地震救援技术培训班 3 期（培训救援队员 160 人），举行 1 次省地震紧急救援队野外拉练演练。加强志愿者队伍建设，结合地震安全综合示范社区（乡镇）建设，新建地震应急救助志愿者队伍 8 支，选派 45 名志愿者队伍应急救助培训师到国家地震紧急救援训练基地参加地震救援技术培训。举办全省地震现场工作地震应急灾情评估培训班，60 名地震现场工作队员参训。

（海南省地震局）

吉林省

1. 应急指挥技术系统建设

2015年，基本完成"地震监测和应急指挥基础能力建设项目"，由吉林省财政投资，包括应急指挥技术系统、地震监测设备、信息网络服务平台和应急保障装备4个分项。通过项目实施，新建全省地震应急视频会商系统，吉林省地震局与各市（州）地震局、有人值守地震台站实现视频互通；对公网主干信道和10条到市（州）专用信道进行扩容，新增市县级信息网络节点5个；新建松原市地震应急指挥中心，新建1套地震应急移动指挥系统，配备应急指挥车1辆，新建1套地震应急专题图自动产出系统，新建1套地震应急指挥小型移动平台系统；完善地震应急指挥基础数据库系统；补充地震现场应急设备和个人保障设备。

2. 地震应急救援准备

2015年4—7月，吉林省地震局会同吉林省政府应急办组织开展全省市县地震应急预案编制和备案管理工作专项检查。截至2015年年底，全省各类地震应急预案达到8700余件，基本建立由政府专项预案、部门预案、单位预案构成的全省地震应急预案体系，基本实现地震应急预案"横向到边、纵向到底"。举办1期应急预案管理培训班。

3. 地震应急救援行动

2015年10月21日中午，吉林省松原市前郭县查干花镇发生4.5级地震。地震发生后，吉林省委、省政府高度重视，巴音朝鲁书记、蒋超良省长、隋忠诚副省长等省领导第一时间作出重要批示，省地震局立即启动应急预案，开展应对工作，报送和发布震情信息，召开紧急会商会，迅速收集震情灾情，派出现场工作队。22日上午，分管副省长隋忠诚专题听取孙亚强局长关于前郭4.5级地震专题汇报，对省地震局工作给予充分肯定。

（吉林省地震局）

甘肃省

1. 应急指挥技术系统建设

甘肃省级地震应急指挥技术系统建设：2015年8月，甘肃地震社会服务工程应急救援系统建设项目组完成单位工程竣工、技术、试运行、测试等报告，通过验收测试组对技术系统的测试和验收专家组的验收。11月，甘肃地震社会服务工程单位子项目通过验收。

2015年，甘肃省地震应急指挥中心技术系统升级改造项目组完成项目建设初步设计方案的编写、评审和招标工作。

市级地震应急指挥技术系统建设：2015年，兰州市地震应急指挥系统项目建设硬件部分已完成安装验收，软件平台已基本建设完成，平台中模拟计算部分正在调整完善。陇南市地震局地震应急指挥技术系统完成与省局视频会议系统的连接调试，完成软件的开发部署。

2. 地震应急救援准备

各级各类地震应急预案修编情况：制定印发《关于全省防震减灾重点工作任务分解的通知》《甘肃省地震局地震应急准备工作方案》，明确机构、人员和应急准备工作措施。

组织全省市级和县级抗震救灾指挥机构编制重特大地震灾害应急处置操作手册。全省所有市州和97%的县级抗震救灾指挥机构完成重特大地震灾害应急处置操作手册的编制。

应急救援科普宣传教育情况：甘肃省地震局组织相关专家到省民航监管局、九甸峡电投公司、省电力公司、省民政厅、中航旅、安宁区政府、通渭县政府、甘肃省行政学院等开展地震灾害与应急专题讲座。

地震灾情速报网络建设和管理情况：与省通信管理局和三家通信运营企业建立数据共享机制，与省通信管理局联合印发《关于做好通信网络数据共享工作的通知》，签订数据共享和保密协议，落实数据报送内容、报送条件、报送时限、报送渠道等。

3. 应急救援队伍建设

各级地震现场应急工作队伍建设和管理情况：甘肃省地震局于2015年12月19—20日组织开展一次地震现场应急拉练。55名现场应急工作队员、两辆通信车、两辆救援车和两辆运输车参加拉练。

各级地震灾害紧急救援队伍建设和管理情况：选派省地震灾害紧急救援队、甘肃省东部和西部省级救援队共40名骨干赴国家地震紧急救援训练基地开展中级救援技术培训，协调10名搜救犬训导员和10条搜救犬赴昆明警犬基地开展复训，组织4名省地震灾害紧急救援队队员赴山东蓝翔技校学习大型机械操作技术。对3支省级地震灾害紧急救援队开展专项培训，其中培训武警部队救援队员93名，培训消防部队救援队员70名。

4. 应急救援条件保障建设

地震现场应急装备建设情况：甘肃省地震局更新地震现场工作队员个人装备和工作设备，购买GPS工具24部、测距仪20部、回弹仪5个，以及地质罗盘和地质锤等现场工作装备，为120余名现场工作队员配备背包和工作服。同时，接收中国地震局100套地震现场工作服、4套便携式救援专用工具，代储90套羽绒服。

救援物资及装备建设情况：甘肃省东部和甘肃省西部两支省级区域救援队配置共计800万元的救援设备，涉及侦检、剪切、破拆、顶升等工作装备。

5. 地震应急救援情况

地震现场应急工作情况：临洮4.5级地震，甘肃省地震局组织7人现场工作组开展现场地震烈度调查、地震灾害损失评估，联合省民政厅完成灾情核查工作。

（甘肃省地震局）

新疆维吾尔自治区

1. 应急指挥技术系统建设

2015 年度新疆地震应急指挥中心共完成运维巡检 360 次，上报各类运维巡检报告千余份，开展指挥系统应急演练 12 次；全年应对新疆中强以上地震 4 次，地震短信平台共发送地震短信息约 8 万条；自治区地震应急指挥中心不断更新和完善应急基础数据库和快速成图软件。

2. 地震应急救援准备

2015 年新疆地震应急准备工作。一是紧盯震情形势，及早组织人员完成 2015 年度地震风险评估与对策研究工作；二是根据新疆自然地域和人口经济特点，有针对性地开展重点危险区地震灾害估计和应急处置要点研究工作；三是邀请中国地震局应急专家组赴南北疆地震危险区实地调研，为新疆地震应急准备工作提出意见和建议；四是切合实际，制订《2015 年度新疆地震应急准备工作方案》，并下发至各地州，为各地州政府制订本地区应急准备工作方案和安排部署年度地震应急救援工作提供科学依据。

3. 应急救援队伍建设

及时召开自治区地震灾害紧急救援队联席会议，通报国务院防震减灾工作联席会议精神和全国地震趋势会商会结果、商讨年度救援力量建设和地震应急准备相关事项，共同提升军地协同地震应急准备和处置能力。救援队方面：2015 年新疆地震局组织新疆军区工兵九团 20 名官兵赴国家地震紧急救援训练基地参加救援骨干力量培训，派出消防、武警和 3 个地州地震局共 20 人参加兰州地震救援基地救援科目培训，派出 1 人参加中国国际救援队和新加坡城市搜索与救援队联合参加的夏季适应性训练。通过一系列的救援培训，强化各支救援队的救援理论知识，熟悉装备实际操作的技能，提高救援的实战能力。

4. 应急救援条件保障建设

自治区政府财政投入 925 万元，完成 2015 年地震灾害紧急救援队装备购置和地震救援模拟训练中心辅助设施建设工作。自治区地震应急现场工作队投入经费 170 万元按照中国地震局现场工作队标准为全体应急工作队员配发了制式化服装。

5. 地震应急救援行动

2015 年新疆境内发生 4 次 5 级以上地震，造成直接经济损失近 55 亿元，3 人死亡，260 人受伤。新疆地震局启动应急响应 4 次，累计派出现场应急队 100 余人次，协助震区政府开展抗震救灾和维护社会稳定。7 月 3 日皮山 6.5 级地震发生后，新疆地震局立即启动地震应急 Ⅱ 级响应，在自治区党委、政府和中国地震局的正确领导下，科学决策、敢于担当，为自治区抗震救灾指挥提供多项决策依据；快速反应、深入一线，第一时间表达党和政府对受灾群众的关心；克服苦难、协同工作，科学高效有序地完成烈度评定、灾害损失评估、震后趋势判定等地震应急工作，为灾区社会稳定和抗震救灾工作顺利完成作出重要的贡献，受到自治区党委、政府和灾区群众的高度评价。

（新疆维吾尔自治区地震局）

重庆市

1. 应急指挥技术系统建设

完成国家地震社会服务工程验收，该系统包含基于公里格网的震害评估与辅助决策、集成的灾情收集处理与共享平台。其产出的数据与资料，能丰富地震应急期间的信息种类，为应急演练和指挥决策提供重要参考。完成应急指挥中心控制室改造，对现有功能进一步集成，更换老旧设备，提高工作效率。

2. 地震应急救援准备

指导各区县根据修订后的《重庆市地震应急预案》开展预案修订。制定《重庆市地震局地震应急物资管理办法》《重庆市地震局地震现场工作管理规定》《2015年市外地震应急支持工作方案》等预案配套制度。编制《重庆市2015年度地震危险区地震灾害应急风险评估与应急对策报告》，形成《重庆市地震局地震应急准备工作方案》。指导荣昌、石柱、巫山等7个年度地震值得注意地区制订地震应急准备工作方案。

3. 应急、救援队伍建设

市级层面，定期召开救援队联席会议；在国家（重庆）陆地搜寻与救护基地举办地震救援技能培训班，90余名骨干队员参训；派出2批骨干队员赴京学习。区县层面，39个区县（含万盛经开区）均建立区县地震应急救援队伍。

依托团市委、各高校学生组织开展青年志愿者队伍建设。通过讲座培训等形式，鼓励志愿者在地震发生后协助地震部门开展地震应急工作。

4. 应急救援条件保障建设

根据应急管理工作的需要和应急人员的结构变化，完成第二期装备采购计划。

5. 地震应急救援行动

2015年重庆市未发生破坏性地震。做好綦江区赶水镇"4·25"3.8级地震、綦江区石壕镇"5·4"2.4级地震的处置工作，指导当地地震工作部门，采取有效措施安抚民情，保证当地正常生产生活秩序。

2015年4月25日，尼泊尔发生8.1级强烈地震，波及中国西藏地区。当晚，市公安消防特勤支队接到支持备勤任务，按照市地震应急救援队协作联动要求，重庆市地震局派出2名专家共同备勤。针对"两会"、节假日以及三峡工程重庆库区175m蓄水期、消落期等重要时段，安排落实地震应急戒备工作。

（重庆市地震局）

黑龙江省

1. 应急预案体系的建设情况

《黑龙江省地震局地震应急预案》与《黑龙江省地震灾害应急预案》同步修编。以文件形式向全省地震系统印发，用以指导地震系统内部的地震灾害应急处置工作。

2. 地震应急检查工作落实情况

2015年12月，由黑龙江省地震局等单位组成地震应急工作检查组对黑龙江省2015年重点关注地区的市（地）地震局应急工作开展检查。齐齐哈尔市地震局、大兴安岭行署地震局、黑河市地震局、鹤岗市地震局上报自查报告，对鹤岗市、萝北县实地开展地震应急检查工作。通过检查，对进一步加强地震应急管理，促进地震应急救援工作科学依法统一、有力有序有效开展起到了积极的推动作用。

3. 应急避难场所建设情况

2010年以来，各市（地）地震局（地震部门）与规划、民政、教育等部门密切合作，利用广场、公园、绿地、操场等已有场地和设施，积极开展应急避难场所建设，设立标牌和疏散通道。

4. 大规模地震应急演练

2015年黑龙江省齐齐哈尔市开展地震灾害应急演练暨东北四省（区）"四局一所"地震应急现场模拟演练。

2015年9月11日，齐齐哈尔市成功举行地震灾害应急演练，演练模拟齐齐哈尔市泰来县克利镇乾兴村发生5.9级地震，采取情况诱导、市县乡（镇）三级联动、现场作业方式，重点突出演练的实战性、规范性和指导性。演练设置了7个演练现场，分阶段展开演示，重点演练震时避险、震后撤离、快速集结、高效处置、有力保障、正确决策能力。齐齐哈尔市组织各行各业参演人员3000余人，调集相关演练车辆100余辆。黑龙江省政府于莎燕副省长出席并讲话，中国地震局修济刚副局长观摩并点评。黑龙江省地震局张志波局长，黑龙江省政府应急办崔巍主任等相关领导观摩演练。

（黑龙江省地震局）

四川省

1. 应急指挥技术系统建设

"12322"平台建设。通过建设防震减灾社会服务平台，实现对地震应急产品的交互，多元化、多样化的产品资源汇集、发布、管理，首次将地震应急信息产品精细化，从时间需求、对象需求、服务需求三维地提供全方位的地震监测、震害防御、应急救援等信息服务。以及时的分时段产出、丰富的体现方式、精细的服务对象、快捷的信息发布，实现为各级政府、地震现场、救援队伍、专业队伍与特殊行业、大众媒体与社会公众五大对象提供强大的社会服务的终极目标。

2. 地震应急救援准备

（1）开展危险区地震灾害预评估和应急处置要点工作。开展历时4个月（2015年1—4月）的四川危险区地震灾害预评估和应急处置工作，制订《2015年度地震重点危险区地震灾害预评估和应急处置要点工作方案（四川）》，完成冕宁、石棉、普格、德昌四个县主要关于对建筑物、地质地貌、次生灾害隐患点的现场调研，完成对危险区内34个设定点位关于人员伤亡、灾害面积、救灾需求的预评估，产出了危险区专题图、市州专题图、专题图图册在内的三类专题图4000多张。

（2）加强全省市县基础数据准备工作。分市州、区县两个层次对全省21个市州和184个县的基础数据进行准备。主要从地理位置、行政区划、地形地貌、河流水系、气候特征、人口民族特征、经济特征、建筑物特征和抗震能力评价、交通概况、地质构造、境内水库概况、周边历史地震及自然灾害几个方面对基本情况进行准备，为各市县准备交通图、遥感背景图以及应急指挥图。

（3）加强与协调单位的信息共享和服务。建立与"四川省军区司令部"进行常规基础数据交换的机制，搭建基于专线的与四川省军区司令部共建共享平台，实现震后应急信息产品的交换。与四川省测绘地理信息局建立数据共享框架协议，对基础地理数据，震后应急信息产品共享等多个方面的合作确定共享方案，于2015年12月签订《四川省基础地理信息中心、四川省地震局减灾救助研究所地理信息交换共享实施协议》，内容主要包括基础数据共享规则、共享平台的搭建以及震后应急合作产品等方面内容。

（4）地震灾情速报网络建设和管理。积极推进灾情快速上报接收处理系统项目建设，尽快建成依靠多种通信技术和手段，覆盖省、市、县、乡四级的集灾情采集、汇集、归类、分析、处理、发布为一体的灾情接收处理系统。同时结合"三网一员"工作，进一步健全地震灾情速报网络，完善灾情速报制度，规范灾情速报程序，开展灾情速报业务培训。开展基于灾情采集PDA和市县应急技术系统的质量考核评比。

（四川省地震局）

中国地震应急搜救中心

高效有序地应对云南沧源、贵州剑河2个5.5级地震，内蒙古阿拉善左旗5.8级地震，尼泊尔8.1级与西藏定日5.9级地震，新疆皮山6.5级地震，共派出5批24人次参加现场应急与救援工作。每次地震发生后，领导班子和各工作组都第一时间到岗，指挥协调应急处置，开展灾情速报、出队人员协调、装备后勤保障、新闻宣传等工作。全年完成国内地震速报4次，上报灾情简报7期；完成国际强震快速响应22次，产出简报38期，共产出各类专题图件100

余份。尤其是尼泊尔 8.1 级地震发生后，迅速调配 7 名队员和 16 吨物资装备参加尼泊尔地震救援，调配 1 名队员支援西藏现场工作；迅速向中国地震局提供灾害快速预估、灾情分布、专业救援建议等应急服务产品，包含各类专题图件 40 余张，为中国地震局应急响应发挥了重要作用。

在 62 名骨干队员赴尼泊尔救援期间，国家救援队开展赴保定的全员全装拉动演练。中国地震应急搜救中心作为演练的主要参加与组织单位，严密组织，精心实施，各个部门共同努力，解决 9 个分队的装备配置、行进中的队间通讯联络、综合协调与服务保障等诸多难点问题，圆满完成演练任务。特别是在保定现场与赴尼泊尔救援队和北京后方指挥部首次进行三方视频互联互通，得到中国地震局和各方领导的高度评价。

（中国地震应急搜救中心）

中国地震局地壳应力研究所

在中国地震局正确领导和震灾应急救援司大力支持下，地壳应力研究所高度重视地震应急救援工作，以最大限度减轻地震灾害损失为宗旨，贯彻落实国务院防震减灾工作联席会议、全国地震局长会暨党风廉政建设工作会议精神，深入学习 2015 年全国地震应急救援工作会议精神，健全完善地震应急救援工作体系，加强地震应急救援基础科学研究投入，注重发挥应急救援科技服务的社会效益，较好地完成各项工作任务。

1. 完善地震应急科技产品与公共服务

（1）地震事件应对。2015 年地壳应力研究所积极参与直属单位应急轮值，做好节假日应急值班工作，在四川乐山 5.0 级、云南临沧 5.5 级、印度尼西亚 8.1 级、西藏日喀则 5.9 级、新疆托克逊 5.4 级、新疆皮山 6.5 级、青海玛多 5.2 级、云南昌宁 5.1 级地震后及时报送地震应急产品。2015 年 4 月 25 日印度尼西亚 8.1 级地震、西藏日喀则 5.9 级地震后，地壳应力研究所启动Ⅲ级应急响应，按照地震应急预案及时报送构造应力场图、遥感影像等各项应急产出。陈虹研究员受中国地震局委托接受中央电视台《今日关注》栏目专访，代表地震部门在震后第一时间提供正面宣传。2015 年 7 月 3 日新疆皮山县 6.5 级地震后，地壳应力研究所启动Ⅱ级应急响应，及时报送烈度计算、构造应力场图、遥感影像等各项应急产出，按照预案要求召开震情会商会，形成地壳动力环境分析报告及地震趋势分析意见。

（2）公众防震减灾知识宣传。2015 年 5 月 19 日，地壳应力研究所陈虹研究员应山东省潍坊市邀请，在潍坊市地震局与市委组织部联合举办的防震减灾工作专题培训班上，为潍坊各县市区共 600 余人讲授地震灾害及其防灾减灾知识，围绕"地下搞清楚、地上搞结实"等防震减灾工作的内容和目标，辅以国内外地震应急处置工作的实例，具体讲解防灾减灾的各项对策，并强调重视结合地震应急救援综合演练不断完善地震应急预案，切实提高预案的针对性和可操作性。

2015 年 7 月 21 日，地壳应力研究所邀请国家地震紧急救援训练基地贾学军和曲旻皓两位教官进行防灾避险、自救互救知识和技能培训，研究所青年职工、学生以及社区成员 30 余人参加培训。在教官的耐心指导下，学员们学习在突发事件下紧急救助的基本原则和方法以及心脏复苏、止血、包扎、固定等现场急救知识。

2. 提升地震应急救援科技工作水平

（1）承担科研项目。2015 年地壳应力研究所科研人员围绕地震应急救援领域中应急信息服务、灾情获取、烈度速判等方面开展科学研究。

承担"863"协作课题 1 项：地质灾害应急信息服务需求分析。

承担地震应急青年重点任务 1 项：川滇地区地震烈度速报经验方法研究。

设立应急救援领域基本科研业务专项 3 项：①基于移动终端的地震应急救援灾情信息快速获取技术研究；②面向烈度速报与地震预警综合应用的地震烈度仪研制；③甘肃地震重点危险区无人机影像获取与可识别震害特征的影像分辨率分析。

（2）雷达卫星应用预研究。2015 年 8 月，地壳应力研究所牵头启动"十三五"雷达卫星应用关键技术预研。雷达卫星是国家民用空间基础设施规划的重要卫星类型，也是地震立体观测体系的重要组成部分，其中 GEO-SAR 卫星具有快速重访能力，预计将在地震应急救援领域发挥重要作用，为应急指挥决策提供依据。

（3）年度重点危险区无人机航拍。根据应急救援司安排，地壳应力研究所无人机小组于2015 年 4 月在甘肃祁连山北麓断裂带及周边城镇人口密集区等年度重点危险区，通过无人机航拍，获取高清影像图。一旦危险区域发生破坏性地震，将快速利用前期基础航拍影像数据与震后获取的航拍数据对比，及时对灾情进行快速有效评估和判定，为救援指挥决策部门提供灾情损失评估信息。

（4）地震救援装备检测。地壳应力研究所地震救援装备检测实验室 2015 年 10 月接受并通过北京市技术质量监督局组织的计量认证（CMA）现场复评审，确认地震救援装备检测的技术能力和质量保证体系有效运行。

（5）地震救援技术、理论及标准研究。2015 年 9 月中国地震救援专家组成立，地壳应力研究所陈虹研究员被聘为专家组副组长，闻明副研究员被聘为专家组成员。多年来，陈虹研究员课题组一直跟踪国内外应急救援准动态和救援队伍发展趋势。课题组 2015 年开展国内外地震应急救援标准及救援技术指导手册的跟踪研究。翻译《美国陆军工程兵团城市搜索与救援程序——支撑操作指南》《联合国现场行动协调中心（OSOCC）指南》，开展地震救援现场标志标识、美国紧急救援队伍管理体系及救援岗位技术标准方面的研究，开展尼泊尔地震救援案例分析，发表相关学术论文 3 篇。

3. 推进应急救援国际合作交流

地壳应力研究所陈虹研究员作为"世界人道主义峰会"工作组唯一一名中方专家，按照联合国人道主义办公室的要求，参加大约每月一次的电视电话会议，并出席德国波恩、柏林召开的世界人道主义峰会议题组的区域性讨论会和在瑞士日内瓦召开的全球磋商会，陈虹研究员参会期间广泛介绍中国地震灾害管理与应对的经验。在全球磋商会上，陈虹应邀作为其中一个专题的联合主持人参与"全球灾害应对可部署能力"的专题讨论，并应 INSARAG 秘书处要求，在讨论中广泛介绍 INSARAG 工作体系及中国国际救援队的建设经验。

2015 年 6 月 21—27 日，地壳应力研究所陈虹研究员应联合国人道主义事务办公室和蒙古紧急事务部邀请，赴蒙古乌兰巴托参加亚太地区地震应急响应演练，指导演练工作开展。期间应联合国 INSARAG 秘书处邀请在尼泊尔地震救援论坛上代表中国救援队介绍 "CISAR in Nepal" 的报告，介绍中国国际救援队尼泊尔地震救援的情况，获得与会代表的好评，同时在演练闭幕式上代表中国给各国参演人员颁发证书。

2015 年 11 月 21—27 日，地壳应力研究所陈虹研究员应联合国 INSARAG 秘书处邀请、应急司和国际合作司同意，作为测评专家组副组长赴卡塔尔开展卡塔尔国际救援队的能力分级测评工作。

通过广泛的国际应急救援合作交流，使我国在国际搜救领域地位不断巩固，发挥作用日益显著，已成为亚太地区起主导地位的国家之一。

4. 加强应急救援队伍建设

（1）地震应急响应与服务保障演练。为强化震后应急响应水平，检验地震应急产品产出能力，根据中国地震局《关于开展 2015 年全国地震应急指挥系统应急响应与服务保障演练的通知》（中震救函〔2015〕45 号）要求，地壳应力研究所 2015 年 9 月 24 日上午参加应急响应演练。地壳应力研究所首次启用应急指挥系统，系统运行正常，与各参演单位实现音视频联通，效果良好。地壳应力研究所按照中国地震局关于《破坏性地震应急专题地图产出流程与制作规范（试行）》《关于加强局属单位应急科技产品产出和报送工作的通知》相关要求，对本次地震事件制作烈度计算、震前遥感影像、构造应力场图等应急科技专题图上传至 FTP，并发至中国地震局应急信息共享平台。通过本次演练，进一步提高地壳应力研究所与兄弟单位及现场之间的应急联动能力与协调能力，熟悉新环境下应急指挥的工作流程，锻炼队伍，为地震应急工作打下夯实的基础。

（2）参与中国国际救援队全员全装拉动演练任务。2015 年 5 月 6—8 日，国家地震灾害紧急救援队首次全员全装拉动演练在北京、保定两地展开。地壳应力研究所 3 名救援队兼职队员参加拉动演练，按照救援的准备、机动、运行和撤离四个阶段有序完成演练任务，锻炼救援行动的反应能力。

（中国地震局地壳应力研究所）

重要会议

2015 年国务院防震减灾工作联席会议

2015 年 1 月 9 日，国务院副总理、抗震救灾指挥部指挥长汪洋主持召开国务院防震减灾工作联席会议，总结回顾 2014 年防震减灾工作，听取 2015 年地震活动趋势会商分析意见，安排部署重点工作任务。他强调，要认真贯彻落实党中央、国务院决策部署，树立全面预防理念，完善"分级负责、相互协同"抗震救灾工作机制，落实各方责任，统筹推进监测预报、震害防御、应急救援体系建设，全面提升防震减灾能力，最大限度减轻地震灾害损失。

汪洋强调，我国是地震灾害较多的国家，目前仍处在地震活动水平较高、强烈地震多发的时期。要进一步加强防震减灾的基础性研究和重大科技攻关，加强震情监视跟踪，努力做出有减灾实效的预测预报。强化应急应对准备，抓紧建立与经济社会发展相适应的抗震设防标准。加快抗震安居工程建设，深入开展城乡老旧房屋、学校医院重要基础设施等的隐患排查和抗震加固，加强科普教育和应急演练，提升公众防震减灾意识和应急避险技能，夯实震害防御基础。

（中国地震局办公室）

2015 年全国地震局长会暨党风廉政建设工作会议

2015 年 1 月 19 日下午，全国地震局长会暨党风廉政建设工作会议在北京召开。会议由党组成员、副局长赵和平主持，党组书记、局长陈建民同志传达国务院防震减灾工作联席会议精神和汪洋副总理的重要批示，并作大会主题报告。

本次会议的主要任务是：全面贯彻党的十八大、十八届三中、四中全会精神和习近平总书记系列重要讲话精神，贯彻落实中央纪委四次、五次全会精神，落实国务院防震减灾工作联席会议部署，以推进全面深化改革和依法治理为主线，回顾总结 2014 年工作，深入研究防震减灾改革发展重大问题，安排部署 2015 年防震减灾和党风廉政建设重点工作。

中国地震局党组全体同志，各省、自治区、直辖市地震局党政主要负责人和纪检组长，中国地震局各直属单位党政主要负责人和纪委书记，各副省级城市和新疆生产建设兵团地震部门主要负责人，中国地震局机关各司室主要负责人，以及中国灾害防御协会和中国地震学会有关同志参加会议。中国地震局机关处级以上干部列席会议。

会议还邀请中国地震局一些老领导，邀请国务院办公厅秘书三局、国务院应急办、中央国家机关纪工委有关领导和有关媒体同志参加并指导会议。

（中国地震局办公室）

2016 年度全国地震趋势会商会

2015 年 12 月 1—3 日，2016 年度全国地震趋势会商会在北京召开。会议目标为准确把握全国地震形势及未来强震趋势，科学判定 2016 年度全国地震重点危险区，研究部署监测预报工作措施。中国地震局党组书记、局长陈建民，党组成员、副局长牛之俊，各省、自治区、直辖市地震局、各直属单位和新疆生产建设兵团地震局有关人员，局机关各部门负责人，中国地震预报评审委员会全体成员参加了会议。

会议有两个专题报告：

《未来 1~3 年地震大形势跟踪与趋势预测研究报告》《2016 年度全国地震重点危险区汇总研究报告》。会议讨论了 2016 年度地震预测趋势意见，审议了 2016 年度全国地震重点危险区判定结果，部署了 2016 年度全国震情跟踪工作。

会后产出了《2016 年度全国地震趋势会商意见》，形成国务院防震减灾工作联席会议材料《2016 年我国地震趋势和地震重点危险区》，向中共中央、国务院报送 2016 年度全国地震趋势预报意见《中国地震局关于 2016 年度全国地震趋势预报意见的报告》，发布了《关于做好 2016 年全国震情监视跟踪工作的通知》（中震测发〔2015〕68 号）。

（中国地震局监测预报司）

中国地震局和山西省政府召开局省合作联席会议

2015 年 7 月 29 日，中国地震局和山西省政府召开首次局省合作联席会议，共同推动山西防震减灾能力建设。省委常委、副省长付建华，中国地震局副局长阴朝民出席会议。中国地震局发展与财务司、监测预报司、震害防御司，山西省发展改革委、财政、科协、地震等部门有关负责人参加会议。会议回顾了中国地震局与山西省政府的局省合作协议中各项任务和项目的落实情况，共同研究推进落实"山西省防震减灾科普体验馆建设""地震速报与预警工程项目山西分项"等局省合作重点项目。

阴朝民副局长指出，中国地震局与山西省政府合作开局良好，前景广阔，很有潜力，中国地震局将进一步加大对山西的项目、资金、技术支持力度，与山西省政府共同努力，提升山西防震减灾综合能力。

付建华副省长表示，将继续大力支持防震减灾事业发展，进一步落实局省合作实施方案，扎实推进防震减灾重点项目，强化防震减灾基础能力建设，使共建工作取得更多、更好的成果。

（山西省地震局）

科技进展与成果推广

本部分主要刊载获国家级、省部级、中国地震局局级科技成果奖项及通过中国地震局、省部级鉴定的项目；中国地震局授权发明专利及实用新型专利；重大科技项目及科技成果的推广及应用情况。

科技成果

2015 年中国地震局获得国家级科技奖励项目

奖种	获奖等级	成果名称	主要完成单位	主要完成人
国家科技进步奖	一等奖	建筑结构基于性态的抗震设计理论、方法及应用	中国地震局工程力学研究所 哈尔滨工业大学 中国电子工程设计院 中国建筑西南设计研究院有限公司 北京建筑大学	谢礼立　翟长海　马玉宏 郑文忠　徐龙军　娄　宇 孙景江　冯　远　胡进军 李　爽　韩　淼　李亚琦 公茂盛　杨永强　周宝峰

（中国地震局科学技术司）

中国地震局 2015 年防震减灾科技成果奖获奖项目

序号	成果名称	主要完成人	主要完成单位	推荐单位	获奖等级
1	大型复杂工程子结构混合试验基础理论与关键技术	王 涛 潘 鹏 曲 哲 王东明 毛晨曦 周惠蒙 张令心 春	中国地震局工程力学研究所 中国地震局 清华大学 中国地震灾害防御中心 防灾科技学院	中国地震局工程力学研究所	1
2	强地震综合预测方法和预警技术研究	张晓东 单新建 徐 平 杨立明 杨国华 马胜利 蒋海昆 苏有锦 邓志辉	中国地震台网中心 中国地震局地质研究所 北京市地震局 甘肃省地震局 中国地震局第一监测中心 云南省地震局	中国地震台网中心	2
3	中国地震前兆台网数据管理系统	滕云田 王 晨 邓 攀 刘高川 赵银刚 庞晶源 黄经国 王建军 周克昌	中国地震局地球物理研究所 中国地震台网中心 中国科学院软件研究所 山东省地震局 吉林省地震局 甘肃省地震局	中国地震局地球物理研究所	2
4	数字地震噪声成像动态监测系统建设及其应用	金 星 史舜华 李 军 林 树 李祖宁 韦永祥 袁丽文 邱 毅 周峥嵘	福建省地震局	福建省地震局	2
5	潜在地震滑坡危险区域预测模型研究与系统研制	陈晓利 单新建 许 冲 袁仁茂 刘月战 贾 露 宋小刚 申洪流 张国宏	中国地震局地质研究所	中国地震局地质研究所	2
6	地下流体动态信息提取与强震预测技术应用	刘耀炜 陆明勇 付 虹 黄辅琼 李盛乐 孙小龙 范雪芳 廖丽霞 曹玲玲	中国地震局地壳应力研究所 中国地震局应急搜救中心 云南省地震局 湖北省地震局 山西省地震局	中国地震局地壳应力研究所	2

序号	成果名称	主要完成人	主要完成单位	推荐单位	获奖等级
7	强震动力动态图像预测技术研究	江在森 刘 杰 卢 军 王武星 张 晶 刘 希 王亚丽 杜学彬 周龙泉	中国地震局地震预测研究所 中国地震局地震台网中心 中国地震局第二监测中心 中国地震局兰州地震研究所	中国地震局地震预测研究所	2
8	核电厂地震危险性评价关键技术	潘 华 俞言祥 吴 健 肖 亮 张志中 徐伟进 李金臣	中国地震局地球物理研究所	中国地震局地球物理研究所	2
9	2010—2012年度新疆地震趋势预测研究	王 琼 聂晓红 李莹甄 李志海 王在华	新疆维吾尔自治区地震局预报中心	新疆维吾尔自治区地震局预报中心	3
10	黄土动残余应变应模型及其地震陷率概率评价方法研究	孙军杰 徐舜华 田文通 秋仁东 刘 琨	甘肃省地震局	甘肃省地震局	3
11	电磁卫星数据处理关键技术	张学民 欧阳新艳 刘 静 赵庶凡 泽仁志玛	中国地震局地震预测研究所	中国地震局地震预测研究所	3
12	年度地震危险区灾害应急风险评估及对策研究	唐丽华 宋立军 胡伟华 王 琼 吴传勇	新疆维吾尔自治区地震局	新疆维吾尔自治区地震局	3
13	地震应急及时通软件	董 翔 刘 钦 肖兰喜 帅向华 姜立新	山东省地震局	山东省地震局	3
14	巴颜喀拉块体东缘晚第四纪断裂活动与构造转换	任俊杰 徐锡伟 张世民 丁 锐 赵俊香	中国地震局地壳应力研究所 中国地震局地质研究所	中国地震局地壳应力研究所	3
15	中国东北大陆附冲带壳幔结构及火山监测研究	段永红 刘 志 王夫运 徐朝繁 戴 鹏	中国地震局地球物理勘探中心	中国地震局地球物理勘探中心	3
16	中国地震动强度预测图软件系统	陈 鲲 高孟潭 俞言祥 杨建思 胥广银	中国地震局地球物理研究所	中国地震局地球物理研究所	3
17	城市建（构）筑物抗震性能普查及其数据的挖掘应用	黄志东 何 萍 王 挺 何 霆 叶佳宁	广东省地震局	广东省地震局	3

序号	成果名称	主要完成人	主要完成单位	推荐单位	获奖等级
18	青海省强震发展趋势与重点地区地震预报系统研究	宋权 杨丽萍 苏旭	青海省地震局工程地震研究院	青海省地震局	3
19	东昆仑断裂带西段的古地震系统研究	孙雄 宋权 李文巧	青海省工程地震研究院	青海省地震局	3
20	2012—2014年度青海地震趋势会商研究报告连续3年全国同类局评比第一名	马玉虎 陈玉华 王培玲	青海省地震局预报中心	青海省地震局	1
21	青藏块体及周边区域强震综合预测研究	屠泓为 姚家骏 杨晓霞	青海省地震局预报中心	青海省地震局	1
22	格尔木地震台重力观测连续六年有五年获青海省局评比第一名（2009—2014）	杨光华 朱胜伟 谢庆和	青海省地震局格尔木地震台	青海省地震局	1
23	格尔木地震台地磁基准M-15观测连续五年获青海省局评比第一名（2010—2014）	杨广华 朱胜伟 谢庆和	青海省地震局格尔木地震台	青海省地震局	1
24	2003—2004年和2008—2009年青海西部两组6级强震群科学研究	马玉虎 陈玉华 王培玲	青海省地震局预报中心	青海省地震局	2
25	国家高速北京至拉萨线西宁南绕城公路及沿线重点工程项目地震安全性评价	杨丽萍 苏旭 绽蓓蕾	青海省地震局工程地震研究院	青海省地震局	2
26	新建地方铁路塔尔丁至青德可克项目工程场地地震安全性评价	杨丽萍 苏旭 黄伟	青海省地震局工程地震研究院	青海省地震局	2

序号	成果名称	主要完成人	主要完成单位	推荐单位	获奖等级
27	青海省格尔木市三岔河水库工程场地地震安全性评价	杨丽萍 苏 旭 蔡丽雯	青海省地震局工程地震研究院	青海省地震局	2
28	海南州地震台电磁波观测连续五年获青海省地震监测资料质量评比第一名（2010—2014）	叶 忠 索南措 杜桂花	青海省海南州地震局共和地震台	青海省地震局	2
29	格尔木地震台水位观测连续六年有五年获青海省地震局评比前二名（2009—2014）	杨广华 朱胜伟 谢庆和	青海省地震局格尔木地震台	青海省地震局	2
30	区域基础数据与经济承载体抽样调查（青海省）	胡 玉 郭 鹏 杨理臣	青海省地震局监测中心	青海省地震局	2
31	青海前兆台网"十五"系统接入改造	李国佑 李玉丽 李延峰	青海省地震局监测中心	青海省地震局	3
32	黄河上游梯级水电站数字地震台网供电系统改造	沙成宁 崔 煜 赵永海	青海省地震局监测中心	青海省地震局	3
33	格尔木地震台分量钻孔应变观测连续五年获青海省地震局评比前三名（2010—2014）	杨广华 朱胜伟 谢庆和	青海省地震局格尔木地震台	青海省地震局	3

（中国地震局科学技术司）

专利及技术转让

序号	专利类别	专利名称	专利号	完成单位	完成人员
1	发明专利	小型电动地质取芯钻机	ZL 2012 10316726.7	中国地震局地质研究所	郭玲莉 刘力强 陈顺云 王汝杰
2	发明专利	推移质模拟器	ZL 2015 20003165.4	中国地震局地质研究所	刘春茹
3	发明专利	地震断层带岩石的断层面形貌测量系统	ZL 2012 10098150.1	中国地震局地质研究所	郭玲莉 刘力强 魏占玉 何宏林
4	发明专利	基于低熔点玻璃焊接的光纤光栅高灵敏度温度传感器	ZL 2013 10017991.X	中国地震局地壳应力研究所	刘爱春 马晓川 周振安 刘大鹏 李杰飞 陈晓丹
5	发明专利	用于废墟生命探测的二氧化碳检测装置及探测方法	ZL 2012 10574816.6	中国地震局地壳应力研究所	闻明 张策 王恩福 张国宏 赵国存
6	实用新型	单侧双向导轨碟簧大位移隔震台座	ZL 2014 20538082.0	中国地震局工程力学研究所	聂桂波 戴君武 张晨啸 王多智
7	实用新型	一种导杆双向弹簧三向隔震台座	ZL 2014 20538126.X	中国地震局工程力学研究所	聂桂波 戴君武 张晨啸 杨永强
8	实用新型	一种导轨碟簧上部球铰三向隔震台座	ZL 2014 20538160.7	中国地震局工程力学研究所	聂桂波 戴君武 张晨啸 杨永强
9	实用新型	包含弹簧阻尼导杆装置的三向隔震台座	ZL 2014 20538101.X	中国地震局工程力学研究所	聂桂波 戴君武 张晨啸 王多智
10	实用新型	导杆弹簧三向隔震台座	ZL 2014 20538130.6	中国地震局工程力学研究所	聂桂波 张晨啸 戴君武 杨永强
11	实用新型	导轨弹簧阻尼三向隔震台座	ZL 2014 20538156.0	中国地震局工程力学研究所	聂桂波 张晨啸 戴君武 杨永强
12	实用新型	一种弹簧导杆三向自复位隔震台座	ZL 2014 20538173.4	中国地震局工程力学研究所	聂桂波 张晨啸 戴君武 杨永强
13	实用新型	双向导轨碟簧三向隔震台座	ZL 2014 20538085.4	中国地震局工程力学研究所	聂桂波 戴君武 张晨啸 王多智
14	实用新型	圆形双向弹簧导杆三向隔震台座	ZL 2014 20538107.7	中国地震局工程力学研究所	戴君武 张晨啸 聂桂波 王多智
15	实用新型	叠层橡胶导杆三向震台座	ZL 2014 20538085.4	中国地震局工程力学研究所	戴君武 张晨啸 聂桂波 王多智
16	实用新型	双侧空间受限自触发式三维隔震台座	ZL 2014 20626818.X	中国地震局工程力学研究所	戴君武
17	实用新型	一种结构和斜坡地震动响应监测与速报仪	ZL 2014 20631335.9	中国地震局工程力学研究所 成都理工大学	何先龙 王运生 罗永红 赵立珍 孙得璋
18	实用新型	一种可监测大型结构绝对倾斜度的无线网络倾角传感器	ZL 2014 20631342.9	中国地震局工程力学研究所 浙江大学	何先龙 汪劲丰 向华伟 赵立珍 孙得璋

序号	专利类别	专利名称	专利号	完成单位	完成人员
19	实用新型	一种大容量和短信提示的不间断备用直流锂电池电源	ZL 2014 20631343.3	中国地震局工程力学研究所 成都理工大学	何先龙　王运生　罗永红 赵立珍　孙得璋
20	实用新型	用于力平衡加速度传感器的便携式检测装置	ZL 2015 20642222.3	中国地震局工程力学研究所	马新生　谢志南　胡明祎 胡振荣　高宇博　王家行 周宝峰　王延伟
21	实用新型	井下加速度计方位自动调整定位装置	ZL 2015 20082681.0	中国地震局工程力学研究所	胡振荣　王家行　于海英 周宝峰　孙　玲
22	实用新型	浅井下地震计方位定位杆调整机械装置	ZL 2015 20082667.0	中国地震局工程力学研究所	胡振荣　王家行　于海英 江汶乡　孙　玲
23	实用新型	抗震加固底框装置	ZL 2014 20729071.0	中国地震局工程力学研究所	王多智
24	实用新型	基于光纤光栅传感器的多通路静力水准装置	ZL 2015 20094700.1	中国地震局第一监测中心	张　晶　程增杰　李文一 赵立军　景　琦　苏国营 韩　勇　张月华　韩广兴
25	实用新型	一种用于光电测距仪分辨力检定的棱镜自动移位系统	ZL 2015 20146875.2	中国地震局第一监测中心	赵立军　程增杰　李文一 苏国营　马庆尊　韩　勇 张　晶
26	实用新型	JOPENS地震台网处理软件系统	2011SR 088081	广东省智源工程抗震科技公司	
27	实用新型	多通道数据采集器	ZL 2013 20171078.0	广东省智源工程抗震科技公司，广东省地震监测中心	叶春明　吴华灯　谢剑波 郭德顺
28	实用新型	地震数据传输终端	ZL 2013 2017063.3	广东省智源工程抗震科技公司，广东省地震监测中心	黄文辉　吴叔坤　郭德顺
29	实用新型	强震无线数据传输终端	ZL 2013 20171055.X	广东省智源工程抗震科技公司，广东省地震监测中心	郭德顺　吴叔坤　黄文辉 吴华灯
30	实用新型	直流电源	ZL 2013 20170866.8	广东省智源工程抗震科技公司，广东省地震监测中心	郭德顺　李　敬　谢剑波 张政平
31	实用新型	一种线阵CCD驱动装置	ZL 2015 20559642.5	中国地震灾害防御中心	占伟伟　卢海燕　王　秀 蔡　莉　宫　玥
32	实用新型	一种二相线阵CCD数据采集与处理系统	ZL 2014 20342221.2	中国地震灾害防御中心	王　秀　卢海燕　占伟伟 杨振宇　蔡　莉
33	实用新型	激光干涉仪系统	ZL. 2016 20050709.7	中国地震灾害防御中心	卢海燕　占伟伟　胡鹏程 蔡　莉　王　秀

科技进展

中国地震应急搜救中心科研开发工作

中心充分发挥青年基金作为科技人才培养摇篮和科技项目孵化器的作用，通过发布基金申请指南和增设任务型项目，引导和支持年轻科技人员开展科学研究。2015年共资助青年基金12项，获批的申报人大部分是从未被资助过的年轻同志。积极组织科技项目申报，2015年成功获批2项国家自然科学青年基金，实现中心自然科学青年基金零的突破；获批2项亚洲专项资金和1项国土资源部项目。1项"863"课题和1项地震科技星火计划课题顺利通过验收；2项国家科技支撑项目通过中期检查，总体进展良好。完成《地震应急救援条例》和2项技术标准征求意见稿的编制工作。2015年获防震减灾科技成果二等奖2项，实用新型发明专利11项，仪器或软件著作权9项。

2015年，中心地震科技服务工作取得新的成绩。克服人手紧、任务重的困难，圆满完成金沙江项目一期验收和晋冀蒙危险区地磁加密监测项目；新签订山西交城活断层探测项目，完成50余项地震安全性评价工程。

（中国地震应急救援中心）

国家标准 GB 18306—2015《中国地震动参数区划图》发布实施

2015年5月15日，国家标准化管理委员会发布2015年第15号中国国家标准公告，GB 18306—2015《中国地震动参数区划图》正式发布，代替GB 18306—2001《中国地震动参数区划图》，于2016年6月1日起正式实施。GB 18306—2001《中国地震动参数区划图》自2001年颁布实施以来，在建设工程抗震设防、社会经济发展和城乡建设等方面发挥重要作用，取得明显的经济效益和社会效益。发布后的十余年间，在地震等基础资料、对地震活动的认识、地震区划图编制原则与方法等方面都取得重要进展，同时我国社会和经济的快速发展，对防震减灾工作提出更新、更高的要求。在此基础上，依据《中华人民共和国防震减灾法》的规定，中国地震局于2007年起相继启动对GB 18306—2001的修订工作，于2014年底完成新版GB 18306《中国地震动参数区划图》。

一、新一代全国区划图编制和国家标准的修订

中国地震局于 2007 年启动新一代全国地震区划图的编制工作，对 GB 18306—2001 的技术要素进行修订，并获得财政部专项资金支持。2010 年经国家标准化管理委员会批准立项（项目编号：20101629-Q-419），启动 GB 18306—2001 标准文本的修订工作。

修订工作可分为三个阶段，分别为关键技术问题研究、技术要素修订和标准文本修订。其中第一阶段关键技术问题研究部分以国家科技支撑计划课题"强震危险区划关键技术研究"工作为基础，在区划图编制中的强震区、高震级潜在震源区划分及其震级上限判定等关键性技术领域取得大量成果，为修订工作打下坚实的技术基础。

第二阶段为技术要素修订。相关研究人员涉及地震局系统 38 个直属单位，共 200 余人。经过大量的调研、资料收集整理和技术创新，历时 4 年，形成了《中国地震动峰值加速度区划图》《中国地震动加速度反应谱特征周期区划图》《场地地震动峰值加速度调整系数 F_a》《场地地震动加速度反应谱特征周期调整表》（以下简称"两图两表"）的初稿。经多次咨询讨论修改完善后，于 2011 年 12 月 23 日在中国地震局震害防御司组织召开的咨询论证会上，获得与会的国家地震安全性评定委员会全体委员和全国地震区划图编制顾问组全体成员共计 60 多位专家认可通过。

第三阶段工作为标准文本修订。2010 年 9 月，以编委会为基础，组成标准文本修订工作组，开始标准文本修订工作。为了使新一代地震区划图标准更加具有社会适用性和技术可操作性，经过广泛的调研，吸收大量的来自各个方面的意见和建议，修订工作组经过反复讨论，经过大面积的多次征求意见，于 2012 年 11 月 26 日通过全国地震标准化技术委员会审查。

二、技术要素的修订与扩充

修订后的技术要素扩充为"两图两表"，相对四代图增加场地地震动峰值加速度调整方面的内容，称为《场地地震动峰值加速度调整系数 F_a》。具体内容的修订上主要体现为峰值加速度区划图和特征周期区划图（两图）的修订及场地地震动参数调整的修订与扩充。

其中"两图"的修订主要表现为全国设防参数整体上有了适当提高。参数的提高基于基础资料的重大变化与新发现和关键技术的创新与应用，具体包括有基础资料的重大变化、新的重要发现和认识（如郯庐断裂带北段依兰—伊通段全新世活动证据的发现，活动块体理论的应用等），以及地震资料完整性研究成果及新的震级转换关系、地震活动性模型完善、中强地震活动区衰减关系的特殊考虑、抗倒塌、地震动参数场地调整等关键技术的创新和应用。

场地地震动参数调整的修订与扩充主要体现在场地分类的细化和场地地震动调整方案的改进。这种细化与改进的主要原因在于近些年来国际和国内相关的研究进展，以及大量的强震动记录的统计分析与研究结果，为场地分类方案以及场地特征对地震动幅值与频谱特征影响的调整方案提供了依据；双参数调整是国际上一些主要国家和地区建筑抗震设计规范制（修）订的趋势，部分国家和地区已经采用。

三、国标文本的修订与扩充

本次国标文本修订的主要变化为使用规定的修订与扩充，体现在适用范围扩展、抗震设防要求的规定及相应地震动参数的确定等方面。

适用范围扩展体现为依据《国务院关于进一步加强防震减灾工作的意见》（国发〔2010〕18号）的要求，将 GB 18306 的适用范围进一步明确为"一般建设工程的抗震设防、各类建设工程的规划和选址，以及社会经济发展规划和国土利用规划、城乡规划、防灾减灾规划、环境保护规划等相关规划的编制"，拓展地震动参数区划图的应用和服务范围。

抗震设防要求的规定体现为细化抗震设防要求的规定，明确抗震设防准则，并基于基本地震动、多遇地震动、罕遇地震动、极罕遇地震动地震作用的概念，给出相应地震动参数值的确定方法。同时，充分考虑 2008 年 5 月 12 日中国汶川 8.0 级地震、2011 年 3 月 11 日日本东部海域 9.0 级地震的教训，增加了各类规划编制、地震应急救援保障措施制定、地震地质灾害评价与防治等相关工作使用区划图的规定。

与抗震设防要求相适应的地震动参数确定方面体现为明确不同场地类别、不同超越概率水平、某些特殊地区或特殊工程的地震动参数确定的具体方法，使标准的操作性更强。具体包括关于分界线附近地震动参数的确定、关于乡（镇）人民政府所在地及县城以上城市的地震动参数确定、关于四级地震动参数的取值、关于场地地震动加速度反应谱放大系数最大值取值等方面。

四、新一代国家标准 GB 18306—2015 的宣贯工作

为保证新一代国家标准 GB 18306—2015《中国地震动参数区划图》能够得到充分的贯彻实施，中国地震局震害防御司开展了大量的工作。

2013 年 7 月，震害防御司就开始着手开展新一代全国地震区划图宣贯教材的编写工作，以国家标准修订，以主编高孟潭研究员为主起草宣贯教材编写大纲，明确编制体例和格式内容要求，并就主要内容确定了任务分工，2014 年 3 月形成完整的第一版宣贯教材。后经反复讨论修改，于 2015 年 8 月定稿，提交中国标准出版社出版。

标准发布后，2015 年 9—10 月震害防御司在全国分片区开展三次大规模的宣贯培训。每次培训历时 5 天，由标准修订编委会高孟潭、李小军、吕悦军、周本刚等 9 位编委针对 GB 18306—2015《中国地震动参数区划图》编制基本情况、科技支撑、地震动参数的确定以及区划图实施中的法律和政策问题等做了一系列详细讲解。全国 31 个省级地震局、16 个直属单位，以及数十个市县基层地震局的专业技术人员和管理人员超过 500 人次参加培训。

为保证 GB 18306—2015《中国地震动参数区划图》在今后全社会的防震减灾工作中持续地发挥作用，震害防御司拨专款建设 GB 18306 的信息服务网站，提供基本地震动参数查询、场地地震动参数调整确定、基础资料和基本方法查询等功能，并提供数据接口服务。网站目前正在建设中，将在 2016 年 6 月 1 日前上线运行，为全社会提供专业信息服务。

（中国地震局地球物理研究所）

中国地震应急救援的区域差异性分析

项目来源：地震行业科研专项

执行年限：2012—2015 年

依托单位及负责人：中国地震局地质研究所　苏桂武

主要进展：

　　苏桂武研究员负责的地震行业科研专项项目"中国地震应急救援的区域差异性分析"，通过中国地震局地质研究所、中国地震局地壳应力研究所、中国地震灾害防御中心、中国地震应急搜救中心、中国地震台网中心、云南省地震局、广东省地震局、山西省地震局、山东省地震局和中国科学院地理科学与资源研究所，共 10 个单位 3 年多的通力合作，对我国影响地震应急救援的众多类因素（自然和人文社会经济、地震背景、现有能力和未来需求等）的区域差异进行高精度分析，确定每一因素高精度（分县市或公里格网）的区域分布特点；在此基础上综合分析我国地震应急救援的区域差异性，提出地域针对性和类型针对性的应急救援能力建设策略与建议。

　　项目建立含有 47 个指标的县市地震应急救援能力评价指标体系；建立基于模糊数学方法的县市房屋建筑易损性分析模型；基于全国第六次人口普查资料，给出全国各县市 5 种结构类型房屋的地震易损性矩阵和分烈度的平均抗震能力指数分布；依据中国地震局第四代地震区划图资料和其他资料，分析和估计全国 50 年超越概率 10%、50 年超越概率 2% 和 100 年超越概率 2% 的地震动水平，完成全国县市尺度及公里格网精度的地震危害性背景区域差异分析；建立基于层次分析法（AHP）和实地访谈与问卷调查的地震应急救援影响因素重要性分析方法；给出县市地震应急救援能力评估指标体系中所有 47 个指标的全国分区贡献率和平均贡献率；建立县市地震应急救援综合能力的评价方法，完成对全国所有县市现有地震应急救援综合能力的评价和未来 10 ~ 20 年的发展趋势分析；完成地震应急区划图（草案）的编制，完成县市地震应急救援能力建设需求类型研究；提出能力建设宏观建议和分类指导建议。

　　同时，项目还开展地震应急救援能力达标标尺、能力辐射、县市本地能力达标差和县市能力建设需求差等方面的扩展研究。初步给出 50 年超越概率 10%、50 年超越概率 2% 和 100 年超越概率 2% 三种地震动水平造成危害条件下的全国各县市医生、病床、消防、帐篷储备、避难场所达标标尺和当前达标差；计算 6 小时内，医生、消防人员、帐篷和棉被在全国范围内的县对县辐射情况；初步给出全国各县市医生、消防人员和帐篷三方面的当前建设需求差。研制完成了区域差异性综合查询软件 1 套，集成课题的全部成果数据，实现基于 B/S 架构的应急救援区域差异性指标数据集的在线渲染与查询、查询专题图生成、图像和文档浏览、专题查询、报告产出等功能。

（中国地震局地质研究所）

中国地震活断层探察——南北地震带中南段

项目来源：国家杰出青年科学基金

执行年限：2013—2016 年

依托单位及负责人：中国地震局地质研究所　刘静

主要进展：

由中国地震局地质研究所牵头的"中国地震活断层探察——南北地震带中南段"项目是中国地震局喜马拉雅计划项目的第二期，研究任务以 1∶50000 条带状活动断层填图（表 1）为主，结合火山地质填图、深浅构造综合探测、活动断层探测与填图数据库建设等四部分组成，由中国地震局地质研究所作为项目牵头承担单位，中国地震局地震预测研究所、中国地震局地壳应力研究所、中国地震灾害防御中心、中国地震应急搜救中心、中国科学院地质与地球物理研究所、北京大学、中国地质大学（北京）和云南、四川、甘肃省地震局等单位作为项目协作单位，涵盖国内从事活动断层研究的主要研究单位。

表 1　1∶50000 条带状活动断层填图任务

编号	断裂名称	长度 / km	承担单位
1	鲜水河断裂（磨西段）	60	中国地震局地质研究所
2	玉农希（八窝龙）断裂	170	四川省地震局
3	理塘—德巫断裂	150	中国地震应急搜救中心
4	理塘—义敦断裂	130	四川省地震局
5	德钦—中甸—龙蟠断裂	170	中国地震局地壳应力研究所
6	丽江—小金河断裂（东、西段）	200	中国地震局地壳应力研究所
7	宁蒗断裂	80	中国地震局地震预测研究所
8	大具断裂	120	中国地震局地震预测研究所
9	玉龙雪山东麓断裂	100	云南省地震局
10	龙蟠—乔后断裂	200	中国地震灾害防御中心
11	鹤庆—洱源断裂	120	中国地震灾害防御中心
12	永胜—宾川（程海）断裂带	160	地壳运动监测工程研究中心
13	维西—乔后—巍山断裂	280	云南省地震局
14	红河断裂带中、北段（元阳北）	200	中国地震局地球物理研究所
15	石屏—建水断裂	120	北京大学
16	曲江断裂	100	北京大学
17	元谋断裂	140	中国地震局地壳应力研究所
18	安宁河断裂（南段、北段）	160	中国地震局地质研究所
19	小江断裂带（南段、北段）	200	中国地震局地质研究所
20	南汀河断裂	200	中国地震局地质研究所
21	龙陵—瑞丽断裂	150	中国科学院地质与地球物理研究所
22	大盈江断裂	100	中国地质大学（北京）

编号	断裂名称	长度 / km	承担单位
23	汗母坝—黑河断裂	180	甘肃省地震局
24	东昆仑断裂（玛曲—玛沁段）	230	甘肃省地震局
合计			3720km

该项目产出主要为 1：50000 条带状活动断层分布图、断层活动性参数、深部探测数据、地震构造模型及活动断层探测与调查基础数据库和信息数据共享服务系统等成果，可直接为制定防震减灾战略决策、国土资源规划与利用、重大工程建设选址等提供科学依据，最大限度地预防和减轻可能遭遇的地震灾害；在地震重点监视防御区的确定、提高地震中长期预报水平、提高地震速报能力、快速确定极震区的范围及科学合理地制订应急救援方案等方面也将发挥重要作用，还可为深入研究中国大陆地壳变形特征、地震孕育机理及其动力学过程提供重要基础，推动地球科学发展。

1. 1：50000 条带状活动断层填图

1：50000 条带状活动断层填图工作严格按照 DB/T 53—2013《1：50000 活动断层地震图》规定的活动断层填图工作流程实施。在高分辨率卫星及航空遥感数据解译的基础上，沿地震多发的南北地震构造带中南段发震危险性较大的 25 条主要断裂的地表形迹开展，查明断层的位置及其晚第四纪活动的地质地貌现象，并在典型地点开挖探槽，查明断层的晚第四纪地表破裂型古地震事件；结合断代技术，确定断裂晚第四纪活动速率、古地震复发周期等活动性参数，及其同震地表错动带宽度、同震位移量等工程减灾必需的基础数据，并对断裂进行地震破裂分段，编制 1：50000 断层分布图及说明书。

2. 火山地质填图

完成云南腾冲火山区面积 600km² 的 1：50000 火山地质填图，并调查区内晚第三纪以来火山喷发物分布范围、界线和 4 条相关断裂（表 2）的关系，分析火山区内断裂构造与火山关系，进行重点火山的岩石地球化学与年代学分析，划定喷发期次；运用库仑破裂准则分析断裂带活动性，建立断裂构造与火山活动的动态模型，对腾冲火山相关地震、地质灾害特征进行分析。

表 2　腾冲火山区 4 条主要断裂特征

编号	断裂名称	长度 / km	走向	力学性质	控制的火山口名称
1	固东—腾冲断裂	40	SN	东西向拉张	黑空山、大空山、小空山
2	打鹰山—老龟坡断裂	6	SN	右旋张扭	打鹰山、老龟坡
3	大西山断裂	12	NW	右旋扭性	姊妹湖、焦山、团山
4	铁锅山断裂	16	NE	压扭性	铁锅山、松峰寺、龙虎山

为了获得地壳上地幔不同深度、不同构造单元的多参数信息，主要利用人工源深地震反射和折射综合探测、电磁测深等技术，开展活动断层深浅构造关系探查，完成滇西南地区跨孟连断裂、南汀河断裂、龙陵—瑞丽断裂、大盈江断裂 1 条长度 550km 的深地震和电磁测深联合探测剖面的野外观测和数据处理与解释任务，查明深浅构造关系，建立相应的区域地震构造模型，把握整体地震活动水平和地震构造环境。

（1）人工源深地震反射和折射综合探测。在滇西南地区布设 1 条长度 550km 的人工源深地震反射和折射综合探测剖面（P1 剖面）。在该剖面上完成 8～10 次大药量的爆破激发，单炮药量 1000～3000kg；每次激发使用 400～450 台三分量数字地震仪观测。另外，在关键构造部位加密观测点距和炮距，以构成满足上地壳结构高分辨成像的观测系统。在开展深地震测深和高分辨地震折射探测的同时，跨南汀河断裂和瑞丽—龙陵断裂开展道间距 30～40m、40～60 次覆盖的深地震反射探测，获得相关断裂带的深浅构造特征。通过对上述深地震测深剖面资料采用先进的地震波层析成像软件和深地震反射处理软件系统，建立剖面经过地区的地壳二维速度结构模型，研究速度结构的纵横向变化、壳内界面的变化形态以及断裂空间展布形态和深浅构造关系。

（2）电磁测深剖面探测。电磁测深剖面与 P1 深地震剖面重合布设。电磁测深探测综合使用瞬变电磁（TEM）、可控音频大地电磁（CSAMT）、大地电磁（MT）、长周期大地电磁（LMT）等浅、中、深多种电磁测深手段，构成浅、中、深电磁探测系列，在 MT 剖面所经区域选择一些关键部位布设可控音频大地电磁（CSAMT）剖面，进行精细电性结构探测。MT 测点平均间距 7.5km，LMT 测点平均间距 50km，剖面 TEM 测点 20 个，CSAMT 测点间距 50m。

3. 活动断层探测与填图数据库建设

完成活动断层填图区 540 幅 1：50000 数字地形数据的购置、坐标转换与集成；基于计算机网络与 GIS 平台，构建活动断层探测与调查基础数据库和信息数据共享服务系统，完成 25 条活动断层填图成果与包括长度 550km 的深地震测深和电磁测深综合探测剖面的深浅构造地球物理综合探测成果数据的入库，包括资料准备，预处理，扫描、数字化，图形编辑，绘审校草图，接边，属性数据录入，建拓扑关系，数据标准化、规范化检测，专业符号库建设，数据压缩存储，刻盘，绘图；活动断层探测与调查数据库和信息数据共享服务系统集成等。

4. 项目实施情况

项目自 2011 年起实施，中国地震局发展与财务司、科学技术司和震害防御司负责该项目的立项、实施监督和验收等管理工作。该项目已经完成各课题野外工作、数据入库检测和业务验收，以及项目总体验收。

（中国地震局地质研究所）

电磁监测试验卫星工程

项目来源：国家国防科技工业局
执行年限：2013—2017
依托单位：中国地震局地壳应力研究所
项目负责人：申旭辉、王兰炜

1. 基本情况

电磁监测试验卫星是我国地震立体观测体系第一个专用的天基平台，也是《国家民用空间基础设施中长期发展规划（2015—2025）》地球物理遥感卫星系列的首发星。其主要目的是用于监测与地震相关的空间电离层电磁异常，通过获取中国和全球电磁场、等离子体、高能粒子观测数据，针对全球 7 级以上地震、中国 6 级以上地震的卫星电磁信息进行分析研究，总结地震电离层扰动特征；研究大震短临预测新方法，为地震预测科学探索提供数据支撑。

电磁监测试验卫星工程包括卫星、运载火箭、发射场、测控、地面和应用共 6 大系统。中国地震局负责整个工程管理协调任务并具体承担卫星应用系统研制、建设、运行和数据应用任务。

电磁监测试验卫星工程于 2013 年经国务院批准立项，工程进展顺利，已经基本完成卫星初样阶段的研制工作，于 2016 年 7 月转入卫星正样研制阶段，于 2017 年 8 月左右发射入轨，卫星设计在轨运行 5 年。

2. 卫星系统研制进展

电磁监测试验卫星由卫星平台和有效载荷两部分组成，图 1 为卫星系统构成。卫星平台采用 CAST2000 小卫星平台，主要由结构与机构、热控、姿轨控、星务、测控、天线、电源、总体电路 8 个分系统和伸杆展开机构组成。图 2 为卫星平台构型图。

有效载荷部分由 8 种载荷探测仪器和数传分系统组成。载荷探测仪器包括电场探测仪、感应式磁力仪、高精度磁强计、GNSS 掩星接收机、朗缪尔探针、等离子体分析仪、三频信标机和高能粒子探测器。各载荷探测物理量及探测范围见表 1。

表 1 科学载荷探测物理量及探测范围

探测内容	载荷名称	物理量	探测范围
电磁场	感应式磁力仪	磁场强度	频带：10Hz ~ 20kHz
	高精度矢量磁强计	磁场强度	频带：DC–15Hz
	电场探测仪	电场强度	频带：DC–3.5MHz
等离子体	等离子体分析仪	离子密度 离子温度	离子成分：H^+、He^+、O^+
			离子密度：$5\times10^2cm^{-3}$ ~ $1\times10^7cm^{-3}$
			离子温度：500 ~ 10000K
	朗缪尔探针	电子密度 电子温度	电子密度：$5\times10^2cm^{-3}$ ~ $1\times10^7cm^{-3}$
			电子温度：500 ~ 10000K
	GNSS掩星接收机	TEC	GNSS掩星信号
	三频信标机	TEC	VHF/UHF/L三频信号
高能粒子	高能粒子探测器	质子通量 电子通量	质子：2 ~ 200MeV 电子：100 ~ 50MeV

2015 年度基本完成卫星初样研制任务。卫星平台各分系统全面部署和启动正样研制工作。有效载荷分系统初样电性件研制和测试工作基本完成，初样鉴定件全面投产。根据初样电性件测试结果，卫星各载荷研制结果总体满足卫星工程研制总要求，为后续研制工作和任务执行奠定重要基础。

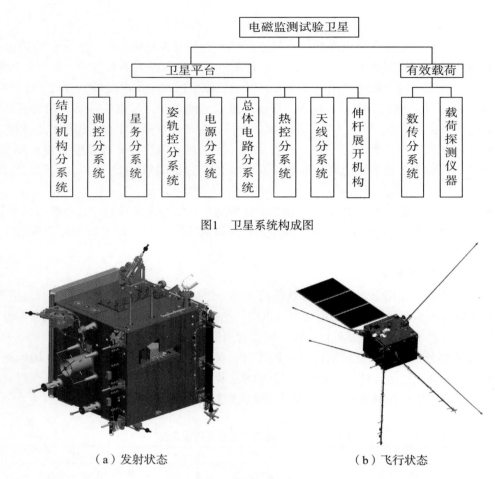

图1 卫星系统构成图

（a）发射状态 （b）飞行状态

图2 电磁卫星平台构型图

3. 应用系统研制进展

电磁监测试验卫星应用系统主要功能是满足我国首颗地震电磁监测试验卫星的运行和业务应用需求，实现对电磁卫星数据和三频信标观测数据的接收、处理、管理与应用。应用系统制定载荷工作、数据接收、业务测控计划，传给地面系统，地面系统完成指令编排。地面系统向应用系统转发遥测遥控数据和解包后的观测数据。

根据电磁卫星地面应用系统功能要求，应用系统包括卫星地震应用中心、三频信标接收站网和比测校验场三个部分（图3）。

卫星地震应用中心是支持地面应用系统开展各项任务的首要基础设施，也是电磁监测试验卫星综合业务管理与应用运行中心机构。主要承担着电磁监测试验卫星应用系统的数据传输、业务运控、电磁卫星下传数据以及三频信标测量数据的处理、产品校验与质量评价、数据管理与服务、地震监测应用等任务。该中心由10个业务分系统构成，包括数据传输、业务运控、数据管理、电磁场数据应用处理与分析、电离层层析成像数据应用与分析、原位等离子体数据应用处理与分析、高能粒子数据应用处理与分析、产品校验与质量评价、地震监测应用以及三频信标测量分系统。

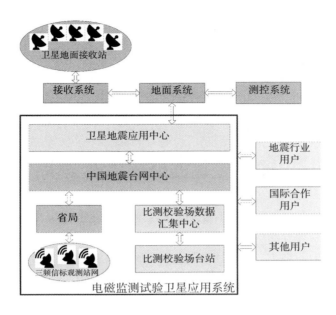

图3　电磁卫星应用系统布局图

目前，卫星地震应用中心环境改造与设备采购工作总体上顺利进行。核心设备机房、计划运控机房和数据处理机房规划布局到位，按照计划将在2016年底具备试运行条件。

4. 相关科学研究与国际合作

电磁监测试验卫星是我国首颗非成像遥感卫星，探测数据包括空间电场、磁场分频段波形和频谱数据，电离层等离子体原位电子、离子温度和密度数据，电离层等离子体结构层析成像数据和电离层高能粒子通量和能谱数据，以及地震监测跟踪数据产品。在参考国内外相关卫星数据分级方法的基础上，结合电磁卫星载荷特点给出电磁卫星各载荷观测数据产品分级。数据产品包括各载荷的科学数据、辅助数据和工程参数，其中科学数据分为 0～4 级。各数据产品定义如下。

原始数据：地面站接收到经过解调后的卫星数据。

0 级数据产品：经过帧同步、解扰、纠错、去重、按时间排列得到的各个载荷的观测数据、辅助数据和遥测数据；三频信标地面站接收到的观测数据。

1 级数据产品：对 0 级数据进行格式转换、定标处理后得到的按时间排列的物理量数据。

2 级数据产品：对 1 级数据进行坐标变换、反演后生成的带有时间、位置和姿态信息的物理量数据。

3 级数据产品：在 2 级数据的基础上，进行重采样生成指定区域重访轨道的时序数据，或反演得到的电离层、大气层二维结构数据。

4 级数据产品：在 2 级、3 级数据基础上，进行空间差值生成指定区域的电离层环境及其动态变化，或反演得到的电离层三维结构数据。

目前，科学数据处理方法和流程已经研制完成，正在组织数据处理软件的研制工作。

在国际合作方面，2015 年度完成中意、中奥电磁卫星载荷合作研制任务，高能粒子探测器和高精度磁强计标量磁力仪部分研制进展顺利，中方科学载荷在意大利的等离子环境测试工作圆满完成。加强与欧空局关于 SWARM 卫星星座与我国电磁监测试验卫星计划的合作交流，取得 SWARM 卫星的 1 级科学数据用于开展相关研究，同时还就电磁监测试验卫星在轨期间与 SWARM 星座交叉校验试验达成初步合作意向。

（中国地震局地壳应力研究所）

电磁卫星数据处理关键技术

电磁监测试验卫星是我国第一颗自主研发的空间电磁类探测卫星。我国研究人员无论对载荷设计还是卫星数据处理均所知甚少，国内研究基本处于空白。为了应对这种状况，尽快提高卫星电磁数据的分析能力，在"十一五"国家科技支撑计划课题"卫星电磁数据处理与应用技术研究（2008BAC35B01）"、预测所基本科研业务经费专项"电磁卫星数据处理和地震电磁信息的提取方法研究（0207690221）"和"电磁卫星数据分析、信息提取与震例研究（02092408）"等项目资助下，中国地震局地震预测研究所及相关单位科研人员依托国外现有的卫星数据，共同开展空间电离层地震电磁信号提取技术研究及卫星数据处理软件的研制，搭建针对空间电磁卫星数据的分析处理系统，有效填补国内该项研究的空白，旨在以国外电磁卫星数据为载体，为发展我国电磁卫星事业，确认载荷设计指标及开展卫星地震应用等提供技术和理论支撑。

针对地震行业的需求和卫星探测数据特点，研究中逐渐形成一套有效的卫星数据分析思路，包括背景场构建、非震信息剔除、异常信息识别技术、地震应用、载荷指标论证等。自主研发针对空间多维观测数据的背景场构建算法，获取电离层空间结构的正常演化规律及其随太阳活动、季节变化等产生的周期性特征；针对卫星记录矢量电磁场及其频谱数据、原位等离子体参量及高能粒子探测数据等，发展电磁波极化分析技术、电场频谱强度自动识别技术、空间梯度分析等数据处理算法，摆脱原来"看图识字"的困局，形成量化指标体系。全面研究全球强震震例前的电磁场及等离子体特征参量的异常扰动特征，总结电离层异常的时空分布特征，其在时间域的短临异常特性尤为突出。发展地电离层电磁波全波传播模型，结合地电离层波导及电离层各项异性分层特性，理论模拟地表电磁辐射信号穿透电离层传播的过程，为地震电离层异常探测技术的发展奠定理论基础。结合中国较为完善的地基电磁前兆观测体系，拓展地基电离层探测技术，并逐渐将地基观测与卫星观测相结合，寻找电离层扰动与地表电磁辐射、磁场变化之间的关联，形成地震电磁立体观测体系的基本框架。

本项研究基本从零开始，逐渐发展形成国内在地震电离层、地震电磁卫星等新的研究领域，起到较好的示范带头作用，且研究成果直接服务应用于中国电磁卫星工程项目，并在行业内外地震电离层研究中得到有效推广应用。该研究共发表论文 28 篇，其中 SCI 论文 7 篇，EI 检索 7 篇，有 16 篇被法国航天局网站检索发布。2015 年该项成果获中国地震局防震减灾科技成果三等奖，并获预测所防震减灾科技成果一等奖。

（中国地震局地震预测研究所）

"大地震中长期危险性判定及地震大形势预测关键技术研究"课题顺利完成

  国家科技支撑计划课题"大地震中长期危险性判定及地震大形势预测关键技术研究"于2012年获得科技部立项批复。在中国地震局组织实施下,课题由中国地震局地震预测研究所、中国地震局地球物理研究所、四川省地震局和云南省地震局等单位负责承担研究任务。开展基于地震构造分析及综合多学科信息的大地震危险性分析方法、基于大地形变测量的十年尺度强震危险性判定方法、大地震中长期活动断裂危险段落判定方法、中国大陆周缘动力环境及其对大陆内部强震孕育的影响、中国大陆地球物理场动态特征与强震预测方法、活动地块边界带动力过程与地震大形势判定方法和南北地震带强震综合预测与跟踪方法研究。并于2015年5月顺利通过中国地震局组织的专家组验收。课题取得的主要研究成果包括:

  (1)给出综合构造、形变、地震多学科断裂带大地震危险区段预测方法。研究发展十年及稍长时间尺度大地震危险区及其危险级别/程度的综合评估方法,该方法综合构造孕震背景、介质物性和地震活动、大地测量等多学科动态观测资料,考虑破裂空段、闭锁强度和应变积累若干关键因素,并给出莲峰—昭通断裂带等重点地区的实例研究结果。

  (2)发展场源结合、以场求源的大陆强震预测科学思路。利用GPS、重力和地磁等多学科观测资料提取多参量动态场图像和孕震异常信息,形成了从边界动力、大中尺度动态场、应力应变增强—集中区、孕震危险段时空逼近等分析地震大形势的科学思路、关键技术和预测判据。通过多学科、多尺度地球物理动态资料与地质构造背景相结合和时空动态逼近为未来强震活动主体区判定提供依据。

  (3)依据形成的地震大形势研究方法,科学布网,捕捉到鲁甸6.5级强震前后地壳形变动态变化。利用课题提出的中长期预测方法,划定莲峰—昭通断裂带为未来大震危险区域,在该危险区所处的川滇交界东部地区布设近20个连续GPS观测点,2014年8月3日鲁甸6.5级强震发生在该区域观测网内。

  课题研究成果对于开展现今地震活动构造带的强震危险性评价、地震大形势和中长期预测研究具有重要意义;基于构造动力过程的地震大形势预测方法在地震大形势预测中及时应用并发挥较好作用,初步改变了以往完全依赖地震活动统计做大形势预测的状态;有助于不断提高地震预测预报的科学性、准确性和减灾实效。

(中国地震局地震预测研究所)

中国大陆现代垂直形变图集的编制与资料整编项目 2015 年度进展情况

该项目是中国科技部 2015 年度科技基础性工作重点专项项目，由中国地震局第一监测中心承担，负责人为薄万举研究员，执行年限为 2015 年 5 月至 2019 年 5 月。

该项目地表形变场的获取与精化是认识地壳运动与强震孕育机理、探求其对环境的影响、推进地球动力学发展等方面的重要基础性工作。地表形变场的变化通常具有连续性、动态性、区域性和复杂性的特点，有时也表现出局部的非连续特征（比如同震过程），受到地球内部构造运动和人类活动的共同影响。地壳垂直形变场能直接反映地球表面的动态变化，其变化结果与人类生存环境变迁密切相关，因此长期以来受到广泛重视。特别是近年来随着我国经济、科技等的快速发展，《国家中长期科学和技术发展规划纲要（2006—2020 年）》中涉及的水和矿产资源开发、重大自然灾害监测与防御、重大工程建设的地震安全性评价等对垂直形变场的精细化、可靠性等提出更高的要求，目前已出版的垂直形变图结果已经无法满足需求，亟须编制新一代高精度、多分辨率中国大陆及区域垂直形变图。随着国民经济的快速发展，汶川等大地震造成的社会易损性凸显、城市地面沉降已经对社会发展造成显著影响，以防灾减灾为主要目标的地震预测预报工作、以区域经济可持续发展为目标的地面沉降控制工作都需要密切关注多时空分辨率的地壳垂直形变及其变化情况。

该项目产出的新一代多时空分辨率垂直形变图将为我国城市规划、国防建设、重大工程的地震安全性评价、抗震设防等提供科学依据和基本信息，为强震趋势和危险区预测工作提供支持。该项目以兼顾各方的基本需求为目标，在总结以往垂直形变图编制工作的优势和不足的基础上，充分考虑图件的继承性与系列化，对 20 世纪 90 年代以前的观测资料重新进行处理、归算与图件的研编；补充 90 年代以来的全国精密水准和地震水准资料，通过增加必要的弥补性联网观测，融合 GPS 和 InSAR 结果，编制中国大陆多时空尺度、统一参考基准的新一代垂直形变图。该项目编制的新一代中国大陆多时空分辨率垂直形变图对推动如下工作具有重要意义：

（1）为国家各项建设，特别是为经济可持续发展、自然灾害预测预防、资源开发、大型工程决策、城市环境监测等提供精确可靠的地表垂直形变信息。

（2）促进地震预测预报及其应用基础研究，为强震危险区判定、地震烈度区划分提供重要依据。

（3）为重大工程建设的地震安全性评价提供支持。

（4）为进一步认识构造活动和构造变形、中国大陆主要构造块体内部和边界的相对运动特征等提供支持。

（5）可展示特定沉降区的地表垂直形变分布，为制定地面沉降防控措施提供依据。

（6）可展示典型地震的地表垂直形变分布，为强震机理研究提供依据。

（7）可充分利用和挖掘新老资料的综合利用价值，推动资源共享，实现多部门资料的优势组合，更广泛地服务于社会。

该项目拟最大程度地融合与挖掘多源垂直形变信息，完成多时空分辨率垂直形变图编制工作，实施过程中完成的主要工作内容如下：

（1）系统收集、整编 1950 年以来中国大陆一、二等水准、GPS 资料和典型地区 InSAR 资料成果，通过水准弥补性联测建立上述三种资料联系。

（2）综合考虑气温、气压、降水、地形等因素影响，研发垂直形变信息修正方法、优化数据解算方案。

（3）利用收集到的 1990 年以来 GPS 连续和流动数据，通过统一模式处理、计算连续站结果的周期参数并对流动结果进行改正，获取基于 GPS 资料的垂直形变速率结果和时间序列结果。

（4）利用收集到的水准资料，通过预处理、闭合环筛选、基于连续 GPS 速率结果约束的多点基准动态平差等过程，获取垂直形变速率结果。

（5）利用收集到的 InSAR 资料，首先将形变结果归算到法向上，然后将 GPS 连续结果和水准平差结果作为约束以实现基准统一，同时发挥其在覆盖范围内空间分辨率较高的优势，为高解析度专题图的编制提供支持。

（6）通过赫尔默特方差分量估计等方法，实现水准、GPS、InSAR 平差结果的数据融合，得到统一参考基准、高可靠性、多时空分辨率的数据结果。

（7）基于多源垂直形变融合结果，结合数学方法和物理模型，通过方法择优获取客观真实的垂直形变网格化结果。

（8）基于垂直形变网格化结果，采用 GIS 平台，实现兼顾不同区域资料的时空密度、满足多方面需求（如地震预测研究、地球动力学研究、构造活动研究、形变灾害研究、地面沉降控制、经济建设与发展规划、国防建设、海面变化研究等）的垂直形变图编制。

（9）建立完善的技术服务平台，对项目工作中产出的数据产品、图形结果等提供共享服务。

该项目 2015 年度主要取得以下进展：

（1）已经收集各类已获取的 InSAR 形变场观测数据，包括同震（1997 年玛尼地震、2001 年昆仑山西地震、2008 年汶川地震、2008 年于田地震、2010 年玉树地震和 2013 年芦山地震）形变，震间断裂带（海原断裂带、西秦岭北缘断裂带、阿尔金断裂带西段）地壳形变，长白山火山形变及龙潭水库形变等；收集了部分华北地区 SAR 数据。已初步提取阿尔金断裂带升轨 Track 298、降轨 Track 391 的垂直形变场。

（2）已完成陆态网络 1999—2015 年约 2000 个流动 GPS 的解算，获取精密时间序列；已完成陆态网络 2010 年至今 260 个连续 GPS 的解算，获取精密时间序列；按项目分工协助完成部分数据录入及拼环的数据初步处理工作；已完成 1959—1979 年中国大陆尺度的精密水准资料收集（约 10 万千米，监测时段为 1959—1979 年）；完成 90 年代前后第二期（约 12 万千米，监测时段为 1980—1989 年）中国大陆尺度的精密水准资料收集与整理。完成以上资料的纸介质资料的部分数字化录入工作。

（3）收集和整理"网络工程"和"陆态网络"连续站点之记；收集和整理"网络工程"和"陆态网络"连续站水准联测高差表及相关点点之记；收集气象局 2011—2013 年共计 535 个 GNSS 连续站的观测数据，对全部数据进行了 TEQC 检查；收集和整理 2015 年"陆态网络"、中国大陆综合地球物理场观测、中国综合地球物理场观测——大华北地区等项目 GNSS 区域网观测数据，已经交给不同课题和专题用于计算。

（4）完成2009年"陆态网络"实施以来GPS垂直形变资料的整理，即2009年、2011年、2013年三期，包括连续站和流动站。整理完成200个GPS连续站的数据收集，并对数据文件形成统一的格式。完成陆态网络联测水准资料的收集与GPS连续站数据的station.info文件的录入工作，并得到其比较准确的先验坐标文件（apr）。另外，收集中国周边及全球较均匀分布的70多个IGS核心站点文件、解算过程中还需要的精密星历文件与广播星历文件。完成利用仿真数据进行数学网格化方法插值的试验工作，仿真数据选择代表山地、丘陵及平原的不同范围的4块数字高程模型SRTM3数据。

（5）已完成并以第一作者发表（或已支付版面费，即将发表）论文3篇以上。

（中国地震局第一监测中心）

地球物理场流动观测信息融合关键技术研究项目

"地球物理场流动观测信息融合关键技术研究"是中国地震局地震行业科研专项项目，由中国地震局第一监测中心承担。

目前制约地震预测水平的两个主要困难是"地震预测受到观测技术的严重制约"和"地球科学家们对于地震发生机理缺乏足够的认识"。内陆破坏性地震通常发生在地壳内部一二十千米深度内。目前人类还不能进入地球内部去直接探测震源所在部位及其孕育发展过程等地球物理震兆现象。因此国内外地学家只能在地球表面及其地表浅层利用数量有限、分布稀疏的流动与连续形变、重力、地磁等手段，开展地壳形变及其他地球物理场变化的地震前兆观测。

流动观测网络是中国获取地壳形变、重力、地磁等地球物理场信息的主要技术手段，也是中国的特色。目前主要有GNSS网络、水准观测网络、重力观测网络、地磁观测网络等。不同类型地球物理场观测网络或者彼此缺乏有效连接、或者在资料的使用上过于单一（各行其道），目前利用这些不完善、有时还很不确切的信息去详细探测地壳形变时空过程和震源过程的震兆现象及其合理解释显然困难重重。因此，相互关联信息的有效利用、多种数据的融合与综合应用、提取和剥离与地壳形变和地震孕育发生过程密切相关的前兆性信息十分重要。

海量的观测数据及其快速积累，并由此不断产生的数字成果和图像产品，因缺乏完善的共享技术服务平台，而不能及时完整地实现共享，造成资源浪费、重复投入，严重制约着海量观测资料的使用效益，同时也制约相关科技研究及时与有效地向纵深发展，这是我国国内目前面临的一个突出问题。

针对上述现实状况，加强观测数据的融合利用和各种数据成果、产品的共享服务是当前深入发展与广泛服务的两个最基本的内容。

该项目通过完善服务平台实现观测数据、数字成果产品和图像产品的共享与发布，并为服务的常规化、社会化奠定基础。通过GNSS网、水准网、重力网、InSAR的相关观测网的连接、数据融合技术的研究与方法的实现，流动地震地磁矢量测量数据与总强度测量数据的融合，突破不同观测量数据使用"各行其道"，彼此缺乏取长补短、限制资料的广泛使用且使用层次较低而导致科研与预测难以纵深发展的瓶颈状态，引导各类观测网及监测的融合与连接、各类信息深层次的开发与相互利用，针对应用与需求获得更高质量的、含义更加清晰的地球物理场信息的产品成果，使其在一定程度上降低解释的随意性、多解性及信息的不确定性，并服务于震情预测与科学研究。该项目主要分为以下4个相对独立而又有机联系的部分开展研究任务。

1. 完善数据与产品共享的技术与服务平台

①完善观测数据共享与服务平台，将 GNSS 观测项目、综合地球物理场观测项目等所产生的连续和流动数据"入库上网"［共享的基本数据：连续和流动 GNSS、流动和绝对重力、区域水准、基线、流动综合剖面数据等（含点之记）］，根据使用权限在行业内部逐步实现观测数据服务的规范化和常规化。②流动观测数据与数字和图像产品库结构及有关建库技术约定。③完善产品共享的技术与服务平台，收录数字和图像等产品，并依据保密的有关规定，基于 B/S（浏览器/服务器）模式在内网和外网逐步实现产品的共享与发布。④完善观测数据和产品发布客户端，基于 C/S（客户端/服务器），实现远程客户端访问，并及时向用户提供数据和产品的信息资讯，为科研和预报人员等提供方便、快捷及全面的服务。

2. 水准网数据、GNSS 网数据、InSAR 和重力网数据的融合利用研究

①充分利用流动水准网测点较多、连续 GNSS 数据产出的坐标和速度精度较高、站间没有误差积累传递等优点，研究两者融合处理的方法，可以解决水准网参考基准运动难以标定、且误差传递及积累的问题，在此基础上就可获得高信度与质量的垂直形变信息，并开展相应的应用研究；综合利用水准网和连续 GNSS 覆盖范围大、起算基准可标定、InSAR 垂直形变分辨率高、空间上连续性好的优点，从"场"角度研究它们融合为一体的数据解析与处理的方法，在不同尺度上为科研、震情分析和产品共享提供精细的信息成果以及开展相应的应用研究。②利用共同覆盖区的水准、GNSS 水准与重力资料，根据它们的关联性（形变、密度），研究信息的更有效利用、剥离的数据处理方法及在形变与重力变化分析中的应用。③流动地震地磁矢量测量数据与总强度测量数据融合研究。④基于 InSAR 地表形变场和 GNSS 多元数据等，研究并建立高精度地壳应变场模型及实现方法，结合研究区域给出变形分析的实用化范例。

3. 流动观测地球物理场信息提取与分离方法研究

①利用连续 GNSS 时间序列结果，定量分离与研究测站的非构造信息等，根据流动站时间尺度与时间节点，以获得较高精度运动场结果为目标，对流动站运动实施非构造变形的改正，为应用研究和产品发布奠定信息成果基础。②以"场"信息为对象，开展地球物理场信息提取与分离方法研究，为获得更加客观、质量更高、针对性更强的地球物理场信息奠定方法基础。

4. 流动观测地球物理场信息在震情跟踪中的应用研究

①网络融合连接的补充流动观测。为了有效地开展上述工作，对研究区（山西带和张渤带）GNSS 连续网站与水准网实施 66 处约 316km 的融合连接流动水准观测及 16 块标石补埋，这不但是本项目研究具备融合的数据基础，同时也是应用的基础。②利用地球物理场信息开展华北地区震情跟踪应用研究，重点侧重张渤带和山西带。

截至 2015 年 12 月，该项目已按照设计要求，完成既定任务，主要取得以下成果。

（1）建立（完善）数据与产品共享的技术与服务平台，流动重力数据管理与处理分析平台，流动重力数据共享平台、国家中心流动观测数据汇集、管理与服务系统共 4 套服务平台；获得计算机软件著作权 3 项；发表论文 35 篇，其中，项目第一标注 29 篇，第二标注 6 篇，SCI论文 3 篇，EI 论文 7 篇，一般核心刊物 25 篇；培养研究生 22 名，其中博士研究生 7 名，硕士研究生 15 名，其中，已毕业博士研究生 2 名，硕士研究生 10 名。

（2）建立数据预产品数据库、重力全国基准网和华北地区加密观测 1991 年以来历史数据入库、流动地磁监测常规测项的地磁场总强度观测数据、2002—2013 年"中国地磁图"及各流动地磁监测区各期测量矢量数据共 4 套数据库。

（3）探索多种地球物理场观测网络数据融合技术与途径，研究多种地球物理场观测数据综合应用的技术与方法，推进科研和地震预测研究的纵深发展。

（4）研发多种关联地壳运动信息融合技术，获取更高品质地壳形变时空变化信息，并同步产出各种数字产品、图像产品等，提高地球物理场观测系统在地震分析预报及相关科学研究中的应用实效。

（5）及时将获取的观测数据预产品应用于南北地震带、华北地区与新疆等地区震情暨强震强化监视跟踪工作及各单位和中国地震局年度及趋势地震会商分析工作中，为中国地震局年中及年度的地震趋势判断提供重要依据，并成为年度地震危险区确定的主要依据，取得了良好的预报应用效果。

（6）子项目"重力场时空动态变化研究及对地震中期预测的应用"，获 2014 年度中国地震防震减灾科技进步奖二等奖。

（中国地震局第一监测中心）

中国地震科学台阵探测——南北地震带北段——深地震剖面探测与宽频带流动地震台阵观测

项目来源：中国地震局

执行年限：2013—2015 年

依托单位及负责人：中国地震局地球物理勘探中心　王夫运　段永红

主要进展：

1. 项目概况

"中国地震科学台阵探测——南北地震带北段——深地震剖面探测与宽频带流动地震台阵观测"是国家公益性地震行业科研专项"中国地震科学台阵探测——南北地震带北段"的重要子专题，项目由中国地震局地球物理勘探中心完成。

项目在内蒙古和甘肃西部布设 80 台宽频带地震仪，观测点距 35～50km。完成台址勘选、台基处理和防护、仪器架设、地震观测设备运行维护、资料收集以及最终的收台和观测场地恢复等工作；在南北地震带北段布设玛多—阿拉善右旗和阿坝—吴起两条长度分别为 850km

和 900km 的高分辨宽角反射/折射测深剖面。分别布设 11 个和 12 个药量 2~5 吨的爆破点，观测点距 0.8~2.5km。得到沿剖面的上部地壳精细速度结构和地壳上地幔二维速度结构与构造图像，揭示强震区地震孕育构造环境。布设 5 个标准爆破点，与布设在测线上的 23 个爆破点和布设在研究区的宽频带地震仪构成完整的三维观测系统，为研究区三维地壳模型的建立提供人工震源走时资料。

2. 目标、任务、考核指标完成情况

（1）宽频带流动地震台阵观测。

① 2013 年 4 月 25—27 日在甘肃平凉，2013 年 8 月 31 日—9 月 1 日在河南郑州分别召开观测仪器技术培训和工作交流会议，对来自北京大学等各任务协作单位的 30 余名代表进行培训，并交流野外工作经验。

② 2013 年 10 月完成 80 个观测点的台址勘选、建台和设备安装工作。

③ 2013 年 10 月至 2015 年 7 月 30 日共进行了 7 次台阵巡视和数据回收，共获得 2.8T 的连续记录资料。并用这些资料，进行基于大孔径地震台阵的远震体波（P，S_V，S_H）噪声源研究，基于连续波形的阿拉善地区噪声成像研究初步结果和基于远震事件的阿拉善地区层析成像研究。

（2）深地震剖面探测。

①"玛多—共和—门源—雅布赖"深地震测深剖面原计划观测长度 700km，实际完成剖面观测长度达约 850km。进行 11 次爆破，观测点距 1~3km，全测线布置，共布置 PDS 数字地震接收仪器 420 台，获得的单点地震记录总数大约 4620 个，其中有效记录 4024 个，有效率为 87.1%。

②"阿坝—固原—吴起"DSS 剖面，设计长度为 780km，实际完成剖面 900km。在阿坝—吴起剖面上布设 12 个药量 2~5 吨的爆破点，观测点距为 0.8~2.5km，全测线布置，共布置 PDS 数字地震接收仪器 428 台，获得的单点地震记录总数大约 5136 个，其中有效记录 4780 个，有效率为 93.1%。

③完成"玛多—共和—门源—雅布赖"和"阿坝—固原—吴起"两条深地震剖面的数据入库、震相识别、走时读取、一维模型、二维模型构建工作，最后获得剖面二维速度结构，给出青藏高原东北缘、祁连山褶皱带、阿拉善块体耦合构造，巴颜喀拉块体中段、柴达木—西秦岭褶皱带、鄂尔多斯地块等地块的分层构造特征和一些历史地震区的深部构造特征，探讨不同地块的构造耦合关系和地球动力学过程。

④二维深地震测深剖面观测数据有效率为 89%；解释结果满足设计精度要求。

3. 解决的关键技术问题

通过野外实践，解决沙漠戈壁地区如何进行宽频带地震台站和深地震测深地震仪的台基处理、地震仪器布设和钻井等方面的技术问题，保证得到优质的地震记录。

4. 取得的主要科研进展

（1）玛多—共和—门源—雅布赖深地震测深剖面 11 次爆破，420 台深地震测深地震仪接收，共获得 4620 张地震记录。阿坝—固原—吴起剖面 12 次爆破，428 台深地震测深地震仪接收，共获得 5136 张地震记录。三维台阵测深炮 5 炮，共 550 台深地震测深地震仪接收，共获得 2750 张地震记录。

（2）用二维动力学射线追踪得到玛多—共和—门源—雅布赖深地震测深剖面二维速度剖面结构，探讨巴颜喀拉块体、中段柴达木—西秦岭—祁连褶皱带及高原外围北段阿拉善块体三段地壳结构以及不同块体间耦合构造。

（3）用二维动力学射线追踪得到阿坝—固原—吴起深地震测深剖面二维速度剖面结构，探讨松潘甘孜、秦祁地块即鄂尔多斯块体等多个地质构造单元的地壳构造特征，及玛曲断裂、西秦岭北缘断裂、青铜峡固原断裂、迭部—武都断裂、舟曲—两当断裂及六盘山断裂的深部构造特征。

（4）获得内蒙古西部 80 个宽频带地震仪为期约 30 个月的连续记录资料。

（5）用基于大孔径地震台阵的远震体波（P, S_V, S_H）噪声源研究结果显示，持续稳定的远震 P 波（周期范围为 2.5 ~ 10s）噪声源在北大西洋、北太平洋和印度洋均被观测到，这些区域存在很强的能产生第二类地脉动所需要的波与波相互作用。S_V 波噪声源区域 P 波相同，S_H 波与 P 波和 S_V 波噪声源位置略有不同。从能量上来看，P 波大于 S_V 波，而 S_V 波大于 S_H 波。在太平洋远离倾斜的大陆架的深海区确定无疑地观测到了远震 S_H 波噪声信号，初步推测远震 S_H 波激发机制与 P 波和小尺度结构海底地形结构（如海山和盆地之间）的相互作用有关。

（6）基于连续波形的阿拉善地区噪声成像研究。得到研究区域 6 ~ 30s 间 25 个周期的群速度分布图像。短周期（8s）的成像结果主要反映地表沉积层的分布情况，河西走廊盆地、巴丹吉林沙漠和额济纳盆地等地区都表现出明显的低速特征。中长周期的图像（16 ~ 29s）代表的深度范围更广，反映整个中下地壳的平均结构特征，其代表的构造意义还需在未来的研究中进一步探讨。

（7）基于远震事件的阿拉善地区层析成像研究。利用 2013 年 10 月—2015 年 7 月在内蒙古阿拉善盟西部及甘肃西北部布设的宽频带地震台阵数据，截取远震事件，采用远震 P 波层析成像方法研究获得该区下方地壳和上地幔三维 P 波速度结构。其结果表明北祁连地壳中存在明显的低速异常，这与人工地震剖面、大地电磁测深和面波层析成像揭示祁连造山带北段下的中地壳低速高导层一致；阿拉善地体下的亚洲岩石圈地幔南向俯冲与来自南部的柴达木岩石圈地幔在祁连造山带下汇聚与碰撞。

5. 成果产出及转化

（1）在项目执行过程中，将阿坝—固原—吴起二维测深剖面的深部结构研究成果提供给青海省地震局，作为研究固原盆地活动断层的深部背景资料，为青海省地震局防震减灾工作作出贡献。2016 年 1 月 22 日，门源发生 6.4 级强烈地震，该地震正好位于玛多—共和—门源—雅布赖剖面上，该资料将会为研究震区孕震结构提供较真实的深部结构资料。

（2）项目所取得的成果、档案管理都按照有关规定进行整理、归档、入库，资源共享按照中国地震局有关规定执行。

（3）发表专著论文目录。①林吉焱等，海原构造区及周缘上部地壳结构研究，地震学报，已接收。②郭文斌等，青藏高原东北缘基底结构研究——玛多—共和—雅布赖剖面上地壳地震折射探测。已投地球物理学报。③ Liu Qiaoxia, et al., 2016. Source Locations of Teleseismic P, S_V, and S_H Waves Observed in Microseisms Recorded by a Large Aperture Seismic Array in China, EPSL, in minor revision.

（4）该项研究获得大量有意义的研究成果，通过深入研究这些成果，对探讨青藏高原的隆升机制、青藏高原东北缘的地球动力学过程等都将发挥重要作用。青藏高原东北缘是我国强震的多发区，通过对这些研究成果的转化，对研究强震区的孕震构造背景将发挥关键作用，对推动震区防震减灾工作的开展具有非常重要意义。

6. 人才培养情况

该项目培养 2 名博士研究生，5 名硕士研究生。大量青年科研人员参加到项目中，得到了成才的机会。

（中国地震局地球物理勘探中心）

复杂场地地震反应分析方法研究及工程应用程序开发

项目来源：中国地震局
执行年限：2014—2016 年
依托单位及负责人：中国地震灾害防御中心　张郁山
项目主要进展：

科学合理地评估场地效应，是合理确定重大工程的抗震设防要求从而确保其地震安全性的关键技术问题，也是重大工程场地地震安全性评价工作的重要技术环节。场地效应评估包括地震动合成与场地地震反应计算。我国重大工程和基础设施建设所处的地震环境和场地条件越来越复杂，现行计算方法和软件很难满足实际工程中多方面的需求，在重大工程场地地震安全性评价工作的开展过程中，场地效应评估工作面临的技术问题越来越突出。另一方面，随着地震工程理论研究的深入，地震动合成方法和场地地震反应计算方法研究也取得新的进展。

为了满足实际工程的需求，并反映地震工程领域相关研究工作的最新成果，本项目进行地震动合成方法与场地地震反应计算方法的研究工作，开展我国典型示范场地的地震工程地质条件勘察，在此基础上，研发工程实用的场地地震反应计算软件。

1. 地震动合成方法研究

当前我国场地地震安全性评价工作普遍采用的地震动合成方法基于高斯平稳随机过程生成初始地震动，其非平稳特性与天然地震动差别较大，而且最终生成的拟合目标谱的地震动通常存在显著的基线漂移问题。而且，当前国际公认并且通用的方法是直接使用强震动观测记录作为初始地震动，并要求对其调整后所得拟合目标谱的地震动与初始地震动时程曲线的非平稳特性尽量保持一致。

针对此问题，本项目提出基于小波函数的地震动反应谱拟合方法，该方法通过在初始地震动上叠加满足一定条件的小波函数，使其反应谱逐步逼近目标谱。其中，初始地震动既可以是三角级数叠加法生成的"纯"人工地震动，也可以是强震动观测记录。该方法通过少数迭代调整即可实现对目标谱较高的拟合精度，更为重要的是，由于所设计小波函数的局部性以及算法较快的收敛速度，该方法对初始地震动的"扰动"较小，即该方法最终生成的拟合目标谱的地震动与初始地震动具有相同的非平稳特征。这就保证该方法合成地震动不仅能够拟合目标反应谱，而且具有天然地震动时程曲线的基本特征。

针对某一条给定的强震动记录，上述方法仅能生成一条拟合目标谱的地震动时程。而在基于 Monte Carlo 方法的场地随机地震反应的数值模拟工作中，通常需要一系列满足同一集系特征的输入地震动样本。因此，本项目提出基于 Hilbert 变换的非平稳地震动合成方法。通过建立地震动瞬时相位的随机过程模型，针对给定的强震动记录，该方法能够生成一系列地震动样本，它们的非平稳特性与实际记录一致。将这些样本作为初始地震动，利用上述基于小波函数的拟合方法对其进行调整，即可生成既拟合目标谱又具有给定天然地震动非平稳特性的一系列地震动时程样本。

2. 场地地震反应计算方法研究

本项目系统研究一维、二维和三维场地非线性地震反应的数值计算方法，并据此开发具有自主知识产权的数值计算程序。

基于频域波动原理，本项目开发一维场地等效线性化计算程序。相比广泛使用的程序 SHAKE 和 LSSRLI，该程序采用动态数组技术，取消对问题计算规模的限制，其输入/输出空间点无须是土层顶点，简化建模工作。由于从理论上推导零频下土层中点应变的稳态反应值，该程序避免对输入地震动进行的滤波处理可能造成的位移反应的基线漂移，而且该程序自动对输入地震动进行前后补零处理，有效抑制 Gibbs 效应对计算结果的影响。此外，考虑到频率相关方法在某些方面对传统方法进行改进，为反映该方面的研究成果，该程序采用了 Yoshida 应变模型，实现频率相关等效线性化计算。

为了克服等效线性化方法的理论缺陷，基于求解波动方程的显式时—空有限差分法，并结合土体弹塑性本构模型，本项目开发一维场地时域非线性计算程序。其中，采用工程实用的双曲函数作为土骨架曲线模型；在土体加卸载准则方面，同时采用扩充的 Masing 准则和动态骨架曲线准则。本项目利用解析解验证一维程序计算所得场地地震反应结果的正确性。

基于平面内和出平面问题动力有限元基本原理，本项目提出一种"协调"的基于黏弹性人工边界的二维场地地震反应等效线性化计算方法，该方法在每次迭代计算过程中，均进行自由场计算，并且自由场模型根据内域边界有限单元予以确定。相比现有其他方法，该方法无论是在模型参数还是在计算精度方面，外域自由场计算与内域有限元计算之间均是协调的，从而能够保证二维等效线性化计算具有较高的精度。以此为基础，开发二维场地非线性地震反应计算程序。除黏弹性人工边界外，该程序同时采用黏性人工边界的半无限域处理方法。利用规则的矩形单元、圆弧形凹陷地形在 S_H 波入射下瞬态动力响应的解析解，以及一维场地等效线性化地震反应计算结果，系统验证该二维程序计算结果的正确性。

基于空间动力有限元原理，本项目开发三维等效线性化场地地震反应计算程序，其主要特征为：①采用三维 8 节点六面体等单元对空间域进行离散；②采用 Rayleigh 阻尼理论确定单元阻尼矩阵，并利用场地基本自振周期与输入地震动卓越周期确定 Rayleigh 阻尼系数；③采用基于梯形准则的无条件稳定的隐式算法进行时域数值积分；④底边界设置了黏性支座，其参数根据输入半空间的密度和波速确定，4 个侧边界均设定为自由边界；⑤输入地震动加速度以惯性力的方式施加于每个单元。利用规则长方体单元、一维场地等效线性化地震反应计算结果以及国际通用二维程序 QUAD4M 计算结果，较系统地验证该三维程序计算非线性地震反应所得结果的正确性。

3. 计算软件研发

以上述研究工作研发的数值计算程序作为后台程序，本项目最终开发复杂场地地震反应计算软件 SiteDyn，它是一种方便快捷的场地地震反应分析平台，软件具有提供与地震动时程合成和场地地震反应计算相关的参数设置、计算模型的前处理、数值计算以及计算结果的图形输出等功能。

软件使用 C# 语言，基于 .NET 平台，在 Microsoft Visual Studio 2010 环境下开发完成。出于界面的友好性设计方案，本软件界面采用 WPF 的 Ribbon 风格，与最新的 Microsoft Office 界面风格一致。Ribbon 风格可以很大的提高软件的便捷性，其界面和操作很丰富，自动内存管理，安全性能高，由于只有一层交互，因此响应速度比较快。

由于软件中出现大量的绘图界面，本次开发采用将 VectorDraw Framework 作为插件封装在界面上，这样就既能更专业、准确地将所给数据绘制成矢量图，用户可以方便地进行放大、缩小和移动等操作，并只需要点击按钮就可导出图形或者图片，或者将图片复制到剪贴板，极大地提高操作效率。

4. 示范场地的勘察与软件应用

本项目在北京、天津等地开展示范场地的地震工程地质条件勘察工作，获取土层剖面图、波速测试结果以及土样非线性动力参数测试结果，并将本项目开发的软件应用于示范场地，获取可靠的计算结果，验证软件的适用性。并且以北京示范场地为例，利用不同一维场地地震反应计算方法，研究对土体非线性的认识不确定性对场地地震反应计算结果的影响。

本项目获取的唐山响堂和云南通海观测台阵的钻探资料为建立这两个场地的二维和三维模型提供基础数据，可为相关研究工作提供基础资料。

5. 项目取得的主要成果

完成学术论文 17 篇，其中，SCI 检索 1 篇，EI 检索 7 篇；培养硕士研究生 5 名，博士研究生 3 名；获得软件著作权 3 项。

（中国地震灾害防御中心）

中国大陆构造环境监测网络

中国大陆构造环境监测网络（以下简称"陆态网络"）是由中国地震局牵头，总参战场环境保障局、中国科学院、国家测绘地理信息局、中国气象局和教育部共同建设和运维的国家重大科学基础设施。项目法人单位为地壳运动监测工程研究中心（简称"地壳工程中心"）。项目 2015 年全年运行良好，产出和效益较好。

1. 规范陆态网络运行维护管理，实现全年优质运行

（1）台站实时监控及时准确，运行稳定可靠。地壳工程中心实现统一对 GNSS 基准站和重力站进行实时监控，监控信息通过网页、手机短信和邮件等方式传输至各共建单位和实施

单位，建立日常值班和运行日志、运行周报、运行年报等制度，每日自动产出数据质量分析图表，严格控制站点运行质量，台站值班人员对站点的运行情况和异常情况及时记录和上报。发现站点异常及时落实解决，并对外发布。2015年全年共发布自动日志730篇、人工日志290余篇、周报48期、月报12期，与台站通话450余次，完成40余次重力站远程联调、5次台站现场故障排查和1个重力站整体搬迁工作，解决关键技术问题260余次。典型台站故障处理70余次，与台站人员联合调试、采用现场或远程方式及时排除台站故障，保证了数据连续率。其中解决26个硬件故障站点，包括9个站点更换GNSS接收机，11个站点更换天线，5个站点更换重力数据采集系统设备，1个站点更换重力仪UPS。

（2）科学评估观测数据，保证观测质量。GNSS观测数据质量评估：建立《GNSS数据质量评价分级规范》，主要从观测标墩地基稳定性（基础类型、埋深）、观测环境条件（多路径效应、有效率）、数据完整率（有效历元）、位置时间序列水平分量单日解的重复性和站点速度与区域速度场背景协调性等方面对数据进行全面评估。重力观测数据质量评估：主要对重力仪器和台站的噪声水平进行评估，利用背景噪声水平结合连续观测数据确定全球地球参数，计算各台站数据所反映的地震噪声水平。

（3）台网运行良好，稳中有升。全网260个GNSS基准站，实际完成257站日常运行，任务实际完成率为98.85%，数据完整率97.18%；30个连续重力站和2个超导重力站日常运行实际完成率100%；7个SLR站计划完成总圈数3200，实际完成总圈数19463，实际完成率超100%；3个VLBI站计划完成1000小时观测，实际完成1500余小时，实际完成率超100%。

（4）有效组织流动观测，服务地震会商。陆态网络第三期流动重力测量任务为2015和2016共两年完成整网一次测量。相对重力联测计划2015年度完成458个测点，实际完成495个测点，完成率为115%，提前完成37个2016年度测点；绝对重力测定计划2015年度完成43个测点，实际完成43个测点，任务完成率为100%。流动GNSS观测2015年计划完成陆态网络全国1366个站流动GNSS观测任务，由于野外观测墩遭到破坏等原因实际完成1315个点位，完成率为98.6%，整体优秀率为96%，数据量约32856MB，观测手簿共计1315本，点位环视、量高和指北电子照片7020张。GNSS与重力流动观测资料及时应用于年度地震会商，发挥重要效能。

（5）观测数据产出情况。260个GNSS连续观测基准站产出30s、1s和50Hz采样率的观测数据，其中1s的观测数据实时传输到国家数据中心，30s的观测数据由国家数据中心每天定时通过FTP方式获取并按照国际标准格式进行存储。2015年全年GNSS基准站存储RINEX格式30s采样率观测数据451.2GB，RINEX格式1s采样率观测数据4752GB，连续重力站存储TSF格式观测数据30.5GB。2015年全年1366个GNSS区域站联测产出约RINEX格式采样率30s的观测数据64.53GB，30个连续重力站产出存储量的1s采样率TSF格式相对重力数据30.5GB，相对精度达到1μGal。2015年495个测点相对重力联测和43个测点的绝对重力测定产出相对重力数据125MB，绝对重力数据2.07GB。

（6）全国GNSS数据共享迅速推进。截至2015年底，地壳工程中心累计共享测绘部门107个连续站、省级地震局56个连续站的实时数据流和34个连续站非实时数据，共享气象部门546个连续站站点近几年数据，共享站点总数达1003个。30s/1Hz数据由地壳工程中心牵头进行评估分级分类，建立共享平台面向所有单位提供FTP下载。2015年共对外开展数据共享 33 次，共享单位 30 个，涉及部委 8 个，数据跨越时间 1999—2015 年，总计共享数据量达 21.20TB。

2. 依托陆态网络项目，技术创新效益显著

（1）项目数据在尼泊尔地震应急加密观测中的应用。利用陆态网络西藏地区数据和临时架设站点数据，快速获得震时地表运动图像，为初步判断地震破裂方向及其影响方式提供参考依据。快速获得此次地震同震造成的地表水平永久位移图像，并分析其影响范围，为震后应急救援提供参考。

（2）项目对国家重大科研任务、行业部门提供平台支撑、数据共享及技术支撑的促进作用效益显著。公开发表地壳运动、地震预测、地球动力学、大地测量学、大气科学、空间科学等方面论文 230 余篇。

（3）利用陆态网络检测实验设施，对不同类型标墩进行比对，得出金属锚标的稳定性不亚于基岩型混凝土标墩的结论。

（4）不断完善流动 GNSS 野外观测手簿软件，在实际观测中推广应用得到广泛好评。

（5）完成与国际基准一致的高精度重力基准系统，包含 2 个重力综合比测站、2 条重力长基线、2 个重力标定短基线场、1 个重力标定微基线场，并完成新入网 FG5 绝对重力仪同址同期比测。

（6）依托项目制定和编制技术规程 1 本、行业标准 1 项、全球导航卫星系统基准网运行管理细则 1 项，GNSS 观测资料质量评比评分细则 1 项，获得 12 项专利及软件著作权和 17 项国家成果奖励。

（地壳运动监测工程研究中心）

河北省地震局科技进展

防震减灾科技支撑进一步强化。一是加强项目立项和资金保障。2015 年河北省科技厅安排科技资金专项用于防震减灾科研工作。积极组织申报国家和省级各类科研项目，2015 年正在实施的有国家自然科学基金 1 项，中国地震局地震科技星火计划项目 3 项，河北省科技计划项目 4 项。二是深化科技合作和技术交流。与防灾科技学院合作开展的"河北省基于背景噪声监测地震波速变化系统"等项目稳步推进；与山西、内蒙古、中国地震局地球物理研究所、北京大学合作的"三省一所一校"合作项目，2015 年深入开展"晋冀蒙交界地区震情强化跟踪研究"专项研究项目，进一步探索在孕震模型指导的短临跟踪工作技术和完善的震后社会应对与减灾决策工作环节；与省地理信息局达成 GPS 及数据共享合作协议，目前数据共享光纤正在建设中。廊坊市地震局与中国地震局地壳应力研究所合作研发扩展型电扰动仪，目前正在调试试运行。

（河北省地震局）

贵州省地震局科技进展

2015 年，贵州省建立贵州地壳一维速度模型。通过开展贵州地区地壳一维速度模型研究工作，获得如下认识：一是通过科学探索和对广西地震波形震相的整理、总结、拟合、折合、梯度分析、区间拟合、滑动性区间分析、Hyposat 迭代法批处理等工作，加深贵州地震基础资料的科学分析和总结。特别是对贵州长期使用的华南模型的检验，发现华南模型与贵州地区区域模型特征存在一定的差异，不具有普适性，需要修正。二是根据华南模型获得贵州地区的速度初始模型，采用 "数据离散度调整" "V1 梯度法" 和 Hyposat 迭代法批处理等方法，最终确立贵州地区地壳一维速度最优模型。三是通过贵州地区 P 波速度 V_{Pg}=5.96km/s 和 S 波波速 V_{Sg}=3.56km/s，得到和确认贵州的 P 波与 S 波的 V_{Pg}/V_{Sg}=1.68km/s，较好地反映贵州地区的介质特性。四是 13 个贵州境内用于 Hyposat 迭代法处理的地震全部进行 PTD 程序的仔细处理，同时又利用 PTD 批处理程序的准确测定地震深度、可参与台站多、初至震相读数精度高等特点，对贵州的最优模型的可靠性进行检验。五是在使用 Hyposat 程序对 $M_L \geqslant 3.0$ 的 67 个地震的定位结果检验过程中发现，其中 5 个地震定位走时残差相对较大、定位深度值出现异常。分析异常认为，5 个地震震中都处在贵州地震台网台站分布稀疏地区、台网网缘或邻省交界区域，参与定位台站未能很好地包围震中，影响定位精度及震源深度的精确度。六是通过对贵州编目模型和最优模型定位震中差 D 对比可得，贵州编目模型与最优模型定位震中差 D 范围为 0.4~7.7km 之间，编目模型与华南模型定位震中差 D 范围为 0.3~21.0km 之间。说明最优模型得到的结果比直接使用华南模型得到的结果更优秀一点。七是贵州台网没有参与区域台网的资料评比工作，很多基础的观测数据不全，编目资料可靠性低、甚至原始波形资料缺失等导致贵州的一维模型在基础资料选取上有一定的缺陷。从 2009—2014 年 5 年期间，只挑出 13 条可用的地震数据资料，还存在地震地域分布不均等客观原因，贵州台网近几年没有记录到爆破事件，没能用爆破事件来检验贵州最优模型的优劣，只能等贵州台网的原始数据处理能力和水平提升、编目质量提高后再进一步检验贵州地区最优地壳一维模型，也只能等贵州台网观测数据丰富之后再微调现有的最优模型。

（贵州省地震局）

广西壮族自治区地震局科技进展

2015 年，广西壮族自治区地震局承担自治区主席科学基金专项超快自动地震速报系统建设，2015 年 9 月，超快自动地震速报系统建设课题通过自治区科技厅验收。"广西大厂矿区地震活动特征分析及成因机理研究" "防震减灾地震监测基础数据库管理与应用软件" "广西岩溶塌陷地震和爆破快速识别技术研究" "右江断裂带落央小段 ^{21}Ne 年代学和地貌学研究" 等课题通过验收。"大厂矿区地震监测台网建设" "广西数字测震台网关键技术研究与应用" "广西地震监测预报基础数据库系统"分获 2014 年中国地震局防震减灾科技成果三等奖。"钢管混凝土拱桥抗震防震关键技术就抗震能力评估方法的工程应用"荣获广西科技进步三等奖。广西重点地区地震台阵观测与深部孕震环境研究课题、广西一维地壳速度模型研究、广西地震科学基础研究项目相关子课题等均取得阶段性成果。

"广西历史强震区发震构造探测研究——以灵山震区为例"已落实经费 800 万元（总投资为 1500 万元），已开展目标区主要断层野外地震地质调查，并对重点区域 4 条活动断层进行了地球物理勘探、地质地貌填图和探槽开挖。灵山震区 1∶5000 地形图测绘工作已经完成验收，"灵山震区高分辨率遥感影像解译服务""灵山震区 1∶5000 地质调查"和"灵山震区大地电磁探测研究"已经完成招投标及签订合同，准备开展"灵山震区深地震宽角反射／折射和高分辨率折射探测服务"招投标等。

广西地震烈度速报与预警系统项目与广西地震背景场观测网络项目属"十二五"规划的两个重点项目。前者已经落实各级资金共 5800 万元，已全部完成 315 个新建台站台址勘选，其中 301 个新建台站的征（租）地工作和 284 个新建台站的工程地质勘探工作均已完成，已有 162 个台站完成基建工作，59 个新建台站正在推进。后者已落实各级资金共 2000 万元，已完成 30 个测震基本（准）台和 26 个 GNSS 观测站的现场勘选。

广西涠洲岛地震综合观测台站已获工程设计方案审批和初步设计批复，中国地震局、自治区年内投入 1000 万元。已完成征地、场地三通、围墙建设和施工图审核，即将开工。

广西防震减灾基础设施建设工程地震紧急救援训练基地项目已完成 3 栋业务生活用房、1 栋宣传教育中心主体结构封顶。

广西防震减灾"十三五"规划编制基本完成，确定"十三五"时期广西地震灾害风险评估工程、陆海地震监测一体化工程、广西历史强震区发震构造探测工程、广西地震搜寻救护培训体系建设项目、城镇地震安全示范工程等 5 个重大项目。

（广西壮族自治区地震局）

山东省地震局科技进展

1. 国家级科研项目

刘希强研究员承担的"十二五"国家科技支撑计划课题"面向公众的地震监测预警技术研究与集成示范"于 2015 年 5 月通过验收。项目圆满完成全部预定任务目标，研发具有自主知识产权的三套系统，即强震预警系统、地震宏观异常信息游戏化培训系统以及专群信息采集、管理和分析平台，并在示范区得到初步应用，具有推广应用价值。以第一标注发表论文 57 篇（其中 SCI/EI 7 篇、中文核心 38 篇、科技核心 12 篇）；待出版专著 3 部；待刊论文 12 篇（其中 3 篇 EI、7 篇核心）。获软件著作权 5 项、发明专利 2 项（其中 1 项正在受理中）；课题的实施有力促进山东省地震科研团队的建设，培养一大批年轻科技骨干，课题共培养研究生 23 名，其中博士研究生 5 名。所取得的多项成果对山东省防震减灾事业的发展起到积极的支撑和引领作用，具有广阔的推广应用前景。

殷海涛研究员承担的国家自然科学基金青年项目——"基于高频 GPS 观测网的强震地面运动监测方法与地震学应用研究"通过国家自然科学基金委组织的验收。

2. 省部级科研项目

2015 年，在研省部级科研项目 21 项，资助总经费 185.9 万元。新立项省部级科研项目 10 项，包括山东省自然科学基金课题 1 项、省科技发展计划（重点研发计划）项目 2 项和中国地震局地震科技星火计划项目 2 项，经费资助总额 62.56 万元。

3. 科技成果

（1）省部级科技成果奖励。"地震应急及时通软件"荣获 2015 年度中国地震局防震减灾科技成果奖三等奖；山东省地震局作为第四完成单位与地球物理研究所等 5 家单位共同完成的"中国地震前兆台网数据管理系统"荣获 2015 年度中国地震局防震减灾科技成果奖二等奖。

（2）发明专利和软件著作权。2015 年，聊城地震水化试验站完成的"一种监测抽取的地下水的方法"获国家知识产权局发明专利授权。

省地震预报研究中心完成的"地震监测预警信息集成服务平台"获国家版权局计算机软件著作权登记。

（3）论文。2015 年，山东省地震局科研人员发表在中文核心期刊（2011 年，第六版）以上科技论文 22 篇（其中 SCI 收录 2 篇，EI 收录 5 篇）。

（4）省局防震减灾优秀成果奖。评选产生 2015 年度山东省地震局防震减灾优秀成果奖 15 项，其中一等奖 2 项、二等奖 6 项、三等奖 7 项。

（山东省地震局）

陕西省地震局科技进展

2015 年，陕西省地震局联合中国地震局地震预测研究所、甘肃省地震局、宁夏回族自治区地震局和中国地震局第二监测中心，召开鄂尔多斯西南缘大震危险性研讨会。与中国地质科学院地质力学研究所签订科技交流与合作备忘录，加强"西安深孔地应力测量与实时监测站点"建设和数据共享。邀请国内知名专家来省地震局做学术交流 13 次。西安、咸阳大力推广应用减隔震技术。

加大地震科技项目实施和管理力度，获批国家自然科学基金课题 1 项、所长基金课题 2 项、中国地震局"三结合"课题 7 项、震情跟踪课题 1 项，资助启航与创新基金课题 14 项。40 余项在研课题进展顺利。1 项中国地震局地震科技星火计划、2 项省自然科学基础研究计划、7 项中国地震局"三结合"课题、16 项启创基金课题通过验收。获中国地震局防震减灾科技成果奖二等奖 2 项、三等奖 3 项，获省科学技术奖三等奖 1 项。活断层探测、小区划成果不断得到应用，西安加强减隔震技术培训和推广，发挥减灾实效。

陕西地震背景场探测项目、社会服务工程项目完成验收。渭南市活断层探测，汉中、安康、商洛三城市地震小区划，区域应急救援队伍建设等项目主体任务基本完成。关中地区大震危险性评价、全省活动断层编图等项目扎实推进。防震减灾综合基地建设完成征地前期工作，开始方案设计。咸阳监测台网中心建设实施顺利，宝鸡上王、汤峪台提升改造工程启动实施，汉中梁山新建地应变监测台项目基本竣工。宝鸡、咸阳、铜川等市建成应急指挥系统。省市"十二五"重点项目的完成，带动了全省防震减灾综合能力的全面提升，为实现全省防震减灾 2020 年奋斗目标奠定坚实基础。

系统谋划"十三五"防震减灾事业发展，西安市防震减灾"十三五"规划通过论证。启动了国家地震烈度速报与预警工程项目的可研设计与实施工作。

（陕西省地震局）

青海省地震局国家重点建设项目及任务实施情况

青海地震背景场探测项目是中国地震局地震背景场探测项目的一部分，是按照国家发改委《关于中国地震背景场探测项目初步设计方案和投资概算的批复》（发改投资〔2010〕2930号）和中国地震局《关于青海地震背景场探测项目初步设计和投资概算的批复》（中震函〔2011〕166号）要求建设的。项目主要建设内容包括测震台网、重力台网、形变台网、地电台网、地磁台网、地下流体台网、强震动台网 7 个专业子项，新建 10 个测震台、5 个地磁台、3 个地电台、1 个形变台、1 个重力台、15 个强震动台站；改建 2 个测震台、3 个流体台、1 个重力台。项目总投资 2657.94 万元，于 2015 年 6 月 9 日通过验收。

青海地震社会服务工程项目主要建设内容包括震害防御系统和应急救援系统两部分，是国家地震社会服务工程的重要组成部分。该项目于 2011 年 1 月正式启动，2015 年 6 月竣工，2015 年 9 月 7 日通过验收。

另外，青海省地震局还负责开展台站优化改造项目、地震台站灾损恢复专项和"北斗地基增强系统地震行业分系统青海区基准站建设与试运行"项目建设。

（青海省地震局）

广东省地震局科技进展

1. 主要项目研究进展

（1）"城镇地震防灾与应急处置一体化服务系统及其应用示范"是国家科技支撑项目，广东省地震局承担专题任务二"准实时地震灾情综合评估技术研究"，项目起止时间为 2015 年 1 月至 2017 年 12 月，依托单位为广东省地震局，专题任务二负责人为姜慧研究员。

该专题研究目标：为县市地震工作主管部门研发能获得准实时地震动分布和灾情评估图

的自组网MEMS强震仪，以及基于短距离多模式地震应急通信模块的灾情采集设备和准实时地震灾情动态综合评估系统。一旦县域受到有感地震影响，当地县市地震工作主管部门能快速获得较准确的地震灾情分布，为地震应急救援提供科学依据和争取宝贵时间。

主要研究内容（3个子专题）：①基于MEMS强震仪的地震动参数速报系统研发。在已有简易型MEMS强震计技术基础上，加入数据采集系统的GPS高精度校时系统及大容量SD卡的本地数据存储系统，设计仪器节点的自组网协议和自组网算法，研制具有自组网功能的MEMS强震仪；设计仪器节点组网协议，通过有线或无线通信网络实现接入监测网络；研制MEMS强震监测网络监控软件，实现对MEMS强震仪节点的状态监控、数据汇集和数据服务等功能；研发网络监控中心的数据收集、数据库存储管理等数据处理系统；为丹棱县应用示范提供45台套MEMS强震仪。②基于短距离应急通信技术的地震灾情采集方法及产品研发。研发基于DSRC技术、蓝牙、WiFi、3G/4G技术研发短距离多模式地震应急通信模块及专用通信协议，保障地震灾情数据采集的及时传送。且一定范围内的多部地震应急通信模块可相互连接，组成自管理、自组织的通信网络，便于对应急通信网络进行全面的管理。研发基于IOS和Android主流移动终端的数字化、自动化、规范化的通用灾情采集软件，通过应急通信模块将采集到的灾情数据即时传输到后台系统，便于及时对数据进行处理。装有该灾情采集软件的移动终端还可支持搜索其他终端，可实现数据在终端间相互共享。普通公众也可以下载该灾情采集软件，以普通用户权限登陆、采集及上报灾情数据，最大化丰富灾情数据汇总。③准实时地震灾情动态综合评估系统研发。该系统包括四个模块：基于专业短距离地震应急通信模块的地震灾情快速采集和传输模块；基于多源不同类型灾情数据实时甄别、处理与更新技术模块；基于MEMS强震仪评估图和实时空间灾情数据的多源地震灾情动态叠加模块；准实时地震灾情综合评估系统可视化分析模块。研究内容包括两个灾情数据分析处理算法，灾情评估图的叠加修正算法和灾情综合评估图的动态生成算法。本系统以MEMS强震观测数据和课题一的脆弱性曲线生成的仪器准实时灾情评估图为基础，把从人员伤亡程度、建筑物破坏程度等灾情数据得到的调查点震害等级，叠加到仪器准实时灾情评估图上，根据本专题研究的灾情评估点面叠加修正算法，不断动态修正灾情评估图，保证地震发生后，在最短时间内（包括公共通信瘫痪时）获得灾区准实时灾情综合评估图。

年度研究进展：2015年1月该专题研究正式启动，上半年主要开展前期调研和资料查询，开展模型和方法研究，以及研发设备的器件选型。下半年着手开展模型建模、软件详细设计、硬件设备研制。已完成MEMS强震仪和短距离多模式应急通信模块样机研制，并开始编写基于多源不同类型灾情数据实时甄别、处理与更新技术模块代码以及准实时地震灾情综合评估系统的架构设计以及可视化界面开发代码。

（2）"大型桥梁地震安全性在线监测与评估系统"是广东省重大科技专项，由广东省地震局牵头组织，暨南大学和广州中国科学院工业技术研究院参加的合作项目。其中，广东省地震局负责专题1"研发桥梁强震动监测软件及地震或船只、重车撞桥等事件的警报系统"和专题4"基于JOPENS的桥梁监测与评估系统集成与可视化技术"；暨南大学承担专题2"基于多指标信息融合技术的桥梁健康诊断系统"；广州中国科学院工业技术研究院承担专题3"快速桥梁数值仿真和抗震性能预测系统"。依托单位为广东省地震局，项目负责人为姜慧研究员（广东省地震局）、马宏伟教授（暨南大学）、丁桦研究员（广州中国科学院工业技术研究院）。

主要研究内容（4个子专题）：①专题1，研发桥梁强震动监测软件及地震或船只、重车撞桥等事件的警报系统。系统通过网络可以同时对多个台阵的数据进行汇集和分析处理，对其运行情况进行实时监控，同时对监测数据进行保存、备份。②专题2，基于多指标信息融合技术的桥梁健康诊断系统主要研究内容及拟解决的关键技术：研究典型桥梁结构特点和振动特性，甄选合适指标；针对单类型桥梁的特点，研究出更适应的检测方法；研究特殊环境如地震、船撞和车撞等作用下的检测方法；综合多种方法，将多指标进行融合，提出统一标准，规范化、系统化损伤识别数据处理；编写损伤识别的多指标程序及融合识别程序，实现可操作性和可选择性，根据不同状况灵活应用。③专题3，快速桥梁数值仿真和抗震性能预测系统主要研究内容：桥梁结构快速数值仿真方法，包括地震输入、有限元模型生成；桥梁结构参数反分析方法，包括利用不同激励下测量结果对桥梁结构参数的反演；桥梁结构的快速建模技术，包括各种几何和物理特征的输入建模等；地震作用下桥梁结构响应快速评估技术；相关技术软件的开发与结果可视化。拟解决的关键技术：包含行波效应的地震动输入；结构参数反分析模型和对应算法。④专题4，基于JOPENS的桥梁监测与评估系统集成与可视化技术。主要研究内容：研究核心软件与监测采集、数据分析、有限元分析等各子系统连接的高效接口；研发具有友好界面的可视化操作平台。拟解决的关键技术：a.健康监测各子系统运行在不同的硬件和软件环境下，如何通过核心软件来指挥、调用和驱动各子系统的运行和数据的交互与通信等；b.针对整个系统的统一的数据结构设计。

年度研究进展：在全面完成上述4个专题研究任务的基础上，2015年主要完成系统调试、试运行、技术报告、测试报告编写，并实现3条桥梁、1座水库及3栋大楼的强震动在线传输，建造了实时显示平台，做好项目验收准备。

（3）珠江口区域海陆联合三维地震构造探测；项目来源：中国地震局与广东省人民政府的局省共建协议；项目年限：2015—2017年；依托单位：广东省地震局，黄剑涛局长总负责。

随着广东省社会经济发展特别是城市化进程步伐的加快，广东省政府部门和社会公众对广东省防震减灾工作提出更高的要求。广东省客观上面临地震灾害的严重威胁，粤东地区是我国强震多发地区，珠三角地区具有强震构造背景，是全国重点监视防御区。由于珠三角地区经济高度发达、毗邻港澳，对地震影响具有高度敏感性。做好防震减灾工作，事关保障人民生命财产安全，事关保卫改革开放和现代化建设成果。

2011年12月7日，《中国地震局、广东省人民政府关于共同推进珠江三角洲地区防震减灾工作合作协议》在广州签订。协议中明确安排：中国地震局与广东省人民政府将"合作开展《珠江三角洲地区地壳精细结构探测和地震危险性评价》。编制《珠江三角洲地区烈度区划图（地震动参数图）（1∶10万）》和珠江三角洲地下三维地震地质结构图，为珠江三角洲地区宜居城市创建和工程规划、建设、设计提供服务。"

按照局省合作协议要求，经过数年的多次技术方案修改和论证，2015年，由广东省财政支持，广东省地震局联合中国科学院南海海洋研究所、中国地震局地球物理勘探中心在珠江口区域开展"珠江口区域海陆联合三维地震构造探测"项目，并得到中国地震科学观测台阵（China Array）的支持。此次观测项目中，广东省地震局负责了陆地观测台阵的布设和观测工作，中国科学院南海海洋研究所负责海域OBS观测台阵的布设和观测以及海域气枪震源激发工作，中国地震局地球物理勘探中心负责二维深地震剖面的仪器布设和观测以及陆地爆破震源激发工作。

"珠江口区域海陆联合三维地震构造探测"项目从 2015 年 1 月开始观测台站的位置勘选及仪器准备、测试，中国地震局地球物理勘探中心开始勘选陆地二维深地震剖面探测观测台站的位置以及人工爆破震源位置；2 月广东省地震局、中国地震局地球物理勘探中心开始进行野外流动观测台址的台基处理工作，中国地震局地球物理勘探中心着手办理陆地爆破相关手续，做好野外准备工作；4 月底开始，中国科学院南海海洋研究所开始对 OBS 进行海试。珠三角人口稠密，经济发达，选择远离有人区 500m 以上的人工爆破震源钻探点已经非常困难，有的爆破点甚至在当地同意完成打钻工作之后又被迫废弃重新选址的情况。克服各种困难，5 月底，陆地和海域观测系统的观测台网建设完毕，布设陆地固定台、流动台、海上 OBS 共338 套，二维深地震剖面探测仪器覆盖距离总计达 850km。5 月 28 日，海上气枪开始了第一次激发，野外工作正式进入主动震源观测记录阶段。近一个月的观测期间，在陆上爆破激发炮点 6 个，单个炮点当量约 2 吨 TNT；海上气枪震源放炮 13000 余次。6 月 28 日，野外主动震源激发完成，野外观测工作顺利完成；在野外观测工作结束后，开始对所有观测仪器进行回收，仪器回收过程中对之前的流动观测台基进行恢复处理，最大限度地降低此次观测对当地环境的影响。

从 2015 年 8 月底全部仪器回收完毕之后，开始对观测数据进行收集整理。2015 年 12 月，广东省地震局正式组建"珠江口区域海陆联合三维地震构造探测"数据处理组并发文，项目正式进入观测数据解译处理阶段。

（4）全国统一编目处理系统及相关技术规范体系研制。项目来源：地震科研行业专项项目；执行年限：2013—2014 年；依托单位：广东省地震局；负责人：康英研究员。

该科研专项承担了三项任务：①研究起草《全国地震目录与地震观测报告编报技术规范》；②研制地震数据统一编目软件系统；③研制基于数据库的地震数据综合服务平台。经过两年的研究公关，该项目完形成以下成果：①制定和出台《地震编目规范》；②建立全国地震台网统一编目数据库，并在相关单位完成测试部署；③完成地震数据统一编目系统的研制，提交实用化算法和软件，并在相关单位测试部署；④完成统一编目综合服务平台的研制，提交实用化算法和软件，并在相关单位测试部署。

该项目解决多个关键的技术难题：通过在联合定位中引入三维走时模型和全球走时模型相结合的方式，解决统一编目联合定位中走时表跨区的问题；通过制定新的《地震编目规范》和研发的全国统一编目软件，解决区域台网、国家台网、国家台站三方对同一事件编目结果的非一致性问题；通过震相筛选模块的研发，解决震相的校正、补充、重复震相的合理筛选问题；通过数据波形远程调用模块的研发，解决远程超大容量地震观测数据在线获取的问题；通过对历史 GT5 事件和科学爆破事件的联合定位质量的研究，解决统一编目定位质量的定量评价问题；《地震编目规范》给出新的地震目录和地震观测报告格式，加入矩震级、震源机制、震源参数、质量评价参数，丰富地震目录和地震观测报告的内容并与国际接轨。

该项目完成《地震编目规范》的编制工作，并通过中国地震局监测预报司组织的验收专家组的验收；完成地震统一编目软件系统的研制，实现台网端、台站端人机交互系统编目、数据汇集处理系统、连续波形数据文件远程获取、震相筛选、联合定位、编目质量评价等预定任务和目标，并通过中国地震局科学技术司组织的软件测试专家组的测试；完成统一编目综合服务系统的研制，实现统一目录、观测报告的网页服务模式，以及统一编目的远程查询、反馈及编目规范中规定的相关格式的地震目录、地震报告的下载等预定任务和目标，并通过中国地震局科学技术司组织的软件测试专家组的测试；完成符合《全国地震目录与地震观测报告编报技术规范》和《中国数字测震台网数据规范》的数据库结构设计和部署，并通过中国地震局科学技术司组织的软件测试专家组的测试。该项目完成既定的全部研究内容，2015年，在中国地震局组织的验收中顺利通过验收。

作为该项目验收后的继续工作，利用本项目结果，计划在2016年制定面对我国地震台网地震目录和地震报告产出的一个新的技术规范，丰富台网目录产出内容，规范全国31个地震台网、国家台站的编目内容、实现有效及有序地产出全国地震目录，为地震研究、地震预报和地震应急服务。其技术规范也可对地方台网、企业台网的产出进行约束，使全国的地震产品统一规范。本项目的研究内容主要是解决目前我国地震编目工作中的部分关键、急迫的技术问题，研究内容的针对性和实用性较强。研发的实用软件可以和我国观测台网的现有系统进行无缝拼接，其研究成果将可在全国范围内推广应用。

2. 主要学科领域创新成果

（1）"区域地震矩张量的准实时反演"，主要完成单位：广东省地震局；主要完成人：康英、沈玉松、苏柱金、杨选、黄文辉、刘军。

成果简介：本项目将时间域进行地震矩张量反演 TDMT_Inv 程序用 JAVA 语言重新编写，优化集成在全国区域地震台网处理系统 JOPENS 系统上，根据地震台网记录的地震事件的 P 波波形，自动或人机交互快速反演出地震矩张量，确定出地震的断层面解。系统具有准实时自动触发反演地震矩张量及人机交互处理反演地震矩张量两种功能，有效地解决速报地震和历史地震事件的震源机制产出问题，丰富台网产出，提高了矩张量反演的计算速度和计算效率，对于地震的应急救援工作具有重要的意义，项目组取得的成果有望在全国区域台网中得到推广应用，前景广阔。目前已经在广东、四川、江苏等台网进行试运行，效果良好，实用性强。

（2）全国统一编目系统及相关技术规范体系研制，主要完成单位：广东省地震局；主要完成人：康英、黄文辉、沈玉松、代光辉、苏柱金、刘军、苏金蓉、吴永权、杨选、吕作勇等。

成果简介：基于我国各省级台网数据与国家台网数据相结合产出的地震目录，建立和部署更加规范高效的数据处理流程和统一编目软件系统，实现全国台网间、台站间的联合定位；建立相关规范体系，对地震台网的产出进一步规范化、标准化，产出参数更合理、内容更丰富的统一的地震目录和地震观测报告；建立基于数据库的新的地震数据统一管理系统，实现对区域台网及国家台网定位精度的监控；建立综合服务平台，提供全国地震目录和地震数据的服务。项目产出的全国统一编目系统和统一编目服务平台将部署在全国31个区域地震台网和国家台网中心；地震编目规范将作为行业标准在2016年发布。

（3）大型桥梁强震（振）动实时监测实用方法研究，主要完成单位：广东省地震局；主要完成人：王立新、姜慧、余演波、张专、闻则刚、卢帮华、杜鹏、李小华、赵贤任、吴华灯。

成果简介：项目成果主要表现为基于 CoC 矩阵的桥梁强震（振）动监测数据实时分析方法和异常振动警报技术，及相应的桥梁强震（振）动监测数据实时分析处理程序。推广应用措施主要是通过发表相关论文及报告，供有关单位和技术人员免费使用。

项目形成的强震动监测数据处理计算程序已应用到珠江黄埔大桥、虎门大桥和九江大桥等几座特大桥梁的强震动监测工作当中，对各台阵记录的海量实时数据进行自动分析和处理，取得了较好成效。项目成果市场前景十分广阔。仅广东省范围内，就有几千座特大型桥梁、水库大坝和 100m 以上的超高层建筑。随着人们对各类重要建筑地震安全性认识和需求的逐步提高，本项目探索出的基于强震动观测的实时监测与警报系统将有望在广东省乃至全国各类大型桥梁、水库大坝、高层建筑上进行大量推广，将会取得良好的经济和社会效益。项目成果可以为桥梁建造维护带来良好的经济效益。基于强震动观测的实时监测与警报系统能以较低的成本为桥梁的养护管理提供科学依据，最大限度地确保桥梁的安全运营、延长桥梁使用寿命，通过早期桥梁病害的发现维护能大大节约桥梁的维修费用，可以避免最终频繁大修关闭交通所引起的重大损失。项目成果的社会效益主要体现在有助于提升重大建设工程的防震抗震能力。建立在本项目成果基础上的桥梁强震动监测和警报系统能够在平时对桥梁健康状况进行监测，为桥梁维护与管理决策提供依据；在地震、爆破或撞击等突发性事件发生后能做出实时警报，并迅速做出桥梁结构损伤评估，及时为抗震救灾工作提供依据。另外，桥梁强震动监测系统如能捕获实际地震时程数据，将有助于加深人们对大跨度桥梁真实地震反应的理解，有助于改进桥梁相关抗震设计规范、有针对性地发展破坏控制技术，从而可以提高大型桥梁的抗震能力，确保生命线工程的畅通。

（广东省地震局）

重庆市地震局科技进展

2015 年完成科研项目情况。重庆市科委决策咨询与管理创新计划项目 1 项："重庆市防震减灾基础能力建设对策研究"（资助金额 3 万元）；中国地震局地震科技星火计划项目 2 项："四川盆地东部盆山结构区三维速度成像研究"（资助金额 14.8 万元）、"西南地区红外辐射强震前兆预警指标及预报效能研究"（资助金额 14.8 万元）；中国地震局"三结合"课题 1 项："荣昌华江井水温最佳观测段实验研究"（资助金额 3 万元）；中国地震局测震台网青年骨干培养专项 1 项："重庆石柱地区地壳结构与震源深度研究"（资助金额 2 万元）。

2015 年获资助科研项目情况。中国地震局星火科技计划项目 1 项："基于 GNSS、钻孔及数字地震的重庆地区地壳形变研究"（资助金额 4.03 万元）；震情跟踪青年课题 1 项："井水位潮汐响应特性分析"（资助金额 2 万元）。

（重庆市地震局）

黑龙江省地震局科技进展

一、国家与黑龙江省地震局重点科技项目的进展

1. 项目名称：布里尼式火山喷发和斯通博利式火山喷发火山灰颗粒实验与形态学特征对比分析——以长白山和五大连池火山为例

项目来源：国家自然科学基金

执行年限：2014—2016 年

依托单位及负责人：黑龙江省地震局　李永生

主要进展：本项目通过对布里尼式（五大连池老黑山、火烧山）和斯通博利式（长白山天池火山）两种火山喷发类型火山灰颗粒形态学研究，了解不同类型火山喷发火山灰云中的微物理过程和粒子表面反应，以及火山灰云带来的诸如飞机引擎故障、可见度、大气色散和火山灰沉降等问题。本年度项目组将收集五大连池火山灰样品进行电子探针主量成分分析、激光粒度分析和扫描电镜形态分析，并于 9 月完成对长白山火山野外考察及火山灰样品采集工作。

2. 项目名称：无人值守烈度速报台站智能管理器

项目来源：中国地震局星火计划专项

执行年限：2014—2015 年

依托单位及负责人：黑龙江省地震局　龚飞

主要进展：

为解决黑龙江省无人值守台站运行维护人员与经费日益增长与现有资源矛盾，黑龙江省地震局监测中心相关科技人员组织进行"无人值守烈度速报台站智能管理器"研制。

此项研究工作实现将改变传统意义的台站运维巡检模式：烈度速报台网的状态巡查与信息反馈将实现全面自动化，以智能设备替代人工进行故障判断与处置，从而实现台站无人化自动管理与运行维护。这不仅能有效提高工作效率和台站运行质量，还可以在项目建成后节约运维成本、减少人力资源，对提升运维管理人员的设备维护能力与处置速度都有极大帮助，也可为即将实施"国家地震烈度速报与预警工程项目"所建设的无人值守强震动观测台站提供有效管理与运维保障。

目前台站智能管理器正在申请专利过程中，仪器已在海南、新疆、湖南等省（自治区）地震台进行试用。

3. 项目名称：依兰—伊通断裂黑龙江段新活动的几何展布图像研究

项目来源：中国地震局星火计划专项

执行年限：2014—2015 年

依托单位及负责人：黑龙江省地震局　余中元

主要进展：

依兰—伊通断裂是郯庐断裂的东北段重要分支之一。依兰—伊通断裂黑龙江段历史上没有 6 级以上地震记载，一般被认为是第四纪早期活动断裂，地震活动较弱。但根据最新研究

成果（闵伟等），该断裂黑龙江段发现全新世活动证据，距今1730年发生过地表破裂，相当于发生了一次7.5级地震。

黑龙江省地震局科技人员参与承担了以依兰—伊通断裂为研究对象的国家自然科学基金、地震行业专项、星火计划专项等项目，对该断裂的最新活动时代与活动特征、发震构造展布、分段及其最大潜在地震进行了深入研究，为评价未来地震危险性及地震区划等提供依据，对东北地区的防震减灾具有重要意义。

4. 项目名称：五大连池火山区地下S波速度结构的初步研究

项目来源：中国地震局星火计划专项

执行年限：2015—2016年

依托单位及负责人：黑龙江省地震局　邓阳

主要进展：

项目组通过在卧虎山—尾山北东向断裂区域架设宽频带地震仪，并利用五大连池火山台网原有6个子台构成小型台阵，进行地下S波速度结构的研究。此项目的研究将对火山区地震活动性分析研究、提高区域地震定位精度、修正震相走时残差等工作起到推进作用。项目组已在研究地区架设4个流动台站，并收集了6个月以上连续数据，并通过层析成像方法最终反演获得研究区地壳浅层三维S波速度结构。研究获得的波速结构结果与尾山火山区浅部构造具有较好的一致性。

二、地震应急救援科技发展

深井项目在项目领导小组的全力协调与推进下，经与省发改委、财政厅沟通，已完成深井项目后续资金及项目内容变更申请，并全部得以落实。2015年，受中国地震局委托，在中国地震台网中心、中国地震局地球物理研究所、哈尔滨工业大学等单位专家及局内各有关部门大力支持和配合下，完成背景场、城市群、社服工程项目验收，三个项目均获得通过，并投入运行。继续推动减隔震技术在城市建设领域中的应用。

无人值守台站野外智能电源经过多年实际应用及不断技术改进，已完成产品化应用，其具有技术先进、功能强大、性能稳定等特点。已有20余个省（市、自治区）应用该设备，其中部分省份已经将该产品作为台站主要供电设备选项，很好地解决了台站供电系统、通信系统远程监控、智能管理等问题，提高台站运维管理水平，并在提高台站运行率同时，也在一定程度上节约运维经费；多功能冗余前兆数据采集器经过重新设计与升级改造，新增高速采集、软件滤波、精准对时、热冗余备份等功能，已经在新疆、河南、广东、四川、黑龙江等地20余个台站进行应用，其冗余功能设计、远程调零、标定功能得到专家及用户肯定；"依兰—伊通断裂黑龙江段新活动的几何展布图像研究"项目通过高精度影像解译和野外地表地质调查发现，除了通河和舒兰段以外，还有其他段落在晚第四纪也分别有过强烈活动。其中，全新世期间有过活动的有通河、尚志和舒兰3个段落，晚更新世期间有过活动的有五常、延寿、依兰、汤原和萝北等5个段落。相关研究成果已经应用于哈尔滨—佳木斯城际铁路工程、哈尔滨—牡丹江城际铁路工程、依兰第三煤矿、尚志水库等重大建设工程选址及抗震设防参数设计中。其中，尚志段在断裂晚全新世以来的滑动速率、强震复发间隔、最新一次古地震事件的历史文献考证研究方面获得新的突破，中国地震局震害防御司 2015 年 4 月专门组织相关专家对其进行野外检查和论证，并据此提高该地区的原有抗震设防标准，修改该潜在震源区几何边界和震级上限；同时，项目组对通河段晚第四纪期间活动参数进行精细厘定，对依兰段新活动特征进行多手段研究，归纳该断裂晚新生代以来的构造演化特征；此外初步查找出汤原和萝北等新活动段落，为下一步深入开展断裂活动习性分段及地震危险性评价等工作奠定良好基础。

（黑龙江省地震局）

科学考察

南极长城站地区地震观测与研究进展
——记中国第 31 次南极科学考察

2014 年 12 月至 2015 年 2 月，中国地震局地球物理研究所常利军研究员代表中国地震局参加中国第 31 次南极科学考察，经过近三个月的现场考察，克服了南极严寒、暴雪和大风等极端天气，圆满完成他承担的科学考察项目"中国南极长城站地区地震活动特征和构造背景研究"的各项任务。本次科学考察项目是由国家海洋局极地考察办公室立项，以常利军研究员承担的国家自然科学基金面上项目"中国南极长城站地区地震活动特征及其周边深部结构"为依托，在中国南极长城站地区开展地震观测与研究。在本次南极科学考察中，开展如下科考任务：①为南极长城站地震台构建数据传输系统；②对南极长城站地震台做全面的常规检查，进行防腐、防水和保温等维护工作；③更换供电电瓶和地震记录仪的电池；④南极长城站地震台记录的地震观测数据提取；⑤观测资料预处理与分析；⑥法尔兹半岛浅层速度结构探测实验。

南极长城站地震台是中国在南极建立的唯一一个固定观测的地震台站。在近期南极科学考察中，常利军研究员完成中国南极长城站地震台的重新选址、重建和台站升级工作，恢复了我国在南极的地震观测，新台站运行稳定，背景噪音低。南极长城站地震台为无人值守的固定台站，通常每年度夏科考期间去做常规维护时才能对其工作状况进行检查。由于长城站地震台没有建立数据传输系统，无法进行远程监控，增加了地震台发生故障而无法正常工作的概率。另外，对发生在南极的地震事件无法进行实时监测，对相关南极地震学研究在资料保障上产生滞后作用。为实现对南极长城站地区发生的地震进行实时监测，本次科学考察为南极长城站地震台构建数据传输系统，实现对长城站地震台的实时远程监控，并对发生在南极长城站地区的地震事件实时监测，使其更好地适应南极的地震观测。

地震观测是地震学研究的基础，必须长期持续地进行下去，对台站的定期维护可以保证台站的正常运行。在本次科学考察中，需要对地震仪器供电电瓶做定期更换，电瓶一般 2 ~ 3 年更换一次，以保证其性能稳定。长城站地震台的电瓶在第 28 次考察时更换过一次，到第 31 次考察将达到 3 年的极限更换期。其次，地震数据采集器中的电池也需要定期更换，自第 27 次考察以来，数据采集器中的电池还没有更换，需要尽快更换。另外，还要对各种线路做全面检查，对有些破坏的线路更换防腐和保温保护材料。在本次科学考察中，常利军研究员对地震台的旧电瓶和采集器中的电池进行更换，并且对长城站地震台进行全面的检查和维护，特别是连接的线路是否安全，防水和保温效果是否能够保证仪器正常工作。此外，对放置仪器的房子进行局部加固，并完成台站记录数据的提取工作。

除以上任务外，常利军研究员在本次南极科学考察中还利用长城站地震台的一台备用地震仪架设的临时地震台作为临时观测点，与长城站地震台组成一组观测系统，利用噪声互相关技术，探测两点间的速度结构，开展法尔兹半岛的浅层速度结构研究。在长城站后勤支持下，利用雪地车将仪器运到乌拉圭阿蒂加斯站附近，选择一处出露的平坦基岩作为观测的地点，在队友的帮助下，完成阿蒂加斯站测点的仪器布设和观测任务。根据法尔兹半岛浅层速度结构探测实验得到的数据，利用噪音互相关方法得到两台间的面波格林函数，由格林函数得到面波相速度频散曲线，然后由频散曲线反演得到该区的平均 S 波速度剖面。从结果看，长城站所在的法尔兹半岛浅层基本上分为 3 层，在 2.5km 深度剖面上，S 波速度范围大约在 1.8～2.7km/s 之间，由于该区是一个火山半岛，没有沉积层覆盖，S 波速度相对较高。

由于长城站地区没有固定的地震台站覆盖，全球地震台网中距离最近的台站也有 500km 左右，全球地震目录中有关该区域的地震事件最小也在 4.5 级以上，这并不能详细分析这一区域的地震活动特征。中国南极长城站地震台的建立弥补了这一缺陷。利用长城站地震台记录的三分量波形记录数据，对发生在长城站附近的近震事件开展单台定位分析，得到近年发生在中国南极长城站地区的近震分布。地震主要沿南设得兰群岛走向和沙克尔顿断裂带上，其中在长城站东南方向有一个地震非常集中的分布。相对于构造稳定的南极内陆地区，该区域的地震活动性相对要强，主要是该区域所在的南设得兰群岛位于西南极半岛北部，处于亚南极地区，受到南极板块、南美板块和斯科舍次板块直接或间接作用，构造复杂，导致这一地区的地震活动性较强。在长城站东南方向有一个地震非常集中的分布区，这个地震集中区在 Orca 活火山上，可能与 Orca 活火山近期活动增强有关。

本次南极科学考察项目，常利军研究员完成中国南极长城站地震台数据传输系统的构建工作，实现对地震台站运行的实时远程监控，以及对发生在南极地区和周边地区地震事件的实时监测。南极长城站自建立以来，运行稳定，数据质量高，记录南极地区大量的地震事件，并对南极长城站地区开展地震活动性的初步研究，相关工作为提升我国在南极地震观测和科学考察的能力与水平提供重要的技术支撑。

（中国地震局地球物理研究所）

云南省鲁甸 6.5 级地震系统性科学考察

据中国地震台网测定，北京时间 2014 年 8 月 3 日 16 时 30 分，在云南省昭通市鲁甸县发生 6.5 级地震，震源深度 12km。地震共造成云南省、四川省、贵州省 10 个县（区）受灾，灾区最高烈度Ⅸ度，Ⅵ度及以上总面积为 10350km²。地震造成部分山体滑坡，大量房屋倒塌，鲁甸县城通往震中龙头山镇的道路因塌方中断，当地人民生命财产遭受严重损失。截至 8 月 15 日，地震造成昭通市鲁甸县、巧家县、昭阳区、永善县和曲靖市会泽县 108.84 万人受灾，617 人死亡，3143 人受伤，22.97 万人紧急转移安置。云南鲁甸 6.5 级地震发生后，中国地震局迅速启动地震应急预案、派出现场工作队，组织开展了流动监测、震情趋势判定、烈度评定、灾害调查评估等工作，为灾区的应急救援、灾民安置和恢复重建作出重要贡献。中国地震局领导在组织全力做好抗震救灾工作的同时，十分关注此次地震涉及的科学问题。

在中国地震局科学技术司组织下，发展财务司、应急救援司和监测预报司等的支持下，中国地震局"云南省鲁甸'8·3'6.5级地震系统性科学考察"工作（以下简称"鲁甸地震科考"）于2014年8月11日正式启动。鲁甸地震科考由中国地震局地球物理研究所牵头负责，吴忠良研究员任负责人。云南省地震局、四川省地震局、湖北省地震局、中国地震局地质研究所、中国地震局地震预测研究所、中国地震局地壳应力研究所、中国地震台网中心、中国地震局第一监测中心等单位共同参与实施，中国科学院测量与地球物理研究所、北京大学地空学院对科考工作予以协助，科考总历时450天。

为完成鲁甸地震科考任务，科考队设立11个任务组，包括：震区地壳三维速度结构、震区三维电性结构、震区重力剖面探测、余震重新定位和震源破裂过程、余震序列参数和发生率预测、震区流动重力反演与异常变化趋势分析、昭通—莲峰断裂带与震区北西向断裂活动性鉴定与地震滑坡调查和解译、GPS地壳形变观测与研究、区域活动断裂及发震危险性评价、川滇交界东部震情跟踪、中美鲁甸地震联合科考。此外，科考还专门设立"科考管理组"，负责工作组织协调和科考成果汇总编制等工作。

鲁甸地震科考围绕鲁甸地震震源和灾害特征、震源区结构特征、鲁甸地震及其序列的监测预报问题、区域地震危险性等4个科学问题，紧密结合已有科研项目和应急阶段基础工作，辅助开展必要的野外调查，获取大地电磁测深、连续GPS形变、地震地质等一批珍贵的科学数据，获得关于此次地震的科学认识。此外，鲁甸地震科考共计在SRL等国内外期刊上发表26篇论文，在《地震地质》发表2期专辑，出版科考图集2册，参加中国地震局年度地震趋势会商会等6次重要的会商工作。

鲁甸地震科考获得的主要科学认识如下。

1. 关于鲁甸地震的震源特征

（1）震源破裂过程反演结果显示，主震以NW向破裂为主，兼具共轭成分。（2）地震波反演给出的破裂方向性分析结果表明，地震由NW向SE破裂，方向自深而浅；在破裂方向性反演中，在国内首次使用噪声相关函数方法。（3）现场地质调查结果表明，同震断裂出露地表，主要沿NW向展布，且集中于破裂的SE端。（4）精定位结果显示，余震分布呈倒V形，近直立，主体深度不超过25km。（5）地球物理探测研究结果给出，鲁甸地震震源区位于上地壳S波高速异常区内；中、下地壳为低速带，余震深度疑似受限于低S波速带的分布。（6）鲁甸地震震源区存在倒V形高导区分布特征，余震的倒V形分布疑似与此相关。（7）基于震前重力场变化反演得到的"震质中"等效密度参数表明，在地震前震源区呈现"东升西降"的密度结构特征。（8）GPS反演给出地震前震源区呈现"东强西弱"的闭锁特征；重力场和GPS反演结果从不同角度给出NW向构造在此次地震孕育和发生过程中的决定性作用。

2. 关于鲁甸地震的灾害特征

（1）鲁甸地震的烈度分布呈NW—SE向展布，与由震源过程给出的结果一致。（2）鲁甸地震与景谷地震具有相近的Ⅵ度区面积，景谷地震甚至更大些。但鲁甸地震的最高烈度明显高于景谷地震的最高烈度。比较两次地震距震中最近的强地面运动台站的记录，可以发现鲁甸地震具有强地面运动高频发育的特点。除去场地因素外，主要来自震源的贡献，推测应为自下而上、且最终穿透地表的破裂传播特征。（3）鲁甸地震触发大量滑坡，其空间分布样式表明NW—SE向的包谷垴—小河断裂为此次地震的发震构造，破裂具有自NW向SE、由深向浅斜向上扩展的特征，再次印证震源过程研究的结果。

3. 关于鲁甸地震的序列跟踪和监测预报问题

（1）由倒 V 形的余震分布，结合历史上发生过的类似地震的情况，科考队推测此次地震的地震序列为主—余震型，这一推测在应急阶段提出，结果表明是正确的。（2）用"传染型余震序列"（ETAS）模型进行余震发生率的跟踪预测和动态评估，结果表明震后早期 1 个月内 1 天预测效果较好，序列平稳阶段 3 天预测效果较好。这一结果对以后类似地震后面向救灾和重建的余震危险性情况的信息服务具有重要参考价值。（3）地方台站流体观测加入后，前兆时间特征更加明显，表明地方台站对短期震情跟踪工作具有重要意义。（4）流动重力观测数据分析结果表明，NW 向构造两侧的差异性重力变化可能为本次地震的前兆性异常，对这种差异性重力变化的观测，似可作为该区域尺度地震危险性监测的手段之一。

4. 关于区域地震危险性

（1）NW 向发震断裂上的古地震研究表明，近 5000 年来存在复发间隔 500～1500 年的多次古地震事件，表明 NW 向断裂是一条活动断裂。（2）NW 向断裂向南切割 NE 向的昭通—莲峰断裂，表明该 NW 向断裂的地震危险性水平，至少不低于 NE 向断裂的地震危险性水平。（3）由重力观测给出的震源区密度结构特征显示，震区周边的小江断裂带仍是区域构造运动的"主要矛盾"。（4）利用已有活断层调查工作和地震危险区研究工作的资料，结合科考结果进行综合分析，推测石棉—东川、宁蒗—木里—冕宁、川滇藏交界、红河断裂带中南段至小江断裂南段等段落，具有发生地表破裂型地震或 ≥ 7.0 级地震的长期危险性。

鲁甸地震科考工作执行过程中，紧密结合科考工作区已有科研项目和数据、成果等资源，首次进行"虚拟科考"的组织方式，并开辟与美国地质调查局（USGS）开展中美地震联合科学考察的新机制。此外，科考启用青年专家为主力开展工作，培养和锻炼青年科技人才，在科考过程中发现可靠的主要的同震地表破裂带，科考成果面向中国地震局年度会商和区域震情研判提供科技服务。鲁甸地震科考工作对推进地震科考工作工程化和现代化具有重要的意义。包括：①首次主要基于已有观测数据、科研项目基础进行的地震科考工作，相关组织经验、取得的时间成本优势等经验，以及已有成果和数据的共享方式等均对后续科考有重要参考意义。②科考采用国际前沿的余震预测技术，并通过严格的预测效能评估和检验，获得余震预测最优策略，为今后地震科考工作中的震情跟踪提供技术和工作策略参考。③首次建立针对余震区监测的虚拟测震台网，明显提升鲁甸震区的地震监测能力，为余震定位和震情趋势分析提供有力保障。④首次实施中美联合科考，为今后地震科考包括双边合作的国际合作做出重要探索。⑤首次实现同步将国内地震科考研究成果在国际地学杂志上发表，提高中国地震科考工作在国际地学研究上的知名度。

2015 年 11 月 3 日，鲁甸地震科考完成全面验收。根据评审意见，鲁甸地震科考完成预定科学考察目标，部分工作超出预定工作量，获得重要的、有启发意义的科学认识。经中国地震局科学技术司认定，鲁甸地震科考验收等级为优秀。

（中国地震局地球物理研究所）

中国地震局地质研究所科学考察

2015 年内蒙古阿拉善左旗 5.8 级、尼泊尔 8.1 级、新疆皮山 6.5 级等破坏性地震发生后，地质所根据中国地震局要求，立即启动相应的地震应急响应，迅速组织开展震情分析、趋势研判、灾情评估等应急工作，并派出应急科考队赶赴灾区，密切配合现场应急指挥部进行科学考察，为抗震救灾提供重要的科技支撑。

科学考察主要成果如下。

1. 地震构造组

地震构造组组长徐锡伟及于贵华等成员，在 2015 年共产出地震构造图 14 次，为地震应急决策提供发震断层、空间展布、活动时代、断层参数等科学依据。图件均在震后规定时间内提供给中国地震局相关业务司室，并在地质所网页上对外发布。

2. 应急对策组与制图组

应急对策组组长聂高众与小组成员、制图组成员李志强等人，为地震应急指挥部提供地震应急对策建议报告 5 次，提供地震应急专用图件多张，针对各种灾情、社情信息，提出人员搜救、抢险救灾、灾民安置、恢复重建等决策建议，在快速评估、辅助决策、动态跟踪等方面发挥了重要作用。

3. 其他应急产品

地震发生后，地质所充分利用各种观测手段，遥感分析组成员单新建副所长及其团队成员提供了多件遥感图像及解译结果图件；郭志开展国内中强地震张量震源机制反演工作 1 次。

4. 现场应急科考队

中强地震发生后，地质所派出现场应急科考队，对地震构造环境、发震构造、地表破裂、地震地质灾害等进行调查。4 月 15 日，王伟涛、董绍鹏、齐文华、李彦宝赴内蒙古阿拉善盟阿拉善左旗开展应急救援工作。4 月 25 日，李志强和何宏林研究员赴西藏日喀则，与中国地震局地震现场应急工作组会合，前往受尼泊尔地震影响的地区开展地震现场应急工作。7 月 3 日，魏占玉和许冲赴新疆皮山地震现场，参加中国地震局统一组织的应急科考工作。

（中国地震局地质研究所）

中国地震局地壳应力研究所 2015 年尼泊尔 M_S 8.1 地震地质灾害科学考察

应国际岩石力学学会尼泊尔国家小组——尼泊尔岩石力学学会邀请，地壳所所长谢富仁研究员率团于 2015 年 12 月 10—17 日赴尼泊尔开展尼泊尔 M_S8.1 强震的地震地质灾害科学考察。

这次考察是由国际岩石学会组织，由中国岩石力学与工程学会牵头，韩国和尼泊尔岩石力学学会参加，由何满朝院士任团长，下设两个组：地震地质灾害调查组与古建筑破坏和保护调查组。地壳所参加的是地震地质灾害调查组，由谢富仁所长任调查组组长，组员包括何满朝院士、Seokwon Jeon（国际岩石力学学会亚洲区副主席、首尔国立大学教授）、Megh Raj Dhital（尼泊尔 Tribhuvan 大学地质系教授）、Prakash Chandra Ghimire（尼泊尔岩石力学学会常务秘书、Tribhuvan 大学地质系助理教授）、Prem Bahadur Thapa（尼泊尔地质学会常务秘书、Tribhuvan 大学地质系副教授）、李同录（长安大学地环学院教授）、地壳所张世民研究员、任俊杰副研究员、黄学猛助理研究员。考察组的主要任务是，对喜马拉雅构造带内 MCT、MBT 和 MFT 三个构造带岩石变形特征的野外调查，研究尼泊尔喜马拉雅构造变形特征与崩塌滑坡等地质灾害的分布规律，深入认识低角度逆冲型大地震的构造变形特征及其触发地质灾害的规律。

考察组 10 日下午抵达加德满都，双方对考察行程进行详细讨论。11 日上午由尼泊尔 Tribhuvan 大学地质系教授 Megh Raj Dhital 作有关尼泊尔喜马拉雅构造带的地质情况，及每级构造区具有各自独特的岩石变形特征和地貌特征的报告。之后又作了尼泊尔喜马拉雅地区的 Seti 雪崩和 Jure 岩崩灾害形成原因和灾害发震序列的报告，考察团就其中的一些问题进行交流。这些为调查组详细研究该地区的地质构造概况和地质灾害孕育机制打下很好的基础。

11 日下午考察团赴尼泊尔地震技术协会参观，工作人员介绍了该协会的基本功能和 2015 年尼泊尔 8.1 级地震前后尼泊尔地震灾害管理情况。谢富仁所长和张世民研究员就尼泊尔建筑破坏情况和抗震标准等问题作报告。报告完成后考察团深入到加德满都一个具有典型建筑结构特征的社区调查房屋结构与破坏情况。

12 日从加德满都出发，前往中尼边界的樟木口岸。考察组沿路观察喜马拉雅构造带的高喜马拉雅构造区和低喜马拉雅构造区内的岩石变形特征。同时，还对樟木口岸建筑物的破坏情况进行调查，对建筑物破坏机制与尼泊尔方人员进行交流。

13 日从杜利凯尔出发，重点对沿线大型地质灾害特征，主要是对存在的两种类型的灾害（滑坡和岩崩）进行调查。首先对 Jure 巨型岩崩进行调查，该岩崩形成于 2014 年 11 月，与 2015 年尼泊尔地震无关，它摧毁了大面积的树林，并带来巨大的崩塌体堵塞河道，并形成堰塞湖。这个事件显示岩崩的威力同样巨大。考察组还对滑坡进行分类型调查，一种是同震已经发生的滑坡，另外一种是正在发育的滑坡，见到滑坡的缓慢移动造成刚刚完工 1 年的路面和挡土墙的缓慢变形与破坏。这为地质灾害的预防和监测提供了很好的地点。

14 日观察加德满都谷地内的 NW 走向的断裂地貌特征和跨主要构造带的河流阶地发育特征，并观察该段落上低喜马拉雅构造内的板岩、低喜马拉雅构造带内的西瓦里克群上部等岩石组成和变形特征。

15 日从黑道达继续向南调查，主要调查次喜马拉雅构造区内的西瓦里克群中段的沉积特征，因为 MBT 的活动造成地层的向北掀斜。同时还调查 MFT 附近河流阶地的发育特征，为进一步研究 MFT 变形的定量研究提供条件。

16 日考察团一行来到尼泊尔最大的大学——Tribhuvan 大学的校园报告厅里，与尼泊尔同行交流。古建筑保护组介绍国内古建筑保护方面的成果；何满朝院士介绍国内断层滑动机制物理模拟的成果；李同录教授对这几天野外地质灾害的发震机制和预防作了汇报；张世民研究员代表地震地质灾害调查组作对喜马拉雅地区地震构造的理解和想法的报告，并介绍地壳所在尼泊尔地区开展的工程应力测量和在龙门山逆冲推覆构造带的成果。

Megh Raj Dhital 教授代表尼泊尔方面就地震诱发滑坡分布和危险性填图方面的最新研究成果作交流，就未来开展合作研究喜马拉雅构造带的地质构造演化、活动构造、构造地貌、地震危险性、地质灾害评价和古建筑保护等方面达成共识。全体考察组和 Tribhuvan 大学几十名师生参加相关的交流和讨论。会后，尼泊尔岩石学会向考察团成员发放铭牌感谢中方对尼方所作贡献，代表团也向尼方赠送地壳所小礼品感谢考察期间对考察团的帮助。

通过本次为期 8 天的尼泊尔地震地质灾害考察及与尼方研究人员的交流，野外认识喜马拉雅构造带各构造区内的岩石组成和变形特征，实地观察三条主构造带对地貌的控制作用和横跨构造带河流的河流阶地特征，并对尼泊尔区内主要的地质灾害分布、发育特征和诱发机制进行较为深入的了解，为进一步对喜马拉雅的地质、构造、地震危险性研究和地质灾害评价等方面提供很好的基础。同时，与尼泊尔相关研究人员进行深入的沟通，讨论 2016 年双方互访的有关事项，为加强进一步的合作研究建立良好的关系。

（中国地震局地壳应力研究所）

机构·人事·教育

本部分主要收载机构设置及领导名单，人事教育工作，地震系统院士、有突出贡献中青年专家、享受政府特殊津贴人员简介，入选跨世纪人才名单和新通过评审的研究员名单，以及表彰情况等。

机构设置

中国地震局领导班子成员名单

党组书记、局　长：陈建民

党组成员、副局长：赵和平

党组成员、副局长：修济刚

中纪委驻中国地震局纪检组组长、党组成员：张友民

党组成员、副局长：阴朝民

党组成员、副局长：牛之俊

（中国地震局人事教育司）

中国地震局机关司、处级领导干部名单

（截至 2015 年 12 月 31 日）

部门	职位	姓名	职能处室	职位	姓名	备注
办公室	主　任 副主任 副主任	唐　豹 张　敏 康小林	秘书处（值班室）	处长	（空缺）	
				副处长	赵广平	
				副处长	高光良	
			新闻宣传处	处长	马　明	
			文电与信息化处	处长	康　建	
			综合处	处长	（空缺）	
			行政事务处	处长	（空缺）	
				副处长	张立军	
			机关财务处	处长	刘秀莲	

部　门	职　位	姓　名	职能处室	职　位	姓　名	备注
政策法规司	司　长 副司长	李　克 陈　锋	政策研究处	处　长	韩　磊	
			法规处	处　长	陈明金	
			标准计量处	处　长	林碧苍	
			综合处（监督处）	处　长	（空缺）	
				副处长	郑　妍	
发展与财务司	司　长 副司长 副司长	高荣胜 武守春 韩志强	发展规划处	处　长	周伟新	
			预算处	处　长	黄　蓓	
				副处长	李羿嵘	
			投资处	处　长	关晶波	
			财务处	处　长	吴　晋	
				副处长	许　权	
			国有资产处	处　长	（空缺）	
人事教育司	司　长 副司长 副司长	何振德 刘铁胜 米宏亮	机关人事处	处　长	张琼瑞	
			干部处（干部监督处）	处　长	（空缺）	
				副处长	刘小群	
			人才与教育处	处　长	（空缺）	
				副处长	高亦飞	
			机构工资处	处　长	牟艳珠	
科学技术司 （国际合作司）	司　长 副司长 副司长	胡春峰 李永林 王满达	基础研究处	处　长	王　峰	
			应用研究与成果处	处　长	王春华	
				副处长	齐　诚	
			双边合作处	处　长	（空缺）	
				副处长	朱芳芳	
			国际组织与国际会议	处　长	王　剑	
				副处长	姚　妍	
监测预报司	司　长 副司长 副司长	孙建中 车　时 余书明	预报管理处	处　长	马宏生	
			监测一处	处　长	王　飞	
				副处长	彭汉书	
			监测二处	处　长	熊道慧	
			信息网络处	处　长	黄　媛	

部　门	职　位	姓　名	职能处室	职　位	姓　名	备注
震害防御司	司　长 副司长 副司长	孙福梁 黎益仕 韦开波	社会宣教处	处　长	金　雷	
			社会防御处	处　长	刘豫翔	
			防灾基础处	处　长	张黎明	
			抗震设防处	处　长	田学民	
震灾应急救援司	司　长 副司长 副司长	赵　明 尹光辉 侯建盛	应急协调处	处　长	延旭东	
				副处长	李　洋	
			综合处	处　长	白春华	
			紧急救援处	处　长	周　敏	
				副处长	郑　荔	
			技术装备处	处　长	冯海峰	
直属机关党委	常务副书记 副书记、纪委书记 直属机关工会负责人兼群工统战部部长	唐景见 王继斌 孙为民	组织部	部　长	（空缺）	
				副部长	徐　勇	
			宣传部（党校）	部　长	（空缺）	
			纪委办公室	主　任	（空缺）	
中央纪委驻局纪检组（监察司）	司　长 副司长	杨　威 秦久刚	纪检监察室	主　任	（空缺）	
				副主任	钱荣彬	
			案件审理室（综合室）	主　任	（空缺）	
				副主任	孙式国	正处级
			审计室	主　任	（空缺）	
				副主任	王晓萌	
离退休干部办公室	主　任 副主任	王　蕊 高玉峰	综合处	处　长	王　羽	
			老年教育活动处	处　长	（空缺）	
				副处长	唐　硕	
			机关离退休处	处　长	李国舟	

（中国地震局人事教育司）

中国地震局所属各单位领导班子成员名单

（截至 2015 年 12 月 31 日）

序　号	工作单位	姓　名	党政领导职务
1	北京市地震局	任利生	党组书记、局长
		胡　平	党组成员、副局长
		谷永新	党组成员、副局长
		吴仕仲	党组成员、副局长
		张大维	党组成员、纪检组组长
2	天津市地震局	李振海	党组书记、局长
		聂永安	党组成员、副局长
		何本华	党组成员、纪检组组长
3	河北省地震局	孙佩卿	党组书记、局长
		高景春	副局长
		张　勤	党组成员、副局长
		李广辉	党组成员、副局长
4	山西省地震局	樊　琦	党组书记、局长
		郭跃宏	党组成员、副局长
		郭君杰	党组成员、副局长
		郭星全	党组成员、副局长
		史宝森	党组成员、纪检组组长
		田　勇	党组成员、副局长
5	内蒙古自治区地震局	戴泊生	党组书记、局长
		张建业	党组成员、副局长
		魏电信	党组成员、纪检组组长
		卓力格图	党组成员、副局长
		刘泽顺	党组成员、副局长
6	辽宁省地震局	高常波	党组书记、局长
		卢　群	党组成员、副局长
		臧　伟	党组成员、副局长
		廖　旭	党组成员、副局长
		孟补在	党组成员、副局长

序　号	工作单位	姓　名	党政领导职务
7	吉林省地震局	孙亚强	党组书记、局长
		包晓军	党组成员、副局长
		孙继刚	党组成员、副局长
		杨清福	党组成员、副局长
8	黑龙江省地震局	张志波	党组副书记、副局长（主持全面工作）
		赵　直	党组成员、副局长
		张明宇	党组成员、纪检组组长
		杨金山	党组成员、副局长
		郭洪义	党组成员、副局长
9	上海市地震局	吴建春	党组书记、局长
		李红芳	党组成员、副局长
		王绍博	党组成员、副局长
		王硕卿	党组成员、纪检组组长
		李　平	党组成员、副局长
10	江苏省地震局	倪岳伟	党组书记、局长
		刘建达	党组成员、副局长
		刘红桂	党组成员、副局长
		付跃武	党组成员、纪检组组长
		鹿其玉	党组成员、副局长
11	浙江省地震局 （中国地震局干部培训中心）	宋新初	党组书记、局长（主任）
		傅建武	党组成员、副局长（副主任）
		赵　冬	党组成员、副局长（副主任）
		陈乃其	党组成员、纪检组组长、副局长（副主任）
12	安徽省地震局	张　鹏	党组书记、局长
		王　跃	党组成员、副局长
		刘　欣	党组成员、副局长
		李　波	党组成员、纪检组组长
13	福建省地震局	金　星	党组书记、局长
		朱金芳	党组成员、副局长
		朱海燕	副局长
		龙清风	党组成员、纪检组组长
		林　树	党组成员、副局长

序　号	工作单位	姓　名	党政领导职务
14	江西省地震局	王建荣	党组书记、局长
		柴劲松	党组成员、副局长
		熊　斌	党组成员、纪检组组长、副局长
		陈家兴	党组成员、副局长
15	山东省地震局	晁洪太	党组书记、局长
		姜金卫	党组成员、副局长
		张有林	党组成员、纪检组组长
		姜久坤	党组成员、副局长
		李远志	党组成员、副局长
		刘希强	党组成员、副局长
16	河南省地震局	王合领	党组书记、局长
		刘尧兴	党组成员、副局长
		王士华	党组成员、副局长
		李文利	党组成员、副局长
17	湖北省地震局 （中国地震局地震研究所）	姚运生	党组书记、局（所）长
		吴　云	党组成员、副局（所）长
		邢灿飞	党组成员、副局（所）长
		杜瑞林	党组成员、副局（所）长
		秦小军	党组成员、副局（所）长
		李　静	党组成员、纪检组组长
18	湖南省地震局	燕为民	党组书记、局长
		罗汉良	党组成员、副局长
		刘家愚	党组成员、副局长
		张彩虹	党组成员、纪检组组长、副局长
		曾建华	党组成员、副局长
19	广东省地震局	黄剑涛	党组书记、局长
		梁　干	党组成员、副局长
		吕金水	党组成员、副局长
		钟贻军	党组成员、副局长

序 号	工作单位	姓 名	党政领导职务
20	广西壮族自治区地震局	苗崇刚	党组书记、局长
		李伟琦	党组成员、副局长
		李青春	党组成员、副局长
		陈晓发	党组成员、纪检组组长
		黄国华	党组成员、副局长
21	海南省地震局	陶裕禄	党组书记、局长
		李战勇	党组成员、副局长
		陈 定	副局长
		闫京波	党组成员、纪检组组长
		沈繁銮	党组成员、副局长
22	重庆市地震局	王志鹏	党组书记、局长
		王 强	党组成员、副局长
		陈 达	党组成员、副局长
		张林范	党组成员、纪检组组长
23	四川省地震局	张宏卫	党组书记、局长
		吕弋培	党组成员、副局长
		李广俊	党组成员、副局长
		雷建成	党组成员、副局长
		李 明	党组成员、纪检组组长
		吕志勇	党组成员、副局长
24	云南省地震局	皇甫岗	党组书记、局长
		陈 勤	党组成员、副局长
		王 彬	党组成员、副局长
		毛玉平	党组成员、副局长
		解 辉	党组成员、副局长
		吴国华	党组成员、纪检组组长
25	西藏自治区地震局	李炳乾	党组书记
		索 仁	党组副书记、局长
		王志秋	党组成员、纪检组组长、副局长
		尹克坚	党组成员、副局长
		张 军	党组成员、副局长

序　号	工作单位	姓　名	党政领导职务
26	陕西省地震局	胡　斌	党组书记、局长
		刘　晨	党组成员、副局长
		王恩虎	党组成员、副局长
		王彩云	党组成员、副局长
27	甘肃省地震局 （中国地震局兰州地震研究所）	王兰民	党组书记、局（所）长
		周志宇	党组成员、副局（所）长
		杨立明	党组成员、副局（所）长
		王克宁	党组成员、纪检组组长
		袁道阳	党组成员、副局（所）长
		石玉成	党组成员、副局（所）长
28	青海省地震局	张新基	党组书记、局长
		哈　辉	党组成员、纪检组组长、副局长
		宋　权	党组成员、副局长
		王海功	党组成员、副局长
29	宁夏回族自治区地震局	佟晓辉	党组书记、局长
		金延龙	党组成员、副局长
		柴炽章	党组成员、副局长
		李　杰	党组成员、纪检组组长
		侯万平	党组成员、副局长
30	新疆维吾尔自治区地震局	王海涛	党组书记、局长
		吐尼亚孜·沙吾提	党组成员、副局长
		李根起	党组成员、纪检组组长
		蔚晓利	党组成员、副局长
		张　勇	党组成员、副局长
		郑黎明	党组成员、副局长
31	中国地震局地球物理研究所	吴忠良	党委副书记、所长
		乔　森	党委书记、副所长
		高孟潭	副所长
		杨建思	副所长
		宁为民	纪委书记、副所长
		李小军	副所长
		张东宁	副所长

序 号	工作单位	姓 名	党政领导职务
32	中国地震局地质研究所	马胜利	党委副书记、所长
		欧阳飚	党委书记、副所长
		徐锡伟	副所长
		刘凤林	纪委书记
		万景林	副所长
		单新建	副所长
33	中国地震局地壳应力研究所	谢富仁	党委副书记、所长
		刘宗坚	党委书记、副所长
		陈 虹	副所长
		杨树新	副所长
		李丽华	纪委书记
34	中国地震局地震预测研究所	任金卫	党委副书记、所长
		孙 雄	党委书记、副所长
		张晓东	副所长
		汤 毅	副所长
		任 群	纪委书记
35	中国地震局工程力学研究所	孙柏涛	党委副书记、所长
		李 明	党委副书记（主持党委工作）、副所长
		张孟平	副所长
		李山有	副所长
		于建民	纪委书记
		孔繁钰	副所长
36	中国地震台网中心	潘怀文	党委副书记、主任
		宋彦云	党委书记、副主任
		陈华静	副主任
		刘桂萍	副主任
		王保国	纪委书记
		刘 杰	副主任
37	中国地震应急搜救中心	吴卫民	党委副书记、主任
		孙晓竟	党委书记、副主任
		李志雄	副主任
		王 蔚	纪委书记

序 号	工作单位	姓 名	党政领导职务
38	中国地震灾害防御中心	杜 玮	党委副书记、主任
		李 健	党委书记、副主任
		王 英	党委副书记、副主任
		张周术	副主任
		窦淑芹	纪委书记
39	地壳运动监测工程研究中心	方韶东	党委副书记、主任
		黄宝森	党委书记、副主任
		吴书贵	纪委书记、副主任
40	中国地震局地球物理勘探中心	王夫运	党委副书记、主任
		张福平	党委书记、副主任
		王秋润	副主任
		刘保金	副主任
		李 齐	纪委书记
		杨振宇	副主任
41	中国地震局第一监测中心	龚 平	党委副书记、主任
		刘广余	党委书记、副主任
		薄万举	副主任
		高荣建	纪委书记
		宋兆山	副主任
		董 礼	副主任
42	中国地震局第二监测中心	张尊和	党委副书记、主任
		李顺平	党委书记、副主任
		王庆良	副主任
		熊善宝	副主任
		陈宗时	副主任
43	防灾科技学院	齐福荣	党委书记
		薄景山	党委副书记、院长
		刘春平	副院长
		迟宝明	副院长
		兰从欣	纪委书记
		石 峰	副院长
		李 军	党委副书记
		梁瑞莲	总会计师

序　号	工作单位	姓　名	党政领导职务
44	地震出版社	张　宏	党委书记、社长、总编辑
		高　伟	副社长
		胡勤民	副社长
		傅　宏	纪委书记
45	中国地震局机关服务中心	唐　豹（兼）	党委副书记、主任
		王　霞	党委书记、副主任
		杨贵通	副主任
		徐铁鞠	纪委书记、副主任
46	中国地震局深圳防震减灾科技交流培训中心	黄剑涛（兼）	党组书记、主任
		宗　耀	党组成员、纪检组组长、副主任

（中国地震局人事教育司）

2015 年中国地震局局属单位机构变动情况

1. 批准河南省地震局下属事业单位调整：地震台站管理岗位设置五级职员 3 个、六级职员 4 个。

（中震人函〔2015〕13 号，2015 年 1 月 28 日）

2. 批准北京市地震局下属事业单位调整：地震台站管理岗位设置五级职员 1 个、六级职员 4 个。

（中震人函〔2015〕14 号，2015 年 1 月 28 日）

3. 批准中国地震局地壳应力研究所下属事业单位调整：成立电磁卫星技术与应用研究室。

（中震人函〔2015〕15 号，2015 年 1 月 28 日）

4. 批准吉林省地震局下属事业单位更名：将吉林省地震行政执法监察总队更名为吉林省地震应急救援中心。

（中震人函〔2015〕16 号，2015 年 1 月 28 日）

5. 批准四川省地震局下属事业单位调整：成立川滇国家地震预报实验场四川分中心，人员编制 15 名，管理岗位设置五级职员 1 个、六级职员 1 个。

（中震人函〔2015〕23 号，2015 年 2 月 10 日）

6. 批准云南省地震局下属事业单位调整：成立川滇国家地震预报实验场云南分中心，人员编制 20 名，管理岗位设置五级职员 1 个、六级职员 1 个。

（中震人函〔2015〕24 号，2015 年 2 月 10 日）

7. 批准中国地震局地震预测研究所管理机构调整：成立中国地震局地震预测研究所川滇国家地震预报实验场中心办公室（中国地震局地震预测研究所监测预报部），人员编制 8 名，管理岗位设置五级职员 1 个、六级职员 1 个。

（中震人函〔2015〕25 号，2015 年 2 月 10 日）

8. 调整贵州省地震局管理体制：根据《中央编办关于调整贵州省地震局管理体制的批复》（中央编办复字〔2015〕60 号），贵州省地震局实行中国地震局与贵州省人民政府双重领导、以中国地震局为主的管理体制。

（中震人发〔2015〕42 号，2015 年 9 月 01 日）

9. 批复贵州省地震局、云南省地震局有关机构和人员划转：原贵州省地震局在编在岗人员 24 名、离退休人员 25 名划转到管理体制调整后的贵州省地震局；将云南省地震局贵阳基准地震台整建制划转贵州省地震局，在编在岗人员 9 名、离退休人员 13 名同步划转。

（中震人函〔2015〕133 号，2015 年 8 月 21 日）

10. 批复中国地震局机关服务中心管理机构调整：将综合管理处更名为事务管理处，接待部更名为服务保障部。同时撤销综合治理办公室。

（中震人函〔2015〕150 号，2015 年 9 月 17 日）

11. 批准山西省地震局下属事业单位更名：抗震设防要求管理处更名为行政审批管理处，仍与震害防御处合署办公，更名后为震害防御处（行政审批管理处、市县工作处、政策法规处）。

（中震人函〔2015〕193 号，2015 年 12 月 21 日）

12. 中央编办批复：不再保留中国地震局内设监察机构，其使用的编制划转至中央纪委派驻纪检组，相应核减机关财政补助事业编制 1 名。

（中央编办发〔2015〕151 号，2015 年 12 月 17 日）

（中国地震局人事教育司）

人事教育

2015 年中国地震局人事教育工作综述

一、干部队伍建设

树立选人用人正确导向。将好干部标准细化为思想认识、推动发展、震情意识、应急处置、管理服务、队伍建设、践行行业精神等 7 方面 21 个观测点。针对单位性质不同，侧重点各有不同，对省级地震局，注重看震情观念、推动融合式发展的能力；对科研院所，注重学术造诣、攻坚克难的勇气；对事业单位，注重看服务意识、坚守奉献的精神。注重在基层一线培养干部，派出 13 名机关干部赴基层挂职，选调东部 4 省 5 名青年干部到西部多震省份挂职锻炼，选派 1 名干部到甘肃贫困地区任村第一书记。中国地震局结合实际细化的好干部标准和干部选拔任用的一些做法得到中组部的充分肯定，在中组部举办的干部选拔任用工作座谈会上做交流发言。

严格落实干部选拔任用制度。根据事业需要、班子结构和队伍现状制定年度计划；深入分析、精准研判，合理确定岗位要求、干部来源和选拔方式。坚持组织把关与发扬民主有机结合，完善民主推荐方式方法；坚持个别谈话与民主测评有机结合，全方位了解干部表现；坚持日常考核与专项调查有机结合，努力把干部情况考实考准。坚持提拔干部"两审两查两听"，干部档案和经济责任"凡提必审"，个人事项报告和信访举报"凡提必查"，纪检监察部门意见和群众意见"凡提必听"，切实防止"带病提拔""带病上岗"。全年共对 36 个单位领导班子和局机关进行干部考核，选拔任用 36 人。

综合运用干部监督管理手段。制定局属单位领导班子和领导干部年度综合考核办法，细化目标责任，考核结果将作为干部奖惩和任免的重要依据。落实局党组约谈制度，实现局属单位党政主要负责人和纪检组长（纪委书记）约谈全覆盖。扎实开展领导干部个人有关事项报告抽查核实，全年共抽查核实 420 人，对没有如实填报的干部进行严肃处理。开展干部人事档案"三龄二历一身份"专项审核，共审核干部档案 2634 卷，即将开展认定工作。切实加强因私出入境管理。

加强思想建设，创新干部教育培训。把党的十八大和十八届三中、四中、五中全会精神、习近平总书记系列重要讲话精神、"三严三实"要求、融合式发展思路和好干部标准作为干部教育培训重要内容，着力强化政治纪律、政治规矩和组织纪律教育，深入学习宣传贯彻干部任用条例、事业单位人事管理条例、廉洁自律准则和纪律处分条例等法规规章。落实干部教育培训条例和规划，出台干部教育培训学时管理办法，大力开展干部培训工作。全年共选派 29 名干部到"一校五院"学习，组织 68 名干部自主选学，选调 32 名干部参加局管干部研修班，58 名干部参加中青年干部培训班，司局级干部在线学习平均达到 63 学时。开展地震系统新录用公务员初任培训和台站锻炼；开展机关青年干部应急管理培训。

加强人事部门自身建设。严把各单位人事处长入口关，大力度、多频次进行人事干部培训，统筹系统力量开展干部考核考察、干部选拔任用工作检查、干部档案审核、专项纪律审查和深化改革调研等工作，在实践中锻炼培养人事干部。

二、人才队伍建设

开展"十三五"防震减灾人才规划编制。开展人才发展规划编制调研，深入分析人才工作面临的形势任务及全系统人才队伍现状，紧密围绕未来五年国家防震减灾事业发展需要，落实人才兴国和创新驱动战略，坚持"需求牵引、突出重点、激发活力、协同发展"，形成编制规划征求意见稿。规划以建设规模适度、结构优化、布局合理、素质优良的人才队伍为主要目标；以协调推进人才队伍建设、人才培养基地打造、人才工作机制完善为主要任务；以统筹构建高端人才培养、优秀创新团队创建、全员知识更新三大工程为主要举措。

多层次人才梯队建设与培养。积极推荐高层次人才参加国家级人才工程遴选，地质所张会平入选中组部"万人计划"青年拔尖人才。结合中国地震局实际情况，紧紧围绕事业发展需求，瞄准重点学科、重点领域和重点科技问题，遴选防震减灾优秀人才百人计划第一批人选29人；依托地震科技青年骨干人才培养项目和交流访问学者计划为青年领军人才成长搭建平台，选派40人出国深造、留学，支持49名科技人员在地震系统内互访交流。举办学术沙龙，搭建交流平台，发挥留学回国人员作用。

干部培训工作。制定并组织实施2015年中国地震局培训计划，局机关重点培训计划44个，基层重点培训计划11个；加强人才培养基地建设，地质所入选科技部"创新人才推进计划"创新人才培养基地，防灾科技学院入选第五批国家级专业技术人员继续教育培训基地。联合人社部举办一期"地震观测技术"高研班。

职称工作。制订《中国地震局专业技术职务任职资格评定管理办法》(简称《管理办法》)和《中国地震局专业技术职务任职资格评审委员会管理细则》，并对评审条件进行完善。《管理办法》对地震专业科研和工程两个系列分别制定了评价标准，突出科技贡献率和成果转化率的评价导向。对于在实际工作中做出重大贡献符合破格条件的人才，放宽学历、年限限制。按照新办法，评审通过正高19人，审核副高187人。继续组织二级研究员审核工作，通过3人。

研究生教育与培养工作。目前设有博士学位一级学科点3个、二级学科点11个，硕士学位一级学科点5个、二级学科点17个。2015年录取博士64人、硕士180人，防灾科技学院录取专业硕士38人。按照研究生国家奖学金制度，评选奖励26名研究生，其中博士研究生10名，硕士研究生16名。继续委托中国科学院大学为中国地震局开设地质工程类在职研究生班，2015年录取3人。举办第八期中国地震局研究生导师培训班。

全日制本科教育工作。围绕国家"双一流"工程，针对防灾科技学院学科布局和发展现状，制定学科建设"十三五"子规划。推进"人才培养质量与人才培养模式改革工程"，继续开展"专业质量提升计划"。灾害仿真模拟、网络与信息安全实验教学示范中心获批为省级实验示范中心。招生就业保持稳定，本科计划招生2000人，实录1919人。2015届毕业生就业率为87.8%，比2014届提高6%。

三、人事管理及人事制度改革

优化机构编制。贵州省地震局管理体制调整获中编办批复,重组工作稳步推进。制定机构编制管理办法,集中开展机关事业单位"吃空饷"问题专项治理。优化编制资源配置,积极与中编办沟通,就部分单位编制调整方案达成一致。结合事业单位分类改革,开展地震系统事业单位功能定位、结构布局专题调研。

事业单位绩效改革。按照国家有关政策要求,推进事业单位绩效考核,印发指导意见并督促落实。

养老保险制度改革。在京单位及部分京外单位已进入养老保险经办准备阶段。

工资收入分配制度改革。完成机关事业单位基本工资标准调整和局属企业负责人薪酬制度改革。加快推动地震行业野外工作津贴规范工作,与人社部共同研究起草规范方案,根据国办意见进行修改。开展地震系统内"三费"发放情况专项调查。

防震减灾工作评比表彰。表彰29个单位的相关工作领域80个和先进个人108名。

（中国地震局人事教育司）

中国地震局系统学历、学位教育和在职培训统计表

2015年研究生学历学位教育情况统计表

单位名称	博士生招生数	硕士生招生数
中国地震局地球物理研究所	22	23
中国地震局地质研究所	19	20
中国地震局工程力学研究所	23	64
中国地震局兰州地震研究所	—	16
中国地震局地震研究所		20
中国地震局地震预测研究所		22
中国地震局地壳应力研究所	—	15
防灾科技学院	—	38
合　计	64	218

2015 年培训工作情况统计表

培训班类型	培训班期数	培训总人数	其中为市县地震机构培训人次数	投入经费 / 万元
局机关培训班	36	2588	157	737.5885
基层重点培训班	16	1009	514	147.938
直属单位自主办班	303	16673	5478	1266.223
合　计	355	20270	6149	2151.7495

（中国地震局人事教育司）

防灾科技学院教育培训工作

2015 年是防灾科技学院"十二五"规划的收官之年，是"二次创业，分三步走"发展战略迈进"第二步"的关键之年。学院深入学习贯彻党的十八大，十八届三中、四中、五中全会精神及习近平总书记系列重要讲话精神，学习贯彻全国地震局长会暨党风廉政建设工作会议、全国教育工作会议精神，准确把握高等教育发展新常态，按照"全面建成特色鲜明、国内知名、高质量的应用型本科院校，全面深化综合改革，全面推进依法治校，全面加强党的建设"的发展战略总布局，紧紧围绕"法治与改革"年度工作主题，践行"三严三实"，在深化改革中激发办学活力，以法治思维推进依法治校，促进以质量提升为核心的内涵式发展，不断推进学院各项事业科学发展。

1. 教育教学

学科建设初见成效。围绕国家"双一流"工程，针对学院学科布局和发展现状，按照"强化优势、彰显特色、鼓励交叉、重在绩效"的学科建设和专业发展思路，制定学科建设"十三五"子规划。学科资源配置日趋优化，基本建成体系完整的防震减灾专业群，防震减灾核心类、支撑类与拓展类专业布局合理、相互依存、协调发展。支撑学科建设发展的平台初步建成，学科方向逐渐明晰，已形成若干个学术水平高、创新能力强、防震减灾特色鲜明的科研团队。实验室建设投入不断加大，灾害仿真模拟、网络与信息安全实验教学示范中心获批为省级实验示范中心，一批防震减灾特色高水平的实验室已经建成并投入使用。

教学改革全面推进。推进"人才培养质量与人才培养模式改革工程"，继续开展"专业质量提升计划"。不断完善分级分类培养体制，坚持大学英语与高等数学分级教学，继续推进信息类人才培养模式改革，实行"张衡班""鲁班班""地震仪器协同实验班"分类培养。进一步加强课程体系建设，确定《遥感地质学》等58门课程为重点建设课程，《理论力学》等18门课程为精品建设课程。防灾科技学院5件作品入围全国高校微课教学比赛决赛并获优秀奖。完善教学质量监控体系，狠抓教风学风考风。进一步深化专业学位研究生培养机制改革，调整研究生课程体系与培养方案，全面展开岩土工程与结构抗震、地下水工程与地震地下流体等 6 个方向的硕士研究生培养工作。

协同创新硕果盈枝。学院成立创新创业工作领导小组，召开创新创业教育工作会议，推进产学研协同创新。先后与系统内有关单位以及北京大学、中国地质工程集团公司、珠海泰德仪器有限公司等单位开展产学研合作，协同创新能力进一步加强。2015 年，立项大学生创新创业项目 35 个，资助金额 30 万元；孵化创业团队 2 个，其中"时光＋青年孵化器"获得天使投资 10 万元；21 件作品在河北省"挑战杯"大学生课外学术科技作品竞赛中获得优异成绩；获得各类学科和技能竞赛奖项 191 个，其中国家级一等奖 8 个、省部级一等奖 38 个；学生年内发表论文 30 余篇，获准专利 3 项；开展防震减灾科普宣传、服务三农等主题的暑期社会实践，学生的社会责任感进一步增强，综合实践能力不断提升。

2. 招生与就业

招生就业保持稳定。2015 年学院本科计划招生 2000 人，实录 1919 人，报到率为 96.05%，第一志愿率为 95.45%；研究生计划招生 40 人，实录 38 人。截至目前，2015 届毕业生就业率为 87.8%，比 2014 年高 6%。

3. 科研工作

科研工作有所突破。修订完善《防灾科技学院科研管理办法》《防灾科技学院科研项目经费管理办法》，不断加大科研支持力度，提升科研层次和水平。承担国家自然科学基金项目 3 项、河北省社科基金 6 项。各类纵向科研项目共 76 项，科研经费立项经费总额达 309 万元。

国际交流逐步深化。加强与英国阿尔斯特大学和马其顿共和国地震工程研究所交流，进一步推进国际合作；按照中国地震局地震科技对外合作与交流计划，派遣 10 人次出国（境）参加交流访问，进一步扩大国际学术影响。

4. 社会服务

社会服务不断拓展。2015 年，学院被教育部批准为"国家级专业技术人员继续教育基地"，行业培训向更深层次、更宽领域、更高水平发展。2015 年承担防震减灾示范县建设、防震减灾规划、活断层探测、城市震害预测等各类技术服务项目共计 11 项，经费总额 1162.6 万元。

5. 人才队伍建设

外引内培建设队伍。2015 年共引进新教师 25 人，教职工总数达 518 人，高级职称比例 30.5%，硕士研究生以上学历比例 76.6%。卢滔博士入选中国地震局防震减灾优秀人才百人计划。软件技术、土木工程、电子技术、中国文学 4 个教学团队获批局级教学团队。加大教师培养培训力度，选送 13 名教师赴北京大学、清华大学等单位进修；9 人考取博士研究生，在读博士达 46 人；聘任教授 3 人，副教授 19 人，副研究馆员 1 人。

6. 基本办学条件

基础建设稳步推进。完成南校区 1、2、3 号学生公寓加固维修改造和地下动力中心等项目；完成北校区基础教学楼工程前期审批手续，启动立项学生及教师科技研发中心；推进秦皇岛柳江盆地地质教学实习基地和三河—平谷野外地震科学试验场建设。

服务保障转型升级。后勤保障有力，成立伙食监督委员会，完成"明厨亮灶"改造工程；职工体检投入加大，医疗服务逐步规范；推进物业外包，优化物业服务。安全工作有序，加强重点部位、重点环节管控，人防、物防、技防三结合，确保校园安全稳定。

财务运行逐步规范。充分发挥财务工作促进学院事业发展的保障职能，进一步健全财务管理制度、会计核算制度和内部控制制度，财务管理逐步规范；逐步建立预算审核机制，完善监督职能，加强稽查审计，规范"三费"发放，防范财务风险。

资产管理日臻完善。制定《防灾科技学院国有资产管理办法（征求意见稿）》，修订《防灾科技学院固定资产管理办法》和《防灾科技学院低值易耗品管理办法》，资产管理更加规范；建立资产管理网络平台，实行资产二级管理，开展资产专项清查。

7. 加强党的建设，践行"三严三实"

"三严三实"教育引向深入。紧密联系思想工作实际，开展"三严三实"专题教育研讨；领导班子成员从不同角度、在不同范围做"三严三实"专题党课；深入查找"不严不实"的问题，梳理形成问题清单，制定整改措施，着力为师生办好事、办实事、解难事，践行"三严三实"。

干部队伍建设力度加大。做好干部选拔任用工作。协助上级完成总会计师、纪检组组长在学院的选拔工作；完成三级机构设置和岗位聘任；完成3名中层干部的选拔任用和调整工作。加强干部学习培训。组织选派中层以上领导干部赴焦裕禄干部学院、国家教育行政学院、井冈山干部学院、中国地震局宣教中心和深圳培训中心等培训机构学习；举办落实"两个责任"专题培训班；积极开展网络培训。

基层组织建设全面推进。按照"铸魂、强能、暖心、聚力"的工作目标，着力加强基层党组织建设。合理调整党总支和直属党支部设置并完成换届工作。加强基层党建骨干队伍建设，对新一届党总支（直属党支部）书记和纪检委员、学生党支部书记进行专题培训。完善基层党组织工作制度，严格党内政治生活，规范和丰富支部活动内容和形式，开展党内激励、关怀、帮扶工作。

党风廉政建设常抓不懈。健全党风廉政建设领导体制和工作机制，深入推进惩治和预防腐败体系建设。通过新任干部任前廉政谈话、签订《党风廉政建设责任书》、专题培训等方式加强廉政警示教育，增强干部廉政责任意识。认真学习贯彻《中国共产党廉洁自律准则》《中国共产党纪律处分条例》，严格政治纪律、组织纪律和廉政纪律。落实纪检监察工作"三转"要求，加强对资金、项目、人员的监管，强化监督执纪问责。严格执行领导干部报告个人重大事项和个人收入申报制度及党务政务公开制度，充分发挥各方面的监督作用，保证资金、项目、干部安全。

（防灾科技学院）

中国地震局地质研究所教育培训工作

为贯彻落实《中国地震局关于加强地震监测预报工作的意见》（中震测发〔2010〕94号），加强地震分析预报人员在震情跟踪、研判过程中更好地结合和运用地震地质，提高地震预测、震情跟踪水平，10 月 25—31 日，受中国地震局监测预报司委托，地质研究所承办 2015 年分析预报地震地质基础理论和方法培训班。

培训班安排 9 场讲座，包括张培震院士的《中国大陆活动地块边界带的动力过程》，马瑾院士的《推进地震预测的可能突破口——失稳危险阶段的探索》，闻学泽研究员的《三类断层的地震构造与形变特征》，付碧宏研究员的《新构造与遥感空间分析》，马胜利所长的《地震复发与地震前兆机理的构造物理实验研究》，徐锡伟副所长的两场《活动构造与地震》，单新建副所长的《空间对地观测与发震断层》，马宏生处长的《我国地震预测预报发展历程与展望》和江国焰副研究员的《利用库仑破裂准则评估活动断层地震危险性》，专家们通过深入浅出的生动讲解，细致地为学员们教授各相关领域的专业知识，并且在讲座结束后专门安排的交流环节，让学员们能结合自己工作中的实际问题，与授课专家进行有针对性的讨论。

培训班还安排了为期一天的野外教学实习，学员们在陈立春和蒋汉朝研究员的带领下，来到化家岭和泥河湾，通过实地考察检验印证在课堂上学习的地震理论知识。

（中国地震局地质研究所）

中国地震应急搜救中心教育培训工作

基地救援培训全面实施分级培训的新模式，培训课程按初、中、高三级进行规范化设计，培训流程按不同类别进行标准化设计，既满足不同层级救援队伍的培训需求，也为中心未来组织开展救援队分级测评积累了经验。同时，深挖培训潜力，统筹安排救援与应急管理培训班次，强化基地的运行管理和学员服务，使基地培训效率和效益进一步提高。全年共完成各类培训班 36 期，3000 人次；接待参观体验 12000 多人次，包括外宾 160 人次。培训期数、人次再创新高，取得良好的社会效益和经济效益。

第一响应人培训力度进一步加大，课程体系进一步优化，教官队伍建设进一步加强。中心领导积极向各省市地震局推介第一响应人培训。2015 年圆满完成应急司下达的培训任务 2 期，完成省级地震局出资的培训 3 期，共为五省市培训学员 240 余名，得到了地方政府和省地震局的广泛好评。

积极发挥中心优势加强对外培训，服务国家外交和"一带一路"发展战略。基地针对马来西亚参加 IEC 测评的需求，专门定制培训课程，完成马来西亚救援队的培训。为帮助尼泊尔提升防灾减灾和恢复重建能力，完成尼泊尔 20 名政府官员的培训。为帮助东亚峰会各发展中国家建设国际救援队伍，完成蒙古救援队的培训。

（中国地震应急搜救中心）

中国地震灾害防御中心教育培训工作

1. 组织处级以上领导干部学习贯彻习近平总书记系列讲话精神

按照局直属机关党委的要求部署，重点开展"三严三实"专题教育。紧密结合中心队伍建设实际，分别以"严以修身""严以律己""严以用权"为主题，开展三次处级以上领导干部的集中学习研讨。通过对研讨主题阐述、典型事例剖析、领导干部自查自省等方式，深入交流对"三严三实"专题教育的认识，深刻查摆自身及干部队伍中存在的"不严不实"问题的表现及其危害，从而加深党员干部对"三严三实"专题教育活动的理解，提高党性修养。

2. 制度建设

2015 年，中国地震灾害防御中心为适应事业发展、职工队伍知识和学历结构改善的需要，颁布《中国地震灾害防御中心在职职工继续教育管理办法》。

3. 开展教育培训工作的新做法

以"三严三实"专题教育活动为契机，通过讲专题党课和开展主题党日活动加强党性教育，锤炼党性修养。

在"三严三实"专题教育专题一和专题二学习研讨期间，中心党委书记、主任带头讲专题党课，推动党员领导干部加强党性修养、改进工作作风。"七一"期间重温入党誓词，各支部开展"缅怀抗战忠魂，践行三严三实""重温大震历史，践行三严三实"的主题党日活动，中心还组织党员干部参观"明镜昭廉"反贪尚廉历史文化园、恭王府等廉政教育基地，通过一系列内容丰富、形式多样的教育活动让大家从精神上受到洗礼，从而锤炼党性修养，进一步增强党员干部自觉践行"三严三实"要求的意识。

（中国地震灾害防御中心）

上海市地震局教育培训工作

1. 大力开展"三严三实"专题教育

2015 年 5 月 29 日，上海市地震局党组书记、局长吴建春同志围绕"三严三实"为上海市地震局党员职工上了一堂专题党课。党课中，吴建春同志详细论述"三严三实"专题教育开展的重要意义，从"严"与"实"的关系上分享其个人对"三严三实"重要内涵的认识和体会，结合工作，做好动员与部署，提出专题教育的具体实践要求和组织要求。力图将践行"三严三实"体现到贯彻中国地震局党组的决策部署上来，体现到推动上海防震减灾重点工作上来，落实到立规执纪、强化制度建设和执行上来，落实到切实解决问题上来。吴建春同志指出，在专题教育过程中要注意抓好关键环节，激励党员干部在深化学习上下功夫，在示范带头上下功夫，在从严从实上下功夫，切实取得好的成效。

2015年8月26日，上海市委党校袁秉达教授应邀来上海市地震局做《"四个全面"战略布局与习近平总书记系列重要讲话导读》专题讲座。讲座围绕习近平总书记治国理念和执政精神、"四个全面"战略布局提出的历史背景与意义、协调推进"四个全面"战略布局的目标与举措作了细致解读。袁秉达教授强调，"三严三实"是领导干部的为政之道、成事之要、做人之本，党员领导干部要以"三严三实"为作风建设的新标杆，从严从实要求自身。

2015年6—9月期间，上海市地震局人事教育处、机关党委联合组织"严以修身，加强党性修养，坚定理想信念，把牢思想和行动的'总开关'""严以律己，严守党的政治纪律和政治规矩，自觉做政治上的'明白人'""严以用权，真抓实干，实实在在谋事创业做人，树立忠诚、干净、担当的新形象"三个专题学习。专题学习期间，上海市地震局党组中心组成员根据学习材料，围绕研讨题目，在党组中心组学习会上积极展开交流、讨论，并提交心得体会。

2. 加强中青年人才交流合作

2015年7—12月期间，上海市地震局人事教育处分期选派6名中青年职工赴新疆维吾尔自治区地震局和云南省地震局两家单位交流学习。学习借鉴震情短临跟踪、震情趋势分析研判、指挥大厅管理、舆情应对等方面的先进经验，以实地培训的方式进一步提升中青年职工应对突发地震的处置能力。

（上海市地震局）

中国地震局干部培训中心教育培训工作

1. 教育培训工作

全年举办各级各类培训班15期次，培训学员904人次，累计办班144天。其中局重点培训班包括局管干部研修班和中青年干部培训班各1期，发财司1期，离退办2期，法规司3期，监测司4期，温州市地震局2期，海西州地震局1期。其中计划内11期，计划外4期，系统外培训班3期。

序号	培训班名称	举办日期（月.日）	人数	天数
1	局管干部研修班（第23期）	3.30—4.29	32	31
2	测震台网震源参数目录日常产出培训班（第一期）	4.20—4.28	55	9
3	乡镇（社区）防震减灾助理员业务知识培训班	5.20—5.22	75	3
4	行业信息网络技术人员业务培训班	5.24—5.31	44	8
5	2015年中国地震局防震减灾政策研究培训班	6.1—6.6	55	6
6	市县防震减灾法制培训班	6.8—6.13	95	6
7	测震台网震源参数目录日常产出培训班（第二期）	9.12—9.19	53	8
8	较大的市地震部门行政执法培训班	9.21—9.25	70	5

序号	培训班名称	举办日期（月.日）	人数	天数
9	2015年中国地震局中青年干部培训班	10.9—11.13	58	36
10	青海省海西州政府地震应急管理培训班	11.2—11.10	49	9
11	2015年度数据共享及信息服务培训班	11.16—11.23	43	8
12	乡镇（社区）防震减灾助理员业务知识培训班	12.1—12.3	75	3
13	2015年地震系统离退休干部统计工作培训班	12.9—12.12	49	4
14	2015年度中国地震局财务决算培训班	12.16—12.19	101	4
15	老年大学网络学院试运行培训班	12.16—12.19	50	4
合　计			904	144

2. 网络学院工作

继续推进网络教育工作。中国地震局干部教育网络学院全年更新精品课件400门，总注册学员人数8876人，在线课程数量计1444门，访问学习次数达到1589354次。目前，除贵州省地震局和湖北省地震局外，其他各省地震局都全员在网络学院注册学习。

网络学院紧跟形势，2015年相继开设2015"两会"热点解读、"三严三实"和十八届五中全会三个专题，完成《地震现场科学考察》等6门自主课件的制作。中国地震局干部教育网络学院已经成为中国地震局局机关和各直属单位干部自主学习的重要形式，得到各单位的欢迎和好评。教宣中心也在主体班次的举办中对学员在线学习提出明确的要求，进一步督促领导干部自觉参加在线学习。

教宣中心还承担中国地震局老年大学门户网站、网络学院和管理平台建设，目前已经在试运行。12月，教宣中心举办老年大学网络学院试运行培训班，对老年大学网络学院的基本功能、基本操作进行培训。

3. 培训管理与其他

一是开展继续教育制度汇编、修订等相关工作。教宣中心收集、整理和汇编2008年到2015年7月，中央和国务院有关部门、中国地震局和培训中心的各类教育培训方面的制度、文件26个，其中中央、国务院有关部门文件16个，中国地震局文件6个，培训中心制度4个。教宣中心还协助中国地震局人事教育司完成《干部在线学习暂行办法》《中国地震局专技人员继续教育管理办法》《专技人员继续教育登记管理实施细则》等3个制度的修订，协助中国地震局人事教育司制定《干部教育培训学时认定办法》。

二是大力开展教学调研，把握培训需求。教宣中心开展多种形式多个批次的教学调研，范围涵盖地震系统的有关兄弟单位，党校系统、兄弟行业的相关部门，方式包括走出去登门访问和问卷调查等。教宣中心还充分利用举办培训班的机会，采用问卷调查和座谈交流的方式，广泛听取老师、学员的意见和建议。通过调研，形成2篇调研报告。从而更好地了解和把握地震系统干部职工对教育培训工作的意见和建议以及相关的需求，更好地服务教育事业的发展。

三是承担宣传工作职责。教宣中心继续做好地震科普馆的维护管理工作，全年接待培训班和其他预约参观团体 15 批次，计 400 余人。教宣中心还承担地震科普视频课件项目，已完成项目可行性研究报告、项目申请书、内部人员分工。经过多次研讨、收集资料，进一步梳理思路、确定 6 个地震科普视频课件的主题，完成初步设计方案。

四是完成培训计划、培训资料汇总等相关工作。完成地震系统各单位 2016 年培训计划的汇总；完成 2015 年地震系统培训工作资料的收集汇总及总结；完成《2008—2012 年培训中心培训志》编辑、定稿；协助中国地震局人事教育司完成《2013—2017 全国干部教育培训规划》实施的中期评估工作。教宣中心收集整理了地震系统 45 家单位的评估资料，完成中国地震局干部培训规划中期评估总报告与评估表，上报中国地震局人事教育司。

（浙江省地震局）

湖南省地震局教育培训工作

6 月 23—27 日，湖南省地震系统政务工作培训班在长沙举行。培训由省地震局办公室主办，旨在进一步提升湖南省地震系统政务工作水平。来自全省 14 个市州、90 多个县市区及省地震局机关处室、下属事业单位的 130 多名政务工作人员参加培训。

本次培训对象覆盖到地震系统省市县三级政务工作人员。邀请来自中国地震局办公室、省政府办公厅、相关厅局以及高校的专家、教授担任授课老师，课程内容涵盖公文办理、信息写作与政府信息公开、新闻宣传、安全保密、心理健康等内容。

（湖南省地震局）

甘肃省地震局教育培训工作

截至 2015 年 12 月末，甘肃省地震局（中国地震局兰州地震研究所）共举办各类培训班 18 期，培训市县地震工作人员 421 人次，培训局（所）工作人员 2000 余人次，陆地搜寻与救护基地管理中心以培代训培训应急救援人员 450 余人。共计 14 人参加出国交流访问学习、研讨，1 名局级干部参加中央行政学院干部选学培训，1 名局级干部参加中国地震局局管干部培训，2 名处级干部参加中国地震局中青年干部培训。

培训内容涵盖法律法规知识，党的十八大和十八届四中、五中全会精神，习近平总书记系列重要讲话精神，"三严三实"专题学习，党风廉政教育，相关学科理论知识和业务知识。培训类型涉及各类专题学习轮训、应急现场工作队骨干培训、新入职人员岗前培训、市（州）地震应急志愿者培训等。

教育培训工作内容求真务实、形式灵活多样，为全省防震减灾工作发展提供有力的人才保证和智力支持。2015 年 10 月 21—23 日，邀请专家和相关部门负责人，通过专题讲座、座谈交流、观摩实地应急演练等方式，对近三年新参加工作人员开展为期三天的岗前教育培训。通过培训，使新入职人员对防震减灾工作内容有了初步了解，对承担的岗位工作有了整体认识，增强推动防震减灾事业发展的工作责任心和使命感。

（甘肃省地震局）

陕西省地震局教育培训工作

陕西省地震局配合中国地震局完成 4 名局级干部推荐考察，晋升处级干部 1 名，调任、轮岗 7 名。举办新闻宣传、台站维护等培训班 6 期，培训省市县 472 人次。7 人获得地震科技青年骨干人才培养项目、交流访问学者计划资助，完成 15 个专业技术职务岗位评审、分级聘用。出台《陕西省市县地震机构干部交流锻炼实施方案》，6 名机关干部到基层，11 名市县和台站业务骨干到省局交流锻炼。重视市县机构和事业单位分类改革，及时与省编办沟通，努力稳定市县地震机构法定管理职能。

（陕西省地震局）

青海省地震局教育培训工作

2015 年，青海省地震局严格按照《局人才队伍建设规划》改善人才队伍的总体结构，提高人才队伍整体素质，全面实施人才强业战略，并制定《青海省地震局贯彻落实〈中国地震局 2014—2018 年干部教育培训规划〉的实施方案》，为全省防震减灾事业的可持续发展提供有力的人才保障。

一是提升公务员综合能力，继续严格执行凡进必考规定。按照公开、平等、竞争、择优的原则，2015 年，通过资格审查、国家公务员考试、面试、体检等环节录用公务员 4 名；选派 2 名处级干部参加中国地震局干部培训中心举办的培训，提高领导干部的领导能力等综合素质；通过选拔任用、轮岗交流，激发公务员的活力，推进公务员队伍建设；通过组织各类专题培训班，邀请有经验的专家授课、观看光碟等方式，强化党性意识、责任意识、大局意识、服务意识、廉政意识，不断提升公务员队伍整体素质；支持和鼓励职工参加各种院校函授及在职公共管理硕士学位教育，进一步优化公务员学历结构、知识结构和专业结构。

二是做好事业单位公开招聘，加大分析预报队伍的配置，优化人才结构。2015 年，按照中国地震局批准的事业单位招聘 12 人的计划，择优录取，公开招聘 11 人，其中 2 名博士研究生，3 名硕士研究生，其他均为大学本科毕业生，实现了博士学历"零突破"，优化省地震局人才学历结构。截至 2015 年年底，地震分析预报人员已达 15 人。健全激励机制，加强岗位管理和培训交流，探索绩效考核模式；鼓励年轻专业技术人员多做科研、多出成果，积极申报更高一级专业技术任职资格，不断优化全局职称结构。

三是积极鼓励和支持参加中国地震局系统内交流访问学者和业务培训计划，提高专技人员的业务水平和科研能力。2015年，技术人员有1人赴德国深造归来；利用江苏省地震局与青海省地震局联手共建机制，选派1名预报人员参加磁通门秒数据处理培训；49人参加了有关新闻宣传、前兆、测震、资料评比、台站观测技术应用等多项内容的地震系统业务培训，不断提升业务水平和工作能力。

2015年8月，青海省地震局依据《党政领导干部选拔任用工作条例》精神，全面启动处级干部选拔任用工作，经过党组动议、制订工作方案、动员部署、组织报名、资格审查、演讲述职、民主推荐、确定考察对象、民主考察、党组确定拟提拔对象、领导干部个人事项重点抽查核实、上报审批、公示、任职决定等多个环节，完成10名处级干部选拔和6名同志科级职务晋升或试用期满转正定级的工作，并对新任职处级干部进行集体任职谈话和廉政集体谈话暨全体处级干部集体约谈。

2015年，青海省地震局积极响应中国地震局"东西部地区、少震区与多震区间干部挂职交流"政策，邀请广东省地震局办公室副主任吴宏志同志来青海挂职锻炼，并担任应急救援处副处长。省地震局还选派2名年轻的参公人员到基层锻炼；抽调4名同志分别前往藏区乡镇基层帮助工作、县贫困村驻村扶贫。

2015年5月26—30日，青海省地震局组织召开全省州（市）、县地震局长培训班和防震减灾辅导员培训班，全省州（市）县地震局长和100多名防震减灾辅导员参加培训。特别是防震减灾辅导员培训班首次由省地震局和省教育厅联合举办，不仅推进青海防震减灾宣传进学校的力度，壮大辅导员队伍，也为全国防震减灾辅导员培训和防震减灾知识进校园模式进行了探索。

2015年，全面开展"4·14""5·12""平安中国"等系列宣传活动，在宣传活动期间，制作展板1000余块，悬挂横幅500余条，发放各类宣传资料8万余份。尤其是在青海省民和县、玉树市、同仁县、玛沁县4个县组织开展第四届"平安中国"千城大行动，放映防震减灾公益广告片《撑起一片天》、科普短片《守护生命》，赠送2万余份防震减灾创意宣传品。在科技活动周、全国科普日、"7·28"唐山地震纪念日等时段都开展相应的宣传；继续开展"进校园、进社区、进机关、进企业、进农牧区、进家庭、进军营、进寺院"防震减灾宣传"八进"活动和广场宣传活动，做到每个活动之前有安排、中间有检查、事后有总结。

2015年4月10日，青海省地震局被青海省全民科学素质纲要实施办公室增补为成员单位，对全面提升青海全民科学素质和防震减灾意识有重要意义。

（青海省地震局）

广东省地震局教育培训工作

2015年，广东省地震局教育培训工作在中国地震局人事教育司的领导下，紧紧围绕中心工作，以科学发展观为指导，以提升全体人员素质，为广东省防震减灾事业发展提供人才服务为目标，多形式多渠道开展教育培训工作。

1. 积极组织开展自办班和专题讲座

在2015年初充分调研的基础上，尝试合作办班，根据不同需求、针对不同人群举办各类培训。2015年举办"地震科学新技术新进展高级研修班""广东省前兆台站运行管理及宏微观异常核实工作技术培训班""市县地震应急管理培训班"等5个自办班。其中，"地震科学新技术新进展高级研修班"是广东省地震局2015年举办的一个高规格培训班，体现为一是授课老师规格高，均是所在领域内的顶尖专家，在各自的研究领域内都取得丰硕的成果；二是培训内容高新尖，是老师们所在研究领域的最新技术与进展的介绍；三是参训人员规格高，受到培训范围内各级领导重视，并积极参加培训。"广东省前兆台站运行管理及宏微观异常核实工作技术培训班"针对一线人员进行培训，旨在提升前兆产出应用能力，市县地震工作部门同志和部分台站工作人员共计30多人参加。此次培训与韶关市地震局联合举办，是首次与市县地震局（办）合作办班，丰富了办班形式。在组织好自办班的同时，根据讲座主题明确、时间短、内容集中的特性，着重开展各类专题讲座。全年开展专题讲座13场，内容涉及地震专业知识、前沿科技、人文修养、反腐倡廉、安全生产、法律法规等各方面知识，参加人数近千人次。

2. 充分利用资源，积极外派培训

充分利用外部资源，积极争取名额机会外派人员参加培训，提升能力拓宽思维。一是继续开展局级干部的选学工作，1位局级干部参加中国地震局局管干部研修班，2位局级干部参加由中央组织部等部门组织的司局级干部选学。二是选派机关工作人员、事业单位专业技术人员参加各类理论学习、专业技术培训180人次。其中，送出3名处级干部参加省委党校、中国地震局理论进修班。三是在2014年基础上，继续选送机关工作人员、事业单位负责人参加全国市县防震减灾工作培训，机关工作人员已基本轮训一遍。

3. 大力推广在线学习

把在线学习培训作为常规培训的有效补充，在2014年工作的基础上继续做好中国地震继续教育网站的在线学习，已被236人列入学习范围，明确在线学习学分作为年度考核依据之一，经常检查干部职工在线学习情况和提醒干部职工进行在线学习。

4. 鼓励职工参加在职学历学位教育

在职学历学位教育是干部自我学习、自我提升的途径之一，2015年新增4人参加在职教育，总人数达11人，其中博士2人，硕士4人。工作人员参加在职教育，不仅个人提高文化水平，同时也提高了管理能力和专业能力。

总之，通过在职教育与培训，干部队伍的政策理论水平、专业技术水平、专业技能、创新能力等都有不同程度的提高，队伍整体能力得到极大提升，极大地促进防震减灾社会管理能力水平和公共服务质量。

（广东省地震局）

新疆维吾尔自治区地震局教育培训工作

2015年12月13—21日，新疆地震局在乌鲁木齐市举办地州市地震局长暨地震台台长培训班，陈颙院士、高孟潭研究员等知名专家前来授课，新疆地震局党组书记、局长王海涛，纪检书记李根起、副局长张勇、郑黎明等领导为学员讲课。来自新疆各地州市的地震局局长和新疆地震局各地震台台长共28人参加了培训。

培训内容包括防震减灾体系设计、地震权力清单、新疆防震减灾工作规划思路、怎样认识地震、地震区划图、防震减灾管理、防震减灾法律法规、地震应急救援、媒体面对、科技创新和国际交流、保密、人事财务等，既有知识性、科学性，又有实用性、操作性。

培训方式包括集中面授、讨论交流、现场观摩等，经过9天的培训，学员普遍反映有收获、有感触、有思路，且此次培训班组织单位真心、用心、细心，培训有内容、有形式、有特色、有看点、有交流，希望此类培训班多办，借此提高新疆防震减灾工作。

（新疆维吾尔自治区地震局）

重庆市地震局教育培训工作

1. 重庆市防震减灾科普宣传员培训会

2015年6月25日，重庆市防震减灾科普宣传员培训会在合川区举办。重庆市地震局副局长王强、合川区委常委张勇军出席会议并讲话。全市各区县防震减灾宣传骨干、市级地震安全示范社区、市级防震减灾科普示范学校负责人、合川区社区防震减灾科普宣传员等120余人参加培训。重庆市地震局和区县地震局长期工作在地震科普宣传一线的专家从不同角度讲授防震减灾宣传工作经验、重点内容和注意事项；重庆市最大门户网站腾讯·大渝网的总编讲授自媒体时代的特点、典型案例以及与媒体的沟通技巧。培训会进一步推动全市防震减灾宣传工作深入开展，提高区县防震减灾宣传骨干的业务素质和与媒体沟通的能力。

2. 区县防震减灾培训班

2015年8月24—26日，区县防震减灾培训班在奉节县举办。邀请青海省地震局震害防御处处长徐传捷、山东省地震局高级工程师郭慧民、中国地震灾害防御中心高级工程师申文庄进行授课。三位专家分别从区县地震部门面对地震的定位与作用、山东省市县防震减灾工作的基本思路和主要做法、区县防震减灾信息服务工作研讨，对区县防震减灾工作进行深入阐述，对进一步明确区县防震减灾工作任务和定位有积极作用。

3. 重庆市防震减灾管理高级研修班

2015 年 9 月 21—24 日，重庆市防震减灾管理高级研修班在涪陵区和江津区分两期举办。邀请中国地震局原副局长何永年、中国地震局震害防御司原司长卢寿德分别作《防震减灾文化》《防震减灾管理》专题讲座。讲课内容既从文化的视觉高度对防震减灾的理念及内涵进行阐释，又贴近防震减灾工作实际，具有较强针对性和指导性。全市 37 个区县和万盛经开区政府分管领导、地震部门主要负责人和业务骨干共 120 余人参加培训。

（重庆市地震局）

人物

"中国地震局防震减灾优秀人才百人计划"第一批人选名单

姓　名	单　位	专业专长
吕　坚	江西省地震局	数字地震学与地震预测
殷海涛	山东省地震局	GPS卫星大地测量
林　剑	湖北省地震局	GNSS数据处理
王立新	广东省地震局	地震工程、结构强震动监测
周　斌	广西省地震局	水库地震与有限元数值模拟
沈旭章	甘肃省地震局	地震学
王　琼	新疆维吾尔自治区地震局	地震预测及应力触发
王宝善	中国地震局地球物理研究所	地球内部精细结构
李永华		地球内部物理学
蒋长胜		统计地震学和地震统计物理、地震预测基础理论研究
刘　静	中国地震局地质研究所	构造地质学
李传友		地震地质
郑文俊		构造地质学（活动构造）
雷建设	中国地震局地壳应力研究所	地震层析成像
王成虎		地应力与地质力学
杨多兴		流体力学
付广裕	中国地震局地震预测研究所	重力学
邵志刚		固体地球物理
王　涛	中国地震局工程力学研究所	结构工程、地震工程
马　强		地震预警、地震烈度速报
周龙泉	中国地震台网中心	固体地球物理
李亦纲	中国地震应急搜救中心	灾情获取及评估、搜救策略与技术
宁宝坤		地震应急救援
张郁山	中国地震灾害防御中心	地震工程
王东明		地震工程、应急救援
张振霞	地壳运动监测工程研究中心	地震电磁空间对地观测研究
武艳强	中国地震局第一监测中心	固体地球物理学、大地测量学
季灵运	中国地震局第二监测中心	地壳形变与地球动力学
卢　滔	防灾科技学院	岩土地震工程

注：“中国地震局防震减灾优秀人才百人计划”第一批人选为2015年入选。

（中国地震局人事教育司）

2015 年获得地震专业正高级职称人员名单

序号	姓名	性别	单位	任职资格	研究方向 （工作领域）
1	范小平	男	江苏省地震局	正研级高工	震害防御
2	韩 进	男	四川省地震局	正研级高工	监测预报
3	常祖峰	男	云南省地震局	正研级高工	震害防御
4	谭大诚	男	甘肃省地震局	正研级高工	监测预报
5	杨 涛	男	中国地震局地球物理研究所	研究员	地球物理
6	常利军	男	中国地震局地球物理研究所	研究员	地球物理
7	吴 健	男	中国地震局地球物理研究所	正研级高工	震害防御
8	尹金辉	男	中国地震局地质研究所	研究员	地质
9	刘春茹	女	中国地震局地质研究所	研究员	地质
10	任治坤	男	中国地震局地质研究所	研究员	地质
11	王武星	男	中国地震局地震预测研究所	研究员	地球物理
12	李 营	男	中国地震局地震预测研究所	研究员	地质
13	泽仁志玛	女	中国地震局地震预测研究所	研究员	地球物理
14	胡进军	男	中国地震局工程力学研究所	研究员	地震工程
15	师黎静	男	中国地震局工程力学研究所	研究员	地震工程
16	贾群林	男	中国地震应急搜救中心	正研级高工	应急救援
17	刘 志	男	中国地震局地球物理勘探中心	正研级高工	震害防御
18	武艳强	男	中国地震局第一监测中心	研究员	大地测量
19	罗三明	男	中国地震局第一监测中心	正研级高工	监测预报

（中国地震局人事教育司）

2015 年获得专业技术二级岗位聘任资格人员名单

序号	姓名	单位	学科方向	专业技术岗位
1	李 辉	湖北省地震局	固体地球物理	科学研究
2	付 虹	云南省地震局	地震预报	工程技术
3	刘瑞丰	中国地震局地球物理研究所	地震观测技术	工程技术

（中国地震局人事教育司）

合作与交流

主要收载地震系统一年来双边、多边国际合作项目，以及重要学术活动概况，是了解国内外地震领域科研进展、学术交流的窗口。

合作与交流项目

中国地震局 2015 年对外交流与合作综述

中国地震局国际合作与交流工作以党的十八大和十八届三中、四中、五中全会精神为指导，在局党组的正确领导下，坚持"以我为主、以外促内"，紧密围绕服务国家总体外交和防震减灾事业发展，配合"一带一路"战略构想，开拓创新，加强管理，大力推进防震减灾国际合作。2015 年因公出国（境）团组 225 个，共计 656 人次；接待来访团组 57 个，共计 155 人次。

一、紧密配合"一带一路"战略，服务国家总体外交

发挥地震科技独特优势，全面开展与南亚、中亚地震合作，李克强总理见证中印地震协议签署。中国东盟地震海啸监测预警系统项目成功立项，惠及南海及周边国家。在老挝、尼泊尔等开展台站勘选，全年境外台网项目获批 1.2 亿元，实现百万到亿元的突破。完成肯尼亚台站选址，在内罗毕大学开展地震技术培训，这是中国地震局首次在国外大学开设地学观测课程。继续巩固东北亚地震、海啸和火山合作研究成果。

打好尼泊尔地震应急"组合拳"，第一时间联系外交部和有关国际组织，最快速度派出国际救援队，成为第一支到达灾区的国际救援队。落实李克强总理指示，按照局党组和陈建民局长要求，向外交部、总参提出直升机跨境救援建议，帮助三峡集团撤出 254 名被困人员。积极筹备尼泊尔地震科学考察，派出专家队伍赴尼泊尔开展震后损失评估，为尼泊尔灾后恢复重建提供技术支持和培训。

二、持续推进防震减灾国际合作，以外促内为我所用

中美合作开展人道主义援助和灾害应对项目被列为习近平总书记访美重要成果之一。陈建民局长率团访问墨西哥、古巴，向古巴捐赠 50 套国产地震烈度仪。签署中英、中法合作协议，深化中俄、中意在电磁卫星领域的技术合作，开拓与拉美、非洲、中东地区地震合作，建立与智利、以色列等国合作渠道。

召开地震预警国际研讨会，引入国外智力资源对国家重大建设项目提供咨询，确保从设计阶段就具有国际水准。组织人员赴美参加南加州地震年会，交流美国地震预报经验，服务地震预报试验场建设。完成全球台网建设技术架构和台站设计。

三、积极参与国际组织事务和国际学术活动，
努力提升国际话语权和影响力

2015 年，中国地震局系统共有 18 名专家在 19 个国际组织中任职。陈运泰院士担任亚洲、大洋洲地球科学学会（AOGS）主席，于 2015 年 4 月赴新加坡参加 AOGS 主席团会议，商讨 AOGS 年度工作规划。地壳所陈虹研究员担任联合国倡导的 2016 年世界人道主义峰会议题组唯一中方专家，于 2015 年 10 月赴瑞士参加世界人道主义峰会全球磋商会，参与峰会筹备工作和议题规划。2015 年 6 月，在捷克召开的国际大地测量和地球物理学联合会（IUGG）第 26 届大会上，陈运泰院士和吴忠良研究员被授予会士称号，李丽研究员当选为国际地震学和地球内部物理学协会（IASPEI）执行局委员。

组织中国地震局系统科研人员参加欧洲地球科学学会 2015 年会、第 13 届国际岩石力学大会、美国地球物理学会 2015 年秋季会议等国际学术研讨会。2015 年 8 月在成都举办第九届亚太经合组织地震模拟国际合作研讨会（9ᵗʰ APEC Collaboration for Earthquake Simulation），来自美国、日本、澳大利亚等亚太经合组织成员国的近百位地震模拟和地震预测专家前来参会。2015 年 9 月，甘肃省地震局、中国地震局地壳应力研究所与国际地震与火山电磁方法委员会（EMSEV）在兰州召开 EMSEV–2016 年国际学术研讨会筹备会议并签署三方会议备忘录。

四、大力推动对台科技交流，海峡两岸地震科技合作步入新阶段

2015 年 3 月，中国台湾"中央研究院"李罗权院士访问中国地震局，与赵和平副局长就深化海峡两岸地震科技合作交换意见，并表达进一步加强合作交流的意愿。2015 年 6 月，中国地震局在西藏林芝召开海峡两岸地震监测和前兆研讨会，邀请台湾地区地震学专家 10 余人前来参会，这是大陆海协会、台湾海基会成功签署《海峡两岸地震监测合作协议》，正式召开两岸地震监测领域工作交流机制后的第一次专业研讨会。两岸地震学者围绕地震前兆研究、深部构造、强震观测等领域进行深入探讨。2015 年 9 月，《海峡两岸地震监测合作协议》第一次工作组会议在中国台北召开，大陆方面执行协议负责人赵和平和台湾方面执行协议负责人辛在勤分别率团出席会议，双方提名执行协议工作组联系人，按照协议的合作内容设立灾害性地震信息通报、地震活动监测合作、地震监测应用技术交流合作、地震防灾宣传和科普教育等四个工作分组，并就未来交流合作的具体内容进行深入探讨。

（中国地震局国际合作司）

2015 年出访项目

1 月 4—20 日

地壳运动监测工程研究中心高级工程师邹锐和助理研究员李瑜 2 人赴缅甸执行境外台站维护任务。

1 月 12—16 日

中国地震局震灾应急救援司郑荔同志等 5 人赴马来西亚参加东盟地区论坛第四次救灾演习双边磋商。

1 月 18 日—3 月 14 日

中国地震局第二监测中心胡亚轩赴日本执行中日政府间技术合作（JICA 渠道）项目地震监测任务（科学技术部组团）。

1 月 22—29 日

中国地震局科学技术司巡视员栾毅等一行 4 人赴奥地利和希腊开展电磁卫星项目合作交流。

2 月 2—6 日

中国地震局震灾应急救援司副司长尹光辉等一行 6 人赴马来西亚罗士达参加"东盟地区论坛第四次救援演习第二次全体筹备大会"。

2 月 3—5 日

中国地震局地质研究所研究员许建东赴日本大阪参加"2015 年亚洲火山共同体核心成员会议"。

2 月 8—13 日

中国地震局震灾应急救援司司长赵明和国际合作司副处长朱芳芳 2 人赴瑞士日内瓦参加"联合国灾害评估协调队顾问组年会"及"联合国国际搜索与救援咨询团 2015 年年会"。

2 月 11—14 日

中国地震局震灾应急救援司李洋同志等 2 人赴日本参加东盟地区论坛第十四届救灾会间会。

2 月 15 日—8 月 13 日

甘肃省地震局研究员沈旭章赴美国密苏里大学进行学术访问，就其承担的国家自然科学基金项目"青藏高原东缘及周边区域岩石圈各向异性和变形特征研究"与美方科学家进行讨论，合作构建合理的地球动力学模型。

2 月 26 日—3 月 27 日

中国地震局地壳应力研究所副研究员沈晓明赴英国伦敦大学学院学习测年技术并开展低温热年代学研究。

3 月 1—6 日

中国地震应急搜救中心高级工程师赖俊彦和李红光 2 人赴日本神户观摩日本救援队联合国能力分级测评复测。

3 月 8—14 日

中国地震局地球物理研究所研究员俞言祥等 2 人赴马来西亚气象厅开展振动图技术培训。

3月9—12日

山东省地震局苏培雨同志等2人赴日本参加东北亚国家地方政府联合会防灾研修活动（山东省外办组团）。

3月11—13日

中国地震局地球物理研究所研究员高孟潭赴日本东京参加由东京大学举办的"地震动预测方程式与地震危险性评估国际研讨会"。

3月13—18日

中国地震局国际合作司副司长王满达赴日本仙台参加"第三届世界减灾大会"。

3月18—25日

中国地震局副局长赵和平率团一行6人赴孟加拉和斯里兰卡访问。

3月23—28日

中国地震局地质研究所研究员单新建和副研究员孙建宝2人赴意大利罗马参加"第九届干涉雷达技术国际学术会议"。

3月28日—2016年3月28日

中国地震局地球物理研究所副研究员和泰名赴加拿大多伦多大学开展声发射监测岩石动态破裂实验和岩石破裂前兆研究。

4月2—9日

中国地震台网中心高级工程师杨桂存等一行4人赴巴基斯坦执行援巴台网系统维护工作。

4月8—12日

中国地震局国际合作司处长王剑赴马来西亚参加"东盟地区论坛救灾演习战略规划研讨会"。

4月11—18日

中国地震局地壳应力研究所副研究员许俊闪等一行3人赴奥地利维也纳参加"2015年度欧洲地球科学学会年会"。

4月13—18日

陕西省地震局研究员师亚芹赴奥地利维也纳参加"2015年度欧洲地球科学学会年会"。

4月14—19日

中国地震局震灾应急救援司副处长郑荔赴瑞士日内瓦参加"联合国地震演练培训研讨会"。

4月15日—2016年4月14日

甘肃省地震局高级工程师陈继锋赴美国肯塔基地质调查局开展学术访问。

4月16日—6月14日

中国地震局地质研究所副研究员刘进峰赴丹麦奥胡斯大学开展岩石表层释光信号研究。

4月18—25日

中国地震局地壳应力研究所研究员陈虹赴德国伯恩参加"世界人道主义峰会"议题专家面对面研讨会。

4月18—27日

中国地震台网中心研究员黄志斌赴美国夏威夷参加"纪念太平洋海啸预警与减灾系统成

立 50 周年国际海啸研讨会暨太平洋海啸预警与减灾系统政府间协调组第 26 次会议"（国家海洋局组团）。

4 月 20—25 日

中国地震局地球物理研究所研究员乔森赴美国洛杉矶参加"2015 年美国地震学会年会"。

4 月 21—24 日

中国地震局国际合作司副处长朱芳芳等一行 2 人赴柬埔寨金边参加第 26 届东盟灾害管理委员会分会场"东亚峰会灾害管理合作"研讨，并与柬埔寨相关机构进行交流。

4 月 21—25 日

中国地震应急搜救中心谢霄峰同志等 2 人赴蒙古开展联合国国际搜索与救援咨询团亚太地震救援演练场地评估。

4 月 23 日—5 月 2 日

中国地震台网中心陈华静同志等 5 人赴萨摩亚检查援萨台网项目实施情况。

4 月 24—26 日

中国地震局地球物理研究所陈运泰院士赴新加坡参加"亚洲太平洋地球科学学会工作会议"。

4 月 26 日—5 月 2 日

云南省地震局处长谷一山赴泰国和孟加拉国参加联合国援助两国救援能力建设活动。

4 月 26 日—5 月 8 日

中国地震局震灾应急救援司司长赵明等一行 67 人赴尼泊尔进行地震灾害救援。

5 月 1 日—2016 年 4 月 29 日

中国地震台网中心助理研究员程佳赴美国法特瑞公司学习地震危险性和灾害建模技术。

5 月 1 日—2016 年 4 月 30 日

中国地震局地质研究所副研究员陈桂华赴美国法特瑞公司学习地震危险性和灾害建模技术。

5 月 3—9 日

中国地震局地壳应力研究所副研究员张世中等 2 人赴意大利国家天体物理研究院开展卫星载荷郎缪尔探针和等离子体分析仪定标测试。

5 月 8—15 日

中国地震局地壳应力研究所研究员谢富仁等一行 10 人赴加拿大蒙特利尔参加"第 13 届国际岩石力学大会"。

5 月 11—18 日

中国地震局工程力学研究所研究员王涛赴德国参加"地震工程和地震学国际会议"。

5 月 12—16 日

中国地震局工程力学研究所副研究员曲哲赴日本奈良参加"国际桥梁与结构工程师大会"。

5 月 18 日—6 月 17 日

中国地震局地球物理研究所副研究员王玉石赴新西兰奥克兰进行地震场效应合作研究及学术访问。

5月18—23日

西藏自治区地震局副局长王志秋等一行5人赴瑞士克林斯执行联合国搜索与救援咨询团地震应急模拟演练任务。

5月19—29日

中国地震应急搜救中心副处长宁宝坤等一行4人赴马来西亚亚罗士达参加东盟地区论坛第四次救灾演习。

5月21—25日

中国地震局国际合作司副司长王满达随中国政府工作组赴尼泊尔访问，向尼方表示慰问并实地考察尼地震灾情，了解尼对灾后重建的需求。

5月23—29日

中国地震应急搜救中心工程师张天罡等一行9人赴马来西亚亚罗士达参加东盟地区论坛第四次救灾演习。

5月23—29日

中国地震局震灾应急救援司副司长尹光辉等一行37人赴马来西亚亚罗士达参加东盟地区论坛第四次救灾演习。

5月23—29日

中国地震局国际合作司副处长朱芳芳赴马来西亚亚罗士达参加东盟地区论坛第四次救灾演习。

5月25—27日

中国地震局地球物理研究所陈运泰院士赴日本东京参加"日本地球科学联合会2015年年会"。

5月23日—7月22日

中国地震局地质研究所副研究员刘进峰赴丹麦奥胡斯大学就处理岩石样品的表层释光信号数据及岩石风化剥蚀速率等问题进行合作交流。

5月26—30日

中国地震局工程力学研究所副研究员陶正如赴俄罗斯科学院开展"地震区划、地震动估计、地震长期预报研究"交流。

5月28日—6月7日

中国地震局地球物理研究所副所长杨建思等一行3人赴尼泊尔开展流动地震观测前期准备工作。

5月31日—7月14日

中国地震局地质研究所助理研究员潘波赴美国俄勒冈州立大学进行学术交流访问。

6月3—7日

中国地震局第二监测中心高级工程师季灵运赴美国南卫理工大学地球科学系讨论 InSAR 应用的同震和震后研究震例。

6月5日—7月5日

中国地震局地壳应力研究所助理研究员王鑫赴英国帝国理工学院开展遥感数据影像的三

维提取技术学习和交流。

6 月 6—20 日

中国地震局工程力学研究所所长孙柏涛等一行 22 人赴尼泊尔进行地震灾害损失调查评估。

6 月 8—15 日

中国地震局地壳应力研究所助理研究员张宇赴奥地利维也纳进行绝对磁场校准装置鉴定件验收及技术交流。

6 月 8—15 日

中国地震局地壳应力研究所研究员王兰炜赴奥地利科学院进行绝对磁场校准装置鉴定件验收及技术交流。

6 月 9—13 日

中国地震局国际合作司副处长朱芳芳等 2 人赴印度尼西亚参加 2015 年东亚峰会灾害快速响应研讨会和灾害恢复研讨会。

6 月 14—20 日

中国地震台网中心研究员张永仙和副研究员王丽凤 2 人赴德国波茨坦参加"第九届国际统计地震学会议"。

6 月 14—20 日

中国地震应急搜救中心处长谢霄赴捷克布拉格参加捷克救援队联合国能力分级测评复测。

6 月 17 日—7 月 17 日

中国地震局地壳应力研究所助理研究员王鑫赴英国帝国理工学院开展遥感数据影像的三维提取技术学术交流。

6 月 20—28 日

中国地震局地质研究所研究员甘卫军赴捷克布拉格参加"第二十六届国际大地测量与地球物理联合会科学大会"。

6 月 20—28 日

中国地震局地质研究所研究员许建东等 4 人赴美国参加国际火山学专题野外考察。

6 月 21—27 日

中国地震应急搜救中心孙晓竟等一行 8 人赴蒙古参加国际搜索与救援咨询团亚太地区地震应急演练。

6 月 21—28 日

中国地震局地质研究所研究员赵国泽等一行 3 人赴瑞士参加中国科技部-欧洲空间局"龙计划"国际合作项目研讨会。

6 月 21—30 日

中国地震局地壳应力研究所研究员刘耀炜和朱守彪 2 人赴捷克布拉格参加"第二十六届国际大地测量与地球物理联合会科学大会"。

6 月 21—26 日

中国地震局地球物理研究所研究员郑重和副研究员郝春月 2 人赴奥地利维也纳参加"全面禁止核试验条约组织筹备委员会 2015 年科技大会"。

6月22（24）日—7月3日

中国地震局地球物理研究所陈运泰院士和吴忠良所长2人赴捷克布拉格参加"第二十六届国际大地测量与地球物理联合会科学大会"。

6月23—30日

湖北省地震局研究员李辉等一行6人赴捷克布拉格参加"第二十六届国际大地测量与地球物理联合会科学大会"。

6月24日—7月2日

中国地震局局长陈建民率团一行6人赴墨西哥和古巴访问并商谈地震监测和应急救援领域合作事宜。

6月26日—7月2日

新疆维吾尔自治区地震局高级工程师王琼和许秋龙2人赴捷克布拉格参加"第二十六届国际大地测量与地球物理联合会科学大会"。

6月30日—8月30日

中国地震局地震预测研究所研究员杜建国赴美国德克萨斯技术大学进行学术交流。

7月5—25日

中国地震局人事教育司处长张琼瑞赴美国参加继续教育管理创新培训（人力资源和社会保障部组团）。

7月13—18日

中国地震局地球物理研究所研究员温增平赴日本东京参加"第三届时空模拟、复杂系统模拟及大数据国际学术会议"。

7月13—17日

中国地震局国际合作司副司长王满达等一行5人赴老挝执行援建地震监测台网和中老地震科技合作任务。

7月19—25日

中国地震应急搜救中心宁宝坤同志赴日本国际协力机构参与联合国灾害评估与协调训练，交流灾害现场应对经验。

7月21—25日

中国地震局国际合作司副司长王满达赴尼泊尔加德满都与尼政府商谈灾后重建援助中长期规划。

7月26—30日

中国地震应急救援搜救中心主任吴卫民等一行9人赴新加坡参加中新救援队夏季联合适应性训练。

7月26—30日

地壳运动监测工程研究中心实习员李晓璇赴意大利米兰参加"2015年国际地球科学与遥感大会"。

7月30日—8月6日

中国地震局副局长赵和平率团一行6人赴俄罗斯和白俄罗斯访问，深化地震减灾合作。

7月31日—8月7日

中国地震局地球物理研究所研究员唐方头等5人赴新加坡参加"第十二届亚洲与太平洋地球科学学会"。

8月1—8日

中国地震局地震预测研究所所长任金卫赴新加坡参加"第十二届亚洲与太平洋地球科学学会"。

8月1—9日

中国地震局地球物理研究所陈运泰院士赴新加坡参加"第十二届亚洲与太平洋地球科学学会"。

8月3日—9月11日

中国地震局地球物理研究所研究员鲁来玉赴挪威奥斯陆大学进行学术交流。

8月4—11日

中国地震局人事教育司副巡视员杨心平等6人赴英国和荷兰商谈地震科技青年骨干人才培养项目并拓展人才合作培养渠道。

8月5—19日

中国地震局地质研究所所长马胜利赴荷兰乌德勒支大学进行学术交流。

8月8日—9月7日

中国地震局地球物理研究所王怀富同志赴德国开展地震学、地震数据分析、地震灾害评估及风险降低的合作交流。

8月15—29日

中国地震局地壳应力研究所研究员杨多兴赴德国开展岩石压裂渗流和光纤断层应变方面学术交流。

8月15日—12月30日

中国地震局地壳应力研究所研究员王成虎赴美国威斯康星大学麦迪逊分校开展学术交流。

8月16—22日

中国地震局地质研究所研究员李霓和副研究员赵维勇2人赴捷克布拉格参加"2015年戈尔德施密特地球化学大会"。

8月16—25日

地壳运动监测工程研究中心助理研究员师宏波和研究实习员李瑜2人赴瑞士和德国学习GNSS高精度数据处理软件应用。

8月17日—9月13日

中国地震局地球物理研究所副研究员陈石赴日本统计数理研究所进行学术交流。

8月19日—9月4日

中国地震局地壳应力研究所研究员杨多兴赴德国亚琛工业大学开展岩石压裂渗流和光纤断层应变方面学术交流。

8月23—30日

中国地震局地震预测研究所所长任金卫赴俄罗斯莫斯科参加"亚太空间地球动力学计划

研讨会"。

8月24—29日

四川省地震局副局长吕弋培等一行5人赴荷兰普罗维科特斯学院训练基地就救援保障机制、应急搜救等进行技术交流。

8月24—28日

中国地震局地球物理研究所高孟潭研究员赴美国地质调查局开展区划图编制技术和应用交流。

9月1日—11月18日

中国地震局地质研究所助理研究员张金玉等2人赴德国系统学习宇宙成因核素样品制备技术。

9月2—6日

中国地震局地球物理研究所副所长高孟潭等一行4人赴美国旧金山与美国国家地震区划图组开展学术交流。

9月6—11日

中国地震局地壳应力研究所研究员申旭辉赴法国参加SWARM卫星第五次数据定标校验技术工作会。

9月6—19日

中国地震局地震预测研究所副研究员吴迎燕和刘静2人赴德国波茨坦地球科学中心进行合作研究。

9月8—18日

中国地震局监测预报司黄媛同志等4人赴越南参加"国际波形数据管理和服务"培训班（黄媛和郑秀芬于9月12日返回）。

9月12—20日

中国地震局监测预报司司长孙建中等一行6人赴美国旧金山参加"南加州地震中心年会暨地震可预测性合作研究交流会"。

9月13—18日

湖北省地震局研究员李辉赴德国、意大利交流空间重力引力探测技术。

9月14—20日

中国地震局地质研究所研究员何昌荣赴荷兰参加"断层错动模拟"专题学术研讨会。

9月19—26日

中国地震局副局长修济刚率团一行6人赴英国和瑞士进行访问。

9月20—29日

中国地震应急搜救中心处长李亦纲等一行6人赴智利圣地亚哥参加联合国国际搜索与救援咨询团美洲地区地震应急演练。

9月21—25日

新疆维吾尔自治区地震局副局长郑黎明等一行5人赴哈萨克斯坦开展合作研究。

9月22—29日

中国地震局科学技术司田柳同志等一行6人赴美国开展宽频带流动地震台阵观测及地球物理成像技术交流。

10月4—10日

中国地震局地球物理研究所研究员郑重赴奥地利参加第五届台站运行和维护研讨会。

10月8—13日

中国地震局国际合作司处长王剑赴以色列耶路撒冷参加"2015年国际宇航科学院院士日活动"和"第六十六届国际宇航大会"。

10月8—13日

中国地震局地壳应力研究所研究员申旭辉和副研究员黄建平2人赴以色列耶路撒冷参加"2015年国际宇航科学院院士日活动"和"第六十六届国际宇航大会"。

10月11—18日

中国地震局地壳应力研究所助理研究员郭泉赴奥地利参加"2015年国际次声技术大会"。

10月12—16日

吉林省地震局陈凤学同志等6人赴韩国地质资源研究院进行地震观测系统技术交流。

10月12—18日

中国地震局地壳应力研究所副所长陈虹赴瑞士日内瓦参加"世界人道主义峰会全球磋商会及预备会议"。

10月13—20日

中国地震局副局长牛之俊等一行6人赴美国访问,并就联合研究与人才培养举行会谈。

10月15—21日

中国地震局震灾应急救援司赵明同志等2人赴阿联酋参加联合国国际搜索与顾问咨询团(INSARAG)搜救队长会、全球大会和亚太区域年会。

10月17—24日

中国地震局副局长阴朝民率团一行6人赴阿联酋参加INSARAG全球大会和亚太区年会,并赴意大利拓展中意地震应急救援合作。

10月20日—11月29日

中国地震局地球物理研究所副研究员韩立波赴美国佐治亚理工学院交流莫霍界面起伏对莫霍界面反射震相影响数值模拟的参数设置问题。

10月21—24日

中国地震局国际合作司副处长朱芳芳等2人赴比利时布鲁塞尔参加欧洲亚洲问题研究所举办的灾害应对国际研讨会。

10月22—29日

中国地震台网中心赵烽帆同志赴韩国调研韩国青年工作进展。

10月26日—11月14日

地壳运动监测工程研究中心高级工程师邹锐和助理研究员李建勇2人赴老挝执行地震台

整体搬迁技术指导和地震台设备维护任务。

10月28日—11月10日

中国地震局地震预测研究所研究员张学民和助理研究员赵庶凡2人赴俄罗斯科学院地磁学、电离层与电波传播普什科夫研究所开展合作研究。

10月30日—11月5日

甘肃省地震局局长王兰民赴新西兰奥克兰参加"第六届国际地震岩土工程大会"。

11月2—6日

中国地震局地球物理研究所副研究员李彩华等2人赴美国地质调查局阿尔伯克基地震实验室就测震仪器检测技术进行交流。

11月2—6日

中国地震应急搜救中心高级工程师刘亢和工程师张涛2人赴日本岛根大学开展地震灾害废墟结构研究、便携式生命探测雷达技术及示范应用合作。

11月5—10日

中国地震局地壳应力研究所研究员陆鸣和副研究员赵亚敏2人赴澳大利亚悉尼参加"第十届太平洋地震工程会议"。

11月5日—12月6日

中国地震局地球物理研究所所长吴忠良研究员等5人赴肯尼亚进行地震观测技术培训及地震台站场址勘选工作。

11月5日—2016年2月1日

湖北省地震局助理研究员刘刚至赴阿拉斯加大学费尔班克斯分校地球物理研究所参加关于大地测量与地震学联合反演的前沿课题研究。

11月8—15日

中国地震局震灾应急救援司侯建盛同志等5人赴新加坡参加2015年全球消防队与救护队锦标赛、国际精英救援队员交流研讨会及新加坡民防日系列活动。

11月8—18日

中国地震局地球物理研究所张东宁同志等2人赴尼泊尔开展"援尼泊尔地震监测台网"项目可行性研究前期调研。

11月8—21日

中国地震局地球物理研究所研究员李丽等一行5人赴尼泊尔开展援建台网前期调查。

11月8日—12月3日

中国地震局地球物理研究所研究员杨大克等一行4人赴肯尼亚执行地震观测技术培训及地震台站场址勘选工作任务。

11月10—16日

中国地震局科学技术司调研员谢春雷赴墨西哥墨西哥城参加"地球观测组织第十二次全会和第四次部长级峰会"。

11月13—22日

中国地震局地质研究所副研究员尹金辉和助理工程师杨雪2人赴塞内加尔达喀尔参加"第

二十二届国际碳十四会议学术大会"。

11月15—20日

中国地震局地壳应力研究所申旭辉研究员等2人赴俄罗斯商谈联合开展星地一体化数据应用合作规划。

11月18日—12月23日

中国地震局地球物理研究所副研究员韩立波赴美国佐治亚理工学院进行学术交流。

11月20—23日

中国地震局地球物理研究所陈运泰院士赴新加坡参加"亚洲大洋洲地球科学学会主席团会议"。

11月21—27日

中国地震局地壳应力研究所研究员陈虹赴卡塔尔参与卡塔尔救援队国际重型救援队测评。

11月21—27日

中国地震局地质研究所研究员尹功明等一行5人赴澳大利亚悉尼参加"第四届亚洲与太平洋地区释光与电子自旋共振测年学术大会"。

11月21日—12月1日

中国地震局地震预测研究所副研究员刘红赴美国卡耐基科学研究院交流同步辐射诊断技术和电子探针分析技术。

11月24日—12月2日

湖北省地震局助理研究员汪健等2人赴加拿大和美国进行重力仪性能交流。

11月28日—2016年2月25日

甘肃省地震局副研究员谢虹赴美国亚利桑那州立大学地球与太空探索学院进行青海共和盆地部分年代样品及气候指标样品的测试。

12月1—5日

中国地震灾害防御中心研究员张郁山等一行3人赴美国科罗拉多大学就核电站抗震设计和核电站地震反应分析成果进行学术交流。

12月1—7日

中国地震局地壳应力研究所副研究员张世中和颜蕊2人赴意大利国家核物理研究院进行电场仪的等离子体罐定标测试并分析结果。

12月6—9日

中国地震局地球物理研究所研究员李丽赴法国巴黎参加"UNESCO地震预警系统国际平台第一次工作会议",并访问巴黎地球物理学院。

12月6—12日

中国地震局地球物理研究所副研究员许卫卫等3人赴英国交流地震计的核心技术、使用及维护方法。

12月9—17日

中国地震局地壳应力研究所谢富仁同志等4人赴尼泊尔开展尼泊尔8.1级强震的地震、地质灾害科学考察。

12 月 13—19 日

中国地震局地球物理研究所研究员吴建平等一行 13 人赴美国洛杉矶参加"第四十八届地球物理年会秋季大会"。

12 月 13—20 日

中国地震局地壳应力研究所研究员雷建设等一行 3 人赴美国洛杉矶参加"第四十八届地球物理年会秋季大会"。

12 月 20—24 日

中国地震应急搜救中心贾群林同志等 3 人赴新加坡了解新建基地训练设施情况。

（中国地震局国际合作司）

2015 年来访项目

1 月 18—24 日

韩国首尔大学金瑛姬（Younghee Kim，女）副教授赴甘肃省地震局开展西太平洋俯冲带的俯冲痕迹合作研究。

1 月 25—31 日

哈萨克斯坦 Parasat 国家科技控股公司副总裁马季耶夫（Madiyev Birzhan，哈萨克斯坦教育和科学部全权代表）等 3 人访问中国地震局并赴福建省地震局、中国地震局地壳应力研究所和中国地震台网中心访问。

1 月 27—29 日

日本产业技术综合研究所宍仓正展（Masanobu Shishikura）博士等 3 人与中国地震局地质研究所专家交流项目进展。

2 月 9—11 日

牛津大学菲利普·英格兰德（Phillip England）教授访问中国地震局地质研究所开展学术交流。

2 月 26—28 日

日本海陆科学技术研究院林为人（Hayashi Tameto）研究员，在中国地震局地壳应力研究所开展基于岩芯的地应力非弹性应变恢复法（ASR）测试技术及应用研究交流。

3 月 19—26 日

法国学者埃里克·拉若斯访问中国地震局地球物理研究所开展学术交流。

3 月 24 日—4 月 4 日

法国巴黎地球物理研究所焉·克林格（Yann Klinger）教授等 2 人赴中国地震局地质研究所开展合作研究。

3 月 25—31 日

德国麦卓（Metronix）地球物理仪器公司本哈德·费雷德（Bernhard Friedrichs）博士

等 3 人，与中国地震局地质研究所专家开展极低频电磁观测技术交流，并赴河北省地震局丰宁地震台和山东省地震局大山地震台进行极低频电磁观测系统软硬件升级和技术交流。

4 月 12—18 日

马来西亚救援队默罕默德·祖海尔米·本·扎哈瑞（Muhammad Zulhilmi Bin Zahari）等 10 人，在国家地震紧急救援训练基地参加应急救援培训。

4 月 12—18 日

美国学者保罗·本亚达等 2 人访问中国地震应急搜救中心开展学术交流。

4 月 21—24 日

日本产业技术综合研究所宍仓正展（Masanobu Shishikura）博士等 2 人在中国地震局地质研究所陪同下赴广东开展野外地质考察。

5 月 4—9 日

日本京都大学防灾研究所詹姆士·吉若·莫瑞（James Jiro Mori）教授访问湖北省地震局并顺访中国地震台网中心。

5 月 14 日

中国人民解放军国防大学防务学院防务与战略研究法语班 23 名外军军官赴中国地震台网中心参观。

5 月 18 日

瑞士驻华使馆 3 人赴国家地震紧急救援训练基地参观。

5 月 19 日

中国人民解放军国防大学防务学院高级指挥俄语班、高级指挥西语班的 24 名军官赴国家地震紧急救援训练基地参观。

5 月 26 日

泰国武装部队总参谋长宋迈·考提拉等 12 人赴国家地震紧急救援训练基地参观。

5 月 28 日—6 月 14 日

德国地球科学研究中心德克·谢勒助理研究员与中国地震局地质研究所专家对金沙江、澜沧江和怒江的河流地貌及沿岸阶地开展野外考察。

5 月 31 日—6 月 4 日

马其顿共和国地震工程与工程地震研究所所长米哈伊尔·加列夫斯基（Mihail Garevski）教授等 4 人，与中国地震局工程力学研究所专家就地震工程防震减灾、欧盟最新抗震规范、地震灾害评估等进行技术交流，并赴河北燕郊访问防灾科技学院。

6 月 7—9 日

日本名古屋大学黑田达朗等 3 人访问中国地震局地球物理研究所开展学术交流。

6 月 15—19 日

韩国地质资源研究院金根勇等 2 人在中国地震局地球物理研究所陪同下赴辽宁省南山城地震台和营口地震台进行设备检修。

6 月 17 日

国防大学防务学院防务与战略研究班一行 85 名外军学员，赴中国地震应急搜救中心访问国家地震紧急救援训练基地。

6月17日—8月9日

印度克勒格布尔工业学院西瓦那拉亚纳与中国地震局地球物理研究所专家讨论复杂曲面潜在地震破裂面源模型的程序建设工作。

6月18日—8月11日

美国风险管理软件公司董伟民博士与中国地震局工程力学研究所专家赴同济大学商讨科技支撑项目等科技活动。

6月24—28日

缅甸地震委员会腊腊昂（Hla Hla Aung，女）高级研究员和仰光大学敏瑞（Min Swe）教授赴云南省地震局开展项目合作交流。

6月25日—7月24日

美国恩波利亚州立大学詹姆斯·亚伯教授赴西藏考察冰川构造。

7月6—11日

韩国地质资源研究院池宪哲等2人访问中国地震局地球物理研究所，就中韩合作地震台网扩建进行初步勘址和技术方案研讨。

7月13日—8月1日

美国肯塔基地质调查局王振明教授赴甘肃省地震局参观黄土地震工程重点实验室，与甘肃省地震局就相关课题进行讨论研究，并到中国地震局地壳应力研究所进行学术交流。

7月20—30日

英国专家马里·伊顿·帕森斯等2人访问中国地震局地质研究所开展学术交流。

7月21—25日

韩国光州科技学院金庆烈教授在地质研究所交流InSAR相关技术。

8月2日—9月15日

美国加州大学戴维斯分校麦克·奥斯肯（Michael Oskin）副教授等2人，与中国地震局地质研究所专家在甘肃、青海和新疆境内阿尔金断裂地区开展野外地震地质科学考察。

8月9—17日

美国专家查理斯·威廉姆斯等14人应中国地震局邀请赴四川成都参加由中国地震台网中心承办的"第九届亚太经合组织地震模拟国际合作研讨会"。

8月11—30日

加拿大埃尔伯塔大学马丁·昂斯沃斯（Martyn Unsworth）教授，与中国地震局地质研究所专家在甘肃、青海境内阿尔金断裂地区开展基于大地电磁探测的野外科学考察。

8月15—21日

俄罗斯科学院安德烈教授等2人与中国地震局地壳应力研究所专家在山西大同进行野外地质调查。

8月18—29日

美国专家但丁·兰达佐等6人在中国地震应急搜救中心陪同下赴四川省参加成都"社区减灾能力建设和提升培训"。

8 月 25—27 日

美国罗德岛大学沈旸教授赴中国地震局地壳应力研究所讨论天山造山深部成像的地震定位问题。

8 月 26—27 日

美国肯塔基地质调查局王振明教授，顺访中国地震局工程力学研究所北京园区。

8 月 29 日—9 月 3 日

韩国专家李承洙等 12 人在中国地震局地质研究所陪同下赴吉林省进行野外地质考察。

9 月 1 日—10 月 5 日

新加坡南洋理工大学波尔·塔波尼尔等 3 人在中国地震局地质研究所陪同下赴甘肃开展野外地质考察。

9 月 7—25 日

巴基斯坦气象厅 10 名人员，参加中国地震台网中心举办的"援巴基斯坦地震监测台网"项目第五期技术培训班。

9 月 10—17 日

法国专家简·兹特劳尼等 2 人访问甘肃省地震局开展学术交流并商讨 2016 年国际地震与火山电磁方法委员会学术研讨会筹备事宜。

9 月 10—26 日

美国弗吉尼亚理工学院暨州立大学多萝西·萨拉·斯坦普斯（Dorothy Sarah Stamps）博士等 2 人，与四川省地震局专家就汶川地震及主要余震后地壳响应状态与潜在地震危险性进行学术交流，并赴汶川及周边地区进行野外地质考察。

9 月 11—18 日

德国卡尔斯鲁厄理工学院埃里克·伊斯梅尔·扎德教授访问中国地震局地震预测研究所开展学术交流。

9 月 13—20 日

美国内华达州立大学雷诺分校工学院院长马诺斯·马拉卡吉斯（Manos Maragakis）教授访问中国地震局工程力学研究所开展学术交流。

9 月 19—27 日

美国普渡大学露西·弗莱施等 2 人在中国地震局地球物理研究所陪同下赴甘肃、青海开展野外地质考察。

9 月 21 日—11 月 16 日

德国波茨坦大学爱德华·索贝尔（Edward Sobel）教授等 5 人，与中国地震局地质研究所专家在新疆塔里木盆地西部的昆仑山—帕米尔山前和南天山山前开展联合野外考察。

9 月 22—26 日

美国恰普曼大学迪米塔·殴佐诺夫访问中国地震局地壳应力研究所，就中国电磁监测试验卫星项目开展学术交流。

9 月 25—29 日

泰国朱拉隆宫大学彭亚·阙瑞塞锐（Punya Charusiri）副教授等 2 人，与云南省地震局就国家国际科技合作专项"中国—东南亚毗邻区大震活动地球动力学研究"的具体合作事宜进行交流，并就中泰双方联合考察研究活断层的细节进行磋商。

10 月 7—18 日

荷兰乌德勒支大学克里斯托弗·詹姆斯·斯拜尔斯（Christopher James Spiers）教授，为中国地震局地质研究所研究生讲授《岩石矿物变形机制》课程，并与实验室人员开展断层力学方面的合作研究。

10 月 9—16 日

希腊国家观象台吉那斯摩丝·柴棱提丝（Gerasimos Tselentis）教授等 2 人，与中国地震台网中心就地震灾害快速评估方法与仪器研发等内容进行交流，并探讨未来合作方向。

10 月 11—18 日

以色列国家地震防御指导委员会主席阿维·沙皮拉（Avi Shapira）博士等 23 人访问中国地震局，商谈中以地震合作事宜并赴中国地震台网中心、国家地震紧急救援训练基地、四川汶川地震遗址、上海佘山地震台和崇明地震台考察。

10 月 15—25 日

尼泊尔地质矿产局萨琪特·普拉萨德·马哈托（Sarbjit Prasad Mahato）局长等 2 人，与中国地震局地质研究所商谈尼泊尔地震科考的具体事项。

10 月 24 日—11 月 2 日

萨摩亚地质资源环境与气象厅拉梅科·塔里亚（Lameko Talia）首席科学官等 4 人，参加中国地震台网中心举办的"援萨摩亚地震监测台网"项目第二期技术培训班。

10 月 26—30 日

韩国地质资源研究院李在星（Lee Jae Sung）高级工程师等 2 人，赴吉林省延边地震台和敦化地震台进行设备状态巡检、数据采集及 GPS 天线问题检查等。

10 月 27 日—11 月 2 日

日本东京大学德永朋祥等 5 人赴四川省地震局开展学术交流。

10 月 30 日

荷兰婉图迈内公司执行总裁迈阿滕·麦斯等 2 人顺访上海市地震局，了解上海市地震局应对突发事件的技术方法。

11 月 1—8 日

蒙古救援队甘 – 尤兹甘 – 额尔德尼中尉等 30 人赴中国地震应急搜救中心，参加亚洲专项基金项目"城市搜索与救援队伍能力建设——搜索与救援技能提升"培训。

11 月 2—6 日

哈萨克斯坦地震研究所阿巴卡诺夫·塔纳特坎所长等 6 人，与新疆维吾尔自治区地震局就"中亚天山地区人工震源主动探测实验与应用研究"项目开展交流。

11 月 4—7 日

美国加州大学伯克利分校理查德·阿伦（Richard Allen）教授等 20 人，参加地震预警国际研讨会，就地震预警的方法技术、发展趋势、系统建设及应用实践等内容进行交流与研讨。

11 月 7—16 日

萨摩亚地质资源环境与气象厅法塔力 – 马拉法图·利瓦萨（Faatali Mlaefatu Leavasa）科

学官等3人，参加中国地震台网中心举办的"援萨摩亚地震监测台网"项目第二期技术培训班。

11月9—13日

吉尔吉斯斯坦中亚地球科学应用研究所博罗·摩尔多别科夫所长等2人，参观新疆维吾尔自治区地震局应急指挥中心、网络中心和呼图壁主动震源试验场。

11月17—22日

日本海洋研究开发机构深尾良夫（Yoshio Fukao）教授等2人，与中国地震局地震预测研究所就东亚和西太平洋下方的深部结构、地震活动及地震各向异性等研究进行交流，并赴云南参观宾川主动源发射台和地震观测台站。

11月25—27日

蒙古科学院天文与地球物理研究中心蒂姆波莱（Demberel）教授等6人，与中国地震局地球物理研究所专家交流中蒙地震科技合作成果并探讨未来合作方向。

11月30日—12月10日

荷兰乌德勒支大学阿让德·佐辛娜·露易丝（Arendje Jozina Louise）博士生赴中国地震局地质研究所交流构造断层失稳实验与数值模拟进展。

12月2日—2016年12月1日

意大利特伦多大学安德烈·卡法吉纳（Andrea Cafagna）博士在中国地震局地壳应力研究所开展地震电磁监测卫星高能粒子探测器研究。

12月6—9日

日本学者高桥浩晃等2人赴中国地震局地震预测研究所开展学术交流。

12月14—18日

老挝自然资源与环境部水文气象厅坎玛尼·康冯副厅长等2人，赴中国地震局商谈援助老挝地震监测站的勘选和建设等相关事宜。

12月23—30日

韩国光州科技学院金庆烈教授，赴中国地震局地质研究所讨论长白山遥感干涉雷达数据的处理方法。

12月24—25日

泰国矿产资源部环境地质局松布·康斯坦依局长等3人，赴云南省地震局交流"中国—东南亚毗邻区大震活动地球动力学研究"项目。

（中国地震局国际合作司）

2015年港澳台合作交流项目

1月6—10日

中国地震局地球物理研究所研究员温增平和助理研究员徐超2人赴香港参加"土木工程自然灾害防御力学国际学术会议"，并与香港理工大学商谈后续合作事宜。

2 月 10—13 日

中国地震局陈颙院士赴香港中文大学开展学术交流，主持"中国科学院院士系列讲座"，并与该校人员交流座谈及参观实验室等。

3 月 16 日

台湾"中央研究院"李罗权院士访问中国地震局，与中国地震局就深化海峡两岸地震科技合作交换了意见，并表达了进一步加强合作交流的意愿。

6 月 3—4 日

中国地震局深圳防震减灾交流培训中心副主任宗耀等一行 3 人赴香港城市大学开展防震减灾项目合作研究。

6 月 9—16 日

台湾地区气象部门负责人辛在勤等 17 人应中国地震局邀请在西藏自治区林芝市参加"海峡两岸地震监测和前兆研讨会"，围绕地震前兆研究、深部构造、强震观测等领域进行深入探讨。

6 月 15—21 日

中国地震局地球物理研究所研究员丁志峰等 30 人赴中国台北参加"第八届世界华人地质大会"开展学术交流。

8 月 5—15 日

台湾专家胡植庆等 3 人在中国地震局地质研究所陪同下赴宁夏回族自治区、甘肃省、青海省开展野外地质考察。

9 月 9—11 日

中国地震局陈颙院士赴香港科技大学进行学术演讲。

9 月 13—15 日

中国地震局副局长赵和平率团赴中国台北参加《海峡两岸地震监测合作协议》第一次工作组会议，与台湾地区气象部门商讨协议框架下未来交流合作事宜。

10 月 12—17 日

中国地震局研究员潘怀文等 17 人代表团赴中国台北参加"2015 年海峡两岸地震监测及分析预测研讨会"。

10 月 29 日—11 月 15 日

台湾专家颜宏元等 4 人访问中国地震局地球物理研究所，参加"海峡两岸地球物理观测与解释研讨会"。

11 月 2—8 日

台湾地区气象部门吕佩玲等 4 人访问中国地震台网中心，开展学术交流。

11 月 9—15 日

台湾地区气象部门郭铠纹等 4 人访问中国地震局地震预测研究所，开展学术交流。

（中国地震局国际合作司）

学术交流

地震预警国际研讨会

2015 年 11 月 5 日，由中国地震局主办、中国地震局工程力学研究所承办的地震预警国际研讨会（International Workshop on Earthquake Early Warning）在北京召开，中国地震局党组成员、副局长赵和平同志出席开幕式并发表讲话。开幕式由中国地震局国际合作胡春峰司长主持，美国加州大学伯克利分校理查德·阿伦（Richard M· Allen）教授和工力所所长孙柏涛研究员分别致辞。来自中国大陆、美国、日本、意大利、以色列、韩国、中国台湾等多个国家和地区近百名专家学者参加会议。

本次会议以"交流地震预警系统建设现状、地震预警理论方法与技术、地震预警信息发布与应用、地震预警技术标准与法律法规"为主题，共计安排 23 个学术报告。其中主题报告 5 个，普通报告 18 个。

主题报告中来自美国加州大学伯克利分校的 Richard M· Allen 教授介绍美国西海岸 Shake Alert 预警系统的运行情况，来自日本气象厅的 Mitsuyuki Hoshiba 博士介绍日本气象厅地震预警系统 8 年的运行经验，来自中国的吴忠良研究员代表中国地震局测震学科技术协调组介绍中国地震监测系统的历史、现状和未来，来自意大利那不勒斯腓特烈二世大学的 Aldo Zollo 教授介绍意大利南部地震预警系统的现状，来自台湾大学的吴逸民教授介绍应用简易烈度计建设地震预警系统的相关成果。

普通报告中来自中国、日本、意大利、以色列和韩国的多位专家学者分别从系统建设、预警算法、系统性能评估、信息发布、应用实践等方面介绍各自国家或课题组在地震预警相关领域所取得的最新进展。中方报告中，来自工力所的马强研究员介绍中国大陆地震预警示范系统建设的相关成果，来自中国科技大学的张捷教授介绍快速搜索引擎技术在地震参数快速测定中的应用，来自中科院测地所的倪四道研究员介绍利用地震和大地测量数据进行地震预警的技术，来自美国加州大学洛杉矶分校的孟令森博士介绍基于地震阵列的地震与海啸预警技术，来自地球所的彭朝勇博士介绍基于阈值的地震预警技术在四川芦山地震中的应用，来自国家预警信息发布中心的白静玉主任介绍国家预警信息发布系统的建设情况。

上述报告中展示的一些成果，比如简易烈度计地震预警技术、阵列预警技术、现地预警技术、GNSS 预警技术、信息发布策略实践和预警系统效能评估方法等对我国地震预警系统的设计和建设具有较大参考价值。

（中国地震局工程力学研究所）

河北省地震局合作与交流

2015年9月19—26日，张勤同志参加由中国地震局修济刚副局长带队的6人团组，前往英国、瑞士执行访问英国地调局、剑桥大学和瑞士发展合作署并参观瑞士救援队任务。

10月12—16日，王红蕾同志参加陈凤学同志带队的6人团组，前往韩国执行访问韩国地质资源研究院任务。

（河北省地震局）

云南省地震局合作与交流

接待泰国矿产资源厅环境地质局局长一行，双方就国家国际科技合作专项——"中国—东南亚毗邻区大震活动地球动力学研究"的实施，签订《云南省地震局与泰国矿产资源厅合作会谈纪要》。英国驻重庆总领馆洪婷娜总领事一行赴云南省地震局交流座谈。成功承办"2015年发展中国家地震灾害紧急救援研修班"，来自17个国家的38名官员参加研修。2015年完成3人次外事出访和7人次来访接待任务。

（云南省地震局）

重庆市地震局学术交流

一、与中国地震局地质研究所达成合作协议

2015年6月26日，重庆市地震局与中国地震局地质研究所签订局所合作协议，双方将密切合作，发挥各自优势，通过地震科学基础研究，发展地震行业关键技术和共性技术，解决防震减灾中的地震技术科学问题和防震减灾任务支撑的技术问题，开展科技成果推广和技术服务工作，共同提高地震科技对防震减灾事业的贡献。

二、学术交流

2015年4月17日，日本地质调查所研究员雷兴林博士应邀到重庆市地震局作题为《重庆及其周边地震活动特征与研究方向》的学术报告，开展学术交流。

2015年7月21日，四川省地震局研究员杜方、编审吴江到重庆市地震局分别作题为《强

震趋势判断几个实例》《科技论文写作格式》的报告。

2015年7月23日，中国地震局地质研究所研究员车用太应邀到重庆市地震局作题为《地下流体井网优化与新的观测井（点）建设》的报告。

2015年11月30日，中国地震局地壳所研究员吴荣辉应邀到重庆市地震局作题为《国家防震减灾事业发展战略回顾与展望》的学术报告。

（重庆市地震局）

中国地震局地质研究所召开长白山研究会

时间：2015年8月30日—9月2日。

人员：中方参会代表共计33人，来自韩国、英国、美国、德国和朝鲜等5个国家的20余名火山学家和中方10余名火山工作者。参会的外国专家包括韩国火山灾害应对研究中心主任李承洙（Lee Sungsu）教授、韩国釜山国立大学尹成孝（Yun Sunghyo）教授、英国剑桥大学克莱夫·奥本海默（Clive Oppenheimer）教授、英国伦敦帝国学院詹姆斯·哈蒙德（James Hammond）研究员、美国联邦地质调查局凯拉·艾克韦诺（Kayla Iacovino）研究员和朝鲜地震局朴正日（Pak Kiljong）所长等国际知名火山学专家。

此次研讨会，专家详细介绍了他们对长白山火山的最新研究成果，报告内容包括"千年大喷发"事件的绝对日历年龄确定和地球化学新发现、长白山下方熔融物质分布、火山碎屑流危险性分析、电力与通信网络火山灰灾害脆弱性分析等各个方面。韩方技术人员和中方吉林省地震局、东北师范大学、长白山科学研究院及地质所活动火山研究室人员分别介绍并演示最新研发的长白山火山预警关键技术软件功能。会议期间，地质所参会人员积极与国际同行就长白山火山相关的国际热点问题、合作研究进展和计划展开学术交流，向国际同行展示中国活动火山研究和监测的现状，增强我国在活动火山学研究领域的影响力，同时也向各国专家学习新的技术和思路，扩展活动火山研究的科学手段和战略眼光。

会后许建东研究员和魏海泉研究员带领各专家进行为期两天的野外考察，考察内容包括红松王橄榄玄武岩、长白山千年大喷发碎屑流、二道白河泥石流和头道白河玄武岩、天池火山锥体内部结构、火山碎屑流峡谷和千年大喷发堆积中的碳化木。通过野外地质考察，各国学者对长白山火山喷发期次、碎屑流与泥石流区分及灾害范围等问题进行深入的讨论，加深对长白山火山喷发历史和现今活动状态的认识，对未来研究的方向和目标有了更进一步的认识和理解。

（中国地震局地质研究所）

中国地震局地壳应力研究所 2015 年国际学术交流

1月22—29日，地壳应力研究所王兰炜研究员参团赴奥地利、希腊开展电磁卫星交流访问。

3月25日—4月22日，地壳应力研究所沈晓明副研究员赴英国伦敦大学学院开展（U-Th）/He 定年技术的学习交流。

4月12—17日，地壳应力研究所许俊闪副研究员等3人赴奥地利参加 EGU 会议。

4月20—24日，地壳应力研究所陈虹研究员赴德国波恩参加"世界人道主义峰会"研讨会。

4月21—23日，地壳应力研究所副研究员荣棉水、兰晓雯参加2015年美国地震学会年会。

5月8—15日，地壳应力研究所谢富仁研究员率10人团组赴加拿大参加国际岩石力学学会理事会会议暨第13届国际岩石力学大会。

5月24—31日，地壳应力研究所申旭辉研究员赴日本参加日本地球科学学会2015年会和地震孕育过程与地震预报国际研讨会。

6月9—13日，地壳应力研究所张宇副研究员赴奥地利开展 CDSM 载荷鉴定件验收。

6月17日—7月17日，地壳应力研究所王鑫助理研究员赴英国帝国理工学院开展多源遥感数据立体像对高精度三维提取技术的学习交流。

6月21—27日，地壳应力研究所张景发研究员等3人赴瑞士参加"龙计划项目3期2015年学术研讨会"。

6月21—27日，地壳应力研究所陈虹研究员赴蒙古参加联合国亚太地区多国地震救援演练。

6月22日—7月2日，地壳应力研究所刘耀炜研究员、朱守彪研究员赴捷克参加26届国际大地测量学和地球物理学（IUGG）大会。

8月5日—12月18日，地壳应力研究所王成虎研究员赴美国威斯康星大学麦迪逊分校开展水压致裂原地应力测量技术合作交流。

8月20日—9月3日，地壳应力研究所杨多兴研究员赴德国亚琛工业大学开展岩石压裂渗流微震和 X-Ray CT 同步扫描试验的合作交流。

8月31日—9月5日，地壳应力研究所龚丽霞副研究员赴新加坡参加第五届亚太合成孔径雷达会议。

9月8—12日，地壳应力研究所陈虹研究员赴德国柏林参加"世界人道主义峰会"议题组第三次专家面对面研讨会。

10月8—13日，地壳应力研究所申旭辉研究员等3人参加2016年国际宇航科学院大会。

10月12—16日，地壳应力研究所郭泉赴奥地利维也纳参加国际次声技术大会。

10月13—16日，地壳应力研究所陈虹研究员赴瑞士日内瓦参加"世界人道主义峰会"全球磋商会议。

11月5—10日，地壳应力研究所陆鸣研究员、赵亚敏副研究员赴澳大利亚悉尼参加第十届太平洋地震工程大会。

11月21—26日，地壳应力研究所陈虹研究员赴卡塔尔参加卡塔尔国际搜救队能力分级测评。

12月7—13日，地壳应力研究所张世中副研究员、颜蕊副研究员赴意大利罗马参加电磁监测试验卫星电场仪鉴定件的等离子体罐定标测试。

12月10—17日，地壳应力研究所谢富仁研究员、张世民研究员等4人赴尼泊尔开展了尼泊尔 M_S 8.1 强震的地震地质灾害科学考察。

12月14—18日，地壳应力研究所雷建设研究员等3人赴美国参加 AGU 会议。

（中国地震局地壳应力研究所）

"国家地震烈度速报与预警工程"项目技术方案 国际同行咨询论证会

2015年11月6日上午，在地震预警国际研讨会（International Workshop on Earthquake Early Warning）期间，"国家地震烈度速报与预警工程"项目技术方案国际同行咨询论证会在北京召开，中国地震局国际合作司胡春峰司长、监测预报司孙建中司长出席会议。

咨询论证会由中国地震局工程力学研究所孙柏涛所长主持，杨大克研究员代表项目可行性研究工作专家委员会介绍工程技术方案。由来自中国大陆、美国、日本、意大利、以色列、韩国、中国台湾等多个国家和地区的地震预警领域15名知名专家组成咨询专家组，与"国家地震烈度速报与预警工程"项目可行性研究工作专家委员会20余名核心成员，围绕台站观测系统、数据处理系统、紧急地震信息发布系统、通信网络系统、运行维护系统的设计建设中的技术问题进行热烈讨论，咨询专家组一致认为，中国大陆即将开展的国家工程项目建设规模令人震惊，项目实施完全必要和可行，项目建成后必将对地震预警领域的发展起到很大的促进作用，专家们将予以持续关注。同时，咨询专家组针对项目中各类型台站的布局及成本、MEMS 台站的建设、GPS 台站的应用、信息发布与服务等重要问题提出许多建设性意见建议。

（中国地震局工程力学研究所）

陕西省地震局国际合作交流

陕西省地震局组团赴中国台湾参加世界华人地质大会；派员赴奥地利参加2015年度欧洲地球科学年会，展出相关研究成果展板，进行交流。全年共有6人（次）赴美国、英国等地开展交流活动。

（陕西省地震局）

广东省地震局合作与交流

落实国家"一带一路"战略，代表中国地震局向外交部、财政部申报的中国-东盟地震海啸监测预警系统项目获得批复立项。

与澳门地球物理暨气象局签订"珠江口区域海陆联合三维地震构造探测"合作项目协议。

与香港天文台协调，完成"珠江口区域海陆联合三维地震构造探测"项目5个香港地区流动台的数据收集。

圆满完成香港国际机场地磁场测量的国际招标项目。

为港澳地区举办2期地震监测技术培训班。

接待英国、俄罗斯、日本、葡萄牙等专家来华访问；派出专家参与援建萨摩亚、巴基斯坦地震台网，参加越南国际地震波形管理与服务培训班。

（广东省地震局）

中国地震应急搜救中心国际合作交流

积极参与联合国主导的国际救援交流合作。全年共派出18个团组48人次参加各种国际合作交流和应急救援演练，包括马来西亚东盟地区论坛第四次救灾演习、新加坡夏季联合演练、蒙古亚太区救援演练、瑞士地震响应模拟演练、捷克救援队复测等。共完成12批次230余人的涉外接待，包括泰国武装部长、韩国国土安全部长官、瑞士发展合作署副署长等高级政府官员。

（中国地震应急搜救中心）

四川省地震局合作与交流

1. 美国佐治亚理工学院彭志刚教授一行在四川省地震局作学术报告

2015年8月12日，美国佐治亚理工学院彭志刚博士、日本国立统计数理研究所庄建仓博士以及美国俄克拉荷马大学陈晓伟博士到四川省地震局进行学术交流。彭志刚博士作《断裂带结构的高分辨率成像（High-resolution Imaging of Fault Zone Structures）》的学术报告；庄建仓博士作《地震预报评分方法综述（Methods for Evaluating Performance of Earthquake Forecasting）》的学术报告；陈晓伟作《Salton Sea地热发电站区域诱发地震的地震活动性和应力降分析》的学术报告。四川省地震局地震预报研究中心、监测中心、水库地震研究所和工程地震研究院相关负责人及科技人员共计 30 余人参加学术交流会议。参会人员对专家们的报告表现出极大兴趣和高度关注，并就报告中一些具体问题及其进一步应用研究的关键环节进行深入讨论。

2. 第九届亚太经合组织地震模拟合作研讨会在蓉开幕

2015 年 8 月 10 日，第九届亚太经合组织地震模拟国际合作研讨会（9th APEC Collaboration for Earthquake Simulation）在蓉开幕，此次研讨会由科技部资助，中国地震台网中心联合中国地震局地震预测研究所、中国科学院力学研究所非线性力学国家重点实验室、中国科学院计算机网络信息中心共同承办，四川省地震局协办。来自中国、美国、日本、澳大利亚等国近百位地震及相关领域研究人员参加研讨会。

亚太经合组织地震模拟合作研讨会（APEC Collaboration for Earthquake Simulation，ACES）是一项多边合作研究计划，参加者主要来自亚太经合组织成员国的地震模拟和地震预测科研团队。该计划致力于利用超级计算机等手段构建数值模型，接近真实地模拟地震和地震孕育过程，力图构建一个"虚拟实验室"探索地震发生行为，为地震孕育、发生等宏观行为提供一个强有力的研究工具。该计划每 2 年召开一次国际性工作会议，参加者来自亚太经合组织成员国及欧洲等国地球科学研究机构，至今已召开 7 次。该工作会议研究水平高、规模大，工作会议后提交的会议文集通常在 *PAGEOPH* 等重要刊物上刊登，在国际地震学界具有较高声誉。

3. 上海交通大学、日本东京大学学者与四川省地震局进行学术交流

2015 年 10 月 30 日，上海交通大学何祖源教授、日本东京大学加藤照之教授等一行到四川省地震局进行学术交流。四川省地震局副局长吕弋培出席，科学技术处、川滇国家地震预报实验场四川分中心、减灾救助研究所、地震预报研究中心、监测中心、宣教中心、水库研究所相关负责人及科技人员共计 30 余人参加学术交流会议。

何祖源教授作《面向地壳形变观测的超高精度光纤应变传感技术》的学术报告；加藤照之教授作《日本地壳变动的连续观测研究（Observational research of in-situ crustal movements in Japan）》的学术报告；四川省地震局监测中心副主任杨贤和作《四川形变台网简介》的学术报告；宣教中心吴江研究员作《芦山 7.0 级、汶川 8.0 级地震与巴颜喀拉地块东缘区域历史地震》的学术报告。参会人员对专家们的报告表现出极大兴趣和高度关注，并就报告中一些具体问题及其进一步应用研究的关键环节进行深入讨论。

4. 日本京都大学徐培亮博士到四川省地震局开展学术交流

2015 年 11 月 30 日，日本京都大学徐培亮博士应邀来四川省地震局开展学术交流，并作题为 *Measuring Seismic Waveforms with High-Rate GPS PPP* 的学术报告。地震预报研究中心、减灾救助研究所、川滇国家地震预报实验场四川分中心、宣教中心等 30 余名科技人员参加报告会。

徐培亮博士首先系统地阐述 GPS 在地震学中的主要研究进展，并介绍高频 GPS 精密单点定位（PPP）在地震学中的应用，对比 GPS 和地震仪记录到地震波信号的优劣，认为 GPS 在大地震和海啸预警等研究中具有广阔的应用前景，报告内容丰富新颖。最后参会人员就相关学术问题与徐培亮博士展开热烈讨论，起到很好的学术交流效果。

5. 四川省地震局接待韩国驻成都总领事来访

2015 年 4 月 27 日，韩国驻成都领事馆总领事安成国、副领事李训夏一行 2 人来四川省地

震局拜访，四川省地震局副局长吕弋培及监测预报处、应急救援处、外事办公室相关负责人和工作人员参加会见。

会见中，双方就四川省地震构造环境、地震活动特征、震害预防及震后应急救援等相关问题进行交流。韩国安总领事对四川省地震局的接待表示感谢，并介绍韩国与四川的交流合作情况。

（四川省地震局）

中国地震局地质研究所召开学术会议

2015 年 2 月 7 日，中国地震局地质研究所在北京召开学术会议，来自中国科学院、中国地震局、中国地质科学院、北京大学、南京大学、中国地质大学（北京）、中国地质大学（武汉）等 20 余所高校和科研院所 400 余位代表参加。

本次会议以青藏高原隆升过程与古高度为主题，就近年来青藏高原的隆升与古高度研究方面取得的进展、存在问题和可能开展的工作及研究方向开展交流与讨论。

会议共邀请 11 位相关领域专家及青年科研人员以短报告、长讨论的方式进行，报告内容涵盖青藏高原新生代生长过程，不同证据记录高原古高度演化，构造–气候相互作用，高原隆升剥蚀及其干旱化，深浅部构造过程及其动力学，以及低温构造热年代学原理及应用，等等。会议报告深入浅出，交流近些年来有关青藏高原最新研究成果以及相关研究所揭示出的科学问题，并展开广泛而深入的交流讨论。会议自由讨论阶段采用大家共同提出关注的话题与问题，集中主要议题进行自由发言，并就一些分歧进行深入探讨，会议在充满友好、协作的气氛中圆满完成预定的议程，与会代表针对青藏高原研究寻找共识，研讨分歧，凝练及明确后续相关研究方向，为深化青藏高原及其动力学研究奠定基础。

（中国地震局地质研究所）

计划·财务·纪检监察审计·党建

主要收载中国地震系统年度的事业发展计划与财务工作综述；地震系统有关情况统计；审计、纪检监察工作状况；党建工作概况。

发展与财务工作

2015 年中国地震局发展与财务工作综述

发展与财务司认真贯彻落实党中央、国务院和中国地震局党组重大决策部署，抓管理、观大势、谋大局、干大事、促改革、保增长，在保障事业融合发展上迈出新步伐、取得新成效，圆满完成了各项年度工作任务。

一、完成"十三五"防震减灾规划编制主体任务

与国家发展改革委联合编制"十三五"防震减灾规划，从更高层面谋划防震减灾事业发展。组织开展 2006—2020 年国家防震减灾和"十二五"事业发展规划实施总结评估，研究"十三五"规划目标指标、主要任务、重点工程和重点项目，集思广益开展规划文本编制，形成系统上下齐心协力、共谋发展的良好局面。"十三五"防震减灾规划、6 个专项规划和 45 个省级（单位）规划编制主体任务均已如期完成。

二、国家地震烈度速报与预警工程预警项目成功立项

2015 年 6 月，国务院批准了国家地震烈度速报与预警工程项目立项（以下简称预警项目），项目总投资近 18 亿元。立项批复后，成立预警项目管理办公室，加大协调力度，与教育部、中国气象局、中国铁路总公司共同合作推进国家地震烈度速报与预警能力建设。加快政策制定，制定印发国家地震预警和烈度速报技术标准体系。

三、推进重点领域改革取得成效

在预算管理方面，编制 3 年财政中期规划，搭建了"7+5"一级项目体系，构建设备购置和基础设施维修改造两个一级项目，增设基层防震减灾能力建设和人才培养两个一级项目。建立预算投资滚动项目库和预算项目三方评审机制，完善科研项目经费公示制度，试行网上公示平台。调整使用剩余资金，避免财政资金的低效留用。在经营性国有资产管理方面，完成 33 个单位经营性国有资产管理改革方案的批复，指导各单位推进改革进程。在公务用车方面，制定《所属各单位公务用车实施方案》，选择 10 个单位开展试点。

四、加快制度体系建设

加强发展与财务制度顶层设计，计划用 3 年左右的时间，建成基本完备的现代化发展与

财务制度体系。2015 年已印发《国家地震烈度速报与预警项目管理办法》和《中国地震局关于加强发展与财务队伍建设的意见》。8 个关于国有资产管理的管理办法和细则即将印发，预算投资项目管理办法、存量资金管理办法已经完成初稿。预算和投资定额体系建设进一步推进，各项制度制修订工作进展顺利有序。

五、建成一期信息管理系统

进一步加快发展与财务管理信息系统建设进程，实现发展与财务管理网络化，提升工作效能。发展与财务管理信息系统一期建设任务已经完成，包括内控安全信息防范平台在内的二期建设已经启动。随着一期任务的完成，包括预算、财务等在内的主要模块已经建成，实现纵向到底、横向到边的资金网络管理，为 2015 年预算执行管理、15 个单位现场财务稽查和 8 个单位的财务专项检查提供重要支撑。

财务、决算及分析

一、年度收入情况

2015 年总收入 73.49 亿元，其中，本年收入 52.74 亿元，占总收入的 72%。本年收入中，中央财政拨款 32.08 亿元，地方财政拨款 7.80 亿元，事业收入 6.11 亿元，经营收入 3.54 亿元，附属单位上缴收入 0.63 亿元，其他收入 2.58 亿元。

二、年度支出情况

2015 年总支出 52.16 亿元，其中，基本支出 27.21 亿元，占总支出的 52%，项目支出 22.96 亿元，占总支出的 44%，经营支出 1.99 亿元。基本支出中，人员经费支出 22.47 亿元，日常公用经费支出 4.74 亿元。项目支出中，行政事业类项目支出 17.94 亿元，基本建设类项目支出 5.02 亿元。

三、年末结转结余情况

2015 年年末结转结余 18.26 亿元，其中，中央财政拨款结转结余 5.52 亿元，占年末结转结余的 30%。年末结转结余主要包括：基本支出结转 0.47 亿元，行政事业类项目结转结余 12.19 亿元，基本建设类项目结转 5.70 亿元。

四、年末资产情况

2015 年年末资产合计 164.86 亿元。主要包括：固定资产 75.39 亿元，占年末资产合计的

46%，流动资产 47.71 亿元，占年末资产合计的 29%；在建工程 38.58 亿元，占年末资产合计的 23%，无形资产 1.66 亿元，长期投资 0.33 亿元，其他资产 1.18 亿元。

五、年末负债情况

2015 年年末负债合计 11.74 亿元，资产负债率 7.12%。其中，流动负债 11.07 亿元，占年末负债合计的 94%；非流动负债 0.67 亿元。流动负债主要包括：其他应付款 6.19 亿元，预收账款 3.46 亿元，其他流动负债 1.42 亿元。

国有资产

加强制度建设。组织开展资产标准体系和规程编制工作，按照工作安排，组织专家 5 次集中工作，讨论研究规程标准工作；7 月，完成资产管理办法及规程、通用资产配置标准和资产分类标准代码等初稿编写；8 月，完成发展与财务司内部征求意见；9 月，广泛征求局属各单位意见；11 月，经梳理归纳，组织专家进行完善，为搭建资产管理信息平台提供标准依据。

加强资产信息系统建设。2015 年 5 月，采取走出去的方式，广泛调研各部委资产信息系统建设情况；11 月组织专家修改完善项目招标文件。

继续推进国有资产产权登记暨资产清查工作。1 月向财政部报告中国地震局产权登记工作进展情况。6 月完成 4 个单位资料报送。

（中国地震局发展与财务司）

机构、人员、台站、观测项目、固定资产统计

地震系统设置情况

独立机构分类	机构数（个）
合　计	47
省（自治区、直辖市）地震局	30
中国地震局直属事业单位（研究所、中心、学校）	15
中国地震局机关	1
中国地震局直属国有企业（地震出版社）	1

地震系统人员情况

人员构成	人数（人）	占总人数的百分比（%）
合　计	12545	—
其中：固定职工	10605	84.54
合同制职工	646	5.15
临时工	1294	10.31
生产经营人员	1484	—

地震台站基本情况

观测台站种类	观测台站数（个）	投入观测手段	投入观测仪器（台套）	备注
合　计	2707	合　计	2700	
国家级地震台	189	测　震	411	
省级地震台	205	地　磁	369	
省中心直属观测站	735	地　电	216	1. 强震台观测点：2353个 主要观测仪器：3306台套
市、县级地震台	1274	重　力	61	2. 投入经费：16389.2万元
		地壳形变	601	
企业办地震台	304	地下流体	592	
		其　他	450	

地球物理场流动观测工作情况（常规）

项目名称	计量单位	计划指标量	实际完成量	完成计划比例（%）
区域水准	千米	3817	3845	101
定点水准	处/次	1859/1899	1847/1884	99
跨断层水准	处/次	1038/1127	1051/1153	101
流动地磁	点	1436	1496	104
流动重力	千米/点	471404/4489	484423/4575	103
流动GPS	点	359	359	100
基线测距	边	750	750	100

固定资产统计

固定资产分类	计量单位	数量	原值总计（千元）	当年新增（千元）
合　计	—	—	7532034	1145944
房屋和建筑物 其中：业务用房	平方米	1920651	2895013 1595685	586628 474945
仪器设备	台套	218626	3876699	429162

交通工具	辆	1170	399225	22129
图书资料	册	2408251	69715	26337
其他	—		291382	81688
土地 其中：台站用地	平方米	7093151 4878510	— —	— —

（中国地震局发展与财务司）

政府采购

2015 年中国地震局政府采购预算总额为 33151.17 万元，其中财政性资金 33064.76 万元，占预算总额的 99.74%；其他资金 86.41 万元，占预算总额的 0.26%。货物类预算为 21848.33 万元；工程类预算为 7405.76 万元；服务类预算为 3897.08 万元。

扎实做好政府采购各项工作。为做好新时期的政府采购工作，采取政府采购实行进口设备论证、单一来源采购审核前公示、政府采购执行与合同备案等有效措施，采购程序更加规范。组织政府采购培训，提高采购业务水平。进一步加强政府采购宣传和研究工作。

（中国地震局发展与财务司）

2015 年发展战略、规划与重大项目

一、规划编制

同国家发展改革委商定，联合编制《防震减灾规划（2016—2020 年）》，从更高层面规划防震减灾事业未来五年的发展。完成《防震减灾规划（2016—2020 年）》、6 个专项规划和各省级（单位）规划编制主体工作。《防震减灾规划（2016—2020 年）》通过中国地震局科技委的论证。印发《中国地震局"十三五"事业发展规划大纲》和省级（单位）规划编制指南，编发 28 期规划简报，加强了规划编制的衔接沟通。

二、发展战略研究与落实情况

2015 年，围绕事业改革发展，主要开展以下几个方面的研究。①中国地震局经营性国有资产管理改革研究。总结地震出版社转企改革经验，通过对安徽局、地质所、湖北局等单位深入调研，分析凝练提升基层单位实践经验，结合事业单位分类改革发展方向，提出企业监

管、事业统管和事业垂管 3 种模式，形成对经营性国有资产管理改革进程的总体要求和路径设计。②开展农村民居抗震设防研究。结合山西、湖南等地农村民居抗震设防情况，对我国农村民居抗震设防情况进行调研，配合国家发展改革委调研，提出中央资金补助优先在 8 度区和重防区实施农居地震安全工程的建议，相关研究成果纳入《防震减灾规划（2016—2020 年）》。③开展地震事权与支出责任划分研究。配合国家财政体制改革，开展地震事权与支出责任划分的初步研究，提出完善地震部门事权与财权的工作设想。

三、重大项目建设情况

完成"国家地震烈度速报与预警工程"项目立项。配合中国国际工程咨询公司完成评估意见（最终稿）编制工作。自 2015 年年初开始，配合中国国际工程咨询公司，增加评估过程中的技术方案、投资估算等方面的调整完善内容，完善立项评估意见。2015 年 5 月，中国国际工程咨询公司向国家发展改革委提交项目评估意见。经积极与国家发展改革委沟通，6 月，国务院批复项目建议书。7 月，全面开展项目可行性研究。8 月 10 日完成可研工作计划，经局党组批准后全面实施。组建项目管理和技术团队，制定项目管理办法，组建项目管理办公室，确定项目法人。组织推进技术方案编制工作。印发技术方案编制工作的总体计划和任务分工，10 月和 12 月，组织专家委员会集中工作，形成初步的可研技术方案，初步核定投资概算。同时，组织力量检查各建设单位勘选和项目组织等工作情况，指导各单位完善技术方案。

（中国地震局发展与财务司）

纪检监察审计工作

2015 年地震系统纪检监察审计工作综述

一、纪检监察工作

2015 年，认真贯彻中央纪委第五次全会精神及新部署新要求，紧密结合实际，推进地震系统党风廉政建设成效显著。

一是督促主体责任落实。学习贯彻《廉政准则》和《党纪处分条例》，谋划推进党风廉政建设年度 5 个方面 30 项重点任务落实，细化分解为 217 项具体措施，明确到党组成员、司室、处室及责任人，年初、年中、年底专题督促检查。举办 12 期落实"两个责任"专题轮训班。责成有关部门落实贯彻民主集中制、项目管理主体责任，加强会议、预算、报销监管，严控因公因私出国（境）、公务用车管理。实现局机关 11 个部门和 46 个局属单位党政主要负责人约谈全覆盖。

二是切实履行监督责任。将巡视与审计、财务稽查、干部任期考核相结合，专项巡视与常规巡视相结合，加强领导班子监督，通过巡视 4 个单位发现问题 39 个、重要违纪线索 3 个。对劳务费、咨询费、评审费等劳务报酬发放情况进行专项检查，对 11 个单位落实"两个责任"情况重点检查，推动科研项目经费公示、报销审核预警试点，从体制机制上推动地震安全性评价改革。剖析经营性国有资产、重大项目、科研项目实施管理全过程，查找问题 187 个、提出建议 195 条。

三是严肃执纪问责。持之以恒纠正"四风"，抓住中秋、国庆等重要节点开展典型案例教育。规范处置信访举报件，严肃查处婚丧嫁庆事宜收受礼金、购买使用超标车、以多种名义违规发放津贴实物问题。对局属单位相关领导干部违纪问题进行立案查处。对相关人员违纪问题线索经初步核实进行组织处理。坚持"一案双查"，对涉及严重违纪违规领导班子集体问责，对有关厅局级干部追究问责。

四是加强队伍自身建设。结合纪检体制改革，认真总结近十年来党风廉政建设成效与经验。深化"三转"落实，局属单位取消或退出议事协调机构 430 余项。以个别谈话、集中约谈等方式，剖析部分纪检干部不想不敢不会监督的根源，严肃批评、督促提醒。对履责不力的纪检组长追责问责，个别纪检干部调离岗位。选调 3 名纪检处级干部挂职、36 人次参加纪律审查和巡视专项、17 人次参加业务培训，整体素质得到提升。

二、制度建设工作

2015 年，将反腐倡廉制度建设作为党风廉政建设重要环节，继续完善廉政风险防控体系，为规范权力运行提供了制度保障。

一是建立健全科学民主决策制度。修订《中国地震局党组工作规则》和《中国地震局工作规则》，民主科学决策程序和要求更加明晰。印发《地震系统基层服务型党组织建设的实施意见》。加强《中国地震局党组关于进一步加强作风建设的意见》贯彻落实情况的监督。

二是完善风险防控制度机制。针对选人用人、领导干部考核、经济责任审计、政府采购等方面问题，细化相应制度。制定《领导干部经济责任审计细则》，进一步规范对领导干部的审计监督。修订《政府采购管理办法和规程》，财务领域内控制度体系及运行机制建设得到完善。制定《中国地震局科研项目经费公示管理办法》，建立适应科研项目职责清晰、公开透明的资金管理机制；推行经营性国有资产开发实体负责人薪酬情况在单位内部公开。着力推进安评改革，在明确"四点要求"的基础上，坚决贯彻国务院关于取消地震安全性评价中介服务事项的决定，从源头上防控廉政风险。局属单位结合实际，查漏补缺，完善制度。通过建立权责清单制度，加强权力运行流程控制，防止权力滥用。

三是形成督查督办考核制度链条。制定《局属单位领导班子和领导干部年度综合考核办法》，加大局党组和驻局纪检组对各单位党政负责人和纪检组组长（纪委书记）履行"两个责任"评价的权重。持之以恒抓好八项规定实施意见和作风建设各项规章制度的落实，推动局机关统一归口管理，严格司局级干部重要学习签到及会议活动审核。

四是健全监督执纪问责制度机制。研究印发《关于深化转职能、转方式、转作风的通知》，提出8点明确要求，推动地震系统纪检监察部门深化"三转"，纪检监察部门不再参与职能部门组织的政府采购、招投标、合同签订、资产管理、财务报销等程序性、形式性监督工作，将精力集中到监督的再监督。

三、审计工作

2015年进一步加大审计监督力度，着力发现问题。一是地震系统开展经济责任、经营实体、基建项目、科研项目等审计，金额48亿元，发现违规违纪资金213.53万元，核减工程建设项目造价558.83万元，清退违规资金76.42万元，提出意见建议926项。其中，组织各单位继续开展经营实体、科研项目专项审计，审计金额20.33亿元。二是抓实审计意见整改落实，组织各单位进行专项检查，2014年内外部审计意见整改完成率94%。结合巡视、财务稽查、专项调查等工作，对20个局属单位进行了抽查。三是加强联网审计，开展联网审计模块优化工作，各单位继续开展预算执行、重大项目、会议费跟踪审计。四是整合系统审计力量，设立东北华北、西南西北两个协作区，实现协作区全覆盖。五是进一步加强队伍建设，举办系统审计培训班，44个单位67人参加培训；抽调审计骨干16人次参加巡视、财务稽查等重要工作。

（中国地震局监察司）

直属机关党建工作

中国地震局直属机关 2015 年党建工作综述

一、基层组织建设

一是聚焦统一思想，抓政策理论学习贯彻。围绕中央精神和局党组决策部署的学习贯彻落实，抓政策理论学习促思想建设。跟进学习贯彻中央重要会议和文件精神，学习贯彻习近平总书记系列重要讲话精神，做到第一时间学，研讨性地学，结合实际学，确保与中央保持高度一致。制定贯彻落实十八届五中全会精神、《廉洁自律准则》《党纪处分条例》指导意见，提出有针对性的落实措施。及时跟踪直属各单位学习贯彻局年度工作会议精神。通过工作信息，及时向上级部门报告局党组和地震系统贯彻中央精神的情况，通过网站信息，及时将局党组重要精神传递到全局系统。2015 年，服务保障局党组中心组学习 12 次，平均一月一次。在局党组示范引领下，京直各单位认真落实中心组学习制度，全年中心组学习共 105 次，平均一个单位 9.5 次，其中地球所、地壳所、地壳工程中心达 12 次以上。

二是聚焦改进作风，抓"三严三实"专题教育。把握"三严三实"专题教育主题，针对地震部门实际，抓作风、促作为，务求专题教育实效。坚持以上率下，党组主要负责人讲第一课，亲自筹划每次专题学习研讨，带动全局一级学一级。6 名党组同志在不同范围讲专题党课，陈建民同志党课内容在《紫光阁》杂志刊载。地质所、地壳所、台网中心、搜救中心、地壳工程中心、防灾科技学院、机关服务中心等 7 个单位领导班子所有成员讲专题党课。坚持主业融合，学理论、谋发展、促实践，聚焦事业改革发展重点、焦点，以先进理念破解发展难题、拓展发展空间。坚持方式创新，自学与集中学相结合，专题报告与研讨交流相结合，日常指导与实地检查相结合，开展联学联促，丰富学习研讨形式。专题教育形式简化、内容实化，达到"三个见实效"的目标要求。局机关司室党支部和京直单位召开了较高质量的"三严三实"专题民主生活会和组织生活会，党内政治生活更加规范严格。

三是聚焦职能履行，抓直属机关党建管理。成立由局党组书记任组长的局党建工作领导小组，基本形成局党组负总责、分管领导分工负责、机关党委推进落实、局机关各部门主要负责人和局属单位主要负责人"一岗双责"的党建工作机制。组织召开直属机关第八次党代会，选举产生新一届党委、纪委，强化组织功能。印发实施《贯彻落实全面从严治党要求实施意见》，督导局属单位制定落实方案。印发实施《加强基层服务型党组织建设实施意见》，针对机关、中心、院所和台站等基层单位特点，开展先进支部品牌创建活动。首次开展党建述职评议考核，机关和京直单位党委书记和党支部书记全部提交书面述职报告，人教司、科技司、离退办党支部书记和地质所、地壳所、台网中心党委书记作现场述职，进行测评，得分都在 90 分以上，均为优秀。组织直属机关两委书记、党支部书记、省局专职书记、党办主任、处级干部系列培训。开展《机关基层组织条例》检查，受到工委好评。进行党建工作调研，开展局属单位党建信息调查，推广支部工作法，激发基层组织活力。组织党建课题研究，直属机关党委调研文章获 2015 年度全国机关党建课题研究成果二等奖。

二、精神文明建设和文化建设

弘扬防震减灾行业精神，协同人教司开展地震系统典型人物、典型事迹微视频征集展示活动，在业内外广为传播，部分作品入选全国党员教育展播。协同法规司开展地震系统法治人物与法治故事宣传展示，湖北局褚鑫杰等 5 名同志被评为"最受欢迎的法治人物"。地质所、搜救中心荣获首都文明单位。地球所高孟潭同志荣获"全国先进工作者"称号。开展"清风正气传家远"家庭助廉行动，地球所、搜救中心、监测司、直属机关党委 4 人作品获奖。举办京区职工运动会，组织参与中央国家机关运动会，展示地震部门良好形象。各级工会组织按规定发放节日福利，保障职工利益。修济刚同志为京区青年干部作弘扬行业精神专题讲座。召开直属机关青年工作座谈会，促进工作交流。组织 2 批国务院多部委 45 名青年干部赴云南、河北开展"根在基层"调研。震防中心团委被评为 2015 年度中央国家机关最具活力团支部。

（中国地震局直属机关党委）

附　录

收载本系统一年的重大事件、本系统各单位离退休人员人数统计表，以及出版的重要地震科技图书简介。

中国地震局 2015 年大事记

1月5日

中央纪委驻中国地震局纪检组组长、中国地震局党组成员张友民，中国地震局党组成员、副局长阴朝民主持召开局长专题会议，研究部署局属研究所科研项目内部公示工作。

1月5日

中国地震局党组成员、副局长阴朝民出席指导监测预报司年度述职会。

1月6日

中国地震局党组成员、副局长牛之俊参加全国安全生产电视电话会议。

1月7日

中国地震局党组书记、局长陈建民出席国务院常务会议。

1月7日

中国地震局党组书记、局长陈建民主持召开 2015 年度第 1 次局务会议，研究 2015 年国务院防震减灾工作联席会议筹备有关工作，审议联席会汇报提纲（送审稿）和 2015 年度地震趋势会商结论汇报材料。中央纪委驻中国地震局纪检组组长、中国地震局党组成员张友民，党组成员、副局长赵和平、修济刚、阴朝民、牛之俊参加会议。

1月8日

中国地震局党组成员、副局长修济刚出席指导应急救援司民主生活会和年度述职会。

1月8日

中国地震局党组成员、副局长阴朝民出席川滇地区地震科学实验场专家组会议。

1月8—9日

中国地震局党组成员、副局长赵和平出席防震减灾示范城市验收会议。

1月9日

2015 年国务院防震减灾工作联席会议在京召开。国务院副总理、抗震救灾指挥部指挥长汪洋出席会议并作重要讲话，汪副总理充分肯定了 2014 年防震减灾工作，针对 2015 年工作，汪副总理强调，各有关地区和部门要树立全面预防理念，坚持依靠创新、依靠法治、依靠群众，统筹推进监测预报、震害防御、应急救援体系建设，全面做好 2015 年防震减灾各项工作。中国地震局党组书记、局长陈建民和中国地震台网中心专家作了汇报。

1月9日

中国地震局党组成员、副局长阴朝民出席指导发展与财务司年度述职会。

1月12日

中国地震局党组成员、副局长赵和平赴重庆市地震局宣布新一届领导班子。

1月12—14日

中国地震局党组书记、局长陈建民，中央纪委驻中国地震局纪检组组长、党组成员张友民参加中央纪委第五次全会。

1月12—14日

中国地震局党组成员、副局长阴朝民赴广东调研防震减灾工作，对新丰江地震台、河源市地震局、深圳市地震局进行春节慰问。

1月14日

中国地震局党组成员、副局长牛之俊出席指导政策法规司年度述职会。

1月15日

中国地震局党组书记、局长陈建民主持召开2015年度第2次局务会议，研究审议2015年全国地震局局长会暨党风廉政建设工作会议工作报告（送审稿）、中国地震局2014年工作总结和2015年工作要点。中央纪委驻中国地震局纪检组组长、中国地震局党组成员张友民，党组成员、副局长赵和平、修济刚、阴朝民、牛之俊参加会议。

1月15日

中国地震局党组成员、副局长牛之俊出席指导办公室民主生活会和年度述职会。

1月16日

中国地震局党组成员、副局长修济刚出席指导离退休干部办公室民主生活会和年度述职会。

1月19—20日

中国地震局召开2015年全国地震局长会暨党风廉政建设工作会议。会议全面贯彻党的十八大、十八届三中、四中全会精神和习近平总书记系列重要讲话精神，贯彻落实中央纪委四次、五次全会精神，落实国务院防震减灾工作联席会议部署，以推进全面深化改革和依法治理为主线，回顾总结2014年工作，深入研究防震减灾改革发展重大问题，安排部署2015年防震减灾和党风廉政建设重点工作。会上，中国地震局党组书记、局长陈建民作工作报告。中国地震局党组成员、副局长赵和平在会议总结中对学习贯彻会议精神提出了明确要求。中央纪委驻中国地震局纪检组组长、党组成员张友民，中国地震局党组成员、副局长修济刚、阴朝民、牛之俊出席会议。

1月20日

中国地震局党组书记、局长陈建民主持召开2015年第1次党组会议，研究部分局属单位机构编制调整工作。

1月21日

中国地震局党组书记、局长陈建民主持召开中国地震局2014年度机关述职工作会议，中央纪委驻中国地震局纪检组组长、党组成员张友民，中国地震局党组成员、副局长赵和平、修济刚、阴朝民、牛之俊参加会议。

1月21日

中央纪委驻中国地震局纪检组组长、党组成员张友民，中国地震局党组成员、副局长赵和平出席违纪问题通报会。

1月22日

中国地震局党组成员、副局长赵和平出席指导震害防御司民主生活会。

1月22日

中国地震局党组成员、副局长修济刚出席指导直属机关党委民主生活会和年度述职会。

1月22日

中央纪委驻中国地震局纪检组组长、中国地震局党组成员张友民出席指导中国地震应急搜救中心民主生活会。

1月22日

中国地震局党组成员、副局长阴朝民出席地震预警示范项目2015年度实施方案论证会议。

1月23日

中国地震局党组书记、局长陈建民出席指导人事教育司民主生活会和年度述职会。

1月23日

中国地震局党组成员、副局长修济刚出席交通运输部搜救协调工作会议。

1月26日

中国地震局党组成员、副局长赵和平会见哈萨克斯坦教育与科学部马季耶夫一行。

1月26日

中国地震局党组成员、副局长修济刚出席指导中国地震局地质研究所民主生活会。

1月26日

中国地震局党组成员、副局长阴朝民出席指导监测预报司民主生活会。

1月26日

中国地震局党组成员、副局长阴朝民出席指导发展与财务司民主生活会。

1月26日

中国地震局党组成员、副局长牛之俊出席指导防灾科技学院民主生活会。

1月27日

中国地震局党组成员、副局长赵和平出席中国地震局地壳应力研究所新一任领导班子宣布大会。

1月27日

中央纪委驻中国地震局纪检组组长、党组成员张友民出席指导监察司民主生活会和年度述职会。

1月27日

中央纪委驻中国地震局纪检组组长、党组成员张友民赴北京市地震局房山地震台走访慰问职工。

1月28日

中国地震局党组书记、局长陈建民，中国地震局党组成员、副局长修济刚会见总参应急办郑威波主任一行。

1月28日

中国地震局党组成员、副局长赵和平出席中国地震局地球物理研究所新一任领导班子宣布大会。

1月28日

中国地震局党组成员、副局长阴朝民出席指导中国地震台网中心民主生活会。

1月28日

中国地震局党组成员、副局长牛之俊出席指导政策法规司民主生活会。

1月29日

中国地震局党组成员、副局长阴朝民出席地震预警示范区建设工作启动会。

1月29—30日

中国地震局党组书记、局长陈建民出席直属机关基层党组织书记落实主体责任专题培训班并做动员部署，中国地震局党组成员、副局长修济刚主持开班式并全程指导培训工作。

1月30日

中国地震局党组书记、局长陈建民，党组成员、副局长修济刚参加中央国家机关第29次党的工作会议暨第27次纪检工作会议。

2月2—4日

中国地震局党组成员、副局长赵和平赴江苏省地震局、浙江省地震局宣布新一届领导班子。

2月2—5日

中国地震局党组成员、副局长修济刚赴安徽慰问地震台和市县地震部门职工。

2月2—5日

中国地震局党组成员、副局长牛之俊赴海南慰问地震台和市县地震部门职工。

2月3日

中国地震局党组书记、局长陈建民，中国地震局党组成员、副局长阴朝民出席全国震情强化监视跟踪工作部署会。

2月6—12日

中国地震局党组成员、副局长修济刚出席老干部情况通报会。

2月9—10日

中国地震局党组成员、副局长修济刚走访慰问机关离退休老同志。

2月9—11日

中国地震局党组书记、局长陈建民赴青海与青海省人民政府签署共同加强青海省防震减灾综合能力建设合作协议，并慰问地震台和市县地震部门职工。

2月9—12日

中国地震局党组成员、副局长赵和平赴西藏自治区地震局宣布新一任领导班子，并慰问地震台和市县地震部门职工。

2月11日

中国地震局党组书记、局长陈建民参加国务院第82次常务会议。

2月13日

中国地震局党组书记、局长陈建民走访慰问机关退休老领导。

2月17日

中国地震局党组书记、局长陈建民，中国地震局党组成员、副局长牛之俊慰问春节期间值班人员。

2 月 25 日

中国地震局党组书记、局长陈建民参加国务院第 83 次常务会议。

2 月 28 日

中国地震局党组成员、副局长修济刚出席国务院抗震救灾指挥部联络员会议。

2 月 28 日—3 月 14 日

中国地震局党组成员、副局长赵和平赴中国浦东干部学院学习。

3 月 2—3 日

中国地震局党组成员、副局长阴朝民赴黑龙江省地震局、中国地震局工程力学研究所宣布新一届领导班子。

3 月 3 日

中国地震局党组书记、局长陈建民，中国地震局党组成员、副局长修济刚出席京区党外人士座谈会。

3 月 3 日

中国地震局党组成员、副局长修济刚出席局机关文化建设座谈会。

3 月 5 日

中国地震局党组书记、局长陈建民列席十二届全国人大三次会议开幕式。

3 月 6 日

中国地震局党组书记、局长陈建民主持召开 2015 年第 3 次党组会议，研究 2015 年度党建工作和党风廉政建设工作。

3 月 9 日

中国地震局党组成员、副局长修济刚列席全国政协十二届三次会议第二次全体会议。

3 月 10 日

中国地震局党组成员、副局长修济刚会见上海市科学技术委员会、党委书记吴信宝一行。

3 月 12 日

中国地震局党组书记、局长陈建民列席十二届全国人大三次会议第二次全体会议。

3 月 12 日

中国地震局党组成员、副局长修济刚出席京区直属单位纪委书记会议。

3 月 13 日

中国地震局党组成员、副局长修济刚列席全国政协十二届三次会议闭幕式。

3 月 13 日

中国地震局党组成员、副局长阴朝民赴中国地震局地壳应力研究所调研指导工作。

3 月 13 日

中国地震局党组成员、副局长牛之俊出席《国家防震减灾》编辑部全体成员会议。

3 月 15 日

中国地震局党组书记、局长陈建民列席十二届全国人大三次会议闭幕会。

3 月 16 日

中国地震局党组成员、副局长赵和平会见台湾"中央研究院"李罗权院士。

3 月 17 日

中国地震局党组书记、局长陈建民主持召开京区单位主要负责同志和局机关全体干部会议，传达"两会"精神，通报徐才厚严重违纪违法案及其教训。中国地震局党组成员、副局长修济刚、阴朝民、牛之俊出席会议。

3 月 17 日

中国地震局党组成员、副局长修济刚主持召开会议，听取机关各部门落实党风廉政建设任务工作汇报。

3 月 17—20 日

中央纪委驻中国地震局纪检组组长、党组成员张友民赴广东省地震局检查全国地震局长会暨党风廉政建设工作会议精神贯彻落实情况，并调研广东防震减灾工作。

3 月 18—25 日

中国地震局党组成员、副局长赵和平出访孟加拉国、斯里兰卡。

3 月 23 日

中国地震局党组成员、副局长修济刚主持召开会议，听取机关各部门年度党风廉政建设任务落实情况工作汇报。

3 月 24 日

中国地震局党组成员、副局长修济刚出席第四届"平安中国"防灾宣导系列活动。

3 月 24 日

中国地震局党组成员、副局长牛之俊与到防灾科技学院调研的甘肃省人大常委会副主任李慧一行进行座谈。

3 月 25 日

中国地震局党组书记、局长陈建民参加第 85 次国务院常务会议。

3 月 26 日

中国地震局党组成员、副局长修济刚出席直属机关党委工作会议。

3 月 27 日

中国地震局党组成员、副局长牛之俊主持召开会议，研究审议中国地震局徽标 VI 设计方案。

3 月 30 日

中国地震局党组书记、局长陈建民会见新疆维吾尔自治区党委常委、副主席艾尔肯·吐尼亚孜一行。

3 月 31 日

中国地震局党组书记、局长陈建民，中国地震局党组成员、副局长阴朝民会见广西壮族自治区副主席黄日波一行。

3 月 31 日

中国地震局党组成员、副局长修济刚主持召开国务院抗震救灾指挥部应急检查准备会。

4 月 1 日

中国地震局党组书记、局长陈建民参加第 86 次国务院常务会议。

4月2日

中国地震局党组书记、局长陈建民，中国地震局党组成员、副局长修济刚参加中央国家机关工委《基层组织工作条例》贯彻落实情况检查访谈。

4月3日

中国地震局党组成员、副局长阴朝民出席全国7级地震强化监视跟踪专家组第二季度工作会议。

4月7日

中国地震局党组书记、局长陈建民，中国地震局党组成员、副局长赵和平会见韩国地质资源研究院院长金奎汉一行。

4月7日

中国地震局党组成员、副局长阴朝民听取震情会商改革实施方案前期审查成果汇报。

4月7—10日

中国地震局党组成员、副局长修济刚率国务院抗震救灾指挥部督查组赴四川省检查地震应急准备工作。

4月8日

中央纪委驻中国地震局纪检组组长、党组成员张友民赴北京市地震局调研党风廉政建设责任制落实情况。

4月9日

中央纪委驻中国地震局纪检组组长、党组成员张友民赴中国地震局地质研究所调研党风廉政建设责任制落实情况。

4月10日

中国地震局党组成员、副局长牛之俊出席中国地震局第47期党校开学典礼。

4月12—18日

中国地震局党组成员、副局长阴朝民率国务院抗震救灾指挥部督查组检查甘肃、青海地震应急准备工作，并检查年度重点危险区震情跟踪工作落实情况。

4月13—16日

中央纪委驻中国地震局纪检组组长、党组成员张友民参加中央纪委会议。

4月13—17日

中国地震局党组成员、副局长牛之俊赴中央党校学习。

4月14日

中国地震局党组书记、局长陈建民，中国地震局党组成员、副局长赵和平、修济刚参加袁维丹同志遗体送别仪式。

4月15日

中国地震局党组书记、局长陈建民参加第88次国务院常务会议。

4月21日

中国地震局党组书记、局长陈建民参加第89次国务院常务会议。

4月21日

中国地震局党组成员、副局长赵和平出席 2015 年全国震害防御工作会议、2014 年福建及台湾海峡地壳深部构造陆海联测项目成果验收会议及 2015 年探测方案论证会议。

4月21日

中国地震局党组成员、副局长修济刚参加"三严三实"专题教育工作座谈会。

4月22日

中国地震局党组书记、局长陈建民，中国地震局党组成员、副局长修济刚，中央纪委驻中国地震局纪检组组长、中国地震局党组成员张友民，党组成员、副局长阴朝民、牛之俊参加外交形势与政策专题报告会。

4月22日

中央纪委驻中国地震局纪检组组长、党组成员张友民赴中国地震局地震预测研究所调研党风廉政建设责任制贯彻落实情况。

4月24日

中国地震局党组成员、副局长阴朝民出席数据共享交流会议。

4月26日

中国地震局党组成员、副局长修济刚参加外交部应对尼泊尔特大地震部际协调会。

4月27日

中国地震局党组书记、局长陈建民参加国务院专题会议。

4月27日

中国地震局党组成员、副局长修济刚出席工业和信息化部应急产业发展协调机制第一次成员会议。

4月27日

中央纪委驻中国地震局纪检组组长、党组成员张友民赴中国地震台网中心调研党风廉政建设责任制贯彻落实情况。

4月27日

中国地震局党组成员、副局长阴朝民出席全国地震大形势专家组工作会议。

4月28日

中国地震局党组书记、局长陈建民参加庆祝"五一"国际劳动节暨表彰全国劳动模范和先进工作者大会。

4月29日

中国地震局党组书记、局长陈建民主持召开 2015 年第 5 次党组会议，研究审议《中国地震局党组贯彻落实全面从严治党要求的实施意见》和《中国地震局"三严三实"专题教育实施方案》。

4月30日

中国地震局党组成员、副局长修济刚参加外交部应对尼泊尔强烈地震部际协调会。

4月30日

中国地震局党组成员、副局长阴朝民出席川滇国家地震预报实验场管委会会议。

5月4—8日

中国地震局党组成员、副局长阴朝民赴云南玉溪市和红河州检查震情跟踪工作。

5月5日

中国地震局党组成员、副局长修济刚参加中国红十字会第十次全国会员代表大会开幕式。

5月6日

中国地震局党组书记、局长陈建民参加国务院第91次常务会议。

5月6日

中国地震局党组成员、副局长修济刚出席京区直属单位党委书记座谈会。

5月6—8日

中国地震局党组成员、副局长赵和平赴广东出席地震科技工作研讨会，并调研深圳市防震减灾工作。

5月7—8日

中国地震局党组成员、副局长修济刚出席并观摩国家地震灾害紧急救援队全员全装拉动演练。

5月13日—7月15日

中国地震局党组成员、副局长阴朝民赴中央党校学习。

5月18日

中国地震局党组书记、局长陈建民参加国家预警信息发布中心启动会。

5月18日

中国地震局党组成员、副局长赵和平听取国家重点实验室评估工作汇报。

5月18日

中国地震局党组成员、副局长牛之俊出席《中国地震局工作规则》修订工作启动会。

5月18—21日

中央纪委驻中国地震局纪检组组长、党组成员张友民赴湖北省地震局调研经营性国有资产管理改革及经营性实体党风廉政建设工作，并为湖北省地震局全体党员领导干部讲"三严三实"专题党课。

5月19日

中国地震局党组书记、局长陈建民讲"三严三实"专题党课，并对地震系统深入开展"三严三实"专题教育进行动员部署，中国地震局党组成员、副局长赵和平、修济刚、牛之俊参加。

5月20日

中国地震局党组成员、副局长赵和平主持召开局长专题会，研究审议《全国地震系统地震安评中介服务机构脱钩工作方案》。

5月22日

中国地震局党组书记、局长陈建民主持召开2015年第6次党组会议，研究审议《全国地震系统地震安评中介服务机构脱钩工作方案》。

5月22日

中国地震局党组书记、局长陈建民，中国地震局党组成员、副局长赵和平、修济刚、阴朝民、牛之俊、中央纪委驻中国地震局纪检组组长、党组成员张友民出席第五届京区职工运动会。

5月23日

中国地震局党组书记、局长陈建民，中国地震局党组成员、副局长修济刚、阴朝民出席第六届京区老同志运动会。

5月23—26日

中国地震局党组书记、局长陈建民赴安徽、江苏两省检查震情跟踪工作，开展"三严三实"专题教育调研。

5月25日

中国地震局党组成员、副局长赵和平出席国家科技进步奖初评论证会。

5月27日

中国地震局党组成员、副局长修济刚出席京区工会工作座谈会。

5月27日

中国地震局党组成员、副局长修济刚主持召开"三严三实"专题教育工作协调组会议。

5月27日

中国地震局党组成员、副局长牛之俊出席中国地震局地球物理研究所研究生论坛百期系列活动。

5月28日

中国地震局党组成员、副局长修济刚出席重点危险区应急预评估讨论会。

6月1日

中国地震局党组书记、局长陈建民主持召开2015年第7次党组会议，研究地震安全性评价中介服务改革方案。

6月1—3日

中国地震局党组成员、副局长牛之俊赴浙江出席防震减灾政策研究培训班。

6月2日

中央纪委驻中国地震局纪检组组长、党组成员张友民赴中国地震局工程力学研究所调研科研项目经费支出公示和财务监管工作。

6月3日

中国地震局党组成员、副局长赵和平赴航天东方红卫星公司调研检查电磁监测试验卫星工作。

6月3日

中国地震局党组成员、副局长修济刚出席应急司"三严三实"专题教育讨论会。

6月3日

中央纪委驻中国地震局纪检组组长、党组成员张友民赴黑龙江省地震局调研防震减灾工作，并为全局干部职工讲党课。

6月6—7日

中国地震局党组成员、副局长阴朝民赴福建调研检查2015年福建及台湾海峡深部构造陆海联测工作。

6月8日

中国地震局党组成员、副局长修济刚检查北京市地震局地震应急准备工作。

6月8—12日

中国地震局党组成员、副局长赵和平赴西藏参加2015年海峡两岸地震监测及前兆研讨会，并调研西藏防震减灾工作。

6月9日

中国地震局党组成员、副局长阴朝民参加航天发展"十三五"规划编制工作领导小组会议。

6月9—11日

中国地震局党组成员、副局长修济刚参加中央国家机关部门机关党委书记培训班。

6月10日

中国地震局党组书记、局长陈建民参加国务院第94次常务会议。

6月11日

党组书记、局长陈建民，中国地震局党组成员、副局长修济刚出席2015年全国地震应急救援工作会议。

6月15日

中国地震局党组书记、局长陈建民主持召开2015年第8次党组会议，听取机关各部门党风廉政建设"两个责任"落实情况、2015年度党风廉政建设重点任务进展情况、2014年局党组民主生活会整改方案和教育实践活动"两方案一计划"落实情况汇报。

6月16日

中国地震局党组书记、局长陈建民主持召开2015年第9次党组会议，听取北京市地震局、天津市地震局、河北省地震局关于京津冀协同发展防震减灾专项规划编制工作情况汇报；听取科技司关于《地震科技近期重点突破方向研究报告》编制情况汇报。

6月16日

中国地震局党组成员、副局长赵和平出席国家科技计划管理部际联席会议。

6月16日

中国地震局党组成员、副局长牛之俊主持召开《国家防震减灾》编辑部会议。

6月16—17日

中国地震局党组成员、副局长赵和平赴福建参加科技委福建行调研活动。

6月17日

中国地震局党组成员、副局长修济刚出席直属机关党委与局党校"三严三实"专题联学联促活动并作专题讲座。

6月18—19日

中国地震局党组成员、副局长赵和平赴广东听取海陆联测项目汇报。

6月19日

中国地震局党组书记、局长陈建民，中国地震局党组成员、副局长阴朝民出席2015年年中全国地震趋势跟踪会商会暨全国7级地震强化监视跟踪工作专家组会议。

6月24—26日

中国地震局党组成员、副局长赵和平赴青岛市出席第 29 届全国中心城市防震减灾工作联席会议。

6月24日—7月2日

中国地震局党组书记、局长陈建民率团出访墨西哥、古巴。

6月26日

中国地震局党组成员、副局长修济刚出席"神盾-2015"国家核应急联合演练活动。

6月29日

中国地震局党组成员、副局长赵和平出席中俄东线天然气管道中国境内段开工仪式。

6月29日

中国地震局党组成员、副局长修济刚出席中央国家机关第四届职工运动会开幕式。

6月29日—7月1日

中国地震局党组成员、副局长牛之俊赴湖北省地震局调研。

7月1日

中国地震局党组成员、副局长修济刚出席中国地震局纪念建党 94 周年专题报告。

7月2日

中国地震局党组成员、副局长修济刚出席京区直属机关青年工作座谈会。

7月3日

中国地震局党组书记、局长陈建民出席军地融合式发展深化合作协议签署仪式。

7月3日

中国地震局党组成员、副局长牛之俊赴中国地震台网中心调研。

7月3—9日

中国地震局党组成员、副局长修济刚率中国地震局地震现场工作队赴新疆皮山 6.5 级地震灾区开展应急处置工作。

7月6—7日

中国地震局党组成员、副局长牛之俊参加中央党的群团工作会议。

7月9日

中国地震局党组成员、副局长赵和平听取国家科技进步奖准备情况汇报。

7月10日

中国地震局党组成员、副局长修济刚出席局机关党校第 47 期结业仪式。

7月13日

中国地震局党组书记、局长陈建民,中央纪委驻中国地震局纪检组组长、党组成员张友民,中国地震局党组成员、副局长赵和平、阴朝民、牛之俊出席"三严三实"专题报告会。

7月13—23日

中国地震局党组成员、副局长修济刚赴延安干部学院学习。

7月14日

中国地震局党组成员、副局长牛之俊出席会商改革方案第二轮审查。

7月17日

中国地震局党组书记、局长陈建民主持召开2015年第11次党组会议暨第3次局务会议，研究审议2014年度财务决算报告。

7月17日

中国地震局党组成员、副局长牛之俊赴地震预测研究所调研。

7月20—24日

中国地震局党组成员、副局长牛之俊赴黑龙江省调研防震减灾工作，并出席全国地震监测预报工作会议。

7月21日

中国地震局党组成员、副局长阴朝民听取法规司工作汇报。

7月22—24日

中国地震局党组成员、副局长阴朝民赴河北省地震局、内蒙古自治区地震局宣布新一任领导班子。

7月27日

中国地震局举行学术报告会，中科院院士陈颙作题为《地下清楚——给地球作B超》报告，党组书记、局长陈建民，中央纪委驻中国地震局纪检组组长、党组成员张友民，中国地震局党组成员、副局长赵和平、修济刚、阴朝民、牛之俊参加学术报告会。

7月28日

中国地震局党组书记、局长陈建民参加第100次国务院常务会议。

7月28日

中国地震局党组成员、副局长赵和平听取科技司关于近期地震科技重点突破方向落实方案汇报。

7月28—31日

中国地震局党组成员、副局长阴朝民赴山西省出席局省合作联席会议。

7月29日

中国地震局党组成员、副局长修济刚出席直属机关党委常委会。

7月30日

中国地震局党组成员、副局长修济刚听取应急司关于指挥大厅改造方案汇报。

7月31日

中国地震局党组成员、副局长牛之俊赴中国地震局地球物理研究所调研防震减灾工作。

8月3日

中国地震局党组成员、副局长修济刚赴河北省唐山市调研防震减灾工作。

8月3—6日

中国地震局党组成员、副局长赵和平率团出访俄罗斯、白俄罗斯。

8月6日

中国地震局党组成员、副局长修济刚出席地壳运动监测工程研究中心党代会。

8月6—7日

中国地震局党组成员、副局长修济刚出席2015年湖南省地震应急桌面演练活动。

8月10日

中国地震局党组书记、局长陈建民主持召开2015年第12次党组会议暨第4次局务会议，研究审议2016年度"一上"预算和国家地震烈度速报与预警工程项目可行性研究工作计划。中央纪委驻中国地震局纪检组组长、党组成员张友民，中国地震局党组成员、副局长修济刚、阴朝民、牛之俊出席会议。

8月10—12日

中央纪委驻中国地震局纪检组组长、党组成员张友民赴青海省调研防震减灾工作。

8月10—19日

中国地震局党组成员、副局长修济刚赴甘肃省调研防震减灾工作。

8月17日

中国地震局党组书记、局长陈建民，中央纪委驻中国地震局纪检组组长、党组成员张友民参加学习贯彻《中国共产党巡视工作条例》电视电话会议。

8月17日

中国地震局党组成员、副局长牛之俊听取震级国家标准修订工作进展情况汇报。

8月17—18日

中国地震局党组成员、副局长阴朝民赴广东省调研防震减灾工作。

8月18日

中国地震局党组书记、局长陈建民参加中央国家机关工委会议。

8月18日

中国地震局党组成员、副局长牛之俊主持召开会议，研究审议局徽标VI设计方案。

8月19日

中国地震局党组书记、局长陈建民参加国务院第102次常务会议。

8月20日

中国地震局党组书记、局长陈建民主持召开2015年第13次党组会议，听取专项调查组情况汇报。

8月20日

中国地震局党组书记、局长陈建民，中国地震局党组成员、副局长阴朝民出席2015年发展财务工作会暨国家地震烈度速报与预警工程启动会并讲话。

8月20日

中国地震局党组书记、局长陈建民会见甘肃省政府杨子兴副省长一行。

8月24—25日

中国地震局党组成员、副局长阴朝民参加中央西藏工作座谈会。

8月26日

中国地震局党组成员、副局长修济刚出席中国地震局老干部合唱团成立大会并讲话。

8月26—27日

中国地震局党组成员、副局长赵和平赴江苏省宣布江苏省地震局新一届领导班子。

8月26—29日

中国地震局党组书记、局长陈建民赴云南省出席局省合作第一次联席会议，调研防震减灾工作。

8月27日

中国地震局党组成员、副局长修济刚会见美国国家安全委员会发展与民主高级主任玛丽·贝丝·古德曼一行。

8月27日

中国地震局党组成员、副局长牛之俊赴防灾科技学院调研。

8月28日

中国地震局党组成员、副局长赵和平主持召开贵州省地震局重新组建领导小组会议。

8月28日

中国地震局党组成员、副局长修济刚主持召开直属机关党委全委扩大会议暨换届筹备工作领导小组会议。

8月31日

中国地震局党组书记、局长陈建民主持召开2015年第14次党组会议暨第5次局务会议，研究审议中国地震局直属机关第八次党代会会议文件及《中国地震局加强基层服务型党组织建设实施意见》，研究审议2015年度机动费安排方案。

8月31日—9月1日

中国地震局党组成员、副局长阴朝民出席国家地震烈度速报与预警工程项目可行性研究工作专家委员会会议并讲话。

9月1日

中国地震局党组成员、副局长赵和平出席科技司"三严三实"专题教育学习讨论会并讲专题党课。

9月1日

中国地震局党组成员、副局长牛之俊赴中国地震局地壳应力研究所调研监测预报工作。

9月1日

中国地震局党组成员、副局长牛之俊赴中国空间技术研究院调研。

9月2日

中国地震局党组成员、副局长牛之俊主持召开会议研究部署《中国地震局工作规则》修订工作。

9月6—17日

中国地震局党组书记、局长陈建民赴井冈山干部学院参加中组部第9期省部级干部党性教育专题培训班学习。

9月7—15日

中国地震局党组成员、副局长赵和平出席《海峡两岸地震监测合作协议》第一次工作组会议。

9月8日

中国地震局党组成员、副局长牛之俊为办公室、监测司全体党员干部讲"三严三实"专题党课。

9月9—11日

中国地震局党组成员、副局长修济刚赴黑龙江省调研防震减灾工作，出席齐齐哈尔市地震应急演练活动。

9月10日

中国地震局党组成员、副局长阴朝民出席中国地震局地球物理研究所研究生论坛百期系列活动，并听取地球所"十三五"规划编制工作汇报。

9月11日

中国地震局党组成员、副局长牛之俊主持召开局长专题会议，审议《中国地震局徽标管理办法》和《中国地震局徽标释义》。

9月14—17日

中国地震局党组成员、副局长牛之俊赴宁夏调研防震减灾工作。

9月15日

中国地震局党组成员、副局长阴朝民为法规司、发财司全体党员干部讲"三严三实"专题党课。

9月15—18日

中央纪委驻中国地震局纪检组组长、党组成员张友民赴福建省厦门市集中约谈部分单位纪检组长（纪委书记）并调研防震减灾和党风廉政建设工作。

9月16日

中国地震局党组成员、副局长阴朝民参加国务院第105次常务会议。

9月18日

中国地震局党组成员、副局长牛之俊主持召开《国家防震减灾》编辑部会议。

9月19—25日

中国地震局党组成员、副局长修济刚出访英国和瑞士。

9月22日

中国地震局党组书记、局长陈建民主持召开2015年第15次党组会议暨第6次局务会议，研究审议《中国地震局工作规则》（修订稿）《尼泊尔8.1级地震科学考察方案》《国家地震烈度速报与预警工程项目管理办法》《国家地震烈度速报与预警工程管理办公室组建方案》及《中国地震局与中国航天科技集团公司战略合作协议》。中央纪委驻中国地震局纪检组组长、党组成员张友民，党组成员、副局长赵和平、阴朝民、牛之俊参加会议。

9月23日

中国地震局党组成员、副局长阴朝民主持召开《地震应急救援条例》制订领导小组和中国地震局推行地震部门权力清单制度领导小组会议。

9月23日

中国地震局党组成员、副局长牛之俊会见中国长江三峡集团公司毕亚雄副总经理一行。

9月23—24日

中央纪委驻中国地震局纪检组组长、党组成员张友民参加中央纪委会议。

9月23—24日

中国地震局党组成员、副局长阴朝民出席中国地震局科技委《防震减灾规划（2016—2020年）》论证会。

9月24日

中国地震局与中国航天科技集团公司签署战略合作协议，中国地震局党组书记、局长陈建民，中国地震局党组成员、副局长赵和平、牛之俊出席签字仪式。

9月24日

中国地震局党组成员、副局长牛之俊参加中国卫星导航定位协会年会。

9月25日

中国地震局党组书记、局长陈建民主持召开2015年第16次党组会议，听取专项巡视工作汇报。

9月28—29日

中国地震局在北京召开直属机关第八次党代会。中国地震局党组书记、局长陈建民，中央纪委驻中国地震局纪检组组长、党组成员张友民，中国地震局党组成员、副局长赵和平、修济刚、阴朝民、牛之俊出席会议。

9月29日

中国地震局党组成员、副局长阴朝民主持召开新一届中国地震局直属机关党委和纪委第一次全体会议并讲话。

9月30日

中国地震局党组成员、副局长牛之俊主持召开会议，研究启动《中国地震局党组工作规则》制订工作。

10月10日

中国地震局党组成员、副局长阴朝民听取机关党委工作汇报。

10月12日

中国地震局党组成员、副局长牛之俊出席落实中国地震局与中国航天科技集团战略合作协议工作会议。

10月12日

中国地震局党组成员、副局长牛之俊出席云计算、大数据业务研讨会议。

10月12—13日

中国地震局党组成员、副局长阴朝民赴湖南反馈巡视情况。

10月13—14日

中国地震局党组成员、副局长赵和平赴安徽参加地学"长江计划"安徽试验铜陵现场会。

10 月 13—15 日

中国地震局党组成员、副局长阴朝民赴福建调研防震减灾工作，并出席国家地震烈度速报与地震预警工程项目可行性研究专家组集中工作会议。

10 月 13—20 日

中国地震局党组成员、副局长牛之俊出访美国。

10 月 17—24 日

中国地震局党组成员、副局长阴朝民出访阿联酋和意大利。

10 月 19—22 日

中央纪委驻中国地震局纪检组组长、党组成员张友民赴海南约谈部分局直属单位纪检组长（纪委书记）。

10 月 19—23 日

中国地震局党组成员、副局长修济刚赴云南参加全国人大教科文卫委员会《中华人民共和国防震减灾法》实施情况调研。

10 月 23 日

中国地震局党组成员、副局长赵和平参加全国培养选拔年轻干部和女干部、少数民族干部、党外干部座谈会。

10 月 26—27 日

中国地震局党组成员、副局长修济刚约谈辽宁省地震局、黑龙江省地震局、吉林省地震局主要负责同志。

10 月 26—29 日

中国地震局党组书记、局长陈建民列席中国共产党第十八届中央委员会第五次全体会议。

10 月 28 日

中国地震局党组成员、副局长赵和平会见法国国家民防和危机管理总局局长劳伦特·普雷沃一行。

10 月 28 日

中国地震局党组成员、副局长修济刚出席应急司 2015 年地震应急救援理论、方法和技术研讨会。

10 月 28—30 日

中国地震局党组成员、副局长牛之俊约谈广西壮族自治区地震局、海南省地震局、新疆维吾尔自治区地震局、中国地震局第二监测中心党政主要负责同志。

10 月 30 日

中国地震局召开学习贯彻党的十八届五中全会精神会议，中国地震局党组书记、局长陈建民传达全会主要精神，对地震系统学习贯彻工作作出具体部署。中央纪委驻中国地震局纪检组组长、党组成员张友民，中国地震局党组成员、副局长赵和平、修济刚、阴朝民、牛之俊出席会议。

11 月 2 日

中国地震局举行"三严三实"专题报告会，邀请专家就防震减灾"十三五"规划和地震烈度速报与预警作专题报告。中国地震局党组书记、局长陈建民，中央纪委驻中国地震局纪检组组长、中国地震局党组成员张友民，党组成员、副局长赵和平、阴朝民、牛之俊出席报告会。

11月2—15日

中国地震局党组成员、副局长修济刚赴上海浦东干部学院学习。

11月3日

中国地震局党组成员、副局长赵和平会见台湾"中央"大学地球物理研究所颜宏元教授一行。

11月3日

中国地震局党组成员、副局长牛之俊赴国家测绘地理信息局调研。

11月3—6日

中国地震局党组成员、副局长赵和平约谈广东省地震局、上海市地震局、深圳防震减灾科技交流培训中心、中国地震局机关服务中心主要负责同志。

11月4日

中国地震局党组成员、副局长牛之俊出席2016年华北、首都圈年度会商会并讲话。

11月4—5日

中国地震局党组书记、局长陈建民约谈北京市地震局、中国地震局地球物理研究所、中国地震台网中心主要负责同志。

11月4—5日

中国地震局党组成员、副局长阴朝民约谈江西省地震局、山东省地震局、河南省地震局、中国地震局地球物理勘探中心主要负责同志。

11月5日

中国地震局党组书记、局长陈建民参加中央国家机关学习宣传贯彻党的十八届五中全会精神动员部署会。

11月5日

中国地震局党组成员、副局长赵和平出席地震预警国际研讨会并讲话。

11月5日

中国地震局党组成员、副局长牛之俊主持召开专题会议研究审议《中国地震局党组工作规则》（送审稿）。

11月6日

中国地震局党组书记、局长陈建民主持召开2015年第17次党组会议，研究国家地震烈度速报与预警工程项目有关事项。

11月9日

中国地震局党组成员、副局长牛之俊出席2016年度全国地震形势预测研讨会。

11月9—13日

中国地震局党组成员、副局长阴朝民赴湖南参加全国人大教科文卫委员会《中华人民共和国防震减灾法》实施情况调研。

11 月 10 日

中国地震局党组书记、局长陈建民约谈中国地震局地壳应力研究所、中国地震局第一监测中心主要负责同志。

11 月 10 日、12 日、13 日

中国地震局党组成员、副局长赵和平约谈江苏省地震局、浙江省地震局、中国地震局地质研究所、中国地震局地震预测研究所、防灾科技学院主要负责同志。

11 月 10—11 日

中国地震局党组成员、副局长牛之俊约谈四川省地震局、西藏自治区地震局主要负责同志。

11 月 11 日

中国地震局党组成员、副局长牛之俊出席 2016 年度全国地震重点危险区汇报会。

11 月 12 日

中国地震局党组成员、副局长牛之俊主持召开监测预报改革设计研究启动会。

11 月 13 日

中国地震局党组成员、副局长牛之俊出席监测预报司 2015 年度务虚会。

11 月 16 日

中国地震局党组书记、局长陈建民主持召开 2015 年第 18 次党组会议，研究审议《中国地震局党组工作规则（审议稿）》《中国地震局国家测绘地理信息局战略合作协议》《地震安全性评价中介服务改革方案》。

11 月 16 日

中国地震局党组成员、副局长赵和平听取震防司工作汇报。

11 月 16 日

中国地震局党组成员、副局长修济刚出席 2015 年上海地震紧急救援联合演练活动。

11 月 16 日

中央纪委驻中国地震局纪检组组长、党组成员张友民参加中央纪委会议。

11 月 16 日

中国地震局党组成员、副局长阴朝民出席"十三五"规划编制工作组会议。

11 月 16 日

中国地震局党组成员、副局长牛之俊主持召开国务院防震减灾工作联席会议筹备工作会议。

11 月 16 日

中国地震局党组成员、副局长牛之俊赴中国地震局机关服务中心调研。

11 月 16—19 日

中国地震局党组成员、副局长阴朝民赴湖北省出席中国地震局直属机关两委书记培训班开班仪式并调研湖北省防震减灾工作。

11 月 18 日

中国地震局党组书记、局长陈建民参加国务院第 113 次常务会议。

11 月 18 日

中国地震局党组书记、局长陈建民，党组成员、副局长牛之俊出席中国地震局、国家测绘地理信息局合作协议签署仪式。

11 月 19—20 日

中国地震局党组成员、副局长阴朝民赴河南省调研防震减灾工作。

11 月 19—20 日

中国地震局党组成员、副局长牛之俊约谈宁夏回族自治区地震局、陕西省地震局主要负责同志。

11 月 20 日

中国地震局党组成员、副局长牛之俊听取监测预报司工作汇报。

11 月 23 日

中国地震局党组成员、副局长阴朝民出席中国地震局京区"三严三实"专题教育现场检查汇报会。

11 月 23—25 日

中国地震局党组成员、副局长修济刚分别约谈中国地震灾害防御中心、地壳运动监测工程研究中心、地震出版社、中国地震应急搜救中心党政主要负责同志。

11 月 24 日

中国地震局党组书记、局长陈建民会见韩国国民安全处长官朴仁镕一行，并签署《中韩地震和火山灾害管理合作谅解备忘录》。同日，中国地震局党组成员、副局长赵和平陪同朴仁镕一行考察搜救基地。

11 月 24 日

中国地震局党组成员、副局长阴朝民听取政策研究重点课题研究进展汇报。

11 月 24 日

中国地震局党组成员、副局长牛之俊出席《中国地震局局务会议议事规则》制定工作启动会。

11 月 25 日

中国地震局党组书记、局长陈建民主持召开 2015 年第 19 次党组会议，听取 2016 年全国地震趋势和年度会商会准备情况汇报。

11 月 25 日

中国地震局党组成员、副局长阴朝民出席局直属机关纪检组织履行监督责任培训班。

11 月 26—27 日

中国地震局党组书记、局长陈建民，中央纪委驻中国地震局纪检组组长、党组成员张友民，中国地震局党组成员、副局长赵和平、修济刚、阴朝民、牛之俊出席 2015 年防震减灾事业发展研讨会。

11 月 27 日

中国地震局党组成员、副局长牛之俊参加监测司业务学习会。

11 月 27—28 日

中国地震局党组成员、副局长阴朝民参加中央扶贫开发工作会议。

12 月 1 日

中国地震局党组书记、局长陈建民，中国地震局党组成员、副局长阴朝民听取法规司关于 2016 年局长会材料编写情况的汇报。

12 月 1 日

中国地震局党组书记、局长陈建民，中央纪委驻中国地震局纪检组组长、党组成员张友民参加中央纪委派驻机构全覆盖工作动员部署会议。

12 月 1 日

中国地震局党组成员、副局长阴朝民出席 2016 年局长会会议材料编写组工作会议。

12 月 2 日

中国地震局党组成员、副局长阴朝民出席"三严三实"专题民主生活会京直单位党委书记座谈会。

12 月 2—3 日

中国地震局党组书记、局长陈建民，党组成员、副局长牛之俊出席全国地震趋势会商会和 2016 年度地震趋势及重点危险区预测意见评审会。

12 月 3 日

中国地震局党组成员、副局长阴朝民出席"三严三实"专题民主生活会局机关处级干部座谈会。

12 月 4 日

中国地震局党组成员、副局长修济刚参加应急司支部学习。

12 月 7 日

中国地震局党组书记、局长陈建民参加中央国家机关工委会议。

12 月 7 日

中国地震局党组成员、副局长修济刚出席国家行政学院应急培训开班仪式。

12 月 7 日

中国地震局党组成员、副局长阴朝民赴深圳出席隔震减灾技术推广会。

12 月 8 日

中国地震局党组成员、副局长赵和平赴中国地震局地壳应力研究所听取电磁监测试验卫星工作汇报。

12 月 8—9 日

中国地震局党组成员、副局长阴朝民赴深圳出席地震系统专职副书记和党办主任培训班并调研深圳防震减灾工作。

12 月 9 日

中国地震局党组成员、副局长赵和平会见德国经济与能源议会国务秘书一行。

12 月 9 日

中国地震局党组成员、副局长牛之俊主持召开局长专题会议，研究讨论国务院防震减灾联席会议材料起草工作。

12 月 10—11 日

中国地震局党组成员、副局长阴朝民出席"十三五"规划汇报会。

12 月 11 日

中国地震局党组成员、副局长阴朝民主持召开国家地震烈度速报与预警工程项目领导小组会议。

12 月 11 日

中国地震局党组成员、副局长牛之俊主持召开局长专题会议，研究讨论《中国地震局局务会议议事规则》《中国地震局局长专题会议议事规则》制定工作。

12 月 14 日

中国地震局党组书记、局长陈建民主持召开 2015 年第 21 次党组会议，研究审议局党组 2015 年度民主生活会对照检查材料。

12 月 15 日

中国地震局党组成员、副局长牛之俊赴中国地震应急搜救中心检查指导职工宿舍楼改造工作。

12 月 18 日

中国地震局党组成员、副局长牛之俊主持召开《国家防震减灾》编辑部会议。

12 月 18—21 日

中国地震局党组书记、局长陈建民参加中央经济工作会议和中央城市工作会议。

12 月 21 日

中国地震局举行党风廉政建设工作专题报告会，中国地震局党组成员、副局长阴朝民主持会议。

12 月 22 日

中国地震局党组书记、局长陈建民主持召开党组中心组学习会议，传达学习中央经济工作会议和中央城市工作会议精神，中央纪委驻中国地震局纪检组组长、党组成员张友民，中国地震局党组成员、副局长赵和平、修济刚、阴朝民、牛之俊参加会议。

12 月 24 日

中国地震局党组书记、局长陈建民主持召开中国地震局党组"三严三实"专题民主生活会，中国地震局党组成员、副局长赵和平、修济刚、阴朝民、牛之俊参加会议，中央纪委、中央组织部有关部门负责同志全程指导。

12 月 24 日

中国地震局党组成员、副局长阴朝民主持召开局长专题会议，听取 2014—2016 年政策研究重点课题研究进展汇报。

12 月 25 日

中国地震局党组书记、局长陈建民主持召开中国地震局党组"三严三实"专题民主生活会情况通报会，中央纪委驻中国地震局纪检组组长、党组成员张友民，中国地震局党组成员、副局长赵和平、修济刚、阴朝民、牛之俊出席会议。

12 月 29 日

中国地震局党组成员、副局长阴朝民主持召开局长专题会议，研究部署 2016 年预算编制工作。

12 月 30 日

中国地震局党组成员、副局长牛之俊主持召开局长专题会议，听取各司室年度工作任务完成情况汇报，对未完成工作作出说明。

（中国地震局办公室）

2015 年地震系统各单位离退休人员人数统计

截至 2015 年 12 月 31 日，全系统共有离退休人员 10468 人，其中离休干部 264 人，退休干部 8193 人，退休工人 2011 人，人员结构继续呈现"一减一增"趋势。局机关现管理服务离退休人员 124 人，其中机关离休干部 13 人，机关退休干部 107 人，退休工人 4 人。

一、离休干部概况

序号	单位	合计	级别			年龄结构			
			省地震局级	处级	其他	80~85岁	86~90岁	91~95岁	96岁及以上
		264	52	179	33	127	110	26	1
1	北京市地震局								
2	天津市地震局	3		3		1	2		
3	河北省地震局	4		3	1	3	1		
4	山西省地震局	3		3		1	2		
5	内蒙古自治区地震局	7		7		4	3		
6	辽宁省地震局	15	5	10		3	9	3	
7	吉林省地震局	4	1	2	1	3		1	
8	黑龙江省地震局	3		3		2	1		
9	上海市地震局	5		5		1	3	1	
10	江苏省地震局	4	1	3		1	3		
11	浙江省地震局	1	1					1	
12	安徽省地震局	7	3	3	1	1	6		
13	福建省地震局	2		2		1	1		
14	江西省地震局	2		2		2			
15	山东省地震局	19	4	12	3	10	7	2	

序号	单位	合计	级别			年龄结构			
			省地震局级	处级	其他	80~85岁	86~90岁	91~95岁	96岁及以上
		264	52	179	33	127	110	26	1
16	河南省地震局	6	1	4	1	2	3	1	
17	湖北省地震局	11	3	8		5	3	3	
18	湖南省地震局	4	2	2		2	1	1	
19	广东省地震局	9	1	5	3	7	1	1	
20	广西壮族自治区地震局	3		3			3		
21	海南省地震局								
22	四川省地震局	15	4	11		6	6	3	
23	云南省地震局	11	4	6	1	6	4	1	
24	西藏自治区地震局								
25	陕西省地震局	11	2	9		4	6	1	
26	甘肃省地震局	13	6	4	3	7	6		
27	宁夏回族自治区地震局	1		1		1			
28	青海省地震局	2	1	1		1	1		
29	新疆维吾尔自治区地震局	5	2	3		3	2		
30	中国地震局地球物理勘探中心	7	1	4	2	2	3	1	1
31	中国地震局第一监测中心	3		3		2	1		
32	中国地震局第二监测中心	7		6	1	2	5		
33	中国地震局工程力学研究所	7	1	6		3	1	3	
34	中国地震局地球物理研究所	14	2	10	2	7	6	1	
35	中国地震局地质研究所	14	1	13		11	2	1	
36	中国地震局地壳应力研究所	13		9	4	6	7		
37	中国地震局地震预测研究所	7		4	3	4	3		
38	中国地震应急搜救中心	2			2	2			
39	中国地震台网中心	2	2					1	1
40	中国地震局机关服务中心								
41	中国地震局深圳防震减灾科技交流培训中心								
42	防灾科技学院	1		1		1			
43	中国地震灾害防御中心	4		4		2	2		
44	重庆市地震局								
45	中国地震局局机关	13	3	7	3	8	5		

序号	单位	合计	级别			年龄结构			
			省地震局级	处级	其他	80~85岁	86~90岁	91~95岁	96岁及以上
		264	52	179	33	127	110	26	1
46	地壳运动监测工程研究中心								

二、退休干部概况

序号	单位	合计	级别					年龄结构			
			局级	处级	研究员	副研究员	其他	56~65岁	66~75岁	76~85岁	86岁及以上
		8193	391	1544	490	2196	3572	3013	3171	1871	84
1	北京市地震局	84	6	29	6	27	16	44	29	9	
2	天津市地震局	184	6	34	13	57	74	104	42	38	
3	河北省地震局	369	13	54	16	88	198	169	153	47	
4	山西省地震局	175	8	41	6	38	82	101	48	24	
5	内蒙古自治区地震局	149	5	26	1	25	92	81	44	22	1
6	辽宁省地震局	295	16	78	9	106	86	127	78	88	2
7	吉林省地震局	81	7	23		32	19	31	33	17	
8	黑龙江省地震局	104	10	38	1	15	40	48	35	21	
9	上海市地震局	123	13	31	6	30	43	47	40	33	3
10	江苏省地震局	254	12	36	15	96	95	65	99	90	
11	浙江省地震局	65	10	17	2	14	22	23	28	14	
12	安徽省地震局	130	5	27	4	29	65	54	49	25	2
13	福建省地震局	234	9	39	10	71	105	66	108	60	
14	江西省地震局	39	3	11		9	16	21	13	5	
15	山东省地震局	261	10	58	2	45	146	90	118	48	4
16	河南省地震局	138	4	32	5	32	65	65	58	13	
17	湖北省地震局	343	11	47	41	110	134	108	134	92	10
18	湖南省地震局	63	4	33		9	17	24	19	20	
19	广东省地震局	306	11	60	15	65	155	71	132	93	5
20	广西壮族自治区地震局	82	7	22		10	43	37	31	14	
21	海南省地震局	48	6	14		12	16	20	19	9	
22	四川省地震局	496	10	93	8	94	291	189	227	71	5

序号	单位	合计	级别					年龄结构			
			局级	处级	研究员	副研究员	其他	56~65岁	66~75岁	76~85岁	86岁及以上
		8193	391	1544	490	2196	3572	3013	3171	1871	84
23	云南省地震局	520	8	55	24	155	278	180	263	76	1
24	西藏自治区地震局	16	4	7		2	3	8	2	2	
25	陕西省地震局	179	6	28	7	50	88	74	70	32	3
26	甘肃省地震局	492	7	47	35	108	295	190	170	128	4
27	宁夏回族自治区地震局	97	9	14	4	18	52	39	42	15	1
28	青海省地震局	78	5	17	1	11	44	46	14	10	
29	新疆维吾尔自治区地震局	234	11	27	14	53	129	91	87	43	3
30	中国地震局地球物理勘探中心	196	10	34	5	63	84	98	58	38	1
31	中国地震局第一监测中心	137	2	40	5	36	54	35	65	37	
32	中国地震局第二监测中心	102	4	20	1	22	55	12	23	64	3
33	中国地震局工程力学研究所	288	6	26	42	104	110	50	131	101	6
34	中国地震局地球物理研究所	371	6	49	65	152	99	88	149	120	6
35	中国地震局地质研究所	292	8	29	67	82	106	98	112	67	15
36	中国地震局地壳应力研究所	312	13	40	24	121	114	68	130	111	3
37	中国地震局地震预测研究所	196	11	67	10	72	36	36	93	66	1
38	中国地震应急搜救中心	68	3	16	5	24	20	37	19	12	
39	中国地震台网中心	166	14	33	18	53	48	96	48	22	
40	中国地震局机关服务中心	74	10	46			18	42	23	9	
41	中国地震局深圳防震减灾科技交流培训中心	8	3	3		1	1	5	1	1	1
42	防灾科技学院	98	4	27	2	32	33	27	46	21	
43	中国地震灾害防御中心	115	2	14	1	18	80	53	32	30	
44	重庆市地震局	20	1	12		5	2	4	14	2	
45	中国地震局局机关	107	56	48			3	47	42	11	4
46	地壳运动监测工程研究中心	4	2	2					4		

（中国地震局离退休干部办公室）

地震科技图书简介

李玶文集

李 玶 著

16 开 定价：150.00 元

李玶院士为我国著名的地震构造专家。本书精选了他自 20 世纪 60 年代初至 21 世纪初的 40 余篇论文和报告，所选文章主要侧重于地震地质构造的现场勘查和地震预测预报，从中可以清晰看出李玶院士 40 余年的工作发展历程，他在地震地质构造方面的重要贡献，以及他对地震科技工作者起到的重要引领作用。

活跃的地球——板块构造趣谈

（美）W.J.基奥斯 R.I.蒂林 著

王大宏 赵根模 赵国敏 译

16 开 定价：58.00 元

本书是美国地质调查局（USGS）向第 31 届国际地质大会推荐的中级科普读物，由美国权威地质学家编撰。

为什么地震和火山常常发生在地球上的一些特定地区？阿尔卑斯和喜马拉雅这样的山脉是怎样形成的？地球为什么这么不稳定？……科学家们一直在寻找答案。本书即立足于 20 世纪 60 年代初出现的板块构造学说，力避科学理论、知识的堆砌和说教，以空间和时间上的广阔视野，用通俗易懂的语言，带领读者在轻松阅读中，寻找以上问题的答案。

本书荣获 2017 年科技部全国优秀科普作品奖。

中国城市活动断层概论——20 个城市活动断层探测成果

徐锡伟 于贵华 冉勇康 杨晓平

张黎明 孙福梁 杜 玮 刘保金 著

8 开 定价：500.00 元

本书是国家发展与改革委员会"十五"期间资助的《中国地震活动断层探测技术系统——20 个大城市活动断层探测与地震危险性评价》系列成果之一，作为 20 个城市 1 : 25 万区域地震构造图和 1 : 5 万主要（活动）断层分布图说明书，集中体现了活动断层基本概念、定义，中国大陆及其邻区地震构造环境和城市活动断层探测主要成果——探测城市地震构造环境与活动断层，这些成果可为城市土地利用规划提供科学依据，也可为城市建设避让活动断层地震灾害带提供具体对象，为保障城市的地震安全提供科学依据，同时开拓城市活动断层探测成果的应用，可提高全民的减灾意识。

天景山活动断裂带

张维歧 焦德成 柴炽章 等 著

16 开 定价：80.00 元

本书总结了天景山活动断裂带的几何学特征；晚第四纪，尤其是全新世的走滑位移量及其第四纪各时期的位移速率；古地震及其重复周期；论述了 1709 年中卫南 7 级地震地表破裂带的展布范围、错动方式、错动量以及与活动断裂带的关系；深入研究了与青藏高原东北部弧形活动断裂束运动模型相关的新褶皱带的组成、形态和成因。

探索地球深部之路

谢鸿森　著

16 开　定价：150.00 元

本书介绍了从 20 世纪 70 年代开始建设"地球内部物质高温高压实验室"的艰苦历程，及其早期的研究成果，包括地幔矿物合成技术、地幔水的奇特性质、岩浆不混溶与地球早期演化以及地球物质的原位物性技术等，对从事地球深部物质研究的科研和教学人员、实验技术人员和研究生是一本重要的参考书。

渤海湾盆地构造及其演化

徐　杰　计凤桔　著

16 开　定价：100.00 元

本书在简要论述区域地质构造、地球物理和深部构造特征的基础上，分析了盆地形成的地质历史和构造演化阶段；运用"解析构造学"的原理和方法，对盆地发育古近纪断陷阶段和新构造阶段构造的几何学和运动学特征进行了研究；进而探讨了盆地构造的形成机制和构造演化的动力学过程；最后，从三维空间和不同构造阶段动力条件变化等方面，分析了地震活动与盆地构造的关系，并对邢台等 4 次大震的地震构造条件作了归纳，提出发震构造模式。

覆岩与地表变形分析

栾元重　栾亨宣　吕玉广　郭喜田

余进荣　刘业献　著

16 开　定价：50.00 元

本书针对煤矿开采覆岩与地表变形问题，以山东省济宁部分煤矿的观测数据为例，求出了各矿的地表岩移参数，分析了各矿地表变形特征，利用多个地表岩移观测站实测概率积分法岩移参数，按条带开采与全采，分类建立了其概率积分法岩移参数模型。本书还研究了三维激光扫描仪及免棱镜全站仪进行地表变形观测方法等问题。

震级的测定

刘瑞丰　陈运泰　任　枭　徐志国

王晓欣　邹立晔　张立文　著

16 开　定价：55.00 元

震级是地震的基本参数之一，震级测定是地震学研究和防震减灾各项工作的基础，本书简述了近震震级、体波震级、面波震级和矩震级的测定方法，以及不同震级之间的关系。

地震观测数据的管理与服务

刘瑞丰　郑秀芬　杨　辉　薛　峰

邹立晔　姚志祥　梁建宏　著

16 开　定价：60.00 元

本书从地震观测资料产出和资料使用的

角度，详细介绍了我国地震台网的技术管理情况；根据国内外最新研究成果，提出了地震观测数据的基本分类；介绍了国家地震台站、国家地震台网中心和区域地震台网中心在不同时期产出的地震观测数据的内容和数据格式。

地震现场纪实

修济刚　著

16 开　定价：48.00 元

本书收录的十几篇文章，是中国地震局副局长修济刚多次在震后第一时间亲赴多处地震现场的实录和思考，内容均为现场调查结果，之后及时记录、整理成文，使读者能够了解震后第一时间、第一现场的一些情景实况、救援困难、减灾举措以及效果，文字力求反映实况，保持原汁原味，具有生命力和持久性。

芦山地震科学考察

《芦山地震科学考察》编委会　著

16 开　定价：300.00 元

本书作为芦山地震科学考察工作的纪实性著作，全面反映了科考各项工作、取得的科学认识，以及一些原始工作记录。本书介绍了芦山地震科考工作概况，芦山地震科考围绕三个主要科学问题进行的证据与证据链式分析结果，部分关键性野外调查工作和科学认识，并附以科考工作制度、重要文件、中央电视台科教频道芦山地震科考纪录片脚本（修正版）、科考队员名单和参加科考工作人员名单、地震科考重要事迹等内容。

鲁甸 6.5 级地震灾情无人机航拍图集

杨建思　徐志强　王　伟　郑　钰　等　著

16 开　定价：158.00 元

本图集是我国用无人机低空拍摄地震灾情的第一本图集，集中反映了鲁甸 6.5 级地震的地质灾害、道路交通破坏、建筑物破坏、水灾和堰塞湖，全书用图的形式描述了一次地震造成的各种灾害类型和其空间分布特征。本图集是地震灾害的真实历史记录，也是进一步研究鲁甸地震的宝贵资料。

云南鲁甸 6.5 级地震图集

云南省地震局　编著

16 开　定价：168.00 元

本图集包括前言、抗震救灾篇、震害篇、震前篇等 4 个部分，集中展示了云南鲁甸 6.5 级地震中，以云南省地震局为代表的整个地震系统在防震备灾、应急处置、抢险救援过程中开展的工作，可为今后防震减灾工作提供科学指导和参考资料。

震后趋势判定参考指南

蒋海昆　杨马陵　付　虹

高国英　田勤俭　编著

16 开　定价：30.00 元

全书共分六章，第一章对震后趋势判定及余震预测工作中涉及的主要基本概念进行厘清和约定。第二章为震后趋势判定规程，重点在于告诉读者，针对不同大小的地震，在震后不同时段，应该开展哪些工作，应该做出哪些相对较明确的判定。第三至六章主要从方法的角度，分别介绍序列类型判定、最大强余震震级估计、强余震发生时间预测及强余震地点判定等内容，是第二章工作内容的技术支撑。

中国大陆水库地震震例（第1集）

王勤彩　主编

16 开　定价：60.00 元

本书以水库诱发地震资料汇编集的形式，编写了中国大陆境内 23 个水库地震震例。各震例主要内容包括水库基本概况、区域和库区地质背景、蓄水前后地震活动、水库台网监测情况、最大级显著诱发地震、水库地震诱发机理研究等内容。各震例报告是前人和本次编写人员对该水库诱发地震震例资料整理和研究的集中表达，是完整的、系统的水库诱发地震震例研究成果，将为水库诱发（触发）地震研究和应急工作提供完整基础资料。

2006—2010 年中国大陆地震灾害损失评估汇编

中国地震局震灾应急救援司　编

16 开　定价：200.00 元

本书是地震灾害损失评估汇编系列书的一部，它将 2006—2010 年中国大陆地震灾害事件灾害损失评估报告进行梳理汇编成书，为地震现场灾害损失调查评估工作、研究损失方法提供第一手资料，为今后地震现场工作开展和探索新的工作内容、科技创新和历史资料留存、专业教学和理论研究提供

借鉴和参考。读者对象为地震现场调查和损失评估研究人员、技术人员，地震部门以及相关承担灾害损失评估工作部门。

1966—1989 年中国地震灾害损失资料汇编

中国地震局震灾应急救援司　编

16 开　定价：180.00 元

为了研究震害工作方便起见，中国地震局震灾应急救援司组织管理和科研人员，以《中国地震年鉴》1966—1989 年"震情"栏目提供的 218 次 $M \geq 4.0$ 地震震害资料为主体（《中国地震年鉴》编辑部，1983a、1983b、1986a、1986b、1987、1988、1990a、1990b、1991），同时，根据《中国近代地震目录》（中国地震局震害防御司编，1999），补充《中国地震年鉴》中没有编入的 31 个带有地震等震线描述的震级 4.7 级以上的震例，以及《中国地震年鉴》中某些震例中短缺的有关资料，编辑成有震例 249 次的《1966—1989 年中国地震灾害损失资料汇编》。

中国强震记录汇报　第18集　第1卷：2012—2013 年强震动固定台站观测未校正加速度记录

国家强震动台网中心　编

16 开　定价：150.00 元

本书是中国地震局"十五"期间建设的国家强震动台网产出成果，收录了 2012 年 1 月至 2013 年 12 月之间国家强震台网在全国范围内获取的未校正处理加速度事件约 1475 组。本书的出版可极大地丰富我国的强震动记录数据库，这批记录将为我国防震减灾事业的发展发挥很大的作用。

火山活动与成矿找矿问题

李震唐 著

16 开 定价：20.00 元

本书收录了作者陆续著录的 10 篇文章（燕山期火山活动与某些金属矿床的关系、中新生代火山与一些非金属矿床的生因问题、晚期火山爆破岩筒成矿的几种形式、在火山活动中两类花岗质岩石与一些锡矿床成因的关系、从角砾岩岩浆岩谈起论火山作用成矿和铁铜矿床找矿问题、火山地质构造和火山岩地区找矿问题、山西大同第四纪火山及有关地质问题、角砾岩与金属矿床的关系种种、火山地震活动对人生的影响），分三章对火山活动与矿床成因、火山作用与成矿找矿、火山活动与地质矿产及其他进行了论述。

矿井突水灾害蚁群算法理论与方法

戴洪磊 王春玉 刘洪滨 牟乃夏 著

16 开 定价：28.00 元

本书总结了作者针对矿山水害的处理方法，提出利用蚁群算法与 GIS 融合技术，以矿山灾害空间数据为目标数据，研究如何从矿山水害 GIS 空间数据库中挖掘水害事故信息，建立合理通用的矿山水害预测预报模型。本书可供从事地理信息系统、空间数据挖掘、蚁群算法研究、矿井突水灾害预测等理论研究和应用开发的科研与技术人员、管理人员，以及大专院校师生参考。

辽宁震灾风险评估

高常波 主编

16 开 定价：100.00 元

本书是辽宁省地震系统"十二五"期间工作及科研成果汇编，其内容主要包括：辽宁省主要发震构造探测及危险性评价，辽宁省地震构造环境及强震风险评估，辽宁省地震重点监视防御区烈度速报系统建设，辽宁省地震重点监视防御区防震减灾能力调查与评估，城市非工程性防震减灾能力评价。

中国及邻区地震震中分布图（1：500 万）

潘怀文 主编

16 开 定价：600.00 元

本图是中国国境以内和邻近地区自公元前 1800 年至今发生的地震震中分布图。本图附带光盘，内容为电子版地震震中分布图、图中所示的地震目录以及图件编制说明等文档。

灾害中我们学到了什么——一个救援队员的视角（英文版）

黄 旭 著

16 开 定价：68.00 元

本书是一本英文地震灾害科普读物，主要包括地震时人们的感受，地震时应如何正确躲避，以及建筑物应如何抗震、防震等，对于读者学习、了解地震知识，日常生活中正确防震、避震，学习逃生方法和技巧具有一定的指导意义。

中小学生地震科普知识一堂课·初级读本：一至三年级

北京市地震局　编

16开　定价：18.00元

近年，大震小震频发，造成了令人痛心的生命财产损失。在地震还没有发生之前有所准备，是应对和减轻地震灾害的有效途径。这套书按年龄分为初级读本（一至三年级）、中级读本（四至六年级）、高级读本（初中）。这本初级读本有五部分内容：我们生活上地球上、你知道什么是地震吗、地震来了怎么办、平时应该怎么做、让世界充满爱——争做安全小卫士。图文并茂，编排有新意。

中小学生地震科普知识一堂课·中级读本：四至六年级

北京市地震局　编

16开　定价：20.00元

近年，大震小震频发，造成了令人痛心的生命财产损失。在地震还没有发生之前有所准备，是应对和减轻地震灾害的有效途径。这套书按年龄分为初级读本（一至三年级）、中级读本（四至六年级）、高级读本（初中）。这本中级读本有七部分内容：防震减灾平安梦共筑你我中国梦、地震是照亮地球内部的一盏明灯、认识地震、地震小知识、地震来了怎么办、我跟老师学演练、让世界充满爱——争做防震减灾小主人，穿插

了4个有关地震的小实验和平谷四小防灾宣导活动纪实的跨页。

中小学生地震科普知识一堂课·高级读本·初中

北京市地震局　编

16开　定价：26.00元

近年，大震小震频发，造成了令人痛心的生命财产损失。在地震还没有发生之前有所准备，是应对和减轻地震灾害的有效途径。《平安梦中国梦——中小学生地震科普知识一堂课》这套书按年龄分为初级读本（一至三年级）、中级读本（四至六年级）、高级读本（初中）。高级读本有六部分内容：防震减灾保平安全力助推中国梦，应该怎样认识地震，地震灾害，地震监测预报与灾害预防，校园地震安全应急，让世界充满爱——防震减灾从我做起，希望通过地震知识、应急预防等科普知识的普及，提高中学生的地震应急能力，在突发灾难发生时保障生命安全。

地震小博士

北京市地震局　编

16开　定价：28.00元

本书是本着"教育一个学生，带动一个家庭，影响整个社会，确保一方平安"的原则编写的面向青少年的一本地震科普读物，全书共含五篇内容，既有普及宣传有关地震的自然科学和社会科学常识，又有普及宣传防震、避震、逃生的知识和方法，还有普及宣传自救、互救的知识和技能，更有普及树立安全防灾意识的科学理念。最后"地震探索篇"展示了许多地震科技前沿的动态以及

新方法应用，全书图片精美，内容丰富，最大限度地激发青少年对科学的热爱，培养他们的探索精神，不失为一本集趣味性、艺术性和科学的严谨性为一体的科普图书。

北京市地震信息手册

北京市地震局　编

16 开　定价：30.00 元

本手册主要提供与北京地区地震相关的基础信息，共四章。第一章北京市地震监测预报工作体系；第二章北京地区地质构造；第三章北京地区及历史地震与震害；第四章北京地区地震监测。突出反映了在新时期、新形势下首都的防震减灾工作发展不仅要适应防震减灾自身业务的需求，还要与首都的社会经济建设高度融合。

小学生灾害教育读本

北京市地震局　编

16 开　定价：16.00 元

本书是贯彻落实防灾减灾科普知识进校园系列读本之一。从多发于小学生的灾害事故、意外伤害角度入手，分气象灾害、地震灾害、家庭日常灾害、交通事故、在校安全、公共场合安全 6 章介绍了各灾害的特点、相关科普常识、避险逃生及科学应对方法，每章还设有专家提示和知识拓展等相关内容。内容简明扼要，方法简单易行，注重实践性、实用性和趣味性，适合小学生的兴趣和理解能力，可作为安全教育教材使用。

初中生灾害教育读本

北京市地震局　编

16 开　定价：16.00 元

地震灾害为"群灾之首"，全书紧紧围绕地震灾害展开，主要内容为灾害基础、地震灾害和地震次生灾害；同时，搭建了"认识灾害—了解、灾害来临—躲避，灾前防御—预防"三个维度来学习防灾减灾知识，关注防灾知识、技能及态度，配有活动指南、资源链接，具有较强的可读性，适合初中生的年龄特点，图文并茂。本书是一本不错的进校园科普读物。

高中生灾害教育读本

北京市地震局　编

16 开　定价：18.00 元

全书从地震灾害出发，搭建了"认识灾害—了解、灾害来临—躲避，灾前防御—预防"三个维度来学习防灾减灾知识，关注防灾知识、技能及态度，配有活动指南，资源链接，是学校教材的较好补充。在第一版的基础上，修订成文，继承第一本的优点并有所创新，适合高中生的年龄特点，图文并茂，可读性强。

防震减灾助理员工作指南

《防震减灾助理员工作指南》编委会编　著

16 开　定价：28.00 元

本书系统介绍了防震减灾助理员的基本

职责和工作要求，防震减灾助理员应掌握的地震科普知识、应掌握的震害防御知识、建设地震安全社区的基本要领、如何做好防震减灾宣传工作、应掌握的公文写作技巧，有针对性和可操作性，并附有相关法规，对于推进防震减灾助理员队伍建设有指导意义。

防灾减灾教育指南

张 英 编著

16 开 定价：28.00 元

本书按照"调查现状—分析问题—提出策略"的研究思路，开展了文献综述及理论研究以明确灾害教育基本问题；对老师、高中生、初中生进行了防灾素养调查；开展了学校灾害教育教学、评价及师资培训的理论与实践研究，以使教学者有所参考；同时，对公众灾害教育开展模式进行探索，对遗址地、博物馆等教育类场所通过灾害解说开展教育活动进行了现状调查、案例与策略研究；另外，对大学、科研机构、地震局等单位、灾害教育协会等学术组织开展灾害教育现状进行了案例研究，以使公众科普教育工作者有所借鉴；最后，编写了校园灾害管理实务部分，以使管理者有所参考。

城市防震减灾实用指南

任利生 主编

16 开 定价：40.00 元

本书从我国自然灾害和地震灾害的特点、城市防震减灾能力的现状、减轻城市灾害的可能途径、重视抗震设防、提高建设工程抵御地震破坏能力、建设科学的地震应急和救援体系、做好防震减灾宣传工作是减轻灾害的重要措施等方面有重点、有层次地介绍了城市防震减灾方面的实用科普知识，并且配有形式活泼的彩图，融科学性、知识性、可读性为一体，是一本实用的地震科普读物。

"三网一员"培训教材

《"三网一员"培训教材》编委会 编著

16 开 定价：36.00 元

本书系统介绍了"三网一员"的作用和工作要求，主要内容有"三网一员"必备的地震科普知识、应掌握的监测预报知识和技能、应掌握的地震应急知识和技能、应掌握的地震科普宣传技能、应掌握的急救知识和技能、应了解的法律法规、规章和规定，有针对性和可操作性，对于推进地震宏观观测网、地震灾情速报网、地震知识宣传网和防震减灾助理员队伍建设有指导意义。

城乡防震减灾实用指南

《城乡防震减灾实用指南》编委会 编著

16 开 定价：28.00 元

本书围绕《中华人民共和国防震减灾法》的基本要求，结合多年从事防震减灾工作的实践经验，以加强防震减灾三大工作体系建设，实行预测、预测和救助全方位的综合管理，形成全社会共同抗御地震灾害的新局面为核心内容，能给广大读者在如何做好新时期的防震减灾工作方面提供一些有益的参考和启迪。

中小学校地震应急演练指导手册

廊坊市地震局　廊坊市教育局　编

16 开　定价：6.00 元

本书立足于提升学校师生地震灾害防范意识，提高地震应急避险和自救互救能力，明确了演练的目的意义、基本原则、演练内容和总体要求，对演练的准备、实施、总结与评估等各个环节和演练方案、保障措施等多方面提出了明确的指导性意见和规范性要求，供学校在日常安全管理和集中组织应急疏散演练时参考。该手册图文结合，美观大方，操作性强。

青少年防震减灾知识手册

北京市地震局　北京市科学技术委员会　编著

16 开　定价：20.00 元

本书从地球和地质知识、地震和地震灾害知识、地震监测预报常识、防震减灾基本途径、个人防震减灾实用知识技能等方面有重点、有层次地介绍了城市防震减灾方面的实用科普知识，融科学性、知识性、可读性为一体，是一本青少年实用的地震科普读物。

灾难警示与科普教育：防震减灾科普场馆建设与发展

邹文卫　著

16 开　定价：68.00 元

本书是一本总结和探讨我国防震减灾科普教育场馆建设工作的书籍。首先介绍了国外的科普教育场馆，尤其是重点介绍了与灾难有关场馆的概况、设计理念和布设方式，这些资料可供我国建设相应场馆时借鉴；又对现代技术在我国防震减灾科普场馆的最新应用和可能的发展前景做了简述。同时，结合我国防震减灾科普教育基地建设情况，总结了其中的不足，提出了改进的建议，探讨了防震减灾科普场馆在防震减灾事业中的定位，以及防震减灾科普场馆对提高全社会防震减灾意识、提高公众应对地震灾害中的作用，明确灾害教育和防震减灾科普场馆的发展方向和思路。

地震灾害启示录

安徽省地震局　编

16 开　定价：32.00 元

本书以邢台、海城、唐山、丽江、汶川、芦山、鲁甸等重大灾害性地震事件应对为切入点，纵贯我国的地震科技发展史，以全球和整个人类社会发展为视角，科学解读了重大地震灾害事件对人类认识和改造自然的巨大促进作用，积极倡导认识自然、改造自然和顺从自然，从而实现人与自然和谐相处的新理念，全面、科学地介绍了我国防震减灾监测预报、震害防御、应急救援和科技创新"3+1"工作体系的艰苦探索历程，是一本值得各级政府及有关部门、在校学生及广大社会公众阅读的科普读物。

《中国地震年鉴》特约审稿人名单

谷永新	北京市地震局	张永久	四川省地震局
郭彦徽	天津市地震局	陈本金	贵州省地震局
翟彦忠	河北省地震局	毛玉平	云南省地震局
李 杰	山西省地震局	张 军	西藏自治区地震局
弓建平	内蒙古自治区地震局	王彩云	陕西省地震局
卢 群	辽宁省地震局	石玉成	甘肃省地震局
孙继刚	吉林省地震局	马玉虎	青海省地震局
张明宇	黑龙江省地震局	张新基	宁夏回族自治区地震局
李红芳	上海市地震局	王 琼	新疆维吾尔自治区地震局
付跃武	江苏省地震局	李 丽	中国地震局地球物理研究所
王秋良	浙江省地震局	单新建	中国地震局地质研究所
张有林	安徽省地震局	杨树新	中国地震局地壳应力研究所
朱海燕	福建省地震局	张晓东	中国地震局地震预测研究所
熊 斌	江西省地震局	李 明	中国地震局工程力学研究所
李远志	山东省地震局	孙 雄	中国地震台网中心
王志铄	河南省地震局	陈华静	中国地震灾害防御中心
晁洪太	湖北省地震局	吴书贵	中国地震局发展研究中心
曾建华	湖南省地震局	杨振宇	中国地震局地球物理勘探中心
钟贻军	广东省地震局	董 礼	中国地震局第一监测中心
李伟琦	广西壮族自治区地震局	范增节	中国地震局第二监测中心
陈 定	海南省地震局	何本华	防灾科技学院
杜 玮	重庆市地震局	高 伟	地震出版社

《中国地震年鉴》特约组稿人名单

赵希俊	北京市地震局	格桑卓玛	四川省地震局
戴永锋	天津市地震局	刘　军	贵州省地震局
李　杨	河北省地震局	孔　燕	云南省地震局
王丕煌	山西省地震局	赵立宁	西藏自治区地震局
王金波	内蒙古自治区地震局	曹桂林	陕西省地震局
韩　平	辽宁省地震局	胡永钧	甘肃省地震局
王万富	吉林省地震局	张恩育	青海省地震局
李丽娜	黑龙江省地震局	周德宁	宁夏回族自治区地震局
刘　欣	上海市地震局	唐丽华	新疆维吾尔自治区地震局
毛　培	江苏省地震局	肖春艳	中国地震局地球物理研究所
沈晓健	浙江省地震局	高　阳	中国地震局地质研究所
张　健	安徽省地震局	郑月军	中国地震局地壳应力研究所
郭　皓	福建省地震局	李晶晶	中国地震局地震预测研究所
胡翠娥	江西省地震局	代志勇	中国地震局工程力学研究所
王冠南	山东省地震局	吴银锁	中国地震台网中心
滕　婕	河南省地震局	权　利	中国地震灾害防御中心
杨　勇	湖北省地震局	王有涛	中国地震局发展研究中心
王沛华	湖南省地震局	万　亮	中国地震局地球物理勘探中心
袁秀芳	广东省地震局	楼关寿	中国地震局第一监测中心
吕聪生	广西壮族自治区地震局	屈　佳	中国地震局第二监测中心
佘正斌	海南省地震局	许　靓	防灾科技学院
张　鹏	重庆市地震局	刘　丽	地震出版社